Zoopolis

スー・ドナルドソン / ウィル・キムリッカ 著
青木人志 / 成廣孝 監訳

人と動物の政治共同体
「動物の権利」の政治理論

尚学社

Copyright © Sue Donaldson and Will Kymlicka 2011

Zoopolis: A Political Theory of Animal Rights,
First Edition was originally published in English in 2011.
This translation is published by arrangement with Oxford University Press.

謝辞

　我々は，本書を著すにあたり多くの励ましと援助をいただいたことに，深く感謝している。調査を手助けしてくれた Chris Lowry，Mike Kocsis，そして Jenny Szende に感謝したい。このプロジェクトに取り組むことを励まし，着想と助言を与えてくれたことについて，Paola Cavalieri と Franco Salanga に，有益なコメントを書いてくれたことに対して Alasdair Cochrane，Steve Cooke，Christine Overall そして Byoug-Shup Park に感謝したい。オクスフォード大学出版（Oxford University Press）の査読者たち，すなわち，この本の計画案を吟味してくれた Clare Palmer と Bob Goodin，そして最終稿直前の草稿についてコメントをしてくれた Frank Lovett と Jonathan Quong から，異なる 2 つの時点において時宜を得た有益な助言を得られたのは，幸運であった。

　本書で展開した議論の様々なバージョンは，オクスフォード大学の Uehiro Centre for Practical Ethics，ローマのルイス社会研究国際自由大学（Luiss University）の政治理論プログラム，ピッツバーグ大学の Humanities Center で発表されたものである。鋭い質問を投げかけてくれた聴衆に，Roger Crisp，Sebastiano Maffetone，および Jonathan Arac の招待に，そして，ピッツバーグでの講演の際にコメントしてくれた Michael Goodhart に感謝する。

　本書の最初の草稿について議論を行った「動物の権利とシティズンシップのフロンティア」と題された 2010 年秋学期のウィルのセミナーの学生たちに特別の感謝を捧げる。彼らの健全な懐疑主義のおかげで，私たちは多数の改善を行うことができた。

　友人，家族，そして同僚との非公式な会話の中で，最も有益なアイディアや読むべき文献の示唆の多くを得た。我々のなじみ深い思考方法を混乱させ，動物の権利の新たに理論化する方法を要求するような，人間と動物との相互作用についての何らかの興味深い話を，誰しもが抱いているようだ。我々はそういった物語を生の素材として，我々の研究に図々しくも借用し，そのうちのいくつかは本書の中にも使わせてもらっている。そういった会話の相手をここで数え上げると枚挙にいとまがないが，私たちの両親と私たちの友人である Joyce Davidson，Colin Macloed，Jon Miller，Christine Overall，Mick Smith，そして Christine Straehle が，広く活発な議論の相手となってくれたことに，特に感謝したい。ス

ーの母親 Anne Donaldson は，我々がこのプロジェクトを完成する前に他界した。出来上がった本を見たら，彼女はさぞや喜んだにちがいない。本書が動物に対する彼女の深い愛情と尊敬を具現化したものとなっていることを願っている。

違った次元での洞察と着想に関して，我々の伴侶であった犬の Codie（とその犬仲間の Tika, Ani, Greta, Julius, Rolly そして Watson）に深く負うところがある。Codie は 2005 年に亡くなったが，彼の魂はこの本を書いている間ずっと我々を導いてくれた。そして我々は，彼がこの成果を気に入ってくれることを願っている。たとえ書籍が彼のお気に入りであったことは決してなかったにせよ。

Jennifer Wolch は人間と動物を統合するビジョンを含んだ都市環境倫理を記述するために，「ゾーオポリス（Zoopolis）」(1998) という造語を発明した。我々は彼女の構想に触発され，感謝の念とともに，彼女の用語を借用させていただくことにした。もっとも，我々は，政治共同体としての「ポリス（polis）」についてのより広い理解と，動物がその共同体と関係をもつより広い一連の方法に焦点を当てているが。

最後に，オクスフォード大学出版の担当編集者 Dominic Byatt の本書の計画に対するゆるぎなき情熱と，本書が生み出される過程で援助をいただいた Carla Hodge に感謝したい。

スー・ドナルドソン

ウィル・キムリッカ

2011 年 2 月　キングストンにて

目次

謝辞　　i

第 1 章　序	3
第 I 部　拡張された「動物の権利」論	
第 2 章　動物の普遍的な基本的権利	29
第 3 章　シティズンシップ理論による動物の権利の拡張	75
第 II 部　応用編	
第 4 章　動物の権利論における家畜動物	105
第 5 章　市民としての家畜動物	147
第 6 章　野生動物の主権	220
第 7 章　デニズンとしての境界動物	296
第 8 章　結論	356

文献一覧　　365

人名・団体名索引　　382

事項索引　　384

訳者あとがき　　390

細目次

謝辞　i

第1章　序　　　　　　　　　　　　　　　　　　　　　　3

第Ⅰ部　拡張された「動物の権利」論

第2章　動物の普遍的な基本的権利　　　　　　　　　　29

第1節　動物の自己　36

第2節　人格に対する正義と自然の価値　47

第3節　自然の他者性　52

第4節　大論争──要約　56

第5節　動物の基本的権利における不可侵性と普遍性　56

第6節　小括　68

第3章　シティズンシップ理論による動物の権利の拡張　　75

第1節　普遍的な権利とシティズンシップ　76

第2節　シティズンシップの機能　81

第3節　動物と人間の多様な関係　90

行為主体性　95　　　依存／自立　96

人間と動物の関係における空間的な次元　98

第Ⅱ部　応用編

第4章　動物の権利論における家畜動物　　　　　　　　105

第1節　家畜化の定義　107

第2節　人道的処遇および互恵主義の神話　108

第3節　家畜動物への廃止・根絶論的アプローチ　110

依存と尊厳　116　　ネオテニーは自然に反するか？　120

関係性と共生の不可避性　122

第4節　閾値アプローチ　126

ドゥグラツィアおよびザミールの動物の利用と搾取についての見解　127

第5節　ヌスバウムと種の模範原理　134

第6節　小括——現行の動物の権利論アプローチの限界　140

第5章　市民としての家畜動物　147

第1節　シティズンシップを再考する　150

第2節　近年の障害学者理論におけるシティズンシップ　152

第3節　家畜動物は市民たりえるか　156

主観的な善をもち，それを表明できること　156

政治的な参加　161　　協力，自己規律，互酬性　166

第4節　家畜動物のシティズンシップの理論に向けて　174

[1] 基本的社会化　175

[2] 移動の自由と公共空間の共有　178

[3] 保護の義務　185　　[4] 動物由来製品の利用　188

[5] 動物労働の利用　194　　[6] 医療ケア・介入　197

[7] 性と生殖　199　　[8] 家畜動物の食餌　204

[9] 政治的代表　209

第5節　小括　211

第6章　野生動物の主権　220

第1節　野生動物に対する伝統的な動物の権利論のアプローチ　223

人間の誤りやすさに訴える議論（The Fallibility Argument）　229

繁栄（Flourishing）論　231

第2節　野生動物コミュニティの主権理論　235

第3節　積極的援助と介入　249

第4節　境界と領土　259

境界の性質——共有され重なりあう主権　259

境界線を引く——領域の公平な分配　264

第5節　主権をもったコミュニティ間の協調における公正な条件　270

第6節　小括　281

第7章　デニズンとしての境界動物　296

第1節　境界動物の多様性　304

機会主義者（Opportunists）　307

ニッチ・スペシャリスト（Niche Specialists）　310

　　　移入外来種（Introduced Exotics）　312

　　　野生化した動物（Feral Animals）　314

　　第2節　デニズンシップ・モデルの必要性　317

　　第3節　人間の政治コミュニティにおけるデニズンシップ　322

　　　適用除外型デニズンシップ（Opt-Out Denizenship）　323

　　　移住者のデニズンシップ（Migrant Denizenship）　327

　　第4節　動物のデニズンシップの条件を定義する　335

　　第5節　小括　347

　第8章　結論　　　　　　　　　　　　　　　　　　356

　文献一覧　365

　人名・団体名索引　382

　事項索引　384

　訳者あとがき　390

・訳者による注記，原著にない言葉の補足は［　　］で示している。

・原著で参照している文献に邦訳がある場合は，適宜参照し，参考にさせていただい
　たが，訳文は特段の注記が無いかぎり，すべて新たに訳出したものである。

・ウェブサイトの参照は，原著では2011年4月27日時点で有効なものとされているが，
　訳出にあたり確認した2016年8月現在，URLが無効となっているもので，場所が
　変更されたが同一のものと訳者により認められたものについては新しいURLを［→］
　で，それ以外については［Not Found］と付記した。

人と動物の政治共同体
──「動物の権利」の政治理論

第1章

序

　動物擁護運動は行き詰まっている。動物福祉をめぐる問題を顕在化し世論を動かすためのおなじみの戦略と議論は 180 年間にわたり発展して，一定の成功をおさめた問題もある。しかし，そこに内在する限界が徐々に明確になってきて，動物と我々の関係における最も重大な倫理的難問のいくつかに向き合い，それを認識することすら難しい状態に我々は置かれている。本書の目的は，新しい枠組みの提示であり，その枠組みは，「動物の問題」を我々の政治的コミュニティの性質と，その政治コミュニティにおけるシティズンシップ，正義，そして人権を理論化するにあたっての中心的課題に据えるものである。この新しい枠組みは，革新的変化の道をふさいでいる現在の障害を乗り越えるための，概念的にも政治的にも新しい可能性を開くと信じる。

　動物擁護運動には長く名誉ある歴史がある。近代最初の動物虐待防止協会はイギリスで 1824 年に設立された。これは主に馬車馬の虐待を防止するためのものであった[1]。始まりはこのようにささやかなものであったが，動物擁護運動は活力ある社会的勢力へと育っていった。世界中に無数の擁護団体ができ，動物の倫理的な取扱いについての大衆的議論や学問的理論化の豊かな伝統を備えるものとなったのである。また，その運動は，流血を伴うスポーツの禁止から，研究・農業・狩猟・動物園・サーカスでの動物虐待禁止に至るまで，いくつかの政治的な勝利をおさめた。2008 年カリフォルニア州民投票における「提案2（Proposition 2）」——63％が妊娠した豚を閉じ込める枠，肉用仔ウシを閉じ込める枠，ニワトリの

3

多段式ケージ（バタリーケージ）の禁止に賛成した——は，活動家が動物の福祉の問題に公衆の注目を集め，極端に残虐な習慣を制限するための広い政治的同意を作ることに成功した多くの事例のうちの，近年のほんの一例である。実際，過去20年間の間にアメリカでは動物福祉向上のための41の州民発案のうち28が通過した。1940年から1990年の間はそのような州民発案がほとんどことごとく失敗していたことと比べると，劇的な改善である[2]。このことは，動物権利擁護運動が徐々に公衆意識の中に根付いてきたことを示唆するものである。そしてそれは，アメリカのみならずヨーロッパでもそうであり，むしろそこでは動物福祉立法がアメリカより進んでいるのである（Singer 2003, Garner 1998）[3]。

このようにみてくると，動物擁護運動は成功を収めているように見ることもできよう。徐々に勝利を積み重ね，ゴールポストを徐々に先に進め続けているように。しかし，そこにはより暗い側面もある。よりグローバルな視点からは，運動は大きく失敗しているという議論もできるだろう。数字がそれを物語っている。人口の情け容赦のない増加と開発は，野生動物の生息地を奪い続けてきた。1960年代以来，人口は2倍になり，その一方で野生動物の数は3分の1も減った[4]。工場畜産システムは，食肉需要を満たすために（そしてそれをさらに煽るように）拡大し続けている。世界の食肉生産は1980年以来3倍になり，人間は年間560億頭の動物を殺して食べるまでになっている（ここには水棲動物は含まれていない）。国連の報告書 *Livestock's Long Shadow*（UN 2006）によると，2050年までには，肉の生産がさらに2倍になると予測されている。企業は——常にコストを削減し新製品を見いだすことを求めて——，製造業，農業，研究および娯楽の中で，より効率的に動物を搾取する方法を絶えず探している。

これらのグローバルな潮流は，動物福祉からする改革を通じて勝ち取った控えめな勝利が，矮小化されてしまうほど破滅的なものであり，その潮流が変化する兆候も存在しない。予見可能な未来についていえば，毎年，多くの動物が繁殖され，閉じ込められ，さいなまれ，搾取され，人間の欲望を満たすために殺されるであろうと見込まれる。パターソン（Charles Patterson）の挑発的な表現によれば，人間と動物の関係の一般的な状況は，「永遠のトレブリンカ」[5]と性格づけるのが最もふさわしく，それが変化している徴候はない。現実には，動物の搾取が，我々の食料，衣服，娯楽と余暇のあり方や，工業生産や科学研究の構造の土台を支えている。動物擁護運動は，動物搾取システムの端っこを少し齧ったが，システムそのものは常に存続，拡大，深化し，ほとんど公の議論の対象になることもない。

カリフォルニアの「提案2」のような，動物擁護運動のいわゆる「勝利」を，戦略的失敗だと評する人もいる。最善でも，それらは，動物搾取システムから人々の目をそらすだけで，最悪の場合は，事態は好転しつつある（実際は悪化しつつあるのに）という間違った安心感を与えて，市民の道徳的不安を和らげる術を提供してしまう。実際，ギャリー・フランシオーン（Gary Francione）は，これらの改良主義的改革は，状況が違えば真の改革を求めるラディカルな運動であったかもしれない運動を鈍らせることで，動物の奴隷化のシステムに異議申立てをするどころか，正当化する役割を果たすことになってしまう，と示唆している（Francione 2000, 2008）。

　改良主義的改革は逆効果であるというフランシオーンの主張は，この領域で大論争を巻き起こしている。最終的にはあらゆる動物搾取を廃止するという目標を共有する論者の間でも，教育改革，直接行動，平和主義，動物のためのより戦闘的な抗議の相対的なメリットについて意見の相違があるのと同じように，漸進的な変化をめぐる戦略的問題についての意見も一致しないのである[6]。少なくとも確実なのは，組織化された動物擁護運動が180年間続いた後でも，動物搾取のシステムの解体にむけて，我々は何の明白な進歩も示せていないということである。まさに最初の19世紀の虐待防止法から2008年の提案2に至るまでの戦いは，周縁部で役立ったり妨げたりはしても，「永遠のトレブリンカ」の社会的・法的・政治的土台に挑むこと（実際は向き合うことすら）をしていない。

　我々の見解では，この失敗は，動物問題が広く議論される際の観点に欠陥があることに起因する，予見可能な帰結である。思い切って単純化してしまうと，多くの議論は，以下の3つの基本的な道徳的枠組み，すなわち「福祉主義」アプローチ（'welfarist' approach），「生態系中心主義」アプローチ（'ecological' approach），「基本的権利」アプローチ（'basic rights' approach）のどれか1つの枠内で行われている。様々な議論が重ねられているものの，いずれも，動物搾取のシステムに根本的変化を生み出せると示せていない。そのような変化は，新しい道徳的枠組み，すなわち，動物の扱いを，自由・民主主義的な正義および人権の基本原理に，より直接的に結びつけるものを発展させてはじめて可能になる。それが本書の目指すところである。

　我々は本書を通じて，既存の福祉主義，生態系中心主義，権利中心のアプローチの限界について論じるが，我々がこの分野をどう見ているかの概要を示しておくことが有益だろう。「福祉主義」とは動物の福祉が道徳的に重要であることは

第1章　序　　5

受け入れるが，動物の福祉を人間の利益に劣後させるという考え方を指している。この見解では，明確な道徳的序列において，人間が動物の上に立つのである。動物は，機械ではなく，苦痛を感じる生きた存在で，その苦しみは道徳的に重要である。実際，2003 年のギャラップ社による世論調査では，アメリカ人の96%が動物搾取に何らかの限界を設けることに賛成していた[7]。しかし，動物福祉へのこの関心は，動物が一定の限界の中で人間の利益のために利用されることは——ほとんど疑問をさしはさむまでもなく——当然だとされる枠組みの中で生じている。この意味で，福祉主義は，人間による動物の「人道的利用」の原理だともいえる[8]。

　「生態系中心主義」とは，個々の動物それ自身の運命よりも，動物が重要な構成要素となる生態系の健全性に焦点を合わせたアプローチである。生態系中心主義的なホーリズム（全体論）は，動物にとって破壊的な人間の行い——生息地の破壊から汚染や炭素を発生させる工場畜産の行き過ぎまで——に対する批判を提供する。しかし，動物の殺害が生態系に中立的またはそれどころか良い影響を与えるといえる場合（例えば，持続可能な狩猟，畜産，有害動物種や増えすぎた動物種の駆除），生態系中心主義的な見解は，絶滅の恐れのない種の個体を救うことより，生態系の保護，保全，回復の全部またはいずれかを優先して考える[9]。

　福祉主義と生態系中心主義の欠点は，動物の権利についての文献の中で徹底的に議論されており，我々が付け加えることはほとんどない。福祉主義はある種の全くいわれのない虐待——文字通り意味のない暴力・虐待——を防止しうるかもしれないが，何らかの人間的利益が賭かっているときには，それが例えばどんなに瑣末なもの（化粧品のテストなど）でも，あるいは，どんなに欲得ずく（工場畜産の数ペニーの経費の節約）のものであっても，人間的利益さえあれば，大概その効果を発揮できないのである。道徳的序列という基本前提が問われない限り，道理をわきまえた人々の間でも何が動物の搾取の「受容可能な水準」であるかについて意見が一致しないだろうし，「不必要な」動物虐待を制限しようという，広く受け入れられているが漠然とした衝動は，それと反対方向にむかう利己的かつ消費者主義的圧力に圧倒され続けるだろう。生態系中心主義的アプローチも，人間の利益を動物の利益の上に置くという同じ基本問題を孕んでいる。この場合，それらの利益は，さほど瑣末でも，欲得ずくでも，利己的でもない。しかし，それにもかかわらず，生態系中心主義者は，健全かつ，自然で，本物の，あるいは，持続可能な生態系とは何かという特定の見解を高みに持ち上げ，その全体論的な

ビジョンを達成するために，進んで個々の動物の命を犠牲にするのである。

　これらの限界に対応するために，多くの動物擁護者や活動家は「動物の権利」という枠組みを採用してきた。この見解のうちの強いバージョンは，動物は人間と同様に一定の不可侵の権利をもち，人間の利益や生態系の活力を追求するためであっても，動物に対してやってはいけないことがあるとする。動物は人間の目的に奉仕するために存在しているのではない。動物は人間の召使でも奴隷でもなく，それ自体の道徳的意義，それ自体の主観的存在をもち，それらは尊重されなければならない。動物は，人間同様に，拷問されない権利，閉じ込められない権利，医学的実験の対象にされない権利，強制的に家族と引き離されない権利，希少なランの花を食べつくすから，生息地の環境を変えるからといって駆除されない権利，をもつのである。生命・自由への基本的な道徳的権利に関しては，動物と人間は対等であり，主人と奴隷でも，管理者と資源でも，後見人と被後見人でも，造物主と人工物でもない。

　我々は，動物の権利アプローチのこの核心的前提を全面的に受け入れ，それを第2章で擁護する。動物の搾取に対する唯一本当に効果的な保護のために要求されるのは，福祉主義や生態系中心主義的全体論から脱却して，動物を一定の不可侵の権利の所有者と認める道徳的枠組みに移行することである。多くの動物の権利論者が論じているように，また，我々もこれから議論するように，権利基底的なこのアプローチは，人権の教義を支えている道徳的平等という構想の当然の延長なのである。

　しかし，少なくとも現段階では，このアプローチが政治的には周辺化されていることも認めざるを得ない。動物の権利理論は，学問の世界に足場を得て，そこで，40年以上にわたり洗練された方法で発展してきた。そして，動物のためにヴィーガン運動や直接行動に携わる活動家の狭い集団の中では，その考え方が広まった。しかし，一般大衆の間には，ほとんど何の共鳴も引き起こすことがなかった。実際，動物の権利論が正しいと信じる論者であっても，それが一般世論の情勢とあまりにかけはなれているがために，大衆的な擁護運動にかかわるときは，それを控えめに言うことがある（Garner 2005a: 41）[10]。長期的には動物搾取システムの解体を目指すPETA（People for the Ethical Treatment of Animals）のような団体のキャンペーンも，肉・卵・乳製品産業における苦しみの軽減あるいはペット産業の行き過ぎの抑制という福祉主義的目標を唱導している。換言すれば，人間の利益のために動物を繁殖させ，ケージに入れ，殺し，あるいは所有すること

第1章　序　　7

が可能だという前提に異議申立てをするのではなく,「不必要な苦しみ」を減らすという目標を推進するのである。PETA は同時に,よりラディカルなメッセージ(「肉食は殺人だ」)を支持しているかもしれないが,強い権利観を共有しない支持者たちの大多数を疎外しないよう,選択的にそうしている。動物の権利という枠組みは,その意図・目的にもかかわらず,政治的には成功の見込みが相変わらずないままである。そして,その結果,動物擁護キャンペーンは,システム的な動物搾取との戦いにおいて,大いなる敗北を喫してきたのである。

　運動の中心的な課題は,なぜ動物の権利論がそこまで政治的に周辺化されているのかというその理由を理解することである。なぜ一般大衆は,提案2や絶滅危惧種立法などの,福祉主義的,生態系中心主義的な改革をどんどん受け入れるようになってきているのに,動物の権利に対しては相変わらず容赦なき抵抗を示すのか。動物は生きた存在で,その苦しみが道徳的に重要であると認めつつ,次の一歩を踏み出して,動物が人間の目的のための手段として利用されない道徳的権利をもつことを認めるのが,なぜそこまで難しいのだろうか。

　それについては多くの理由,とりわけ我々の文化的伝統の根深さが思い当たる。西洋文化(そして大概の非西洋文化)は,ある種の整然とした道徳秩序の中において,動物は人間より低い位置にあり,したがって,人間が自らの目的のために動物を利用することができるという前提の上に動いてきた。この考え方は,世界の大抵の宗教に見いだせるものであり,我々の多くの日常的な儀礼や慣習のうちに埋め込まれている[11]。この文化的伝統の重みを克服するのは,困難な戦いである。

　さらに動物の権利に抵抗する利己的な理由も数え切れないほどある。市民は,より「人道的な」食品や製品にほんの数セントであれば進んで余分に出すが,動物に依存した食品,衣服,あるいは医薬品を全面的に諦める気にはまだなれない。さらに,動物搾取システムには強力な既得権がかかわっている。動物擁護運動がそれらの経済的利益を脅かし始めたときは常に,急進派,過激派,あるいはテロリストとすらみなして,動物の権利の擁護者の信用を貶めるべく,動物利用産業が結集するのである[12]。

　動物の権利に対するこれらの文化的・経済的障害を前提とすれば,動物の搾取を廃止しようとする運動が,政治的に無力なままであることは驚くに値しない。しかし,我々は,その問題の一部は,動物の権利論が主張される仕方それ自体のうちに存すると考えている。単純化していうと,今日まで動物の権利論は,非常に狭く定式化されてきた。すなわち,特に,所有されない権利,殺されない権利,

監禁されない権利，虐待されない権利，家族から引き離されない権利といった消極的権利［～されない権利］の限定的なリストを特定するという形をとるのが，典型的な定式化の仕方であった。そしてそれらの消極的な権利は，主観的存在をもつすべての動物に「総称的に (generically)」に属する，すなわち，一定の閾値レベルの意識や感覚をもつ動物すべてに属するとされてきた。

　これに対して，動物の権利論は我々が動物に対してもつ積極的な義務，例えば動物の生息地を尊重する義務，動物のニーズを考慮にいれて建物や道路や近隣環境を設計する義務，人間活動により意図せず傷つけられた動物を救護する義務，我々に依存することになった動物たちを世話する義務，といったものについては，ほとんど何も配慮してこなかった[13]。関連して，動物の権利論は，我々が動物に対してもつ関係的な義務についても何も言うところがなかった。それらは，動物の内在的な特質（例えば意識）からのみ生じるのではなく，特定の人間集団と動物集団の間に発展してきた，地理的・歴史的に限定された関係からも生じるものである。例えば，人間が飼育動物を意図的に繁殖させ，それらの動物を我々に依存させるようにしたことは，人間の居住地域に入り込んできたカモやリスに対してもつのとは違った道徳的義務を，ウシやイヌに対して生じさせる。そしてさらに，どちらの義務も，人里遠く離れた自然の中に人間とほとんど接点をもたずにいる動物に対する我々の義務とはまた違う。これらの歴史的・地理的事実は，古典的な動物の権利論によっては捕捉できないが，道徳的に重要だと思われる。

　要するに動物の権利論は，動物の普遍的な消極的権利について焦点を合わせ，積極的な関係的義務についてはほとんど何も言わない。人間について考えるやり方とこれがどれだけ違っているかは，指摘するに値する。確かに，すべての人間には不可侵の消極的権利がある（拷問を受けない権利，殺されない権利，適正な手続なしに収監されない権利など）。しかし，道徳的な理由づけや道徳的な理論化の大きな部分は，これらの普遍的な消極的権利ではなく，むしろ，我々が他の人間集団に対してもつ，積極的で関係的な義務に関するものなのである。我々は隣人や家族にどのような義務を負うか。同胞市民にどのような義務を負うか。国内外において歴史的になされた不正義を治癒するためにどのような義務を負うか。関係が違えば，生み出される義務も違ってくる。ケア，歓待，調整，互酬，あるいは治癒的正義の義務などである。そして我々の道徳的生活の多くは，この複雑な道徳的状況を整理する試み，どのようなタイプの社会的，政治的，歴史的関係から，どのような種類の義務が生じるかを決定する試みである。我々が様々なカテゴリ

第1章 序　　9

の動物との間に様々な歴史的関係を結んできたことから，我々と動物の関係にも同じような種類の道徳的複雑性があることになるだろう。

　これと対照的に，動物の権利論は著しく平板な道徳的風景を提示するものであり，そこには個別化された関係や義務が欠けている。動物の権利論が非介入という消極的な権利にひたすら集中することは，ある程度は理解可能ではある。動物の搾取における日常的な（そしてますます増大し続ける）暴力を非難するためには，基本的権利の不可侵性がその前提として決定的に必要になるのである。奴隷化されない権利，生体解剖されない権利，生きたまま皮を剥がれない権利，といった消極的な権利を確保するという緊急の仕事に比べると，例えば，動物のニーズに合わせて道路や建物のデザインを変更したり，伴侶動物に効果的な後見モデルを作ったりすることは，他日に期すことにしておいてもいいようにみえる[14]。そして，いずれにせよ，動物の権利論者にとって，動物の消極的な権利を一般大衆に受け入れさせることが困難だとしたら，動物には積極的な権利も同じ様にあると主張したら，その戦いは一層困難なものになるだけだろう（Dunayer 2004: 119）。

　しかし，動物の権利論の中に，もっぱら普遍的で消極的な権利に焦点を合わせる傾向があるのは，単なる優先順位や戦略の問題ではない。むしろ，それは，世話する義務や，調整して合わせる義務や，相互性といった関係的義務を，人間と動物の間に生み出すような関係に入るべきか否かについての，根深い懐疑を反映しているのである。多くの動物の権利論者にとって，人間が動物と関係をもったその歴史的過程そのものが，本来的に搾取的なものなのである。動物を家畜化する過程は，人間の側の目的のために，動物を捕獲し，奴隷化し，繁殖させる過程であった。家畜化という観念そのものが，本来的に動物の消極的権利の侵害なのである。もしそうであれば，多くの動物の権利論者が議論するように，我々が飼育動物に特別の義務を負っているということではなく，むしろ，家畜動物というまさにその範疇自体が，存在することをやめるべきだというのが結論になる。例えばフランシオーンは次のように述べている。

> 「我々はもはやこれ以上の動物を家畜化するべきではない。食糧，実験，衣服に用いるものは言うに及ばず，伴侶動物もこれ以上増やすべきではない。既に生み出してしまっている家畜動物は世話するべきだが，それ以上生み出さないようにすべきだ。…我々は動物を家畜化する際に不道徳に振る舞ってきたが，現在は家畜動物が繁殖し続けられるようにするということは意味をなさない。」（Francione 2007）

一般的な構図は，人間が歴史的に動物との関係をもった場合，それは存在することをやめるべき搾取的な関係であり[15]，人間と経済的・社会的・政治的に何ら関係をもたない（あるいは少なくとも何ら積極的な義務を生み出さない）野生動物だけになるべきだというものである。最終目標は，要するに，積極的な関係的義務というまさにその観念を排除するようなやり方で，動物を人間から独立させるということである。例えばジョーン・デュネイヤー（Joan Dunayer）はこのように定式化する。

「動物の権利擁護者が求める法律は，すべての人間に動物の搾取をやめさせるか，さもなくば傷つけることをやめさせる法律である。彼らは動物を人間社会の内部で保護しようとはしない。そうではなく，動物を人間社会から守ろうとするのである。要するに目標は，人間以外の動物の『家畜化』や強制的な人間社会への『参加』に，終止符を打つことである。人間以外の動物は自然環境の中で彼ら自身の社会を築き，自由に生きることを許されるべきだ。……我々は，動物が人間から自由で独立したものであることを望む。ある意味，そのことは，新しい人間集団に権利を与え，その集団が経済的，社会的，政治的な権力を共有するようになることよりも脅威が少ない。人間以外の動物は権力を共有しようとはしないだろう。彼等は我々の権力から守られるのである。」（Dunayer 2004: 117, 119）

言い換えると，積極的な関係的権利の理論を発展させることは不必要なのである。なぜならば，ひとたび動物搾取の廃止が達成されれば，家畜動物は存在することをやめ，野生動物は人間と隔絶した生活を送るべく，放っておかれることになるからである。

　我々の目標はこのような構図に挑むことであり，人間と動物の関係の経験的・道徳的複雑性に対してより感受性豊かな代替枠組みを提示することである。積極的な関係的義務を脇において，動物の権利論を普遍的な消極的権利と等号で結ぶのは，知的にも政治的にも誤りであると我々は信じている。ひとつには，伝統的な動物の権利論の見解は，人間と動物を不可避的に関係づける濃密な相互作用のパターンを無視している。それは，人間が，都市部あるいは人間によって改変された環境，たいがいは（不当に家畜化されたあるいは捕獲された動物を除いては）動物のいない環境に住み，その一方で，動物が，その外にある野生環境の中，すなわち，我々がその場所を明け渡し，彼らをそっとしておくことができ，またそうすべき環境の中に住んでいるという見方に，暗黙のうちに基づいている。この見方は，人間と動物の共生という現実を無視している。実際，野生動物は我々の周囲

のいたるところに沢山暮らしている。我々の家や町，航空路や，流域などに暮らしている。人間の都市は，文字通り何十億ものホシムクドリ，キツネ，コヨーテ，スズメ，マガモ，リス，タヌキ，アナグマ，スカンク，グラウンドホグ［ウッドチャック］，シカ，ウサギ，コウモリ，ドブネズミ，ハツカネズミ，その他無数の機会主義的な動物はもちろん，家畜化されていない動物，すなわち，野生化したペット，逃げ出した外来種，人間の開発により生息地の周囲を取り囲まれた野生動物，渡り鳥などが，人間の開発した場所に，引き寄せられ，入り込み，人間と共生している。これらの動物は，我々が樹木を伐採したり，水路を変更したり，道路を建設したり，住宅を開発したり，塔を建てたりするたびに，影響を受ける。

　我々は，無数の動物と共有された社会の一員であり，その社会は，たとえ我々が「強制された参加」を排除したとしても，存続しつづけるだろう。動物の権利論が，人間が他の動物とは違う隔てられた領域に居住可能であり，それゆえ相互作用すなわち潜在的コンフリクトは大部分回避可能であると仮定するのは，端的に持ちこたえられない。永続的な相互作用は不可避であり，そういった現実が動物の権利理論の中心に置かれるべきであって，周縁に追いやられるべきではないのである。

　人間と動物の相互作用の不可避性という，厳然たる生態系的現実をいったん認めたら，それらの関係の性質や，それが生み出す積極的義務に関して，多数の規範的難問が生じる。人間の場合については，我々はこういった関係的義務について考えるための，既によく確立されたカテゴリをもっている。例えば，いくつかの社会的関係（例えば親と子，教師と生徒，雇用者と被用者）は，依存と力の不均衡がそこに存在するから，より強いケアの義務を生み出す。自己統治を行う政治コミュニティの一員であるといった政治的関係も，また積極的義務を生み出す。境界で区切られたコミュニティと領土の統治に関わるシティズンシップには特定の権利と責任が伴うからである。動物の権利についてのいかなる納得可能な理論であれ，その中心的な課題は，人間と動物の様々な関係とそれに関連する積極的義務を解明しつつ，動物との関係において，人間と類似のカテゴリを確立することであると我々は考える。

　動物の権利論の古典的モデルにおいては，動物との関係において受容可能な関係は１つしかない。動物を倫理的に扱うことは，動物をそっとしておくことであり，彼らの生命や自由に対する消極的な権利に干渉しないことである。私たちの見解では，不干渉が実際に適切な場合もいくつかある。特に人間の居住地や人間

活動から遠く離れたところにいる野生動物については，そうである。しかし，人間と動物が濃密な相互依存の絆で結ばれており，居住地を分かち合っているような他の多くの場合について，古典的モデルは絶望的に不適切である。この相互依存は，伴侶動物や，家畜化された畜産動物の場合については明白であり，それらは何千年にわたり人間に依存すべく繁殖させられてきたのである。この干渉の過程を通じて，我々はそれらの動物に対して，積極的な義務をもつようになってきた（そして我々の積極的な義務を果たす方法としてそれらの動物の根絶を唱えることは奇妙千万である！）。しかし，さらに複雑なことではあるが，人間の居住地に招かれざるかたちで引き寄せられてきた多くの動物についても，同じことがいえる。我々は，自分の町や市を探し出そうとするガチョウやグラウンドホグを望まないかもしれないが，時の経過とともに，彼らは我々と空間を共有する仲間の住民になるのであり，我々はその空間を，彼らの利益を念頭においてデザインする積極的な義務を有することになるかもしれない。我々は，そういった多くの事例を，本書の中でおいおい議論してゆくが，そこでは，動物倫理についての納得可能な考え方はどんなものであれ，動物との相互作用と相互依存の歴史と公正な共存への願いを考慮し，それに適合した積極的義務と消極的義務の混合物を必然的に伴うことになろう。

　我々の見解では，動物の権利論を消極的な権利の一式に限定することは，知的にもはや支持できないのみならず，政治的にも有害である。なんとなれば，それは動物の権利論から人間と動物の相互作用についての積極的な構想を奪うからである。関係に固有の積極的義務を承認することは，動物の権利論をより要求の厳しいものとするだろう [16] が，別の意味では，それは動物の権利論をはるかに人心に訴えるアプローチにすることだろう。結局のところ，人間は，自然の外で，動物の世界との接触から遮断されて存在するものではない。それどころか，歴史を通じて，そして，あらゆる文化において，動物搾取の歴史とは全く離れたところで，動物との関係や絆を発展させるという，ひとつの明確な傾向——ひょっとすると人間的必要すら——が存在するのである（動物の側からみてもまたそうである）。例えば人間は常に動物を友としてきた [17]。ショーヴェやラスコーにおける人類最初の洞窟壁画以来，動物は人間の芸術家や，科学者や，神話の作り手の関心の的となってきた。ポール・シェパード（Paul Shepard）がいうように「動物が我々を人間にした」のである（Shepard 1997）。

　確かに，動物世界と接触したいというこの人間的衝動，すなわち我々が，伴侶

として，偶像として，そして神話としての動物と「特別な関係」をもつことは，通常は，動物たちを人間側の条件に従わせ，人間側の利益のために人間社会に参加することを強いるという，破壊的な形をとってきた。しかし，動物との接触というこの衝動は，多くの動物擁護運動の動機でもあることも真実である。動物を愛する人たちが，この運動の鍵を握る同盟者であり，彼らのほとんどは，人間と動物のすべての関係を（たとえそれが可能であったとしても）断とうとは思っておらず，尊敬と共感に満ちた搾取的でない形で，それらの関係を再構成しようとしているのである。もし動物の権利論が，そのような関係が廃止されなければならないと主張するのであれば，動物への正義を求める戦いの中で，潜在的な同盟者の多くを遠ざける危険を冒すことになる。また，それは，動物の権利論に反対する組織に攻撃手段を与える危険を冒すことにもなり，そういった組織は，動物の権利擁護論者の「ペット反対」の言説を喜んで引用し，それらの言説を，動物の権利運動の本当の問題関心は人間と動物のあらゆる関係を切断することだと論じる材料に使うことだろう[18]。これらの批判は，いつも歪められたものだが，その批判のうちには，いかに動物の権利論が人間と動物の関係は本来的に疑わしいものだとする立場に閉じこもってきたかについての，一片の真理を含んでいるのである。

　このようにして，動物の権利論は道徳的風景を平板なものとし，動物の権利論を知的に納得できないだけでなく，魅力のないものにしてしまっている。すなわち，動物の権利論は，現在進行中でかつ道徳的にも重要な動物との関係性が不可避であること，人々がそうした関係性を希求していることを無視してしまっている。もし動物の権利論が政治的支持を獲得しようとするならば，動物との搾取的関係を禁止することは，動物と人間の意味深い形での相互作用から我々を切り離すことを伴わない，ということを示さなければならない。むしろ，その課題は，動物の権利論が積極的義務と消極的義務を含むものに明確化されたときに，人間と動物の相互作用を尊敬に満ち，相互に豊かにしあうことができ，かつ，搾取的でないものにするための条件を，どのように整えることができるかを示すことである。

　狭く捉えられた動物の権利論は，別の意味でも，政治的に維持できない。それは動物の権利活動家と生態系中心主義者の間の深い溝を不必要に強調し，潜在的な同盟者を敵にしているのである。確かに，動物の権利論と生態系中心主義的な見解との間の葛藤のうちには，基本的な道徳的立場の違いを反映しているものも

ある。例えば，生態系の健全さと個々の動物の生命が，純粋な葛藤を起こすとき，大多数の生態系中心主義者は何とかして生態系を守ろうとする努力の中で，動物たちが人間に殺されない権利をもつことを否定するだろう。それに反して，動物の権利の擁護者は，いわゆる「治療的な間引き」は（人間に対して行われた場合と同様に）基本的権利の明白な侵害だと見るだろう。我々が動物に対してもつ道徳的義務について，現実的で本当に基本的な道徳的な意見の相違があるわけで，この点は第2章であらためて論じることにする。

　しかし，積極的で関係主義的な権利を含む拡張された動物権利論によって解決されるであろう，動物の権利論と生態系中心主義の間にあるとされる葛藤は，他にも沢山ある。生態系中心主義者が心配しているのは，一式の基本的な個人的権利に限定された動物の権利論が，環境の悪化の問題に無関心であり，かつ（または），環境に介入することに熱心すぎることである。一方，もし我々が，個々の動物の権利のみに焦点を合わせると，動物の生息地や生態系の大規模破壊ですら批判することができなくなってしまう。人間が生態系を汚染すると，いかなる動物個体も直接に殺したり捕獲したりしなくとも，ある動物種の生存を危うくする可能性がある。動物の権利論の擁護者は，個々の動物の「生命への権利」は，安全で健康的な環境を含む生きる手段への権利を含んでいると答えることができるかもしれない。しかし，もし，生命への権利がこのように拡張された形で解釈されたとしたら，それは，動物たちを捕食者や食糧不足や自然災害から守るために，人間が自然に対し大規模な介入を行うことにお墨付きを与えることになるように思われる。個々の動物の生命への権利を擁護することは，あらゆる動物個体が安全で確実な食糧源とねぐらを得られるよう自然の管理権を人間が手中に収める，ということになりうる。要するに，もし動物個体の基本的権利という動物の権利論の考え方が狭く解釈されると，環境の悪化に対するいかなる保護も与えられないことになるのである。しかし，もしそれが拡張的に理解されれば，それは自然に対する人間の大規模介入を許すようにも思える。

　我々が第6章でみるように，動物の権利論者は，この「帯に短し襷に長し」（too little-too much）というディレンマに，様々な答えを寄せてきた。しかし，我々は，そのディレンマは，個体が普遍的にもつ権利の限られた一式に焦点を合わせる理論の枠内では，現実的には解決不能であると考える。我々は，より豊かで，より関係主義的な一群の道徳的概念を必要とし，その導きにより，野生動物とその生息地に対する我々自身の義務を確定する必要がある。個々の動物それ自体に対し

て我々が負っているものは何か自問することに加え，人間コミュニティと野生動物コミュニティの間の適切な関係はいかなるものか，それぞれのコミュニティが自治と領土について正当な請求権をもつような関係はいかなるものか，問う必要がある。我々は，こういったコミュニティ相互の公正な相互作用の条件こそが，生息地の問題についても，介入の問題についても，「帯に短し襷に長し」のディレンマを回避できるような，生態学的に十分な情報に基づく指導原理を提供しうると論じている。

　より一般的にいえば，動物の権利論は人間と動物の相互作用と相互依存の複雑さに関して単純素朴な考え方しかもっていないと，生態系中心主義者は心配しているのである。拡張された動物の権利論はその問題に向き合うことができる。なぜならばそれは，人間と動物の相互作用が至る所に浸透し不可避なものであること，「手を触れない」というアプローチの単純さの誘惑に負けてその関係の複雑性から逃げることはできないことを認める理論だからである。より関係主義的な動物の権利論ならば，これらすべてにより，生態系中心主義的な考え方とのギャップを埋めてくれるであろう。

　要するに，我々は，動物の権利論の拡張された説明，すなわち，すべての動物のもつ普遍的で消極的な権利と，人間と動物の関係の性質に応じて差異化された積極的な権利とを統合する説明が，この分野の進歩のために最も有望な道を提供してくれると考える。その考え方は，人間と動物の間の正義に関して現在主張されている福祉主義的，生態系中心主義的，あるいは古典的な動物権利論のいずれよりも知的に信頼でき，かつ，それが大衆のより大きな支持を得るために必要な資源を提供してくれるがゆえに政治的にも成功が見込めるというのが，我々の主張である。

　動物の権利に対して，より差異化され，より関係主義的なアプローチが必要だという考え方は目新しいものではない。多くの批判者たちが，動物の権利論がもっぱら普遍的で消極的な権利に焦点を合わせてきたことに疑問を呈してきた。例えば，キース・バージェス゠ジャクソン（Keith Burgess-Jackson）は，動物は「差異化されていない塊（undifferentiated mass）」ではないから，したがって，「任意の動物に対して人が負っているいかなる責任であっても，すべての動物に対して負う責任である」（Burgess-Jackson 1998: 159）というのは真ではないと述べている。同様に，クレア・パーマー（Clare Palmer）は，「我々が動物に対して，違った種類の関係を取り結んでいることを前提とすると，動物に対する道徳的義務につい

て『全体一律の（across the board）』規則を作ることは意味をなすのか」と疑問を呈している。彼女は，文脈と関係性に焦点を合わせ，それに立脚した動物倫理を要求している。類似の考え方は，フェミニズム倫理や環境倫理の伝統の中で仕事をしている一連の論者たちにも見いだすことができる[19]。

しかし，私たちの見解では，現在行われている関係主義的な説明は，多数の欠陥に悩まされている。第1に，動物の権利についての関係主義的な理論を求めた論者はいたが，実際にそのような理論を展開しようとした人はほとんどいない。大抵の人たちは，動物の権利にとって重要な様々なタイプの関係や文脈について，体系的な説明をするのではなく，1つの特定の関係——例えばバージェス゠ジャクソンなら，伴侶動物に対して我々がもつ特別な義務——についてのみ注目している。結果として，現在行われている議論は，義務の基礎に関する一般的な原理からは切り離された場当たり的なもの，あるいは手前勝手な議論にすら見えるのである。

第2に，多くの論者たちは，関係主義的なアプローチが動物の権利論の代替案であると示唆しており，それはあたかも，我々が，普遍的な消極的権利を認めるか，あるいは，積極的で関係主義的な権利を認めるかを，選ばなければければならないかのようである[20]。例えばパーマーは，彼女の関係主義的なアプローチは，「都会，田舎，海洋，そして未開地の環境いずれの場合であったとしても，不変の倫理的命令があるとする功利主義的議論や権利論の主旨とは違う」と述べている。しかし，我々の見解では，これらを補完し合うのではなく競合し合うアプローチだと見ることは必要ではないし，正当化できるものでもない。いくつかの「不変の」倫理的命令が確かに存在する——世界を主体的に経験しているあらゆる存在がもつ普遍的な消極的権利はある——のと同時に，我々の関係性の性質に応じて変化する倫理的命令もまた存在するのである[21]。

第3に，これらの代替的な説明は，人間と動物の関係についてカテゴリ化するうえで，不正確な，または，過度に狭い基盤しか提供しないものとなりがちである。それらは，典型的には，感情的愛着という主観的な感覚（例えばCallicott 1992において展開されている「生物社会学的」理論）か，生態学的な相互依存という自然的事実（Plumwood 2004），あるいは，危害や依存を生み出す因果的関係（Palmer 2010）に基づいて動物のカテゴリ分けをする。我々の見解では（そしてこれこそ我々の企図の最重要部分だが），我々はこれらの諸関係をより明示的に政治的な用語で理解する必要がある。動物は，政治制度と国家主権の実行，領土，植民地化，移

第1章 序　　17

住，そして帰属に対して，様々な可変的関係をもち，我々の動物に対する積極的で関係的な義務の決定は，大部分は，これらの関係の性質を考えることを通じて行うことなのである。このようにして，我々は，動物をめぐる論議を，応用倫理の問題から政治理論の問題へと移行させたいと望んでいる[22]。

我々は，普遍的な消極的な権利と積極的な関係的権利を結びつけるような，そして，動物をより明示的な政治的枠組みの中に位置づけることによりそうするような，動物の権利の説明方法を提供したい。これは難しい注文である。後にみるように，そのように拡張された動物の権利論の説明を構築し，普遍的な消極的権利と，関係的で積極的かつ差異化された義務とを統合しようとすると，沢山の難問に出会う。我々はそれらの難問すべてを解決したと主張するものでは決してない。

しかし，その仕事は困難ではあるとはいえ，文脈や関係性への感受性をもって普遍的な個人の諸権利を結びつけるという困難な課題に長く取り組んできた同種の分野である政治哲学の近年の発展から学ぶことができる。我々は，この点において決定的に重要な概念であることがわかってきたシティズンシップという観念に，特に焦点を合わせる[23]。現代のシティズンシップ理論によると，人間（human beings）は，自らの人格性（personhood）のおかげで普遍的な人権をもつ人格（person）であるだけではない。彼らはまた特定領域に置かれた個別で自己統治的な社会の市民（citizen）なのである。すなわち，人間は，自らを国民国家へと組織化し，それぞれの国民国家が「倫理的共同体」を形成している。その中で市民仲間は，お互いと共有領土を統治する共同責任を負うがゆえに，相互に特別な責任を負う。シティズンシップとは，要するに，外国人を含むすべての人間に対して負うべき普遍的人権を超えた先に，個別的な権利や責任を生み出すのである。

もし我々がこの前提を受け入れれば，我々は即座に，我々の義務に関する複雑で，集団ごとに高度に差異化された説明へと導かれる。「同胞市民（co-citizen）」と「外国人（foreigner つまり co-citizen でない者）」には明白な区別がある。しかし，これら2つの基本的カテゴリの中間に来る集団もあるだろう。例えばそれは，移民労働者や難民で，彼らはしばしば「市民」というより「デニズン（居留民）」の地位をもつ。彼らは，当該国家の領土内に居住しその統治に服すが，市民ではない。人間の移動性（モビリティ）という事実が，人々が自治的な共同体の完全なインサイダーでも完全なアウトサイダーでもないような状況を不可避的にもたらす。また，それらの自治的なコミュニティの領土的境界が争われているケースもある。例えば先住民族は，彼らがより大きな政治的共同体の内部に居住しつつ，

なお伝統的な土地の上に集団としての自治権を保持していると主張するかもしれない。あるいは，係争の対象となっている領土が，様々な形の共有された主権に従うために，シティズンシップ体制が重なり合うといった場合もありうる（例えば北アイルランド。ひょっとするとエルサレムに関する将来の解決もそうなるかもしれない）。人間の歴史の諸事実が，自治的共同体の境界と領土についての紛争を生み出すことは避けられないだろう。

　このように我々は，複数の，重なり合い，条件つきの，そして，調停された形式のシティズンシップをもち，これらすべてのシティズンシップは，人間社会が個別的で領土を画した自治的な共同体に組織されているという，より基本的な事実に由来するものである。この事実は我々に，特定の政治的共同体に帰属することの道徳的な意味を真剣に考えることと，帰属性，移動性，主権，そして領土といった広い範囲の問題に取り組むことを要求するのである。そして，それゆえ，今日ではリベラリズムには，単に普遍的人権の理論が含まれるだけでなく，領域を画されたシティズンシップの理論も含まれ，それが，外国人の権利，移民の権利，難民の権利，先住民族の権利，女性の権利，障害者の権利，そして子どもの権利のみならず，国民であることや愛国主義，主権と自決，連帯と市民的美徳，言語権と文化権といった構想に，同様に依拠するのである。これらの理論の多くは，集団に応じて差異化された積極的義務を，それに関連する人々の帰属する地位，個人の能力，そして関係性の性質に依拠しつつ生み出しているのである。しかし，これらの理論がすべて「リベラル」だとされるゆえんは，「集団的な」あるいは「共同体主義的な」基準が，普遍的な個人の基本的権利の行使といかに両立し，実際にそれをいかに増進するかを説明しようとしていることである。リベラリズムは，今日では，普遍的人権と，より相対的で，領域を画され，集団に応じて差異化された政治的・文化的帰属性の権利との複雑な統合物を含んでいる。

　我々の見解では，シティズンシップ理論の発展は，伝統的な動物の権利論と積極的で関係主義的な義務の説明を結びつける方法を考えるうえで，有益なモデルを提供してくれる。最低でもそれは，不変の倫理的命令を関係的な義務と和解させる知的可能性を示してくれる。しかし，我々はさらに先に進んで，動物の事例におけるこうした和解のためにも，シティズンシップ理論が有益な枠組みを提供してくれると主張したい。人間のシティズンシップについて集団に応じて差異化された理論のニーズを生み出す同様の政治的プロセスの多くは，動物にもまた当てはまる。その結果として，動物にも同じく適用可能なカテゴリもまたある。動

第1章　序　　19

物の中には，自分自身の領土の上に個別の主権共同体を作っているものがある（人間の侵略や植民地化にさらされやすい野生動物）。人間の居住する領域に入りこむことを選んだ，移民（migrant）やデニズン（denizen）に似た動物もいる（機会主義的な境界動物）。何世代にもわたって人間と相互依存すべく繁殖させられてきたがゆえに，その政体の完全な市民とみられるべき動物もいる（家畜動物）。これらの関係性（そして後述するそれ以外のもの）のすべてが，それぞれの道徳的複雑性をもち，それらは，主権，デニズンシップ，移動，領土，帰属性，そしてシティズンシップといった観念を使うことによって，解明することができるのである。

　我々はこれらのカテゴリや概念が，人間的文脈から動物的文脈にどのようにすれば転用できるかを探求する。動物の共同体の主権は，人間の政治共同体の主権と同じではないし，動物の植民地化は，先住民の植民地化と同じではない。移住動物や都会に住みついた機会主義的な動物のデニズンシップは，移民労働者や不法移民のそれとは同じではない。そして，市民としての家畜動物は，そのシティズンシップに伴う権利を他の市民の助けなしに行使することができない子どもや知的障害をもった人々と，重要な点において異なっている。しかし我々は，これらの概念は道徳的に重要ではあるが従来の文献ではしばしば無視されてきた諸要素を明らかにするもので，本当に啓発的なものであると主張したい。（実際，これらの観念を動物のケースに応用することは，人間のケースについてシティズンシップを考えるうえで，我々の思考を研ぎ澄ます助けにもなる。）

　要するに我々は，シティズンシップに基礎を置くように拡張された動物の権利論は，普遍的で消極的な権利と積極的で関係的な義務とを統合するのに役立つと論ずる。そしてその統合の仕方は，がっちり守られた動物搾取装置に立ち向かうのに必要な不可侵の権利という核心的主張をそのまま保持しつつ，生態系中心主義的な関心を下支えする強力な直観に訴えるものなのである。我々は，このアプローチが知的な説得力をもつのみならず，動物擁護運動を立ち往生させてきた政治的行き詰まりを克服するのにも役立つと考える。

　まず第2章では，動物はそれぞれの世界を主観的に体験する感覚をもつ個体であるがゆえに不可侵の権利をもつという考え方を擁護する。いま述べたように，私たちの目的は，普遍的な基本的権利に肩入れする伝統的な動物の権利論を補足することであり，それを置きかえることではないので，まずはその関心を明確化し，弁護することから始めることにする。

　第3章で我々は，普遍的な基本的権利の論理とシティズンシップの論理を区

別し，政治理論の中でシティズンシップが果たしている独自の機能を探求し，な
ぜこのシティズンシップの論理が説得力をもち人間と動物の両方に適用可能なの
か示す。多くの人々が，シティズンシップの核心的な価値のうちのいくつか，例
えば相互性や政治参加は，動物との関係では原理的に適用不能であると議論して
きた。我々は，そのような反論が，人間との関係においてすらシティズンシップ
の実践につき狭すぎる理解に立脚するものであることと同時に，動物の能力につ
いても狭すぎる理解に立脚していることを示す。シティズンシップが多様な人間
すべてに設定されていることについてひとたび考えれば，いかにすればシティズ
ンシップの実践の中に動物をも組み込むことができるか，という問いの意味がわ
かり始めるだろう。

　第4章から第7章では，家畜動物の事例から始めて，このシティズンシップ
の論理を様々な範囲の人間と動物の関係性に応用する。第4章では家畜動物に
対する現在の動物の権利論の諸アプローチの限界を探求し，それらが動物の家畜
化と人間社会への組み込みから生じる道徳的義務の認識にいかに失敗しているか
を探求する。第5章では，この組み込みを認識する適切な方法はシティズンシ
ップ理論を用いることであるという主張を擁護し，家畜化の事実がいかにしてシ
ティズンシップという考え方を道徳的に必要ならしめ，かつ，実践的に実現可能
なものにならしめているかを示す。第6章では，野生動物の事例を探求する。野
生動物は彼ら自身の主権的共同体の市民としてみるべきであり，野生動物に対す
る我々の義務は，彼らの領土や自律性の尊重を含む，国際的な正義の義務である
と主張する。第7章では，我々と一緒に暮らしている，家畜化されていない境
界動物に目をむけ，彼らにふさわしい地位はデニズンシップであると主張する。
つまり，このことは，彼らは我々の都市空間の共同居住者であるが，シティズ
ンシップという我々の協同的スキームに入れることはできないし，彼らもそれに関
心をもたないことを承認するものである。

　第8章では，本章で述べた戦略的で刺激的な問題のいくつかに立ち戻り，結
論を述べる。第2章から第7章までの主な焦点は，シティズンシップに基づく
アプローチの規範的議論であるが，既に示唆したように，我々は，このアプロー
チは大衆の支持と動物擁護運動の政治的同盟者を拡大する潜在力をもつと信じて
いる。第8章では，シティズンシップに基づくアプローチが人間と動物の関係
に最も有望な発展をどうやってもたらすのか検討し，その約束を果たすことを試
みる。何人かの個人やいくつかの社会は，家畜動物，野生動物，境界動物との間

の新しい形の関係を小規模ながら既に実験しており，その仕方は，我々の見るところ，シティズンシップに基づくアプローチへの衝動を具体的に示すものなのである。そのようなアプローチは，ユートピア的なものではなく，思慮深い環境保護活動家や，動物擁護者，そして様々な種類の動物愛好家が実際にやっていることに，理論が後から追いついてきたものだと見ることができるのである。

原注

1) 動物の擁護者たちは，奴隷，子ども，囚人，女性，障害者といった社会的弱者のための支援活動と当初から密接に関わってきた。実際，今日でも，動物擁護への支援は，公民権や男女同権のような，より広範な社会的正義の価値と積極的に連携し続けている（Garner 2005a: 106, 129-30）。しかし，Crompton が記しているように，「共通の大義」（common cause）に対する（動物擁護者がもつ）潜在力は無視されてきた（Crompton 2010）。

2) アメリカ人道協会（Humane Society of the United States）による統計を参照のこと。http://www.humanesociety.org/assets/pdfs/legislation/ballot_initiatives_chart.pdf （本書で引用しているウェブサイトは，すべて 2011 年 4 月 27 日現在，有効なもの。）

3) 我々の国，カナダは，最小の改革についてさえ，嘆かわしいほどに遅れを取っている。Sorenson 2010, International Fund for Animal Welfare 2008 を参照のこと。

4) 動物の種類によって個体数推移の傾向は大きく変動する。陸生動物や海洋動物と比較して，淡水動物の減少は著しい。また，温帯地域では 1970 年までに生息地の数が大量に減少しており，それゆえ個体数が低い基準から始まっているのに比較して，熱帯地域，そして開発途上国での減少が顕著である。このような動物の個体数には，保全管理戦略のもとで回復し始めているものもある。世界自然保護基金（WWF: World Wide Fund for Nature）の Living Planet Index（http://wwf.panda.org/about_our_earth/all_publications/living_planet_report/health_of_our_planet/ ［→ http://wwf.panda.org/about_our_earth/all_publications/lpr_2014/]）を参照のこと。

5) Charles Patterson の *Eternal Treblinka: Our Treatment of Animals and the Holocaust*（永遠のトレブリンカ——我々の動物の扱いとホロコースト）(2002)［チャールズ・パターソン『永遠の絶滅収容所——動物虐待とホロコースト』（緑風出版，2007 年)］は，と畜とホロコーストとの関連性・類似性を描き，多くのホロコーストの生存者（そしてその子孫）が動物保護運動において中心的活動家となっていることを紹介している。本のタイトルは，Isaac Bashevis Singer の著作のある一節からとられている。本の中の登場人物が「動物にとって，それは永遠のトレブリンカだ」と言う一節である。この比較を不愉快なものと受け取る人もいることはわかっている。そういった人たちは，本書の中で示すことになる別の比較，すなわち，動物の扱いとジェノサイド，奴隷制度，植民地化との比較であれ，動物の精神，情動，行動と人間の能力との比較であれ，動物の権利のための戦いとシティズンシップ，自己決定のための戦いとの比較であれ，同じように不快に感じるかもしれない。我々の見解では，そのような比較が有効かどうかの試金石は，動物に対する不正義の側面に光を当てるかどうかである。我々はこれらの比較を，論争を煽るために行うのではなく，それらが別の方法では理解し難い道徳的風景の特徴を捉えるのに現実に役立つならその場合に限って行う。

6) 改良主義運動がもたらす長期的な影響についての論争と両立しない（競合する）予測については，Gary Francione と Erik Marcus の討論（2007 年 2 月 25 日）を掲載しているオンライン記

録 を 参照 の こと。(http://www.gary-francione.com/francione-marcus-debate.html)。Garner (2005b), Dunayer (2004), Francione and Garner (2010), Jones (2008) も参照のこと。動物擁護の戦略としての平和主義と直接行動との間の論争については, Hall (2006) と, 直接行動の陣営に属する Steven Best と Jason Miller による Hall 批判 (Best and Miller 2009), さらには Hadley (2009a) も参照のこと。

7)「5月5日〜7日に行われた世論調査によれば, アメリカ人の96%が, 動物は危害や搾取に対して少なくとも何らかの保護を受けるに値すると答えている。一方, 動物に保護は必要ない, なぜならば『ただの動物だから』と回答しているのはわずか3%にすぎない。」(http://www.gallup.com/poll/8461/public-lukewarm-animal-rights.aspx)。

8) 我々が, 例えば, 動物の「人道的利用」という時に使う「福祉主義 (welfarism)」という用語は, 道徳哲学および政治哲学の分野で使われる, より専門的な意味での「厚生主義 (welfarism)」とは異なる。哲学者はしばしば, 帰結主義のある特有の形態, 例えば, 道徳とは全体の厚生を最大化することであるという考え方を指すときに厚生主義という用語を使う。このような哲学的意味での厚生主義は,「義務論的見解」と対立的である。義務論的見解では, 何らかの行為が厚生を最大化する場合であっても (例えば, それらが人権を侵害するような場合), 悪い (wrong) 行為になる。動物の人道的利用に関するひとつの立場としての福祉主義は, 哲学上の厚生主義とはほとんど無関係である。一方で, のちに見るように, 動物に関する福祉主義のたいがいの支持者たちは, 人間の扱い方については (人権尊重のような) 義務論的制約の存在を信じている。彼らは, 動物に関しては福祉主義者で, 人間に関しては義務論者なのである。反対に, 一部の哲学的厚生主義者は, 動物の人道的利用という主流となっている見解を拒絶する。例えば, Peter Singer は哲学的厚生主義者であって, 何が厚生の総和を増大させるかを決定するにあたって, 動物の利益が人間の利益と等しく考慮されるべきだと主張する。もしそうすると, 人間による動物利用は, それがいかに「人道的」なものであっても, そのテストを通過することは, あるとしてもごくわずかであろう (Singer 1975, 1993)。したがって, 哲学的厚生主義は, 動物の人道的利用という主流派の見解に対する根源的な批判へとつながりうる。私たちが使っているような意味の福祉主義は, 動物の取扱い方についての主流となっている「常識」的見解として最も良く理解できるもので, 一般的な道徳的推論についての特定の哲学的立場の産物としてではない。もし, これではわかりにくいと言うのであれば, 我々の議論における「福祉主義」を,「動物の福祉が道徳的に重要であって, だからこそ動物は人道的に扱われるべきであるが, 一方で人間の便益のために利用されることもあり得るという見解」だと, 単純に置き換えればよい。

事態をいっそう複雑にすることに, 動物の権利に関する諸文献の中で, Singer を「新しい福祉主義者」とみなすべきかという論争が存在する。Singer の理論が, 種の違いそれ自体に道徳的意義を持たせることを否定し, 功利計算において人間の利益と動物の利益が平等な重みをもつことを要求する一方で, 彼はまた, ほとんどの動物が生の持続 (continuation of life) による利益を持つことを否定し, 人間の方が心理的に複雑であるため, ほとんどの人間の生には, 動物の生よりも大きな内在的価値があると主張している。Singer は功利主義者であるため, こうした考えから, 厚生の総和を最大化できるならば, 複雑ではない生物の生が, 複雑な生物の便益のために犠牲にされる可能性を再び開くことになる。権利論に基づいて Singer を批判する人の多くはこのことを指して「新しい福祉主義」と呼んでいるのである。我々も Singer のアプローチを拒否し, 代わりにより強い権利論に基づくアプローチを支持するが, 動物の「人道的利用」を前提とする主流派のアプローチに対して彼が深い批判を加えていることから, Singer を我々が議論している意味での「福祉主義者」だとみることはしない。

9) Gary Varner によれば,「環境哲学者のほとんどは動物の権利論は健全な環境政策と両立しな

第1章 序 23

いと信じている」(Varner 1998: 98)。

10) 動物擁護運動のうち福祉主義の枠組みよりも明らかに権利論に依拠している一例として大型類人猿プロジェクト（GAP: the Great Ape Project）がある。これは，潜在的にいかなる人間的便益があろうと，大型類人猿には監禁されず，実験対象とされない権利があるとする最近のプロジェクトである。このプロジェクトは，1993 年に同名の書物（Cavalieri and Singer 1993）の刊行とともに開始され，それ以降，様々な国で法的・政治的擁護運動を展開している。その中には，スペイン国会の委員会が，大型類人猿には生命・自由に対する権利があるという見解を承認するという著しい勝利も含まれている。GAP International のサイトを参照のこと（http://www.greatapeproject.com ［→ http://www.projetogap.org.br/en/］）。関連して，GRASP（Great Ape Standing and Personhood〔大型類人猿の訴訟当事者性と人格性〕）のサイトも参照（http://www.personhood.org）。大型類人猿に関する，権利論に基礎を置くレトリックのこのように明らかな成功は，大型類人猿が進化の見地からは人間と非常に近いのと同時に，地理的・経済的な見地からは，それらが我々のほとんどから遠く離れており，大型類人猿に権利を付与しても日常生活に混乱を来さないという事実の反映かもしれない。大型類人猿に比べると人間に似ていない動物で，かつ（あるいは），農場経営，狩猟，ペット所有，工業利用といった我々のシステムの中でより中心に位置する動物の場合は，権利論に基づく擁護運動は無力であり，擁護活動グループも福祉主義的な運動の方に焦点を移す傾向にある。

11) 西洋文化は，動物や自然を道具とみる点で独特である一方，東洋文化や先住民文化は，それらをより尊重する視点を持つと言われることがある。Preece（1999）の述べるように，この種の対比は単純化されすぎていて，諸文化に内在する見解や道徳的淵源の多様さを無視している。動物への態度に関する文化的相違というこの問題については第 2 章で扱う。

12) 一般大衆には 9.11 のような事件への対応だと見られているイギリスとアメリカの反テロ法は，動物利用産業により巧妙に操られ，動物の権利活動家たちをいわゆる自国産テロリストとして攻撃の的にしている。例えば，アメリカの 2006 年動物企業テロリズム法（The US Animal Enterprise Terrorism Act 2006）は，国内「テロリズム」の範囲に非暴力的な市民的不服従（例えば違法な動物虐待を写真に撮るために畜産工場に侵入することや，研究室から動物を救い出すことなど）まで包含する法律である（Hall 2006）。

13) このことは強い権利論のみならず，興味深いことに功利主義的なアプローチにも当てはまる。原理的には，功利主義は動物が総体としての福利を増大させるか総体としての苦痛を減じさせる時はいつでも，動物に対する積極的な義務を支持するべきである。しかし実際のところ，Singer のような功利主義の理論家たちは，動物に対する積極的義務に関する説明を展開してきていない。他の動物の権利論者と同様に，Singer の焦点は，家畜動物を殺し，監禁し，実験対象にすることを止めるべき理由にあり，野生動物に関しては，自然への介入の複雑さを考えると「他の動物に対する不必要な殺害と虐待が排除されることで十分である」としている（Singer 1990: 227）。功利主義者と権利論者は基本的前提を異にするにもかかわらず，動物の権利を説明するのに，今までのところは両者ともももっぱら普遍的で消極的な権利に焦点を合わせ続けている。

14) 例えば，「最も不運な動物（畜産動物や実験動物）が，現在の仕事から解放されたとしたら，その動物たちはその後どう扱われるべきだろうかという問題は，我々の世界よりずっと良い世界にとっての問題である」という Sapontzis の主張を参照のこと（Sapontzis 1987: 83 さらに Zamir 2007: 55）。Francione も，現在の動物の権利論が積極的権利について「ほとんど何も言わない」ことを認めたうえで，人間以外の動物に人格性が備わっているとみなすことは，「制度化された搾取」の即時撤廃を伴う一方で，そのこと自体が，自動的に，「（人間以外の）人格をもつ動物が持つべき権利の範囲を特定するものではない」と，類似の見解を述べている

（Francione 1999: 77）。我々は，これらの問題を「より良き世界に」持ち越すという判断は知的・政治的な麻痺状態につながると考えている。

15）必ずしもすべての動物の権利論者が飼育動物の廃絶を支持しているわけではないが，飼育動物との関係性を枠づける積極的権利という説得力のある理論を提示した論者はこれまで全くいなかった。Tom Regan の「家畜動物の場合，相互に尊重し合う共生関係の中で生きる方法を解明することは大きな挑戦である。それはかなり難しい。」という慎重な発言を参照してほしい（日付無しの Tom Regan のインタビュー。http://www.think-differently-about-sheep.com/Animal_Rights_A_History_Tom_Regan.htm）。Burgess-Jackson（1998）は，伴侶動物への義務について説明しており，その点は第 **5** 章で述べる。

16）実際一部の論者は，動物に対する積極的義務の考え方は，それを採用することが動物の権利論のアプローチ全体を不合理なものとしてしまうものだと示唆している（*reductio ad absurdum*）と批判する（Sagoff 1984）。

17）専門家は，人とイヌが最初に伴侶になった年代をさかのぼらせ続けており，それは他の動物種の家畜化に何千年も先立つ関係なのである。およそ 15,000 年前というのが長年の通説であった（8,000 年前から家畜化が起こったブタ，ウシなどの他の動物と比較せよ）。しかし，近年の研究では，人とイヌがパートナーになったのは，40,000 年から 150,000 年までのどこかの時点にさかのぼることができるようだ。もし本当ならば，人とイヌは，相互的家畜化の過程にかかわりながら，文字どおり共に進化してきたと言えるかもしれない。実際，Masson は，「少なくとも 15,000 年前から今日に至るまでずっと，人間の居住地にイヌがいなかったことはほとんど無く」，そのことは，他の動物を一切家畜化しなかった社会においてもそうであると主張している（Masson 2010: 51）。Serpell 1996 も参照のこと。

18）例として，以下を参照。

http://www.naiaonline.org/articles/archives/animalrightsquote.htm

http://www.spanieljournal.com/42lbaughan.html

http://www.purebredcat-breedrescue.org/animal_rights.htm ［Not Found］

http://www.people.ucalgary.ca/~powlesla/personal/hunting/rights/pets.txt ［Not Found］

19）「人間と動物がそれを通じて相互に利益＝愛情関係に入る社会的関係と実践の多様性を認識することは，複雑で差異化された道徳的背景を明らかにする」とした Benton の指摘を参照のこと（Benton 1993: 166）。Midgley 1983，Donovan and Adams 2007 も参照のこと。

20）より状況依存的で，関係的な，あるいは，共同体的なものとして動物倫理を考えるべきだという彼らの要求が，動物の権利論の強調する普遍的な基本的権利を「補完する」ことを意図しているのか（Burgess-Jackson 1998，Lekan 2004，Donovan 2007），それを「代替する」ことを意図しているのか（Slicer 1991, Palmer 1995, 2003a, Luke 2007），動物の権利論の批判者の中でも，意見が分かれている。

21）Palmer は最近の著書において，彼女の関係的アプローチは動物の権利論と両立するものであり，動物の権利論の拡張と見てよいと主張している（Palmer 2010）。第 **6** 章で彼女の修正された見解について議論する。

22）動物問題を応用倫理学から政治理論へと移すことについて関連した要求を行っているものとして，Cline 2005 を参照のこと。

23）政治哲学の中核的観念としてのシティズンシップの再興と，シティズンシップがリベラル・コミュニタリアン論争を調停しそれを超克するうえで果たすその役割については，Kymlicka and Norman 1994 を参照のこと。

第 I 部

拡張された「動物の権利」論

第**2**章

動物の普遍的な基本的権利

　動物の権利論の重要な構成要素の1つは，主観的存在（subjective existence）である全ての動物，すなわち意識や感覚を持っている全ての動物が，正義の対象として，そして不可侵の権利の保有者としてみなされるべきであるという前提からきている。動物が不可侵の権利を持っているという着想は，「animal rights」という用語によって通常理解されているものを超えた，はるかに特徴的な考え方である。だからこそ，不可侵の権利によって意味するものと，なぜ動物がその不可侵の権利を持つと考えられるのかを明確にすることが重要なのである。

　日常会話の中で動物を利用することに対して更なる規制を要求する人は，動物の権利の支持者であるとみなされる。ゆえに，食肉のために飼育されているブタには，その短い生涯の質を改善するためにより大きな畜舎が与えられるべきだと主張する人がいれば，その人も動物の権利の信奉者として分類されることとなる。実際のところ，確かにそのような人は，動物が「人道的に扱われる権利」を持っていると信じているということができよう。もっと強固な権利の支持者の中には，ほかに滋養のある代替物が沢山あるのだから，人は動物を食べるべきではないと主張する人もいる。しかし，これらの人々であっても，医学上の動物実験に対して，それが重要な医学的知見を進歩させる唯一の方法であるならば，あるいは，野生動物を間引くことに対しても，それが重要な生息地を守る唯一の方法であるならば，それらを許容するかもしれない。つまり，そういった人々も，動物は「人や生態系にとって重要な利益が賭かっていない限りにおいて，人によって犠牲に

29

されない権利を持っている」と信じているといえる。

　動物の利用の規制を要求するこれらの見解は，その強弱にかかわらず，動物が不可侵の権利を持つという着想とは明らかに異なっている。不可侵の権利という着想は，ある個体の最も根本的な利益が，他者のより大きな善のために犠牲にされないということを含意している。ロナルド・ドゥオーキン（Ronald Dworkin）の有名な一節にあるように，この意味での不可侵の権利は，それらの侵害によっていかに他者が多くの便益を得ようとも，侵害され得ない「切り札（trumps）」である（Dworkin 1984）。例えば，1人の人の臓器や骨髄，幹細胞から何十人もの人が便益を得るとしても，身体の部位を摘出するために人を殺せるはずがない。また，人体実験からいかに多くの知見が得られて，それによって多くの人々を救済できるとしても，人は同意無くして医学実験の対象にされることはない。この意味での不可侵の権利は，個人の周囲に描かれた結界（protective circle）であって，それは他者の善のために犠牲にならないことを保障している。通常，この結界は，殺害，奴隷化，拷問，監禁といった重大な加害を受けないという，一連の基本的な消極的権利の観点から理解される。

　人がこのような不可侵の権利を持つという着想にも，異論はある。例えば，功利主義者は，たとえそうすることが1人の人を犠牲にすることを意味していても，最大多数の最大幸福をもたらすことは道徳的要請であると信じている。他の条件が等しければ，もしも，1人の人を殺すことによって5人の人が助かるとしたら，そうするべきなのである。偉大な功利主義者であるジェレミー・ベンサム（Jeremy Bentham）の有名な一節にあるように，不可侵の権利についての着想は，「大言壮語のナンセンス」というわけだ。功利主義者達は人間が不可侵の権利を持っていることを信じていないのだから，無論そうした権利を動物に認めることもない[1]。

　しかし，今日，人権の根拠づけに関する哲学上の論争が継続されている一方で，人が不可侵の権利を持っているという着想は広く受け入れられている。不可侵性は，医療倫理や各国の人権規定，国際人権法の分野での基礎になっている。全ての人が確固たる不可侵の権利を保障される資格を有するというこの考え方は，法における「人権革命（human rights revolution）」の構成要素であり，政治哲学における「権利基底的」理論（‘rights-based’ theories）への転換に関与している。ロールズ（John Rawls）の『正義論（*A Theory of Justice*）』は，政治哲学の再生の到来を告げるものとして広く知られているが，その主要な動機のひとつはまさに，有

効な医学的知見を得るために人体実験を行うことであれ，多数派の選好を満足させるために人種的・性的少数派を差別することであれ，他者の善のために個人を犠牲にする悪について功利主義が説明できなかったという確信であった（Rawls 1971）。リベラル・デモクラシーを適切に支持するためには，個人の尊重という，より「カント的な」構想が必要であり，それは，単に社会の善のための道具として我々が扱われるべきでないことを強調するものである[2]。

　権利の不可侵性の着想が人に関して広く受け入れられている一方で，動物も不可侵の権利を持つという考え方を認める準備ができている人はほとんどいない。動物が道徳的に重要で，今よりもっと人道的に扱われるのに値することを認めている人々でさえ，いざとなると，他者のより大きな善のためなら，彼らを侵害し，際限なく犠牲にし得ると考える。5人の人を救うために，1人の人の臓器を摘出して命を奪うことは許されないとする一方で，5人の人（または5頭のヒヒ）を救うために，1頭のヒヒを殺すことは許され，そしておそらく道徳的に要請すらされる。ジェフ・マクマハン（Jeff McMahan）が述べているように，「より大きな善に奉仕するためならば，惜しみなく動物を侵害できる」が，人を「侵害することは全面的に許されない」（McMahan 2002: 265）。このような見解をロバート・ノージック（Robert Nozick）が，「動物には功利主義，人にはカント主義」と表現したことはよく知られている（Nozick 1974: 39）。

　我々がこの本で展開するアプローチは，人だけが不可侵の権利を持っているという主張を認めていない。人権革命は，深遠な道徳的達成であるが，いまだ不完全である。後述するが，不可侵性に関する議論は，人という種の境界線内に止まるものではない。パオラ・キャヴァリエリ（Paola Cavalieri）が記しているように，人権という言葉から人という文字を取り除く時が来たのだ（Cavalieri 2001）。そうすることによって5人の人が助かろうとも，臓器を摘出するために人を殺すことが悪ならば，同じ目的でヒヒを殺すこともまた，悪である。シマリスやサメを殺すことは，人を殺すのと同様に，生に対する基本的な不可侵の権利の侵害である[3]。

　動物のための不可侵の権利の主張は，既に一部の動物の権利論者によって巧みに支持されているので，我々が彼らの議論に新たに付け加えることはほとんどない[4]。この見解に既に賛同している読者は，この章を飛ばして，我々の議論の中でより独創的な箇所に進むこともできる。そこでは，我々人間が，異なる動物の集団との間に負っている，集団ごとに分化した関係的権利について述べている。

一方で，ほとんどの読者は，動物のための不可侵の権利というこの見解を熟知していそうにないし，それどころか，ひどく信じ難いと思っているかもしれない。そうであるならば，そういった読者にとっては，この本の中で私たちが展開する議論はなおいっそう興味深いものになるだろう。たとえ，あなたが「動物には功利主義，人にはカント主義」を支持していても，あるいは，それどころか動物と人の両方に対して功利主義を支持していても（もしくは，何かほかの理論を支持していても），動物の権利のより政治的かつ関係論的な説明を採用することを余儀なくされる場合があると我々は確信している。家畜動物にシティズンシップを与え，野生動物に主権を与え，境界動物（liminal animal）にデニズンシップを与えるために我々が行った立論の多くは，動物のための不可侵の権利についての着想を支持するかどうかに左右されるものではないからである。

それでも，我々の議論は，不可侵性への支持を含んだ強力な動物の権利の枠組みの中で綿密に仕上げていくつもりである。そのため，不可侵性についての着想は，我々の議論の仕上げ方と，そこから導かれる結論に影響を与えることになる。よって，本章では，その原点を擁護し，かつ，こうした見解が惹起しそうな反論と懸念のいくつかに対処することを試みる。

なぜ，動物のための不可侵の権利という着想が受け入れ難いと思われてしまうのか。人の死はヒヒの死よりも痛ましいとともに，世界にとっての損失もはるかに大きいので，人を殺すことはヒヒを殺すことよりも間違いなく大きな悪であるということは，一部の人々にとっては自明のことである。本章での議論によって，動物が死ぬことの損失とともに，それぞれの損失を比較衡量して判断を下す複雑さを，よりはっきりと実感してもらえることを期待しているが，いずれにしてもこの議論は，その方法自体が見当違いである。結局のところ，異なる人々の死に関して，その損失の大きさを相対的に判断することは可能であるし，まさに我々は，実際にそうしている。我々は，おそらく老人の死よりも事故で若者が死ぬ方をより悲劇的だと感じ，また，人間嫌いの人の死よりも人生を愛していた人の死をより痛ましく思うだろう。それぞれの損失を比較衡量するこのような判断は，生に対する不可侵の権利に対しては何の含意ももたない。若者の死をより痛ましいとするのが事実であっても，若者に臓器を与えるために，老人を殺しても良いということを意味しないし，人生を愛している人のために人間嫌いの人を殺して，臓器を摘出することなどできない。

実際のところ，これこそが不可侵の権利の本質的な点であり，功利主義との違

いでもある。厳密な功利主義の観点では，生に対する人々の権利の強さは，より大きな善にどのくらい貢献しているかによって測られる。我々は，「より大きな善に奉仕するために，際限なく侵害されうる」ので，あなたが存在し続けることが善の総和に資することを示して，生への権利を贖わなければならない。ゆえに，若くて才能があり，人付き合いのよい人は，年配であったり，虚弱であったり，つまらなかったりする人よりも生に対する強い権利を持つことになる。生に対する人の権利の強さは，その人の死がもたらす損失を比較衡量することによって変動するのである。

　人権革命は，まさにこのような思考法を否定するものである。不可侵性の原理が示しているのは，生に対する人々の権利は，善の総和に対する相対的な貢献とは無関係であるということ，そして，より大きな善に利用されるために侵害されないということである。今やこのことは，人間に関してはしっかりと確立されている。我々が議論するのは，それを同様に動物にまで拡張しなければならないということである。同種間，あるいは異種間において，一方の個体の死が他方の個体の死よりも痛ましく，損失が大きいこともあるだろう。しかし，全ての個体が不可侵の権利を持っているのである。つまり，全ての個体は，他者のより大きな善のために犠牲にならないという権利を平等に持っているのだ。

　他者のより大きな善のために犠牲にならない平等の権利を動物が持つということが，新たな懸念と反論を引き起こしている。このことは，例えば，選挙権や信教の自由や高等教育を受ける権利を含む人間と「平等の権利」を動物が持つということを伴うのだろうか。これは，動物の権利の着想の行き過ぎを示すものとしてしばしば引き合いに出されることだが，これまた権利革命の論理を誤解したものである。つまり，人間というカテゴリの中でさえ，多くの権利は，能力や関係性に応じて異なる配分を受けている。市民は，観光客が持たない権利を持っている（例えば，選挙権や社会的サービスを受ける権利）。大人は子どもが持っていない権利を持っている（例えば，車を運転する権利）。一定の理性的な能力を備えている人は，重度の知的障害のある人が持たない権利を持っている（例えば，自分の財産管理の方法を決定する権利）。しかし，このような権利のバリエーションがどうあれ，根本的な不可侵性の要求を揺るがすものではない。市民は外国人旅行者が持っていない権利を持っているが，外国人旅行者を奴隷にしたり，臓器を摘出するために彼らを殺したりはできない。大人は子どもの持たない権利を持ち，一人前の大人は重度の知的障害のある人が持たない権利を持つが，子どもや知的障害のある

第2章　動物の普遍的な基本的権利　　33

人も，一人前の大人たちのより大きな善のために犠牲にされたりはしない。権利には，能力や利益，関係性に応じて市民的・政治的・社会的権利における広範なバリエーションが存在するが，不可侵性の平等は，そのバリエーションと共存しうるものである。再度，強調するが，これらの議論の全てが人間については十分に明白であるのだが，動物にも同じく当てはまるものなのである。

　要するに，不可侵の権利の問題は，それ自体，はっきりと念頭におかれるべきであって，これと，人と動物それぞれに対して我々が負っている義務に関する問題とを混同してはならない。繰り返すと，一連の不可侵性の問題は，ある者の基本的な利益が，他の者のより大きな善のために犠牲となり得るかどうかの問題なのである。まさに，人権革命は，人間がそうした不可侵性を持っていることを示すものである。そして，強い動物の権利論の立場は，感覚のある動物も同様の不可侵性を備えているという見解をとっている。一部の読者は，不可侵性を動物へと拡張することが，苦労の末に勝ち取った権利革命の成果を「安っぽいものにして」しまうと懸念するかもしれない。むしろ我々に言わせれば，不可侵性を人間だけに限定しようとするいかなる試みも，必然的に人権擁護の仕組を根底から弱め，不安定にさせてしまうのである。なぜならば，その行き着く先は，動物と同様に多くの人が，人権擁護の有効射程外に置き去りにされることにつながるからである。

　本章で不可侵性の問題に焦点を当てるからといって，家畜動物に医療を施す義務や，野生動物や境界動物の生息地を守る義務に関する問題のような，他の市民的・政治的・社会的権利の重要性を極小化しようとしているとみなされるべきではない。それどころか，我々の研究課題全体がまさに意図しているのは，動物の権利をめぐる政治的理論の中に不可侵の権利を明確に位置づけることによって初めて，これらのより広範な問題に対処できると示すことにある。我々が懸念しているのは，動物の権利論が，不可侵の権利の原理に対して強い論拠を提供する一方で，これらの広範な問題に対処するための概念的な資源を欠いていることである。このためには，関係的正義（relational justice）の理論が必要である。ただし，その説明に入る前に，動物は，他者の便益のために侵害されるがままでいるのではなく，強力な権利に基礎を置いた理論の射程内にまさに入るということを，我々がなぜ信じるのかまず説明せねばならない。

　前述のとおり，我々がこの章で議論しようとしている主張は，新しいものではない。（強力な）動物の権利論の見解を支持する理論は既にできあがっている。こ

の本の最も重要な目的は，次の段階に進むことであり，それは，動物の権利論を，正義とシティズンシップという，より広範な政治理論に連結させ，それによって動物と人間の関係性の中に秘めている発展可能なモデルをより明確に同定することにある。

　しかし，我々が**第Ⅱ部**で用意した更なる独創的な議論のための土台を築くには，道徳的地位，あるいは動物の人格性に関する論争を簡潔に概観する必要がある。これによって，我々が強力な動物の権利論の立場を採らざるを得ない理由を示すものとする。まず，第1節において，動物の自己性に関する議論とともに，この議論が普遍的な基本的権利の承認を必要とする理由について述べることから始める[5]。次に，第2節と第3節において，植物と無生物が自己性をもたない理由を考察する。しかし，だからと言って，我々がそれらに対して何ら義務も負わないという意味ではないし，それらに本質的な価値がないわけでもない。第4節と第5節では，基本的権利の「普遍性」と「不可侵性」の着想が惹起しそうな曖昧さと，それに対する反論をいくつか取り上げる。

　我々は，読者がこれらの議論を説得力あるものとして理解してくれることを期待しているが，それぞれの動物が，我々と同様に尊い生を持ち，脆弱な自己であることを認めてもらえるよう，人々を「説得すること（arguing）」の難しさを軽く考えているわけではない。一部の人にとって，この承認に至る道筋は，知的なプロセスであるが，多くの人にとっては，（仮に，承認するとしても，）それぞれの動物との関わり合いを通じて辿るものである。そしてこのことは，基本的権利と道徳的地位の問題を超えて，複雑さと豊富さに満ちた動物との現実の関わり合いを考慮するところまで議論を拡張したいと我々が願う動機の1つとなっている。たとえ，人権を動物に拡張することと，それを根拠づけるものとして我々が導き出した動物の自己性の議論が受けつけられなくても，読者には，どうか**第Ⅱ部**の旅路に頑張って付き合っていただきたい。動物を，脆弱で苦痛を感じる個体としてだけではなく，我々の，かつ，彼らのものでもあるコミュニティの隣人であり，友人であり，市民であり，メンバーであるとみなすことは，道徳的想像力を広げる1つの訓練なのである。動物と人が，正義と平等に基づいて共存し，交流し，協力さえしあえると真剣に考えて，人と動物の関係性の世界を思い描いてみてほしい。人と動物との関係性をより積極的な視点でこのように描き出すことは，それが大まかなものであっても，これまで，動物の能力や苦痛，あるいは道徳的地位という哲学的基盤に関する動物の権利論の標準的な議論には与してこなかった

第2章　動物の普遍的な基本的権利　　35

読者に対してでさえ，説得力を持ちうると信じている。

第1節　動物の自己

　西洋社会で最も主流とされている現代的政治理論の前提は，正義のコミュニティは人間のコミュニティと同一の広がりを持つということである。基本的な正義と不可侵の権利は，人間性を理由として全ての人間に与えられており，そこに，人種や性別，信条，能力，性的指向のような人間間の違いを介在させるべきではないとされている。この主流の前提に対して，動物の権利論は疑問を投げかける。なぜ，人だけなのか。人権を普遍化したいという衝動は，肉体的，精神的，文化的違いという境界を超えて，基本的な身の安全を拡張させるために存在する。それなのに，なぜ，この衝動は，人という種の境界で止まってしまうのか，と。

　動物の権利論の前提は，これらの自らの身を守る権利が人や動物といった意識のある，あるいは感覚のある全ての存在に与えられているということであって，この前提は，サポンツィス（Sapontzis 1987），フランシオーン（Francione 2000），キャヴァリエリ（Cavalieri 2001），レーガン（Regan 2003），デュネイヤー（Dunayer 2004），シュタイナー（Steiner 2008）などの著作に反映されている[6]。意識もしくは感覚のある存在には自己がある。すなわち，彼らは，彼ら自身の生と世界に対する固有の主観的な経験を持っていて，そのことが，不可侵の権利の形を伴ったある種の明確な保護を要求している。これらの権利を人間に限定することは，道徳的に恣意的かつ，「種差別主義」的である。このような権利は，全ての脆弱な存在を守るために重要な役割を果たすことができるし，そうするべきである。

　感覚もしくは意識には，明白な道徳的重要性がある。なぜならば，それによって，世界に対する主観的な経験を可能にするからである。フランシオーンによれば，「動物が感覚を持つという所見は，彼らが単に生きていると言うのとは違う。感覚を持つこととは，痛みや喜びを覚えている存在の一種であることを意味する。すなわち，主観的経験を持つ『私』が存在するということである」（Francione 2006: 6）。シュタイナーの定式化によれば，「感覚性とは，生存競争と繁栄（flourishing）が<u>重要となる</u>全ての存在によって共有されている能力であって，当の存在が，どの物事が<u>重要</u>であるか，もしくはいかにそれらが重要であるかというように内省する判断力を持っているかどうかとは関係ない」（Steiner 2008: xi-xii）。内面から自らの生を感じ，さらにその生が良くなったり悪くなったりする

のを感じられる存在は，物ではなく，自己なのである。そして，我々はその存在を，喜びや痛み，欲求不満や満足感，楽しみと苦痛，恐れや死といったものに対して影響を受けやすい，脆弱性に悩まされる存在として認識する。

　このように他者を感覚あるものとして認めることは，彼らに対する我々の態度を変化させる。コーラ・ダイアモンド（Cora Diamond）は，他者を「同胞（fellow creature）」と認識することについて語っている（Diamond 2004）。シュタイナーは，他の存在を感覚あるものと認識することは，「1つの道徳的コミュニティの中で，他者との間にお互いを結びつける親戚関係」を作り出すと言い（Steiner 2008: xii），バーバラ・スマッツ（Barbara Smuts）は，「我々が，出会った相手と相互関係を持つ場合，その相手の中に認められる『実在』は，我々が知っているものというよりもむしろ，感じとれるものである。……相互関係にある場合，他者の身体の中に，『内なる誰か（someone home）』の存在を感じとるのだ」と言っている[7]（Smuts 2001: 308）。

　動物の権利論の基本的な前提は，我々がそのような脆弱な自己に遭遇した時，すなわち，「内なる誰か」に遭遇した時はいつでも，彼らに対して不可侵性の原則に基づく保護が必要になるというものであって，それは，基本的権利という保護の盾（protective shield）を全ての個体に対して与えることを意味する。この主張を表現する自然な方法として，動物を人格として認識すべきだと主張することが挙げられる。そして，実際に多くの動物の権利論者が，自身の主張をそのように要約している。例えば，フランシオーンは，最近の著作に *Animals as Persons*〔人格としての動物〕（Francione 2008）というタイトルをつけている。既存の人権規範がしばしば「全ての人（all persons）はXへの権利を有する」という言い回しを使うことから，動物の権利論の主張を，動物は自己性をもっているのだから彼らも人格というカテゴリの中に入れるべきである，というように言い換えることもできる。

　相変わらず，動物の権利論への批判者の多くは，不可侵の権利に保護される資格を与えられているのは人間だけだとする伝統的な考え方を主張している。一部の批判者は宗教に訴える。ユダヤ教，キリスト教，イスラム教を含めて多くの宗教の聖典では，神は人に動物に対する支配権を与えたと述べられており，そこには人間の便益のために動物を利用する権利も含まれている。そして，一部の敬虔な信者たちにとって，この聖典による承認が，動物の権利論を否定するのに十分な根拠となっている[8]。このような主張は脇に置いておこう。なぜならば，私た

第2章　動物の普遍的な基本的権利　　37

ちが関心を持っているのは，公共的理性に基づく議論であって，個人的な信仰や宗教上の啓示ではないからである。

　その他の批判者たちは，動物が実際に世界に対する主観的な経験を持っていること，あるいは，痛みや苦痛や恐れや喜びを経験していることを否定しようとする。しかし，この点に関する科学的証拠は圧倒的な数にのぼり，日に日に増え続けている。パーマーが述べているように，そのことは，いまや「圧倒的大多数の生物学者や哲学者」（Palmer 2010: 15）によって支持されているため，私たちはこの批判についても立ち入るつもりはない[9]。

　むしろ，動物の権利論に対するより深刻な批判は，動物に感覚があることを受け入れながら，だからと言って不可侵の権利で保護される資格を与えられるには十分でないとするものである。この議論の流れに従えば，不可侵の権利は人格に与えられているのであり，人格性とは単なる自己性以上のものであるということになる。すなわち，「内なる誰か」が存在する事実以上のものが必要とされるのである[10]。前述のとおり，実際に多くの動物の権利論者が自己性と人格性を同一視しており，動物は感覚のある自己であるので，人格として扱われるべきであるとしている。しかし，批判者たちは，人格性には人にしか見られない何らかのより高い能力が要求されると主張し続けている。但し，このより高い能力が何を指すのかについて，意見の一致はない。言語を挙げる人もいれば，抽象的に考える能力や長期間の計画を練る能力を挙げる人もいる。または，文化的能力や道徳的取決めの当事者になる能力を挙げる人もいる。これらの考え方によれば，内なる誰かが存在する事実だけでは，不可侵の権利を作動させるのに十分ではないということになる。すなわち，内なる「誰か」は，複雑な認知的機能も持たなければならないようだ。つまり，人だけがこのような認知能力を持っているとされているので，人だけが不可侵の権利に値するということになる。そして，動物はこのような不可侵の権利を欠いているので，人間の便益のために利用されることは許されるというわけである。

　人格性に訴えることによって動物の権利論を否定しようとする，こうした試みがもつ多数の欠陥は，文献の中で広く議論され続けている。たとえ我々が，「自己」と「人格」との間に筋の通った区別の線を引けたとしても，それが，実のところ，種の帰属に基づいて権利を与えることを正当化することはないだろう。自己と人格との間に線を描くいかなる試みも，種を分ける線を横切ることになるだろう。一部の人と一部の動物を人格として扱う一方で，その他の人とその他の動物は，

「単なる」自己の地位へと格下げすることになる。さらに，人格性と自己性の間に明確な区別を設けようとする当の試みが，概念的に持続可能なものではない。それは，まさに1つの連続体，もしくはおのおのが歩んでいく生涯の様々なステージの一連の連続体の中に，1本の明確な線を引こうと試みるものである。翻って，このことは，人格性に訴えることによる道徳的基礎づけの薄っぺらさを露呈させる。自己性ではなく人格性に基づいて不可侵の権利が生じるとすることについて，説得力のある道徳的正当化など端的にありえない。

　我々はこれらの議論のすべてを繰り返すつもりはないが，重要なのは，動物が持っていない特権を人間に与えるための根拠として人格性を持ち出す試みが無益であるということだけではなく，それが持つ重大な危険性についても明らかにすることである。我々は，人だけが人格性のテストを通過するだろうということを，アプリオリに決めつけることはできない。例えば，人だけが言語を使用する，あるいは人だけが計画を立てるなどといったことは，真実ではない。日々，動物の精神や能力についてより多くの学識が積み重ねられ，人だけが固有の人格性を持つということを確証するとされる砂上の線は日ごとに消されている。そういった認識に立って，近年，例えば，大型類人猿 (Cavalieri and Singer 1993)，イルカ (White 2007)，ゾウ (Poole 1998)，クジラ (Cavalieri 1993) が，人格性を生み出すことができる認知能力と道徳を持っているといった議論を展開する論者も多数いる。

　人格性は，言語や計画の立案のみならず，熟慮したうえで道徳的討論を行う能力や，そのような討論を通じて到達した原則に従うと表明する能力も要求されるといったように，人格性のハードルを上げることによってこの議論に打ち勝とうとすることもできるかもしれない[11]。この見解に従えば，人格性が必要としているのは，自分の信念を，公衆が利用可能で普遍化可能な一定の水準を満たした方法で，はっきりと言葉で表現する能力や，他の人々の道徳的主張を理解できる能力，異なった意見の利点を理性的に考えて比べられる能力，さらには，意識的かつ熟考的に，そのような道徳的判断の帰結として生じる原則に従って振る舞う能力ということになる。

　このようなカント的意味からすれば，大型類人猿やイルカは人格ではない。しかし，同様に，多くの人がこうした意味で人格ではないことも明らかとなってしまう。多くの人（例えば，幼児や認知症の高齢者，精神障害者，病気のせいで一時的に能力をなくした人々，あるいは，重度の認知機能障害のある人々）は，人格性の必要条件とされているものを持っていない。さらに，場合によっては，彼らの能力は，

大型類人猿やイルカなど，人以外の動物の能力に明らかに及ばない。だからといって，子どもや認知機能障害者は人格ではないと言えるだろうか。彼らこそがまさに，不可侵の人権概念が守るべき最も弱い種類の人ではないのか。

　哲学の文献において，この議論を「限界事例からの議論」と呼ぶことがある[12]。しかし，こういった反論の方法は的外れだ。つまり，我々の中には，人格性を持つ明らかに大多数の「健常な」人々がいる一方で，自己性はあるが人格性は持っていない限界事例にあたる人々が少数いるということが問題なのではない。むしろ，問題は，カント的な道徳的主体性を持つための能力は，せいぜい，はかない獲得物でしかないということである。すなわち，人間の生には様々な時期があって，その能力の程度も様々なのである。生まれたばかりの頃は，もちろん，道徳的主体性を示す能力を持つ人など誰もいない。それ以外でも，病気や障害，加齢によって，あるいは社会化や教育，その他の社会的支援や愛情のこもった世話が十分ではないことによって，一時的あるいは永久的に危険にさらされる時期を，我々の誰もが多かれ少なかれ経験する。もしも人格性が，理性的討論を行う能力や，意識的に了解した原則に従う能力と定義されるならば，それは人によって持つ人と持たない人を生じさせるだけではなく，ひとりの人生の時間軸の中で持つ時期と持たない時期がある流動的な特性にすぎないことになる[13]。この意味での人格性を持つことが人権の根拠だとすると，全ての人に対して人権を不安定なものにしてしまうだろう。つまりは，脆弱な自己に安全を提供するという人権の目的を挫いてしまうこととなり，そして，そのような脆弱な自己の中には，能力が制限された状況や時期にある人々が，（実際のところ，特に）含められている。

　動物の権利論者たちは，人格性を人権の基礎におくことの危うさについて，しばしば異なる方法で指摘している。もしも人格性という守られた地位が，動物よりも優れた認知能力を持つことに基づいているとした場合，人間以上に進化している種が別の惑星から地球にやって来たとしたら，何が起こるだろう。遭遇したその種（仮に彼らをテレパスと呼ぼう）が，テレパシーを使えるか，あるいは我々が持つ最先端のコンピュータを上回るような複雑な推論ができるか，あるいは，意志が弱く衝動的であるとされる人間という種を上回る程に道徳的自己抑制ができるとしよう。そして，彼らテレパスが，食料や娯楽，または荷物運搬のための動物として，もしくは，彼らの健康のための医学的実験の対象として，人を奴隷化し，利用し始め，さらには，我々の意思伝達，推論，衝動抑制の形態が未発達で彼らの人格性テストに合格しないという理由で，そのような奴隷化や搾取を正

当化するところを想像して欲しい。彼らは，人間が自己性を持つことは認めても，人格性に基づく不可侵の権利が求める複雑な能力を持っていることを否定するのである。

　我々は，そのような奴隷化に対してどのように反応するだろうか。おそらく，それらの点で我々が劣っているといわれることは，我々が不可侵の権利を持つこととは無関係であると答えるだろう[14]。なるほど，テレパスの評価では我々はいかにも未発達な形態の伝達能力や道徳的自己抑制しかもたないかもしれないが，そのことによって，より高度な存在の利便性や便益のために，人が単なる道具にされることにはならない。我々にはそれぞれ，生きるべき自分自身の生があり，自分自身の体験があり，善きにつけ悪しきにつけ自分自身の生に対する感覚を持っている。要するに，我々は自己なのであり，その自己性のおかげで基本的権利が与えられているのである。そして，より高度な存在がいたとしても，我々の自己性が損なわれることはない。不可侵の権利とは，我々が主観的存在であること，つまり，生きるに値する生があると認められるべき存在であるという事実の承認なのであって，認知能力のいくつかの基準で最も高い点をとった個体や種に授与される賞品のようなものではない。しかし，このようにテレパスに反論できるとしたら，それはもちろん，我々自身が，動物の不可侵の権利を否定するのをやめた場合のみである。動物を排除することを正当化するために認知能力の優越を持ち出す，当の論法は，テレパスが我々の奴隷化を正当化する根拠とまさに同じなのである[15]。

　様々な点からみて，自己性ではなく人格性という要求の多い構想を人権の基礎におくことは，人権を不安定にしてしまうといえよう。実際のところ，過去60年間における人権理論と実務は，それとは反対の方向に進歩しており，その人が持っている理性や自律性を根拠に，何らかの制限をかけることを一切退けてきた。国際的には，児童の権利に関する条約（1990年）や障害者の権利に関する条約（2006年）の採択において，また，同様に国内法や判決においても，この方向は確認できる。例えば，1977年にマサチューセッツ州最高裁は，言葉を理解できず，死を概念化できない重度の知的障害者を扱った重要な事件において，「法の下の平等」の原則は，「知性」や生を概念的に「理解する」個人的な能力とは「無関係である」と強調した[16]。もし，人権を人格性という認知的にやっかいな構想と結びつけるとしたら，これらの進歩は全く筋が通らない。簡潔に言えば，動物の不可侵の権利を否定するために人格性を引き合いに出すことは，人にとっての人

第2章　動物の普遍的な基本的権利　　41

権理論と実務を骨抜きにするだけだ。

　動物の権利論の批判者たちは，これらの反論に対して様々な方法で応酬している。人の中には，不可侵性の保護を受ける資格を持つ人格として評価できない人がいる一方で，動物の中には人格が認められて資格を得るものもいるかもしれないという理屈を，渋々認める批判者もいる（Frey 1983）。「通常の」人と「高等な」動物は保護の内，一方，「周縁の（marginal）」人や「下等な」動物は保護の外というように，異質のもの同士を様々に組み合わせながら，人格性の配列を想像の上で同定できるというわけである[17]。人格性という認知的に複雑な定義を用いようとする試みは，それがどんなに知的に誠実な試みであっても，まるでパッチワークキルトのように，可変的で不安定な道徳的地位のつぎはぎになってしまう。中には，これを哲学的に正しく，本格的に考慮すべき見解であると思う人がいるかもしれない。しかし我々の考えでは，それは全く魅力が無い（実行できないことは，言うまでもない）。いずれにせよ，現実の世界の人権理論の発展に反している。人権が発展してきた道筋は，まさに最も弱いもののために，最も強力な保護手段を設けることにあった。つまり，彼らの認知能力に疑問を持つ支配的グループから下位におかれているグループを守ること，自らの虐待を合理化できる大人から子どもを守ること，彼らの命に尊厳があることを否定する優生主義者から障害を持つ人を守ることである。これらの発展を是認する人であれば，本書の読者にもそうであってほしいのだが，認知的に複雑な人格性を要求する道徳的地位の理論を認めることはできないはずだ。

　しかし，（全ての）人のための不可侵の権利を主張しながら，（全ての）動物のための不可侵の権利を拒絶することを正当化するために人格性の有無という基準を利用し得るという見込みに，驚異的な数の理論家たちが固執している。この実体のない見込みを持ち続けるために，理論家たちが，人に特権を与えることを擁護するための知的な体操を続けているが，それはどんどん歪められている。中には，実際の能力が何であれ，全ての人が人格性に対する「種としての潜在能力」を持っているという着想，もしくは人格性に対して潜在能力を持っている「種」に属しているという着想（例えば，Cohen and Regan 2001）に訴える理論家もいる。その着想は，倫理学および政治哲学といった他の領域ではほとんど信用を失っている論法なのであるが，動物を搾取する権利を人が持ち続けるための破れかぶれの試みの中で甦っている。人格性に関する主張に対して様々な誤謬が指摘されるに至り（例えば，Nobis 2004, Cavalieri 2001），実際の能力や潜在能力にかかわらず，

全ての人は，単に人という種のメンバーであるだけで不可侵な人格としてみなされるべきであると明言することが，最後の防衛線になっている。動物の人格性の着想を放棄することに関して，例えばマーガレット・サマーヴィル（Margaret Somerville）は次のように言っている。「人間の普遍的な人格性とは，それぞれの人間が単に人間であるがゆえに『生まれながらの尊厳』を持つことを意味するものである。すなわち，尊厳は，他のいかなる特質や機能的な能力を持つことに関わらない」（Somerville 2010）。ここに至ると，人格性に訴えることは，最悪の状況に到着する。それは，種差別の露骨な言明以外の何者でもない。サマーヴィルからすると，我々はそれぞれの人間を不可侵な人格として扱うべきである。なぜならば，（彼らの欲求，能力，利益が何であれ）彼らは我々と同じ人であるのだから。そして，我々は，全ての動物に対して不可侵な人格性を否定すべきである。なぜならば，（彼らの欲求，能力，利益が何であれ）彼らは我々のような人ではないのだから [18]，ということになる。

　動物の権利に関する文献の大部分は，人格性をめぐる主張とその反論に費やされてきた。しかし我々は，こういう枠組みで行われる議論は，我々を路頭に迷わせるだけだと考えている。不可侵の権利の帰属を道徳的に正当化するのは自己性であって，認知的により多くを要求する人格性という構想ではないのである。実際，人格性について語り出すと，我々は完全に間違った小径に迷い込んでしまう。それが示唆するのは，我々は，先ず不可侵の権利を根拠づける特質や能力に関して基準となるリストをつくり，それから，どの存在がそれらの特質を持つかについて検討しなければならないということである。そうではなくむしろ，不可侵性を尊重するには，何よりもまず，間主観的な承認のプロセスが必要であると我々は考えている。すなわち，最初の課題は，単にそこに「主体」が存在するかどうか，そこに「内なる誰か」が存在するかどうかである。この間主観的な承認のプロセスは，彼または彼女の能力や利益を列挙するいかなる試みにも先行する。「内なる誰か」の存在にいったん気付けば，我々が脆弱な自己，つまり，自分の生が良くなったり悪くなったりすることを内面で感じられる主観的経験を持つ存在と関わりを持っていることに気付く。そのようにして我々は，彼らに知性や道徳的主体性のような可変的な能力があることを知るまでもなく，彼らの不可侵の権利を尊重すべきであることがわかるのである [19]。

　人間においてこのことは，十分に明白である。人について論じる時，我々は精神的な複雑性や知性，感情の幅に従って，基本的人権や不可侵性の度合いを変え

第 2 章　動物の普遍的な基本的権利　　43

てそれぞれに割り当てることはしない。愚かであろうが明晰であろうが，自己中心的であろうが聖人であろうが，無気力であろうが快活であろうが，我々は皆，基本的人権を与えられている。なぜならば，我々は皆，脆弱な自己だからである。全くのところ，最も脆弱で，最も不可侵性の保護を必要としているのは，しばしば，限定的な能力しか持っていない人である。道徳的地位は，精神的複雑性の判定に拠るのではなく，単なる自己性の承認に拠るものである。人格性について語るとこのことを曖昧にしてしまい，動物の権利の承認に対する誤った障壁を築いてしまう。

　不可侵の権利が言語に対する能力や道徳的な省察，抽象的な認知能力に基づくという着想は常識的な判断を歪めるとともに，我々が実際に行っている道徳的な考え方をいかにうまく説明したとしても，それとはつながらないようだ[20]。これらの能力への着目は，不可侵の権利の保護から動物を排除したいという人には魅力的かもしれない。しかし，そのような目的を達成させるとしたら，弱者や罪なき者を守ろうという着想そのものを台無しにするだけであり，理論を空洞化させてしまう[21]。

　人格性について語ることが我々の道徳的な考えを覆い隠してしまう点と，人格性が排他的な目的で使われてきた点を前提とすれば，人格性という用語は全面的に避けて，人間についても動物についても，自己性，あるいは自己性を守る不可侵の権利についてだけ語った方が適切と言える。しかし，人格性という用語は，我々の日常的な言説や法制度の中に，あまりにも深く織り込まれているので，簡単に消すことはできない。多くの法的・政治的目的で，動物の権利の課題を前進させるために，人格という既存の用語を動物にまで拡張することが必要になるだろう。だから，時には我々も，フランシオーンのように，「人格としての動物（animals as persons）」という言い回しを使うことになる。しかし，強調すべき重要な点は，我々が本書において，人格性と自己性を同義語として使っていること，そして，不可侵の権利の基本原理として，自己性と人格性を区別するいかなる試みも拒否していることである。そのような区別は，概念的にも支持できないし，道徳的にも動機に欠け，普遍的な人権思想そのものを根底から不安定にさせる[22]。

　我々の基本的な見解は，動物が持つ感覚と自己性，すなわち彼らがこの世界を主観的に経験しているという事実ゆえに，不可侵の権利を持つということである。当然この段階で，どの存在が意識や感覚を持つのかという疑問が起こってくる。

44

どの動物に自己があるのだろうか。実際のところ，この疑問に完全に答えきることはできないだろう。基本的に人以外の精神については知ることができない。意識や経験の形態が我々自身とよく似たところから離れれば離れるほど，この不可知の溝は大きくなる。軟体動物や昆虫に意識はあるだろうか。これまでの知見では，彼らに意識は無いと考えられているが，それはまさに我々が，人間的な主観的経験の形態を探していて，それ以外の形態の可能性を考慮しないという事実を反映しているだけかもしれない[23]。科学者たちは今日なお，動物の精神の研究方法を探究し続けている。意識とは何かを特定しようとする際に，判別し難い事例や曖昧な領域が長期間にわたり存在することは，疑いないであろう。しかし，多くの動物において，たやすくそれを特定できるというのも事実である。実際，最も酷く虐待を受けるタイプの動物は，まさに意識があることを疑う余地がない。我々が，イヌ，ウマといった種を家畜化しているのは，まさに彼らに我々と心を通わす能力があるからである。我々は，サルやネズミといった種で実験を行うが，それはまさに彼らが，剥奪，恐怖，報酬に対して我々と似たような反応を共有しているからである。基本となる意識の閾値を決定するのが難しいからといって，動物への搾取の継続を正当化するのは，不誠実である。フランシオーンが主張するように，たとえ，全ての動物に感覚や意識があるか否かを判別できるほど動物の精神についての十分な知識を我々が持っていなくても，彼らの多くには感覚や意識があり，我々が日常的に搾取している動物には，大概，確実にそれらがあることは明白である（Francione 2000: 6, Regan 2003 とも比較せよ）。

　加えて，自己性を認識することは，動物の精神の謎の解明を要求していないことも強調しておく。「内なる誰か」についてスマッツが言うところによると，コウモリ，もしくはシカであるとはどのようなものなのかを我々は理解できなくても，彼らの意識を認識することができる（それは自分とは全く異なる主観的経験を持つ他人の自己性を認めることができるのと同じである）。このことによって，動物の精神に関して，より深く知見を求めるべきではないと言っているわけではない。科学は近年，動物の知性や情動の範囲や複雑性の証明において，顕著な進歩を遂げている[24]。この知見は，動物に対する人間の態度を変化させるのに必要不可欠であり続ける。特に，動物は感覚をもたないというかつての科学的合意，つまり，それに反する圧倒的な証拠（や常識）があるのにもかかわらず，恐ろしい耐久性を持って残っている偏見を覆すためには，必要不可欠であった。科学的知見は，動物の個体と種に固有の利益を理解する際に，そして，彼らがそのような利益に

ついて我々に伝達し得ることを解明する際にも，必要不可欠である。我々が動物を理解すればするほど，豊かで価値のある（さらに言えば公正な）間主観的な関係性を持つ機会を理解できるようになる。太平洋の深海にある熱水噴出孔に棲むウナギのように，我々とはかけ離れた世界や経験を持つ動物が常に存在するだろう。そして，我々ができる最良のことは，彼らの自己の存在を認め，基本的権利を尊重し，彼らが生存し続けられるよう，彼らを放っておくことである[25]。しかし，お互いにもっと理解し合えて，より深い関係を築くことが可能な動物たちは無数にいるだろう。ここが，人間以外の精神に関する科学が極めて重要になるところである。誰が基本的権利を持っているかを判定する際にではなく，彼らと相互関係を築くにあたってどうすれば最も上手くできるか我々が理解することを助ける際に，である。

　かくして，動物の精神の倫理的な探求から新たな発展が築かれることを我々も首を長くして待ち望んでいるところではあるが，その成果によって，基本的権利を求める道徳的要請が左右されるわけではない。我々は，ほとんどの動物に「内なる誰か」が存在することを既に知っている。基本的な不可侵の権利の尊重を根拠づけるためには，これで十分であると我々は考えている。ご存知のとおり，我々の見解は少数派であって，道徳的地位，自己性，人格性，そして普遍的な基本的権利に関する激論は続いていくだろう。人間の優越性を支持する人たちは，人間に与えられた特権を守るために，やればやるほど理屈が通らなくなっていく頭の体操に没頭し続けるだろうし，他方で動物の擁護者たちは，道徳理論から極端な人間偏重主義（human chauvinism）の最後の名残まで剥ぎ取り続けるだろう。前述のとおり，本書の目的は，これら全ての主張や反論を繰り返すことではない。それらに興味を持つ読者は，多くの重要な著作があるので，それらの業績を調べると良いだろう（Sapontzis 2004, Sunstein and Nussbaum 2004, Cohen and Regan 2001, Donovan and Adams 2007, Palmer 2008, Armstrong and Botzler 2008）。そして，おそらく様々な局面において，種差別を支持するための，新しく，より巧妙な骨折りが続けられていくことだろう。しかし，ピーター・シンガー（Peter Singer）が述べているように，この 30 年間試みられているにもかかわらず，「種の一員であることが道徳的に重要であるかということについて，哲学が筋の通った理論を生み出せずにいるということは，そのような道徳的重要性自体があり得ないことをかなりの確率で示しているのである。」（Singer 2003）

第2節　人格に対する正義と自然の価値

　我々の基本的な出発点は，ほかの多くの動物の権利論者と同様に，自己性が脆弱であることや個体に意識があることに基づいて，動物の不可侵の権利を支持することである。今までのところ，我々がこの見解の支持を論じ続けてきたのは，主として道徳的人格性を人に（あるいはわずかな数の「高度な」動物種に）限定しようとする批判者に対してであった。しかし，生態系中心主義者によって作られた，全く異なる動物の権利論批判の流れがあることも注目に値する。前述のとおり，彼らはしばしば，道徳的地位の拡張が十分ではないとして，動物の権利論を批判する。動物の権利論は，道徳的地位を感覚のある存在にまで拡張しているが，森林や河川，あるいはより一般的に自然にまで拡張しているわけではない。実際のところ，一部の生態系中心主義者は，動物の権利論が人を道徳的地位の基準とみなしており，基本的に人間中心的な理論に留まっていると批判する。つまり，動物の権利論は，人以外の種にも人間らしい特徴を共有しているために人権を持つ資格があるものがいる，と言っているにすぎないとして批判しているのである。

　まずは，人間中心主義的（anthropocentric）とされることに対する反論から始めて，自然の価値の問題に移っていこう。人間中心主義という用語で我々が理解しているものは，人間性を道徳理論の基準とする考え方である。すなわち，それは，「人であること」や「人間らしさ」の本質的な要素は何であるかを問うところから始まる。そして，この本質的な人間らしさを持つがゆえに，人は権利や正義を与えられるということになる。この人間中心主義の観点から言うと，動物が道徳的地位を獲得できるのは，人間らしさという性質のいくつかの側面を持っているか，それに近いとみなされる時に限られることになる。

　我々はそのようなアプローチをとらない。我々の理論が人であることの本質は何かという論拠に基づかないのは，例えば，イヌであることの本質を論拠としないのと同様である。そうではなく，我々の理論は，正義の主要な目的の1つ，すなわち脆弱な個体の保護に関する論拠に基づいている[26]。「私」であること，すなわち経験する存在であることは，ある特定の種類の脆弱性を示すものである。それゆえに，他者の行為からのある特定の形態の保護，すなわち不可侵の権利という形での保護を要求している。これは，人間中心の道徳基準を動物に課すことによるものではない。それどころか，感覚を持つ動物に起こることが重要である

第2章　動物の普遍的な基本的権利　　47

のは，それが人にとってではなく，まさに彼ら自身にとって重要だからである。感覚のある動物が自分の生の行方について関心を持っているという事実こそが，他とは異なる種類の道徳的要求を我々に課すのである。

　我々が正義の意味を問う時，なじみやすい人間のケースから始めて，人間における正義を構成するものが何で，なぜそれが重要なのかについて，我々の直観を考察することがしばしば有効なのは確かである。前述のとおり，これらの直感にていねいに注意を払うならば，主観的経験（全ての人がこれを共有している）の存在こそが重要なのであって，より高度な認知的機能（一部の人が人生の一定の期間しか持たない）ではないことが理解できると私たちは信じている。しかし，このような意味で我々が人間のケースから精査し始めることは，人間性についての何らかの理論や，まぎれもなく人間的な主観性のあり方に特権を与えていることを意味するものではない。我々は同様に，イヌについての直観から始めることもできるだろう。イヌが不可侵の権利で保護されるような，脆弱な種類の個体なのかどうか。もしそうならば，彼らを脆弱な存在にさせているものは何か，という形で精査を進めることもできる。そして，イヌの主観性が人のものとどのくらい距離があるかということとは無関係に，感覚，意識，もしくは主観性に関する答えに到達するだろう。

　それでは，自然の価値についてのより深い問題に移ろう。前述のとおり，生態系中心主義者たちは，人からの加害に対して脆弱なのは，動物の個体だけではないと主張している。あらゆる種が傷つけられているのだ。流域は汚染され，山脈は削られ，かつて繁栄した生態系は破壊される。これらの過程は，人と動物両方に危害を及ぼすが，生態系中心主義者にとってみれば，これらの有害性は感覚のある存在への影響に還元できない。多くの生態系中心主義者は，動物以外の自然も考慮されるべき繁栄する利益をもっており，植物や生態系なども，それらの利益を保護するために，人や動物と同様に道徳的地位を与えられるべきであると主張し続けている（Baxter 2005, Schlossberg 2007）。この見解によると，動物の権利論が権利を自己性に帰する限り，自然の道徳的意義をより広く認めるための概念的資源を欠くことになる。

　事態を難しくしている理由の1つは，動物の権利論の支持者と生態系中心主義に基づく批判者の両方が道徳的地位（moral standing）という同じ用語を使っている点にある。我々には，これとは異なるより正確な用語が必要である。それは，様々なタイプの配慮を我々の道徳的推論の中に加える方法を捉えた用語である。人，

動物，自然の全てが道徳的地位を持つこと，もしくは，それら全てが危害を受ける可能性があることを述べても，それは役には立たない。ある流域もそこにいるカワウソも危害を受ける可能性がある。しかし，両者のうちのカワウソだけが，危害を受けたという主観的な経験を持つ。だからと言って，主観的に経験された危害が別のタイプの危害よりも必然的に深刻であるということを意味しているのではない。このことが意味するのは，両者が違うものであって，それぞれ異なった救済や保護が要求されるということである。生態系中心主義者が挙げる典型的な例，すなわち増え過ぎたシカによって生態系が脅かされ続けているという例について考えてみよう。自然の捕食動物がいないためにシカの頭数コントロールが利かなくなり，希少なランの最後の数本を含むその地域の生態系が危機に瀕するほど，地域的植物相が大量に失われてしまう。その状況が悪化し続け，その生息地が今にも崩壊しそうなところを想像してほしい。他の場所でのランの繁殖，繁殖を調整する薬剤によるシカの頭数コントロール，または，生息地となる回廊の創出のような死をもたらさない解決方法は，満足できる速さでは機能しないだろう。人にとって明解な解決は，シカを殺すことか，生態系およびランの破壊をシカに許すことのどちらかしかないのである。

　この種のケースにおいて生態系中心主義者が批判しているのは，動物の権利論がシカの個体にさえ与えている道徳的地位を，生態系全体，もしくは希少種の花に対して与えていないことである。しかし，生態系に道徳的地位を与えることが，本当に問題となっている生態系への道徳的配慮を我々に同定させる助けになるだろうか。もしも我々が，シカと生態系の両方に道徳的地位を与えるとしたら，それは，生態系の質の低下を避けるために，あるいは絶滅からランを救うためにシカを殺すことを許すというように，互いに比較衡量可能な同じタイプの道徳的配慮を意味することになる。その結果，自然の利益の方が，隣の郡の至る所にもいるありふれたシカの利益よりも価値があるということになるだろう。

　しかし，問題をこのように枠付けることは，そこに関わる道徳的要素を明確にするというよりも，むしろ曖昧にする。この例をシカではなく人間に当てはめた時に，何が起こるか考えてほしい。その場合，我々はランを救うために人間を殺すことを望まないだろう。人間に対して彼らの破壊的行為を思いとどまらせようとするだろうし，我々は生態系とランを救おうとするが，たとえ最悪の事態になったとしても，人間を間引こうとはしない。ランは滅びてしまうだろうが，次はもっとうまく破壊的行為を阻止しようとするだろう。これはなぜだろうか。問題

第2章　動物の普遍的な基本的権利　　49

となる道徳的地位の性質が質的に異なるからである。ランやその生息地は，人格の不可侵性や人間の持つ殺されない権利を凌駕するほどの利益を持っていないのである。

　実際，生態系中心主義者も，だいたいはこのことを受け入れる。生態系中心主義者が，植物や生態系は正義の理論における道徳的地位を持つべきであるという主張を最初にした時，批判者たちは，生態系や種の保全は人の殺害を正当化するのに使われかねないと反対の声を上げた。生態系中心主義者は，「エコファシズム（ecofascism）」という非難に対して，種と生態系を全体として，それらに道徳的地位を与えることが，基本的人権の蹂躙を正当化するために使われることなどあり得ないと，即座に応酬した。全体としての実体（例えば，種や生態系）は道徳的地位を持つが，それは，人の道徳的地位と等価値ではないというのである。キャリコット（J. Baird Callicott）が記しているように，生態系の道徳的地位を承認することは，人権の不可侵性に関する既存の道徳的制度を補うものであって，これらの既存の人権を制限，もしくは拒否するために援用し得ない（Callicott 1999）[27]。換言すれば，道徳的地位にはヒエラルヒーがあるのであって，自然のシステムにも道徳的地位があるために，生態系の価値が考慮されねばならないが，これらの価値は基本的人権を凌ぐものではないのである[28]。

　しかし，この動きが意味しているのは，道徳的地位に関する生態系中心主義の言説が体系的に誤解を招くものであり，私たちが道徳的地位という言葉によって意味するものとの根本的な相違を曖昧にしてしまうということである。生態系中心主義の理論も動物の権利論と同程度に，一定の存在が不可侵の権利の保有者であるという暗黙の想定のもとで展開されているのだが，きちんと理由を説明せずに，その不可侵の権利を伴う人格としての資格があるのは人だけであると単純に考えている。その結果，感覚のある動物と動物以外の自然とでは，互いに基本的利益がトレードオフにさらされているにもかかわらず，その両者を一緒くたにして人とは別の道徳的地位のカテゴリに入れてしまうのである。

　一定の存在が不可侵の権利の保有者であるとする見解は擁護できるかもしれないが，それは，動物以外の自然が道徳的地位を持つか否かを問うことによって，明確にされるわけでも，支持されるわけでもない。むしろ根本的な問題は，不可侵の権利を生み出す自己性を持つ存在をいかに特定するかということである。自己性の問題は，我々が自然の価値にどう応えるかという問題とは別のものであり，またそれを制約するものである。生態系中心主義者は，動物の自己性が人間の自

己性とは違って不可侵の権利の保護を生み出すものではないということを，暗黙のうちに前提している。しかし彼らは，この立場について根拠を述べていないので，まさにサマーヴィルのように，むき出しの種差別主義の主張になってしまうのである。

　人，動物，感覚のない生命体，非生物界，全てが同じ意味での利益を持ち，それゆえに全てが道徳的地位を持つという主張は，誤解を招きやすいと我々は考えている。この主張は，人間中心主義的に人を特権化することに対する挑戦であるかのように見えるが，実際は，道徳的地位におけるヒエラルヒー概念を前提としており，脆弱な個体のたった1つのグループ，つまりは人にしか不可侵性を与えない一方で，人以外の全ての動物をトレードオフ関係に服させる。第1章で我々が見てきたとおり，このヒエラルヒー概念が導く不可避の結果は，（生態系的には破滅的な）動物搾取システムの永続化および拡大なのである。

　我々が論じてきたように，はるかに説得力のあるアプローチは，自己性に関する問いから始めることである。どんな種類の存在が，世界を主観的に経験するのか。そしてそれゆえに，特定の意味における利益を持っているのか。自己性，もしくは人格性に関するこの問いかけは，正義と不可侵の権利を与えられている存在の集合を同定する。自然を道具として考える立場からも，また，そうでない立場からも，自然を尊び，保護する十分な理由は沢山ある。しかし，これらの理由をランやその他の感覚の無い生命体の<u>利益</u>を保護するものとして特徴づけることは間違っている。主観的経験を持つ存在だけが，利益を得ることができ，あるいは，それらの利益を守るために義務づけられた正義の恩恵を受けることができる。岩は人格ではない。生態系も，ランも，1株のバクテリアも，である。それらは物である。それらは，損傷されることはあっても，不正義を被るのではない。正義とは，世界を経験する主体に与えられるものであって，物に与えられるものではない。感覚の無い存在は，尊重や畏敬，愛情，配慮の対象となるにはふさわしいが，主観性を欠いているため，公正な扱いを受ける対象でもなければ，正義を動機付ける精神である間主観性をもった行為主体でもないのである。

　生態系中心主義者は，我々の主張がヒエラルヒーをそのままにして，その構成員を差し替えているだけだと反論するだろう。しかしながら，これは我々の主張を誤解したものである。我々は，人が植物や非生物界に対して道徳的義務を有していることを否定しないし，何らかの秩序整然としたヒエラルヒーにおいて，人と動物が木や山よりも高みにいることを主張しているのでもない。我々が主張し

ているのは，両者が異なっているということ，すなわち，感覚が特有の脆弱性を生み出し，それゆえに不可侵の権利の保護に対する特有の必要性を生み出すということである。もしも，感覚の無い存在がこの利益を共有しているのに，我々がそれらの不可侵性の保護を否定しているのならば，それらを下位に置くという罪を犯していることになるだろう。しかし，感覚の無い存在はこの利益を持っていない。よって，例えばランや岩肌を人格として扱うことを拒否したからといって，非礼には当たらないだろう[29]。

第3節　自然の他者性

　前述のとおり，不可侵の権利に関する動物の権利論の見解は，双方向から批判されてきた。すなわち，人のみが道徳的地位を持っていると考える人々によるものと，自然の全てが道徳的地位を持つと考える人々によるものである。いずれの批判も，動物の主観性を無視することによって，同じ誤魔化しをしている。両者ともに，動物は単に自然の構成要素としてではなく，主体として人間主体がそうであるように保護される必要があるということを否定しているため，動物に関わる問題を自然一般の問題に昇華させて，台無しにする傾向がある。

　多くの人々，すなわち人間中心主義者と生態系中心主義者の両方における，動物の自己性を認めることへの不可解な抵抗を，どう説明したらよいだろう。動物を単なる物や野獣として貶めてきた長い歴史を含めて，おそらく多くの理由がある。逆説的ではあるが，また別の要因として，我々が動物の命，より一般的には自然のことをしばしば賞賛し，尊び，重んじるそのやり方を挙げられるかもしれないことを指摘しておく価値はあるだろう。

　人々は，動物を，しばしば自然の単なる一部として，基本的に「別のもの」とみなしている。つまり，彼らは人のやることに無関心であり，人間精神には理解不能の存在なのである。そして，この他者性は時に人を脅かし，疎外するものとなる一方で，尊敬や畏敬という強力な美的・道徳的反応を生み出すこともある。これらは，偉大な自然の美が我を忘れさせてくれるひととき，すなわち束の間慢心を鎮め，自分よりも大きいものや本質的に自分とは無関係な何かに我を忘れるひと時を与えてくれる瞬間である。この「忘我」について，アイリス・マードック（Iris Murdoch）がチョウゲンボウ［ハヤブサの一種］に関する報告の中で記していることは，よく知られている。

「私は心配に苛まれ，憤慨した心持ちで窓の外を見ている。おそらく，自分の威信が傷つけられたことについてくよくよ考えているので，周囲を気にすることも無い。そんな時ふと，空中で静止しているチョウゲンボウを見る。一瞬にして全てが変わる。虚栄心が傷つけられたことに気を病んでいた自分自身は消えてしまう。いまや，チョウゲンボウ以外，何も無い。その後，別のことに考えが戻っても，あまり重要とは思えなくなる。」
(Murdoch 1970: 84)

この引用は，資源や生活必需品としての道具的価値を超えて，いかに自然が人間によって価値あるものたりうるか，また，そうあるべきかを例示するものとして，引用されることが多い。我々の日常の出来事や関心事とはもっぱら無関係な，偉大な自然の秩序の存在は，我々の生に欠かせない背景であるとともに大局的視点を与えてくれる。

　登山家のカレン・ウォーレン（Karen Warren）の記述もみてみよう。

「人は，岩を何かとても異質なもの，おそらく人の存在とは無関係なものとして認識する。そしてその異質なものの中に，賛美の対象となる楽しいきっかけを見つける。人は『自己の境界』を知っている。そこでは，自己，すなわち登山家である『私』が消え，岩が登場する。2つが融合することはないが，別個で，異質で，独立したものとして認識される対になった2つの存在であるのだが，それでも両者は関係性の中にある。すなわち，心のこもった目でそれに知覚し，それに答えて，それに気付き，それに注意を払いさえすれば，それゆえに両者の関係性は成り立つ。」（Slicer 1991: 111 に引用されている。）

デボラ・スライサー（Deborah Slicer）は，我々が，動物，植物，その他の非生物界を含んだ「他者」と倫理的関係を築くための基礎となるべき，一種の「愛情に満ちた関心」の実例として，登山家と岩との関係について記述したこの一節を引用しているのである。

　自然の他者性（その美しさや自己充足性，自己完結性を含めて）に対する愛情に満ちた関心と尊重は，多くの人間にとって（おそらく一部の動物にとっても）重要な道徳的能力と機会を示す。自己のない関心や関係のそのような瞬間を経験することは，動物も含めた自然に配慮する動機を人間に与える点で重要である。しかし，このような類の「愛情に満ちた関心」をもって，動物に対する我々の道徳的応答と義務を論じ尽くしているとみなすことは間違っている。ウォーレンは岩との「関係に入ること」について語っているが，知覚し，応答し，気付き，注意を払うことの全てを行っているのは人間の自己であり，それは一方通行の関係性である。一方，チョウゲンボウの場合，そこには2つの自己がある。チョウゲンボウは，

第2章　動物の普遍的な基本的権利　　53

マードックが窓の外を見ているその瞬間，マードックに無関心だったかもしれない（マードックが見られていることに気付いていなくも，別の自己をもった人間が存在しているかもしれないように）。しかし，そこには間主観的関係性の可能性と，それに伴って，別の種類の道徳的義務の可能性があるのである。

　チョウゲンボウが突然，窓にぶつかって地面に落ちるところと，ウォーレンが登った岩の破片が，崩れて下の岩棚に落ちるところを想像してほしい。前者では，チョウゲンボウを世話する道徳的行為が求められる。マードックはできるならば，鳥のところまで行って助ける義務がある。後者は，同様の道徳的行為を一切要求しない。ウォーレンは杜撰な登り方をしたことで自分を責めて，岩肌を傷つけたことを後悔するかもしれないが，そこには苦痛を感じて道徳的行為を求める自己が，どこにもいない。その出来事が契機となって，ロッククライミングが岩肌への心のこもった思いやりと本当に調和しているかどうか，ウォーレンに再考させるかもしれないが，彼女は，落ちた岩の破片を助けるために岩棚まで下りるよう要請されない。

　もしも我々が，動物と我々との相違点，すなわち彼らの自立性やよそよそしさ，計り知れなさ，無関心といったものを強調し過ぎると，それはまさに，我々が持つことは明らかな要求や欲望，利益といったものを動物も持っていると考えることによって我々との類似性を強調し過ぎるのと同様の道徳的過ちを犯すことになる（人間どうしの関係性についても同じことが言えるかもしれない）。実際のところ，多くの動物は我々に対して決して無関心ではいられず，別々の自己としての彼ら自身の要求や欲望，利益について，多くのことを伝達する能力をもっているのである。

　バーバラ・スマッツは，ヒヒと飼い犬に関する彼女の著作において，異種間のコミュニケーションと結びつきの過程，すなわち，「他の存在の中に手探りで入ってゆく我々の能力」について研究者として証言している（Smuts 2001: 295）。ヒヒ観察のための研究フィールドの中で，ヒヒが彼女の存在に応答する決定的瞬間について，以下のように報告している。最初の頃，ヒヒは彼女から逃げるだけだった。それは，潜在的な脅威に対する一方的で本能的な反応の1つであった。スマッツは「歩き方，座り方，止まり方，目の使い方，声の出し方」といったあらゆるものを変化させながら，時間をかけて「ヒヒと話す」ことを学んだ。徐々に，情動，動機，意図を示す彼らの合図に応答できるぐらい，ヒヒとのコミュニケーションが進むにつれ，彼らは彼女を主体として認識するようになる。

「これは，小さな変化のように思えるかもしれないが，実際は，一方的な反応（逃避）しか引き出さない客体（*object*）として扱われてきたことから，コミュニケーションできる相手である主体（*subject*）として認識されたことへの重大な変化の合図だった。時が経つにつれて，彼らはますます私を彼ら自身と同じような，関係性を要求したりそれに応えたりする社会的存在として扱うようになっていった。このことは，時にはデータを集めたいという私の欲求よりも，彼らの要求（例えば，「出ていけ！」という合図）を尊重しなければならないことを意味していたが，私は喜んでそうした。徐々に私は，かろうじて我慢してつきあっている邪魔者としてではなく，ちょっとした知り合い，時には，親しい友人として，しばしば彼らの真ん中へ招き入れられるようになった。」（Smuts 2001: 295）[30]

スマッツは，動物の個体性と間主観的出会いの可能性についての全く異なる認識を得て，ヒヒとの時間を終えた。

「アフリカに行く以前の私は，森の中を歩いていてリスが横切ったとしたら，きっとその出現を楽しんだとは思うが，それは単に，「リス」という種の1匹として彼を感じたにすぎなかった。今では，リスと出会うとそれぞれを，毛羽立つシッポをもった小さな1匹，すなわち，人と同じような存在として感じる。通常，リスを別のリスと区別しないものだが，区別しようとすると，そして，いったん，そうしてしまうと，このリスは，世界中のほかの全てのリスとは異なる気質と振る舞いを持つ，完全に特別な存在として見えてくる。加えて，もしも，このリスが私を知ろうとする機会を得たら，この彼か彼女は，世界中のほかの全ての人とは区別して，私と関わることになる。全ての存在の個体性に気付き，さらに，少なくともその中の一部は，私の中の個体性と応答する能力を持っていることに気付くと，世界は，あらゆる種との個人的関係を発展させる機会に満ちた宇宙に変容する。そうした関係性は，鳥のテリトリーにピクニックに行って出会う鳥との間に生まれるような，束の間のものかもしれないし，ネコやイヌや人間の友人との間に築かれるような，一生涯続くものかもしれない。」（Smuts 2001: 301）

間主観的関係性の可能性への気付きは，マードックの「無我」の瞬間とはかなり異なる。後者の出会いは，感覚のあるなしにかかわらず，様々な種類の他者との間で可能であるが，前者の出会いは，ほかの「自己」とだけ可能である。その自己とは，間主観性の基本原理を形作るものであり，それが持つ特有の脆弱性に基づいて与えられる特別な保護を生じさせるのである。（動物と自然を意味する）「他者」についての一般化された議論は，動物が「他のもの」というだけではなく，もうひとつの「自己」であるという事実を曖昧にする。公正さや同情心という具体的な道徳的態度を引き出すのはまさに自己性であり，これこそ，我々が持つ正

義への義務の基礎となっているのである[31]。

第4節　大論争——要約

　ここまでは，基本的に，動物の権利論によって始められた45年間にわたる「大論争」について述べてきた。この論争は決して終わったわけではないが，これまでの立論が，強い動物の権利論の見解を明らかに支えてきたと，我々は信じている。それはつまり，（基本的権利を人間に限定しようとする人々に対して）動物は不可侵の権利を持つ脆弱な自己として認識されるべきで，（道徳的地位のヒエラルヒーにおいて人間よりも低い地位に動物と自然をおこうとする人々や，自己性の重要性を無視して動物の道徳的地位を主張しようとする人々に対して）自己に対するこれらの保護は動物にまで拡張されるべきであって，その際に，道徳的な優先順位をつけて手加減したり，排除したりしてはならない，とする見解である。

　前述したとおり，今でも動物の権利論は激しい論争の的になっている。しかし，動物の権利への批判者は未だに，道徳的自己性が人間に固有のものであるとする説得力ある説明をできずにいる。マーサ・ヌスバウム（Martha Nussbaum）が渋々認めているように，「動物に対する，種を超えた対等な尊厳を否定するためのまともな方法などないように思われる」（Nussbaum 2006: 383）。

　我々は，本章における短い議論で，その真価に納得できていない人を説得できるとは思っていない。結局，第三者の眼を覗き込んでその中に人格を認めるよう説得することなど，どうすればできるというのだろうか。よって，本書ではこれ以降，動物はなぜ自己なのか，あるいはなぜ人格なのかについての議論をさらに進めるのではなく，むしろ動物を人格として，友達として，同じ市民として，そして社会の一員として，すなわち我々や彼らとして認識することが持つ意味を探究していきたい。このようなやり方で，人間と動物の間に成り立ち得る関係性を構想し，それを示すことで，読者が次に動物の眼を覗き込んだときに，そこに人格，すなわち親しみのある，それでいて神秘的な独立した意味と主体の場を認識することが容易になればと願っている。

第5節　動物の基本的権利における不可侵性と普遍性

　動物の権利論は基本的権利を目下の関心事としているが，我々はそこからさら

に進んで，人と動物の関係における正義を拡張・分類する構想を発展させること
を主な目標としている。ただし，この構想によって，普遍的な基本的権利の意義
が縮小されるものではない。全くの逆である。基本的権利は，動物の搾取のため
に続けられている戦略や最も酷い形の暴力を終結させるのに必要不可欠である。
よって，これらの権利をいかに理解し，我々が後の章で展開している，より拡張
された構想のための土台をいかに築くかという点について，簡潔に概観しながら
本章を締めくくりたい。

　不可侵の権利をもった人格，あるいは自己として動物を認識することが持つ意
味とは何か。最も簡潔に言うと，彼らは我々の目的のための道具ではないと認め
ることである。彼らは，我々に仕え，食べられ，そして，我々を慰めるために地
上に遣わされてきたわけではない。それどころか，彼らは，彼ら自身の主観的な
経験を持っているがために，彼ら自身の生と自由のための，平等で不可侵の権利
を持つのである。そのことにより，彼らに危害を加えること，殺すこと，監禁す
ること，所有すること，奴隷化することは禁じられる。これらの権利の尊重は，
人の便益，喜び，教育，利便性，慰めのために動物を所有し，搾取している事実
上全ての動物関連産業の操業を終わらせることになる。

　一般的に，人権が「不可侵」であるとともに「普遍的」であると理解されてい
るように，我々も，動物の基本的権利を不可侵かつ普遍的なものとして説明して
いる。一方で，不可侵性と普遍性は，かなり高度な解明を要求する概念である。
そのため，まずは，不可侵性から検討を始めたい。前述のとおり，この用語は，
基本的権利が絶対的で例外のないものであることを意味しない。正当防衛のケー
スが示すように，人の場合でも動物の場合でも，絶対的な意味では用いられない。
人は生に対する不可侵の権利を持っているが，もしそれが正当防衛や緊急避難か
らなされたものであれば，人を殺すことも許容されうる[32]。動物についても同
じである。不可侵性の問題には歴史的次元もある。人類の歴史の様々な時期に，
あるいは特定の状況において，人は生き残るために動物に危害を加えたり，殺し
たりしなければならなかった。そのような意味でも，基本的な不可侵の権利は絶
対的でも無条件でもない。

　これは，正義の本質についてのより一般的な論点を提起する。すなわち，正義
は一定の情況下でしか適用されない。ロールズは（ヒューム〔Hume〕に従って）
それを「正義の情況（circumstances of justice）」と呼んだ。当為は可能を含意する
のである。つまり人は，自分の存在を危険にさらさずに互いの権利を尊重するこ

第2章　動物の普遍的な基本的権利　　57

とが実際に可能な時だけ，互いに対して正義の義務を負う。ロールズはこれを，「適度な希少性（moderate scarcity）」の要求と呼んでいる。つまり，資源は無限ではないので，誰もが欲しい物を全て手に入れることはできないために，正義が必要となるのである。しかし，正義を可能なものにするには，資源をめぐる競争が過酷なものであってはならず，適度でなければならない。自分の生存を危うくされずに私があなたの正当な要求を承認する余裕があるという意味においてである。

　全ての人が生き残るには，食料と避難場所があまりにも少ない，いわゆる「救命ボートの事例（lifeboat case）」と呼ばれるものとこれを対比することができる。救命ボートがこのような状態にある時，最も極端な行為を考えなければならなくなるかもしれない。1 人が犠牲にならなければボートの中の全員が死んでしまうという場合，それを避けるために，誰が死ぬべきで誰が生きるべきなのかを決定する方法について，様々な提案が出され続けることになるだろう。しかし，そのような極端な「救命ボートの事例」は，正義の情況が適用される通常のケースにおいて互いが尊重すべき基本的権利については何も語ってくれない。救命ボートの事例のような状態ではなく，適度な希少性の条件のもとで食料や避難場所のために人を殺害するとしたら，それは悪となるのである[33]。

　同様に，人と動物の関係においても救命ボートの事例は成り立ち得る。実際のところ，過去においては，人と動物の相互関係の多くには正義の情況が適用できなかったかもしれないし，動物を殺すことが，ある集団の生存戦略の中心であり続けていたことも避けられなかっただろう。そして，限りある地域的な選択肢に依存することしか生き残れない，孤立した人のコミュニティがいまだにあるかもしれない。ただし，そのようなコミュニティは，間違いなく動物との正義の情況下にはあるまい。

　しかし，情況は変化する。当為は可能を含意するが，我々ができることは時とともに変化する。そして，同じように「当為」もまた変化するのだ。今日，我々のほとんどが，もはや食料や労働や衣服のために動物を監禁することや，殺すことを正当化するような情況にはない。我々は自らの要求を満たすために，動物に危害を加えざるをえないという悲劇的な必要に迫られることはない[34]。

　これは，動物を殺す必要が全くないことを意味しているのではない。動物が人を襲う時もあるし，その出現によって，人に致命的なリスクを引き起す時もある（例えば，人家に棲みついた毒ヘビのように）。そして，これらのリスクの本質も，時間とともに変化する。つまり，かつては我々と無害な関係にあった特定種の動物

が致命的なウィルスを発生させるような場合，かつては必要のなかった防護措置をとる必要が出てくるだろう。一方で，長きに渡り存在してきた動物からのリスクに対処できる技術（例えば，予防接種や防柵）が開発されることによって，かつては必要であった防衛手段が不必要で有害なものになることもあり得る。

　それゆえに，正義の情況を評価し持続させることは，ずっと継続していく仕事である。動物に対して正義の情況にあるかどうかの判定は，単純なものでもなければ，1度限りの Yes か No かでもない。人の社会は，もはや，生き残るために日常的に動物を殺したり，奴隷化したりする必要はないのだが，死を招きかねない衝突の事例は続いていくだろう。そして，これらの事例は時間とともに進展し，変化するかもしれない。しかし，変化しないのは，正義の情況が存在する場所においてはそれを持続させようとする我々の義務であり，そして，正義の情況がまだ存在していない場所では，正義の情況に向かって動き出す義務である。我々は，動物との致命的な衝突に直面しそうな情況にむやみに身を置くべきではない。そして，我々が可能な限り動物の不可侵の権利を尊重できるように，既存の衝突を減らす有効な手立てを明らかにするための理に適った努力をすべきである[35]。

　まさに，このことが我々に要求するであろうものは，かなり多様である。豊かな都市環境に住む人々にとって，動物との日常的な相互関係の大部分は，正義の情況下にある。一方，潜在的に攻撃性のある野生動物がすぐ近くにいる人里離れた地域，もしくは十分なインフラ（例えば，ゴミ処理施設や簡単には越えられない家の塀）のない貧しい社会で暮らす人々にとって，日常生活の窮状が，致命的衝突の危険をさらに日常的なものにしているかもしれない。そこでは，正義の情況を拡充するために，さらに大きな方策が必要とされるだろう。動物の不可侵の権利をできる限り尊重するために必要とされるのが，正義の情況を持続させる義務なのか，拡充する義務なのかはそれぞれのケースで異なってくる。しかし，言うまでもなく，より良好な情況下で暮らす人々には，より高度な義務が期待され，要請されることになる。

　それゆえに，動物の不可侵の権利という着想は，最初に登場した時よりももっと複雑になっている。そして，それがそう思われるほどには，絶対的でも無条件でもない。しかしこのことは，人権にも全く等しく当てはまる。致命的な危険を引き起こす人がいる場合，あるいは救命ボートの事例のような場合，人を犠牲にする必要があるかもしれない。そのような悲劇的なケースが存在することが，動物であれ人であれ，不可侵の権利の存在に疑義を生じさせることはない。逆に言

第2章　動物の普遍的な基本的権利　　59

えば，まさに人々が持っている不可侵性を尊重できないがゆえに，これらのケースは悲劇なのである。よってこれら両方のケースにおいても，可能な限り不可侵の権利を尊重できるように，我々には漸進的に正義の情況を拡充する義務があるのである。

　さらにいえば，不可侵の権利は例外のない権利ではないが，我々はこれらの例外を誇張するべきではない。ほとんどの社会にとって，動物の基本的権利の侵害を要求するような正当防衛や緊急避難は，実際のところ非常に稀である。一部の人々は，医学上の動物実験に対して正当防衛の理論を拡張しようとしている。動物実験が，人の致命的な病気の治療法へとつながる可能性があるからという理由で，「殺すか殺されるか」のケースと同様に，正当防衛のための資格を得ていると考える者もいる。この見解に従えば，人か動物のどちらかが死ぬことになるため，人の生き残るための選択が容認されることになる。

　しかし，これは，正当防衛と緊急避難の概念の甚だしい歪曲である。これに相応する人間のケースについて考えてみて欲しい。人間を被験者とする方が，動物を使うよりもはるかに多くの信頼できるモデルを医学研究に提供するものだが，我々は，危険で，侵襲的，かつ同意のない研究用途に人間を使用することを許さない。ほかの人たちを救う目的で，医学的知見の拡張や医学技術の開発のために個人を犠牲にするという着想には，まさにぞっとさせられる。これは，個人の不可侵性が保護を意図している類の搾取の1つである。基本的権利は，まさに，一個体の最も基本的な利益が他者のより大きな善の犠牲となることを防ぐために必要とされているのである。1人の人を犠牲にすることが，潜在的に1,000人の人を救うことになる知見を生み出すとしても，それは重要ではない。すなわち，我々は，単に「他者への便益」を人の基本的権利を侵害する十分な理由として認めることは決してしない。また，人間のケースにおいて，「他者への便益」と「正当防衛」を混同することもない。仮に，1人の女性が人質をとり，彼らを銃で撃つと脅していたとしたら，彼らを救うために彼女を殺すことは必要なことかもしれない。しかし，治療法の研究のために，街から1人の女性を連れてきて，彼女をHIVウィルスに感染させることは，非道な暴力行為である。

　医学上の動物実験は，しばしば動物の権利において難問とみなされる。工場畜産や化粧品テスト，レクリエーションとしてのハンティングをぞっとするほど嫌う人々でさえ，医学研究を大目に見ることがあるようだ。それはあたかも，完全ではないにしろ無制限な研究対象へのアクセスを諦めることが，考えるだに重大

な損失であるかのようである（例えば，Nussbaum 2006，Zamir 2007，Slicer 1991，McMahan 2002）。しかし，これを損失とみなすことが既にその道徳的状況を見誤っている。人間の被験者を侵襲的な実験に使うことが許されないために，現在まで世に出ていない医学的技術や医学的前進は無数にある。しかし，動物という不完全な代役ではなく，人間の被験者を使うことができていたらこれまで達成してきたはずの医学的進歩を，過大評価することは困難である。しかも，我々はこのことを犠牲を払ったとみなすことはない。我々は，未開発の知見を嘆き悲しみながら毎朝目覚めたりはしないし，医学的進歩を妨害するものとして，人の被験者への規制を忌々しく思うこともない。また，ほんの数人の人の権利を尊重することについて過度に潔癖な態度をとることが，多くの人々の長く健康な生活を阻害することになるのではないかと懸念することもない。人間を研究被験者に使うことに対する禁止を犠牲とみなすならば，その人は非道徳的と見られるだろう。人間の場合，医学的知見は倫理に適った範囲内で進歩するべきであり，それは単に，我々が権利を持たない知見だということを，我々は十分に理解している。このことによって我々には，より創造的な研究方法が求められるように，あるいは，研究結果を待つのにより辛抱強くなることが求められるようになるだろう。いずれにしても，それは我々が犠牲とはみなさないものである。そのことは，多くの人々のより良い，あるいはより長い生を数人の犠牲によって贖う世界は，生きるに値しない世界であるということの承認なのである。

　一方，動物に危害を与えて殺すことによって得られる医学的知見は，我々が当然もつべき資格を持った知見ではないということを社会が受け入れるためには，多大な調整が必要になるだろう。しかし，その調整にかかるコストは一時的なものだろう。数十年経った頃には，新しい実践が通例となり，研究者の新しい世代が訓練され，動物実験は人体実験が今日みられているのと同じように認識されるようになるだろう。人体実験をしないことをコスト面で捉えることがないのと同様に，動物実験の禁止も，コストの面から捉えられることはないだろう。動物実験を諦めることが人の側に損失を与えるとは誰も考えず，むしろ，我々はそもそもかつての動物実験の実践をどのように正当化してきたのか，不思議に思うかもしれない。

　これは，人と動物の両方のケースにおいて，我々が不可侵性をどのように理解しているかを示している。不可侵性は，正義の情況下で，条件付きで存在するものである。しかし，少数の利益を犠牲にすることが多数の利益に資する時（実際

第2章　動物の普遍的な基本的権利　　61

にはまさにその時）でさえ，そのような正義の情況が存在するところでは，不可侵性は基本的権利に揺るぎない保護を与える。

それでは，「普遍性」の問題に移ろう。キャヴァリエリ（Cavalieri 2001）らに従い，人権ドクトリンの論理的拡張として，また，普遍性への希求を共有するものとして，我々は動物の権利の説明を提示してきた。とりわけ，動物の権利の普遍性への希求を述べることは，いわば，動物の権利を，単なる特定の文化的伝統や宗教的世界観の解釈としてではなく，世界中で許容され，共有されている価値や原則に基づく世界的な倫理として示すことである。

普遍性へのそのような要求は，直ちに文化的多元主義（cultural pluralism）の問題を惹起する。世界にある文化や宗教は，動物の道徳的地位に関して様々に異なる考え方を持っている。このことを考慮すれば，いずれかの考え方が普遍的妥当性をもつとどうしたら主張できるだろうか。別の社会に対して「我々の」動物の権利の考え方を押しつけることは，一種のヨーロッパ中心主義や道徳的帝国主義にならないだろうか。この反論は，動物の権利の活動家が廃止を求めている狩猟やわな猟（例えば，クジラ漁，アザラシ猟）に携わっている人もいる先住民に関して特に重要であり，論争的である。先住民に対する西洋帝国主義の長い歴史に鑑みると，西洋社会は，先住民社会を進歩が遅く，原始的かつ野蛮でさえあるとして，彼らに対して権力を行使する権利を要求してきたので，これをその新しい事例の1つとみなさないのは難しい。よって時には，熱烈な動物の権利の活動家でさえ，伝統的な狩猟の実施を禁止することになりそうな法律や協定を先住民には適用しないですむ方法を模索するのである。

しかし，伝統的な文化的慣行が動物の権利の侵害につながる場合に，拠り所となり得る「文化的適用除外（cultural exemption）」の 一般化を是認しようとする動物擁護運動家は，わずかしかいないようだ。例えば，スペインがEUに加盟する際に，「文化的伝統の尊重」を根拠に闘牛が許され，EUの一連の動物福祉法の適用除外が取り決められたが（Casal 2003: 1），ほとんどの動物の権利の活動家は，これを恥ずべきこととみなした。もしも，この種の伝統をやめさせられないのであれば，動物の権利という原理を是認する趣旨は何であろうか。

スペインの闘牛と伝統的な先住民の狩猟の中間に，その論争の多くが宗教と結びついた広い領域がある。動物の苦痛を最小限に止めることを意図した一連の食肉処理法について，ユダヤ教徒やイスラム教徒は適用除外とされるべきなのだろうか。キューバのサンテリア教の信者が，彼らの宗教的儀式の一部として生け贄

の儀式に動物を供することは許されるべきなのだろうか。より一般的にいって，文化的多様性の尊重と動物の権利の尊重の間には衝突があるのか。そしてもし，あるとすれば，そのことは，ポーラ・カサル（Paula Casal）の言葉通り，「多文化主義（multiculturalism）は，動物にとって害悪」ということになるのだろうか（Casal 2003）。

　これは重要な問題である。もっと厳密に言うと，注意深く検討しなければならない入れ子状の諸問題である。我々がこれらの全てを十分に説明することは望めそうもない。しかし，人権に関して同様の議論が提起されていることを記すのは，重要なことである。1948年の世界人権宣言以降，特に女性と子どもの権利，より一般的には家族生活に関して，人権の理念は本当に普遍的か，もしくは他の文化に対してヨーロッパ中心主義の押しつけになっていないかといった論争が継続されている。動物の権利における議論と同様に，人権基準からの文化的・宗教的適用除外に対する沢山の要求があることがわかる。特に，社会的な生活様式や宗教的な自己同一性にとって中心とみなされる子どもや女性の権利に関する国際的な人権規範に調印する段階になると，多くの国が「留保」する。その結果，文化的多様性の尊重と女性の権利の尊重との間には衝突があるのかどうか，つまりは「多文化主義（multiculturalism）は，女性にとって害悪」なのかどうかという疑問へとつながるのである（Okin 1999）。

　これらの論争を比較すれば，その類似性は明らかである。普遍性への要求と，その要求について論争がある点において，人権と動物の権利は肩を並べており，両者の普遍性獲得可能性について大小をつける理由は何もない。仮に，動物の権利が人権の論理に起因しているという，本章における我々の主張が正しければ，実際のところ，両者の普遍性が成り立つかどうかは運命を共にしている。深く根ざした文化的不一致が存続しているにもかかわらず，動物の権利の普遍性を支持することは難題であるが，それは，同様に文化的不一致の存続に直面しながら，人権の普遍性を支持することで，我々が既に直面している難題でもある。人権の難問に我々がどう答えるかは，動物の権利という難問にも適用できそうである。

　文化的多様性におけるこのような事実と要求を考慮しつつ，基本的権利の普遍性を支持するための最適な方法について，多くの著作が生み出されてきたが，ここでそれらの議論を繰り返そうとは思わないし，ましてやそれを解決しようとは思わない。しかし，我々は少なくとも，いくつかの誤った解釈を取り消すことはできるだろう。人権および動物の権利の普遍性に対する反論は，文化的価値がい

かに出現し進化するかについての特殊な見解に基づいていることが多い。ビーレフェルト（Bielefeldt 2000）が記しているように，人権が西洋的かどうかという点について議論する時，しばしば人々は，暗黙のうちに文化をいずれ大きな木になるドングリのモデルで考えている。人権は，どういうわけか西洋文明のドングリの中，つまり，文化的 DNA のようなものの中に存在していて，それゆえに，木が成長するにつれて花が咲くように，西洋社会では人権も花開くことが運命づけられていたというのである。対照的に，イスラム社会や東洋の社会のドングリには人権が欠落しており，つまりは，人権が，それらの文化的 DNA の一部ではないために，文化の必然的進化の一部として発展しなかった。彼らの木と完全には適合しない枝を外国から持ってきて，せいぜい接ぎ木するぐらいしかできないというのである。動物の権利の普遍性を否定する人達も，同様に，動物の権利は西洋の文化的 DNA の一部なのであって，東洋のそれの中には存在しないと主張するだろう。

　ドングリと大きな木のこのモデルは，人権と動物の権利両方に関して，絶望的なほど誤解を招きやすいものである。わかりきったことだが，人権理念を育んだ同じ西洋文明が，ナチズムやスターリン主義，そして言うまでもなく何世紀にもわたる家父長制と人種的優越主義をも育んだのである。そして，それら全てが，秩序，自然，進化，ヒエラルヒーについての，西洋文化に深く根付いた観念に依拠していた。もしも，今日，西洋社会のほとんどの人々が，人権理念を受け入れているとするならば，それは，このような理念が文化的 DNA と一致する唯一のものだったからではない。そうではなく，歴史と文化の中から見いだされた，多様で矛盾した沢山の道徳的資源の中には，是認して支持する価値があるとされるものと，その一方では継続して献身する価値はないとされるものがあり，人権理念はその価値があると人々が判断してきたものであったためである。

　このプロセスは，西洋だけではなく，全ての文化で起こっている。全ての文化や宗教の中で，道徳的資源の多様性（あるいは道徳的資源の解釈の多様性）があり，その中で，普遍的な人権と心地よく調和しているものもあれば，調和していないものもある。社会の構成員が人権を是認するかどうかは，原始から続く文化的 DNA によって予め決められているのではなく，彼らの多様な道徳的資源のうちのどれが献身に値するのかについての継続的な判断によって決められている。したがって，人権が普遍性を獲得しているのは，妥当な文化的 DNA を欠いた社会への外国からの一連の接ぎ木によってではなく，多様な道徳的資源を省察し，共

有された一連の価値や原則を「強制なき合意」へと理想的に導く過程によってなのである（Taylor 1999）。

　これは，ほとんどの理論家が今日，人権の普遍性を説明するのに用いるモデルである[36]。我々は，同じモデルが動物の権利にも当てはまると確信している。予め動物の権利論を取り入れることが定められている社会はないが，予めそれを拒絶すると決まっている社会もない。全ての社会が，動物の地位に関わる多様な道徳的資源を包含している。その中で，動物の権利論の方向へ心地よく進んでいくものもあれば，進んでいかないものもある。そして，これらの道徳的資源のうちのどれが説得的であるか判断することは，我々全てにかかっているのである[37]。このことは，ヨーロッパの社会と同様に先住民の社会についてもいえると，我々は考えている。実際のところ，我々がたった今擁護している，悲劇的な緊急状況にあるときに限って動物を殺すことを容認するという不可侵性の理念は，西洋社会において過去数世紀にわたり主流であった文化的態度よりも，おそらく，伝統的な先住民の態度の方に近いのは間違いない。

　人間の文化の多くが，動物を殺す必要性を悲劇的とみなしていることは，あらゆる証拠から認められる。何千年もの間，生き残るために人が動物を搾取する必要があったという事実は，心的ストレスのもとであり続けた。しかし現在では，このことを簡単に忘れることができる。人々の多くが，人間の要求を叶えるために苦しみ，死んだ何十億頭もの動物のことを考えることなく，日常生活を送っている。しかし，感心なことに，古代における我々の祖先の名誉のためにいえば，動物の搾取は悲劇的であって，道徳的に問題があると認識されていた。例えば，多くの地中海文明において，生け贄以外の肉を消費することは，タブーとみなされていた。動物が生け贄にされる時，わずかばかりの量が神に捧げられた。そして，残りは人間の消費のために分配された。ジェームズ・サーペル（James Serpell）は，生け贄文化を非難転嫁の一形態であると記述している。つまり，神が生け贄を差し出すことを人間に求めることにより，最終的に動物を殺す罪を引き受けたという点においてである。動物は，神殿か神官のもとに運ばれる。神官は，動物からの同意を引き出し（と，言われているのだが），それにより罪をさらに和らげた後で，儀式的なほふりを執り行った。そして神官たちは，その恐ろしい行為の後で，身を清めることが求められた（Serpell 1996: 207）。現代では，ほとんどの人が直接的な動物搾取の現場から隔たった場所に暮らしていて，償いに対するいかなる必要も抑え込むのに成功したかのように見える。一方で，罪の転嫁

第 2 章　動物の普遍的な基本的権利　　65

と軽減の実行は，伝統的な狩猟社会と宗教的団体の中において，今なお存続しているのである[38]。

　いくつかの点で，動物の権利論を是認するためには，動物を殺すことを償うべきやむを得ない悲劇的な行為とみなす昔からの考え方を維持している社会よりも，西洋社会の主流派の方が，より大きな文化的転換を必要とするかもしれない。驚くことではないが，実際のところ，先住民社会の中では，様々な狩猟とわな猟の慣行についてその賢明さと必要性を問う議論が起こっている。そして，例えば，一部の先住民リーダー達は，工業的規模での搾取と虐待の実施を取り繕うためにマーケティングと広告に先住民を利用するような，毛皮産業のやり方に憤慨している[39]。

　いずれにせよ，動物の権利論は何らかの形で西洋文化の DNA の中にあるものであって，その他の社会にとっては，外国からの接ぎ木としてしか持ち得ないなどという主張は，全く根拠に欠けている。人権と同様に動物の権利の普遍化も，我々の道徳的水源についての省察の過程を経ながら，広く議論されるべきものであって，最初から存在する文化的本質についての過度に単純化した仮説によって早計に判断されるべきではない。

　人権と動物の権利の両方の普遍性を主張することの正しさが証明可能であることを，我々ははっきりと確信している。そして，この道徳的省察の過程が，全ての脆弱な自己の基本的権利に対する重なりあう合意（overlapping consensus）につながりうると信じている。一方で，動物の権利論の普遍性を要求することが，他の社会に対する押しつけを是認することと同じではないことも強調しておこう。そのためには，人権のケースと同様に，強制的な介入を最も重大な侵害に限定することと，人権と動物の権利の実現に向かっていく社会を支援することに我々の努力を集中させることである。これらには，道徳的かつ実践的な，強力な根拠がある。このことは，かつての迫害者の動機を疑うのにもっともな理由を持つ，歴史的に従属させられてきた集団と接する際に，特に当てはまるのである[40]。

　人権，あるいは動物の権利双方の普遍性を主張することは，そうした権利の道具化（instrumentalizing）を正当化するものではない。前述のとおり，長い歴史の中で支配集団は，少数民族や先住民の人々に対する自らの権力行使を，彼らが女性や子ども，または動物を扱う際の「後進性」や「粗野さ」に訴えることによって正当化してきた。この文脈において，人権と動物の権利は，権利の保有者に対する誠実な配慮からではなく，むしろ現存する権力関係の再生産を正当化するた

めに使われてきた（Elder, Wolch and Emel 1998）。動物のケースで言うと，一般的に支配集団は，それらが動物虐待全体からするとほんのわずかな断片でしかないにもかかわらず，農村社会の人々や先住民による狩猟の実施について，あるいは，宗教的少数派による儀式への動物利用について偽善的に不平をもらす一方で，捕獲し，奴隷化した何百万頭もの家畜動物に対する虐待に自分も直接の共犯である点を無視している。さらに，彼らは，自国においては，多くの場合それほどの脅威にならない，絶滅の危険のない動物に対する乱暴な駆除運動に加わる一方で，後進国がカリスマ的な野生動物や絶滅寸前の野生動物の保護に失敗している点についても苦言を呈す。このようにして，支配集団は，他の人々や文化に対する優越性の感覚を再確認するために，道具的に動物の福祉を引き合いに出すのである[41]。

　これら全てのケースにおいて，動物への関心は，人間同士の不正義を正当化するために，根底にある規範を疑うという方法で，巧みに操作され，選択的に引き合いに出される。これらの道徳的帝国主義から，我々は身を守らなければならない。この道具化に対する解決法は，人権と動物の権利の普遍性を否認することではなく，反対に普遍性をもっと明確にすることと，我々がこれらの原則を翻訳して，首尾一貫性と透明性を保証すること，そして，全ての社会がこれらの原則に関する議論とその形成に公平に参加できる公開討論の機会をつくることである。人権活動家は，人権の道具化についての懸念に応答して，同じようなアプローチを採用している。

　これが我々の普遍性に対する理解の仕方である。すなわち，動物を，不可侵の権利の保護を必要とする脆弱な自己とする考え方は，その内部に持っている多様な道徳的水源から，全ての社会にとってアクセス可能なものであると我々は信じる。それを，何らかの文化や宗教に特有の財産として扱うことはできない。もしも，動物の権利論の主張が本当に納得いくものであると理解されるのであれば，我々は皆，いったん正義の情況下に入った場合には，動物への不可侵の権利を尊重する義務を負い，また，我々は皆，正義の情況を生み出すよう試みる義務を負っているのである。この義務が求める内容は，社会ごとに異なるが，我々全員が直面する責務なのである。

第6節　小括

　動物が自己，あるいは人格であることを受容することには，多くの含意がある
だろう。最も明白なものは，一連の普遍的な消極的権利を承認することである。
すなわち，虐待されず，実験に使用されず，所有されず，奴隷化されず，監禁さ
れず，殺されない権利である。これは，農場経営，狩猟，商業的ペット産業，動
物園の維持，動物実験などその他多くの現在行われている慣行の禁止を含むだろ
う。

　これは，動物の権利論の核となるアジェンダであり，その支持者の多くにとっ
て，これこそがアジェンダの全容である。動物の権利は，搾取廃止と動物の奴隷
状態からの解放についてのものである。前述したとおり，動物の権利論の中でも
影響力のある理論家たち，すなわち動物の廃止論者，または動物の解放論者と時
には呼ばれる人々は，搾取に対抗するためのこれらの禁止が，実質的に全ての形
態の相互作用を停止させられると信じている。

　しかし，我々は，動物の権利論の終着点がここであるはずがないと思っている。
動物の基本的権利の尊重は，全ての形態の人と動物の相互作用を停止させること
を必要としていないばかりか，実際のところそれは不可能である。我々は，いっ
たん，動物の基本的権利を認識したなら，これらの権利を尊重できる動物と人と
の相互作用の適切な形態について考えずにはいられない。動物に対する人の搾取
を終えることは，必然的な1つの出発点であるが，一方，我々は，搾取のない関
係がどのようなものなのかを知る必要がある。相互に有益な人と動物との関係に
はどのような可能性があるのか。そして，我々が動物に対して負うべき積極的義
務とはどんな種類のものなのか。我々の直接的な世話を受けている動物たちに対
し，我々との共生関係にある動物たちに対し，そして，我々から遠く離れたとこ
ろで独立して生きている動物たちに対して。これらは，まさに我々がこれから取
組む問いなのである。

原注

1) Peter Singer は「動物の権利」の分野の創始者の1人として広く知られているが，実際のとこ
　ろ彼は功利主義者であるため，人に対しても動物に対しても不可侵の権利の存在を信じていな
　い。ゆえに，動物の扱いの改善を求めた彼の主張は，我々が動物に負わせる危害のほとんどが，

善の総計に資するわけではないとする経験的な主張に基づいているのであって，動物への加害は，それがより大きな善に資する場合でも悪であるとする，権利基底的主張から組み立てられているわけではない。権利基底的な動物の権利論の視点からの批判については，Regan 1983, Francione 2000, Nussbaum 2006 を参照のこと。

2) 政治哲学における功利主義から権利論への移行について，より広範な論拠として Kymlicka 2002: ch. 2 を参照のこと。

3) 不可侵性が絶対的ではないことを注記しておくことが重要である。人と動物，両方において，不可侵の権利が無効にされ得る情況は存在する。最も明白な例は，正当防衛に関してである。我々は，重大な暴行から自分の身を守るための個人の権利として，攻撃者に傷害を負わせることや，さらには殺すことさえ承認している。もう 1 つの例は，他者に緊急の脅威をもたらすような致命的な伝染病を患った個人が，自発的な隔離の受け入れを拒否した際に，一時的にであれ，強制的に監禁することである。換言すれば，他者の基本的な不可侵の権利に対して緊急の脅威を引き起こしてしまうような（あるいは自分自身にそのような脅威を及ぼしてしまう場合のような）非常事態においては，不可侵の権利は無効にされうる。不可侵の権利は，他者のより大きな善のために利用されることに対抗するための「切り札」なのであって，他者に危害を与えるためのライセンスではない。このことは，人に関しては十分おなじみのことである。一方，動物のもつ不可侵の権利が無効とされることが許容される場合については，本章の第 5 節で扱う。

4) Cavalieri 2001, Francione 2008, Steiner 2008 を参照のこと。Tom Regan の著作，*The Case for Animal Rights*（1983 年）は，動物に対して（Singer の功利主義のアプローチと対照的に）権利に基づくアプローチを明確に用いた最初の体系的な著作として広く引用されている。そして，実際に，彼の主張の多くは，おそらく不可侵性への賛同の意味合いを含んでいる。しかし，その著作の中で，Regan 自身は，動物が権利を持つ一方で，人間の権利に比べるとはるかに侵害されやすいことに言及しつつも，その結論から距離をおいた。但し，彼の最近の業績では，首尾一貫して強力な権利の立場を表明しているようだ（例えば，Regan 2003）。

5) 今後，全ての感覚ある存在に与えられているこれらの基本的な不可侵の権利に言及する際に，交換可能な用語として，普遍的権利（universal rights），基本的権利（basic rights），不可侵の権利（inviolable rights）を使うものとする。

6) すべての動物の権利論者が，不可侵の権利の基本原理として感覚や自我の存在を受け入れているわけではない。Regan（1983，および初期の業績において）や DeGrazia（1996），Wise（2000）など，一部の論者は，不可侵の権利は，記憶，自律性，自意識のような認知能力の複雑性に関してさらに一定の閾値を要求するとしている（したがって，不可侵の権利を一定の「高度な」動物に限定する）。我々は，以下に説明するような理由で，そのような精神的複雑性の閾値の観点を否定する。実際のところ，これらの論者自身も，不可侵の権利を認知の複雑性に強く結びつけることについて，葛藤を表明していることには意味がある。例えば，Regan は最近の著作の中で，不可侵の権利の基本原理を自己性（selfhood）に転じている（Regan 2003）。一方，Wise（2004）は，精神的複雑性の主張が，精神世界における人間中心主義的な基準に縛られた問題含みのものであることを認めている。

7) Eva Feder Kittay による，重度の知的障害を持つ人々の人格性に関する説明に類似の記述がある。人格性には複雑な認知能力を不可欠とする哲学上の説明に対して，Kittay は次のように主張する。「『内なる誰か』の存在がわかる時，我々の前に人格がいることを知る。……ほとんど筋肉を動かせない人でもなじみの曲の一節で瞳が輝き，それが人格性を立証する。お気に入りの在宅介護人が 1 人でやってきた時に，重度の身障者が見せる唇のかすかな動き，あるいは香水の香りに反応して見せる喜びの表情，そういったもの全てが，人格性を実証している」

第 2 章 動物の普遍的な基本的権利 69

(Kittay 2001: 568)。

8) 動物虐待のかどで告発された人々によって，そのような宗教的主張がしばしば持ち出されてきた。Sorenson 2010: 116 を参照せよ。

9) 最近文献に追加されたものに，魚が痛みを感じる可能性を支持する研究があり，人目を引いている。Braithwaite 2010 を参照のこと。そこには，痛みの刺激に対する反応（痛みを受けた受容器官が損傷についての情報を脊髄に送った時に引き起こされる無意識の反射反応）と，脳内における痛みという主観的感覚的経験との違いについての大変有益な議論が含まれている。魚は後者を持たないと考えられてきた。しかし，Braithwaite によれば，単に誰もこの問題について実際に研究をしてこなかっただけにすぎず，魚の痛みの存在へと導く最初の研究が出されたのは，2003 年になってからであった！　科学的調査が無知な偏見に取って代わるにつれ，動物に感覚がある根拠は補強され続ける。

10) このような反論のバリエーションの 1 つに以下のような主張がある。権利の保有者としての資格を与えるためには，その人が合理的な選択をする能力を持っていなくてはならない。なぜならば，X を行う権利を有するということは，まさに X を行うか否かを選択する権利を有することになるからである。これは，しばしば，権利の「選択説（choice theory）」あるいは「意思説（will theory）」と呼ばれる。これらはかつて影響力のある理論であったが，今では多くの論者から否定されている。なぜならば，それは，動物の権利の着想ばかりか，子どもや一時的に無能力となった人，もしくは将来の世代が持つ可能性のある権利についての着想まで排除してしまう。投票を強制される法域下でも投票する権利を有するという着想も理解できないものになってしまうだろう。それゆえに，今日，ほとんどの論者は，それに替わる「利益説（interest theory）」を是認している。それによれば，（Joseph Raz の影響力のある論述における）X が権利の保有者であるということは，何らかの行為の実践において X を妨害しない，もしくは何かあった際には X を保護するといった義務を他者に課すことにおいて，X の利益が十分な根拠となっているとするものである（Raz 1984）。動物や子ども，無能力になった人が不可侵の権利を持つか否かは，危機にさらされている利益を考察することによってしか答えられない問いなのである。［訳注：レファレンスに挙げられているジョセフ・ラズの論文 'The Nature of the Law' は雑誌 Mind に掲載されたものであり，深田三徳編訳『権威としての法』（勁草書房，1994 年）の中に同じ題名の章として訳出されている（角田猛之訳）。ただし，本書における文章は元の論文の記述をそのまま引用したのではなく，ラズの見解をキムリッカからの文章でまとめたものとなっている。］

11) Stephen Horigan が書いているように，西洋文化には，「人ではない動物が境界を脅かすような能力を持っているといった発見に対して，境界がしかるべき場所に止まるよう，人の決定的な能力（言語のような）を概念化しなおすことによって応酬してきた」長い歴史がある（Horigan 1988。なお，Benton 1993: 17 で引用されている）。

12) 最も息の長い議論として，Dombrowski 1997 を参照せよ。

13) 我々は，同様に，人と動物は，道徳的主体（moral agents）と道徳的客体（moral patients）のいずれかに明確に分類可能であるとする着想も拒否している。道徳的主体性（moral agency）は，種をまたいで，そして同じ種の個体間で，または同じ個体の時間軸ごとに変化を見せる能力の束を伴っている。Bekoff and Pierce 2009，Hribal 2007, 2010，Reid 2010，Denison 2010 を参照せよ。本書では第 5 章でこの問題を取り上げている。

14) 『新スタートレック（Star Trek: The Next Generation）』のファンならば，シーズン 2 の第 2 話（「Where Silence Has Lease」）が思い出されるだろう。少なくとも科学技術という観点において，惑星連邦の者たちよりもはるかに優れているナギラムという名の種によって，エンタープライ

ズ号がわなにかけられる。エンタープライズ号の乗組員は，迷路の中のネズミのごとく扱われ，基本的権利と尊厳を認められずひどい辱めを受けるという話である。

15) テレパスは SF にすぎないが，かつての動物実験支持者たちをも躊躇させている。Micheal A. Fox の 1988 年の著書 *The Case for Animal Experimentation: An Evolutionary and Ethical Perspective* は，自分の便益のために動物を利用する人の権利を支持するための洗練された議論として引用される。しかし，Fox は，彼の主張が人間を奴隷化する優れた異星人にとっても有効であると気付いた時，自分の主張を退けた（Fox 1988a）。そして今や，強い動物の権利論の見解を支持している（Fox 1999）。

16) *Superintendent of Belchertown v Saikewicz* 370 North Eastern Reporter 2d. Series, 417-35 (Mass. Supreme Court 1977). この事件および動物の権利に関する同様の事件の妥当性についての議論として，Dunayer 2004: 107，Hall and Waters 2000 を参照のこと。

17) 道徳のヒエラルヒーには 2 つの階層しかないのではなく，時にまるで，存在の大いなる連鎖（the great chain of being）のごとくである。功利主義哲学者である Wayne Sumner による，以下の最近の記述を参照してほしい。そこでは，「感覚（痛みを感じる能力）と知性のヒエラルヒーは，道徳的に重要な種」を決定するとしている。霊長目はほかの哺乳類よりも重要である。脊椎動物は無脊椎動物よりも重要である。アザラシ類はイヌ，オオカミ，ラッコ，クマと同等で，ウシよりも重要であるという（Valpy 2010: A6 に引用されている）。

18) Angus Taylor が指摘しているとおり，Somerville のような人間例外主義の支持者は，「人間を守るためのいかなる倫理的見解も是認できない。なぜならば，道徳的コミュニティの中に全ての人を入れることでは十分でないからである。それは自動的に，人以外の存在の全てを除外することになる。重要なのは，次のことである。人間例外主義が，少なくとも，誰を道徳的コミュニティに入れるかを決定するのと同様に，誰を道徳的コミュニティから排除するかを決定することである」（Taylor 2010: 228，強調は原文のまま）。この種の人間例外主義は，哲学的に疑わしいのみならず，経験的にも非常に有害である。より多くの人々が人と動物を厳しく区別すればするほど，移民のような外集団の人の人間性を奪う兆候がみられる。人が動物よりも優れた存在であると信じることは，人間において一部のグループが他のグループよりも優れた存在であると信じることと，経験的に言って相互関係があり，因果的につながっている。哲学の研究者によって動物に対する人の優越の主張が認められてしまうと，その結果は，人間の外集団に対する偏見の増大である。その反対に，動物が価値ある特性と情動を持っていることを認める人々は，人間の外集団にも平等を与える傾向が強い。人と動物との間を分裂させる状態をなくしていくことは，偏見を減じさせることと人間の集団間の平等に対する信念を強化するのに役立つ（Costello and Hodson 2010）。

19) Silvers と Francis に従えば，「ゆえに，人格性の包括的概念を獲得することは，正義の包括的概念を構築することの後にくるもので，優先されるものではない。言い換えれば，人格性をもっと包括的に考慮する方法を学ぶことは，正義のために築いた便益が増大することである」（Silvers and Francis 2009: 495-6）。Kittay 2005a や Vorhaus 2005，Sanders 1993 も参照のこと。

20) 道徳的主体性を行使するための我々の能力が，人の不可侵性の（そして動物の侵害可能性の）基盤であるという着想は，全く間違っている。Stephen Clark によれば，この主張が示すものは，自身のものではない別の視点を認める能力を価値のある特徴としながら，最終的にその他者の利益に配慮する必要がないとするものである。換言すると，「我々は動物の利益に何らかの配慮を与えることができるので，動物よりも絶対的に価値が高い。そのうえで我々は，実際に配慮はしない」というものである（Clark 1984: 107-8。Benton 1993: 6，Cavalieri 2009b の議論も参照のこと）。

21) 実際，これらはしばしば，神の意志において人に与えられた特別な地位についての古くさい宗教的な思想の中に，非宗教的な基本原理を探す試みに似ている。聖書によれば，人だけが永遠の魂を持ち，人だけが神の意志によって作られ，神が人に動物に対する支配権を与えたとされる。唯一，人だけが不可侵の権利を与えられているという思想は，聖書上の天地創造の物語を信じる人には筋が通っているのかもしれない。しかし，我々が権利に関する道徳的な基本原理の非宗教的な説明，すなわち進化と矛盾しない説明を求めるならば，人間だけが不可侵の権利の保護を要求するといった期待や仮定をするべきではない。

22) 一部の読者は，自己性と人格性を同一視する点について，我々が単に用語を見失っているだけであるとし，人格という用語は，複雑な認知能力を持つ自己の部分集合として残されるべきで，そこには十分な理由があると考えるかもしれない。我々はこれに同意しない。既に述べてきたとおり，人格と自己の世界をはっきりと分割できる明確な線など存在しない。しかし，このことは，我々の主張の主要な部分ではない。動物の人格性に関する我々の言及に反対する人であっても，意味や主張を変えること無く，人格性の代わりに自己性を使うことができるというだけのことである。人格性と自己性の区別が文脈として便利である場合でさえ，この区別は，誰が不可侵の権利の保有者であるのかを判断する際には全く役に立たないというのが私たちの主張である。不可侵の権利は自己性に基づくべきであるにもかかわらず，それでもなお，ほかの概念的目的のために人格性について論拠がほしくなるかもしれないとする Garner 2005b も参照のこと。

23) Martin Bell は，Vegan Outreach のウェブサイトで有効な議論を展開している。http://www.veganoutreach.org/insectcog.html　同様に，Dunayer 2004: 103-4 を参照。

24) 科学的理解という言葉によって，そのほとんどが非倫理的な，動物を使う統制された実験室実験のことばかりを差しているわけではない。我々は，配慮された観察と倫理的相互作用を通じて獲得された動物への理解を指している。多くの研究者が，動物の精神を理解することは，心の存在を当然のこととし，実際に心の存在によってそれを可能とさせている倫理的相互作用を通じて，最も達成されると確信している。社会学的「相互作用論者（interactionist）」の理論は，心と自己性が，別の自己との関係から築かれるという前提から始まっている。Irvine（2004），Myers（2003），Sanders（1993），Sanders and Arluke（1993）が，この相互作用論者のモデルに基づいて動物の精神を探究している。

25) ここで我々には，『新スタートレック』の，このディレンマの側面をうまく表現している別のエピソードが思い出される。シーズン1の18話で，乗組員は遠い惑星で謎の「結晶生命体（chrystalline entity）」と遭遇する。種の間の隔たりがとても大きかったため，ただ「内なる誰か」の存在を認めることすら危険を孕んだ挑戦であり，共生は不可能であった。乗組員は，相互関係が可能となる未来の可能性を待つことにして，その惑星と絶縁する。

26) 正義とは，脆弱な者を守る以上のことに関するものである。そして，我々は正義の別の側面について後の章で議論している（例えば，互恵性）。しかし，脆弱な者を守ることは，正義の核となる目的の1つである（Goodin 1985 を参照）。とりわけ，基本的権利を正当化する中心となる（Shue 1980 を参照）。

27) 同様の動向として，Baxter 2005 と Schlossberg 2007 を参照せよ。

28) エコファシストとの非難に敢然と立ち向かうような極端な生態系中心主義者も少数ながら存在する。フィンランドの生態系中心主義者，Pentti Linkola は，権威主義的な政府が，環境に優しい生活を課すことを提唱するとともに，人権概念に反対している（例えば，彼は優生学や人口を減らすための他の強制的な手段を推奨している）。彼の思想に関する簡潔な論考として，以下を参照のこと。http://plausiblefutures.wordpress.com/2007/04/10/extinguish-humans-save-

the-world/

29) 我々が述べてきたとおり，自己（人と動物ともに）の不可侵性を認めることは，感覚の無い自然に対する直接的な（非道具的）義務を認めることと両立する。本書で，感覚の無い自然に対する我々の直接的な義務の本質を探究するつもりはない。しかし，私たちが練り上げた理論が，動物への直接的義務を経由して，広範な間接的保護を自然の生態系に提供していることを示すことは重要である。第 6 章と第 7 章で議論しているとおり，野生動物と境界動物にそれぞれ主権とデニズンシップを認めることは，これまで畜産農業に委ねられてきた広大な領域の再自然化や，主要な動物の回廊と移動経路の再建に，説得力のある基本原理を提供しながら，人の移動の拡散と生息地の質の低下を直接的に抑制することになる。

30) 研究対象の言語を研究する動物学者による他の労作に関しては，Sanders 1993，Sanders and Arluke 1993，Horowitz 2009 も参照のこと。なお，彼らは，異種間のコミュニケーションを成立させる方法（距離を置いた観察ではなしに）を研究の根拠としている。

31)「生物界と無生物界との違い」を無視するこの傾向に対する批判として，Wolch 1998 を参照のこと。彼は，「動物は人と同様に，社会的に彼らの世界を構築し，互いの世界に影響を及ぼす。……動物は彼ら自身の現実と，世界観を持っているのである。簡潔に言えば，彼らは主体であって，客体ではない」と記している。生態系中心主義の理論は，この事実を無視して，動物を環境に関する全体論的構想と人間中心主義的構想の両方かどちらか一方にはめ込み，そうすることで動物の主観性の問題を避けている。よって，ほとんどの形態の進歩的な環境保護主義において，動物は客体化，または背景化，あるいはその両方がなされてきた（Wolch 1998: 121）。Palmer のコメントも参照して欲しい。環境倫理学の領域で，「動物は『環境』や『人間以外の世界』にのみ込まれる。一方，都市環境倫理学においては，一般的な環境に関する議論の中に包摂されてしまい，動物の位置づけはほとんど気にもされない」（Palmer 2003a: 65）。

32) 最近の著者の中には，正当防衛として人を殺すことは許容されるという共通の仮定に異議を唱える論者もいる。これらの修正論者によると，たとえ誰かが我々の生命に差し迫った脅威を与えているとしても，我々を脅かすかどで有責である場合にしか，殺すことは許されない。もし，その脅威に有責性がなければ，我々は彼らの手による自らの苦難を受け入れる義務がある。この主張の解釈として，McMahan 1994, 2009 と Otsuka 1994 を参照。善意の脅威に直面した場合にも，人を殺してはならないという信念に殉ずる義務はないという我々の常識的直観の支持としては，Frowe 2008 と Kaifman 2010 を参照のこと。

33) このような救命ボートの事例において，自発的に犠牲になってくれとせがむか，くじびきか，そのほか年齢（例えば，余命が最も長い人たちを救う）や，暮らし向き（例えば，生活の質が最も高い人を救う）や，扶養状況（例えば，扶養家族がいる人を救う）や，社会貢献度（例えば，共通善に最も貢献していそうな人を救う）や，功績（例えば，称賛に値する生活を送ってきた人を救う）などのような様々な基準によって決定することを好む者もいる。我々はこの件についていかなる見解も持たないが，これだけは強調しておきたい。我々は，このような基準を，不平等な道徳的地位や基本的権利における不平等性を正当化する根拠とみなしてはならない。救命ボートに乗った人々が，年配者か末期の病気を患っている人ならば，その人は若者のために自分の命を諦めるべきだと，あなたは考えるかもしれない。しかし，社会が若者の便益となる医学的知見を得るために高齢者で実験することや，若者の便益のために高齢者を奴隷にすることは，道徳的に支持できないだろう。救命ボートの外，つまり，正義の情況下では，我々全員が同じ基本的な不可侵の権利を持っているのである。緊急の救命ボートの事例を一般化するという誤謬に関しては，Sapontzis 1987: 80-1 を参照。もちろん，救命ボートの事例の中で引き合いに出される要素は，例えば，不足している医療に接近できるかというような配分的正義の

問題にとって，妥当な場合があるかもしれない。配分的正義におけるそのような問題については**第Ⅱ部**で扱っている。現在のところ動物の権利論に（その批判者にも）まさに欠けている理論，つまり，複雑な動物と人との政治的コミュニティの理論における広範な背景の中でしか，配分的正義の問題は解決されないのである。

34) 入手可能な証拠すべてが示していることだが，人はヴィーガン式の食事で丈夫に育つ雑食性の動物である。もし，このことが真実でないならば，すなわち，もし人が生態学的に十分な栄養をとるために肉を必要とするのならば，このことは，正義の情況に影響するだろう（Fox 1999を参照）。私たちが第 5 章で述べるとおり，食事の問題は，我々の伴侶動物に関連して提起される必要がある。イヌは実際，生き残るため，あるいは丈夫に育つために肉を必要としない雑食性動物であるのに対して，ネコはまさに肉食獣である。そしてこのことは，我々が彼らに与える食餌について難解な問題を提起する。

35) 第 6 章，第 7 章で扱う関連する義務に，我々の日常的な行動から生じる，動物を不注意に傷つけることの回避がある。例えば，動物への加害を最小限にするための新たな農作物の収穫技術の開発や，道路の改変，建造物のデザインが挙げられる。

36) いかにイスラム社会が人権を取り入れることができるかという点については，例えば，An-Na'im 1990 と Bielefeldt 2000 を参照。仏教社会については Taylor 1999 を参照。

37) 一部の文化と社会は，自らを，動物と自然を支配しようとする衝動に汚染されていないと考えるかもしれない。しかし，Fraser が記しているように，「必要な分だけしか取らない無害な人間社会などない」（Fraser 2009: 117）のである。

38) Erika Ritter が指摘するように，幸せな農場の動物たちや料理長の帽子をかぶったブタのイメージの中に，それら皆が喜んで自らを人の消費のために差し出しているのだという，かつての戦略の痕跡が残っている（Ritter 2009）。Luke 2007 も参照のこと。

39) Sorenson 2010: 25-7 の議論も参照のこと。

40) 繰り返すが，これは人と動物の両方のケースに当てはまる。人権の基準を先住民に強いることについての議論は，Kymlicka 2001a: ch. 6 を参照のこと。

41) Elder, Wolch and Emel（1998: 82）によれば，アメリカにおける支配集団は，少数派マイノリティ（あるいは少数民族）の動物の扱い方を「彼ら自身のレンズを通して」解釈する。そうすることによって，「同時に，移民である他者を，文明化されておらず，非理性的で，けだもののようなものとして，その一方，自分自身の行為については，文明化され，理性的で，人道的なものとして解釈する」のである。

第3章

シティズンシップ理論による動物の権利の拡張

第1章で論じたとおり，我々は，動物の権利論を補完し拡張する必要性があると考えている。その際には，動物の権利論者がこれまで主張してきたような，あらゆる動物に普遍的な権利を認める議論だけでなく，様々な関係によって異なる個別的な動物の権利を考慮する必要がある。そうした議論を進めるにあたっての第一歩は，道徳的に重要な義務や責任を生み出す人間と動物の関係について，一定の整理をすることである。ただし，人間と動物の関係の多様性を鑑みるに，この論点整理は決して簡単な作業ではない。動物と人間の関係は，その有用性や有害性の度合い，強制や選択の度合い，相互依存と脆弱性，情緒的な愛着，物理的近接性により変わってくる。そして，これらの全ての要因（まだ他にもあるかもしれない）が潜在的に道徳的重要性をもつように思われる。

いずれにせよ，我々は，人間と動物との関係の，混乱を招きかねないほどの多様性について何らかの概念的な秩序をもたらす必要がある。本章では，シティズンシップ理論（citizenship theory）がその作業において有用であると論じる。シティズンシップ理論におけるなじみのある概念（例えば市民，デニズン，外国人，主権者といった分類）に照らして人間と動物の関係を考えることで，動物から人間に対してなしうる要求と，我々が彼らに押しつけている不正義の両方を明らかにする助けが得られる。そこで本章では，まずシティズンシップ理論とは何か，そしてそれが関係的権利の問題を通じて考えるうえで与えてくれる概念的リソースについて説明することから始める。続いて，シティズンシップ理論の枠組みを動物

に対して当てはめることへの2つの直接的異論についても検討し，それらに反駁する。

第1節　普遍的な権利とシティズンシップ

シティズンシップという概念について，人間社会における事例を通じて考えてみよう。我々の国のどこかの飛行場で，飛行機から降りてくる大勢の人間に遭遇したとしよう。その中の特定の個人と我々の間に特定の関係があるかどうか知らずとも，彼らが主観的な善をもつ感覚を有する存在（sentient beings）であるというだけで，我々は彼ら全員に対する疑う余地のない普遍的な義務を負っていることを知っている。その義務は，すべての人格それ自体に対して普遍的な権利を尊重する必要があるということである（例えば，彼らを拷問したり殺したり奴隷化することは許されない）。

しかし，彼らがパスポートの検査場に進むと，その中の個々人がそれぞれ全く異なる関係的権利を持っていることが明らかになる。彼らの幾人かは，無条件で入国し居住する権利を持つ我々と同じ市民であり，ひとたび入国すれば，その国の政治的コミュニティの構成員として完全かつ平等な権利を持っている。つまり彼らはその国を守っていく仲間であり，国家の方針を決定するにあたって自らの利害や関心事が他のメンバーのそれと等しく十分に考慮されるという権利を持っている。彼らは「市民」であり，したがって，その名において政府が行動する「人民」の構成員であり，人民主権の行使を分かち合う権利を有している。そして，公共善ないし国益を決定するにあたり，彼らの利益が等しく考慮されるような，代表あるいは協議の制度を作る義務が，社会の側に存在している。

他方，飛行機の乗客の中には，いわゆる観光客や外国からの留学生，ビジネス客，出稼ぎ労働者等もいるが，彼らは決して「市民」ではない。入国するための無条件の権利を有していないし，（例えばビザなどの）入国するための正式な許可を事前に取得しておく必要があろう。入国の許可を持っていたとしても，期限の定めなく居住したり，働いたりする権利はない。彼らのビザは，短期間の滞在を許可しているのみであって，その期限を過ぎれば出国しなければならない。つまり，彼らはその名の下に政府が行動する人民には含まれず，つまり人民主権の行使には参加できず，公共善を定める際に彼らの利害が考慮されることを保証するための制度を作る義務もない。

繰り返しになるが，もちろんこれらの「非市民（non-citizen）」もまた人間であり，したがって普遍的な人権を有する存在である。彼らを殺したり，奴隷化したり，彼らの人格性や尊厳を否定する行為に従事することは許されない。しかし，我々の公共空間を，非市民が快適に過ごせるように作り替える責務はないし，政治制度を非市民にとって利用しやすい仕組みに改変する責務もない。世界中で休暇を過ごす何千・何万人もの中国人は，中国語の道路標識がもっと多ければ，ニューヨークなりブエノスアイレスなりでの滞在をもっと楽しむことができるだろうし，それぞれの都市がもっと多数の観光客を惹きつけようと願うならば，そうした工事や変更を行うのもよかろう。しかし，それぞれの市民から見れば，観光客に対して親切な都市にする義務などないし，社会や公共空間のあり方を決めるのは観光客ではなく市民である。観光客は，道路標識に関する公共政策を決定するための選挙や住民投票において投票する機会もない。

　つまり，我々は通常普遍的な人権（特定の政治的コミュニティとの関係を問わない）と，シティズンシップ（特定の政治的コミュニティの構成員であるかどうかに基づく）とを区別しているのである。飛行機から降りて入国しようとした時，すべての乗客は前者の権利を持っているが，後者の権利は入国しようとする国との関係では一部の人々しか持っていない。つまり，彼らの利害は異なる位置づけで捉えられるのである。単純化していえば，市民の利害は政治的コミュニティにおける公共の利益を規定するが，非市民の利益は政治的コミュニティが公共善を追求する際の「横からの制約（side-constraints）」となる。公営住宅やケア付き住宅や地下鉄などを建設するかどうかを決める際，決定的に重要であるのは市民の利害であって，観光客のそれではない。かといって，そうした建物や設備を作る際に，観光客を強制的に酷使することは認められない。つまり，非市民の普遍的な人権は，政治的コミュニティを構成する市民が公共善を追求する際に制約条件となる。

　もちろん，この議論は過度に単純化されたものである。実際には，「中間的な」立場の存在，すなわち単純な訪問者以上であるが市民とは言えない（あるいはまだそうは言えない）人々，したがって，その利害も単純な二分法ではなくもっと複雑な形で考慮されるべき人々がいる。例えば，長年にわたって居住している移民は，たとえ正式なシティズンシップを持っていなくても，一時的な観光客とは異なる法的・政治的位置づけを得る。あるいは，いわゆる標準的な市民と異なり，歴史的に形成された政治的な結社という形態を通じて国家と結びついている集団──例えば，「国内における従属的なネイション（domestic dependent nations）」と

第3章　シティズンシップ理論による動物の権利の拡張　　77

してのアメリカン・インディアンの部族の地位——は，より大きな主権をもつ人民の領土の中で，別個の主権を持つ人民を形成することが認められている。しかし，こうした部分的ないし重なり合うシティズンシップをもった中間的な集団が存在しているということは，普遍的な人権を持つ「人格」であるというだけでは，その人の持つ法的権利や政治的立場は決まらないという基本的な論点を確認するにすぎない（そして我々は，そもそも飛行機に乗ることが許可されず，そのため他の国の政治的コミュニティの一員として暮らしているであろう潜在的な訪問者が他にもいることを忘れてはならない）。

　一見したところ，彼らの法的地位が多層的であることは，不可解に思えよう。飛行機の乗客はすべて同じ人間であり，つまり同じように固有の道徳的尊厳を持っているし，かつまた，同じように脆弱な自己性（selfhood）を持っている。ならば，それぞれの法的な権利が異なることは，どうした理由で認められ得るのか。コスモポリタニズムを奉じる者には，そうした区別の正当性を否定する者もいる。彼らによれば，どこの誰であっても，それぞれの利益は，自動的に政治的決定において平等に考慮されるようにすべきなのである。すべての人々が地球の表面を自由に動き回る権利を有するような国境のない世界を創り，そして，あるいはまた，権利を付与する根拠を人格性（personhood）の有無にのみ基づくようにして，シティズンシップのカテゴリそのものを廃止することによって。シティズンシップのカテゴリを普遍化するにせよ廃止するにせよ，結果は同じことになるだろう。世界中の誰もが飛行機に乗る平等な権利を有し，また飛行機を降りたら誰もが，（定住し，労働し，投票する）同じ社会的・政治的権利を持つであろう。

　しかし，それは実際に我々が住んでいる世界とは異なるし，おそらくそれは望ましい世界でもない。人間が自分たちを一定の政治的コミュニティごとに資格制限を設けて組織化してきたのには，それなりの理由がある。それはある程度実践的な観点からも言えることである。自分たちを同じ国民だと認知しており，共通の言語や国家の領域に対する愛着心を共有している人間同士の方が，たまたま一時的に他ではなくここに住んでいるだけという，世界中を飛び回っている人達同士よりも，民主的な自治の実践を支えやすいのである。民主主義や福祉国家というものは，信頼や連帯，相互理解を必要とするものであり，境界線で仕切られそこに根付いた政治的シティズンシップの感覚がない国境なき世界においては，維持するのが難しいかもしれない。

　また，境界線で仕切られたシティズンシップの概念を擁護するのは，単に実践

的であるからだけではない。シティズンシップという概念には，それと結びつい
ている道徳的に重大な価値がある。そこには，ナショナル・アイデンティティや
国民文化，自己決定という価値が含まれている。多くの国民は，自分たち人民や
仕切られた領土を統治する権利を持ち，そこに国民としてのアイデンティティや
言語や歴史を反映させるようなやり方で自己統治する権利を持つ集団の一員であ
ると自認している。国民の自己統治への情熱は，特定のコミュニティや特定の領
土への深い愛着を反映しており，その愛着は正当なものであり，また尊重すべき
ものである。実際，ある人々を尊重するということの一部は，その人々が，特定
の個人やコミュニティ，領土やライフスタイル，協働や自治の仕組みに対する愛
着を含む，道徳的に重要な愛着心や関係性を構築する彼らの能力を尊重するとい
うことである。境界線で仕切られたシティズンシップというのは，そうした愛着
心の表出であり，それを可能にするものである。普遍的な人格性の名の下にそう
した愛着心の正当性を否定するいかなる形態のコスモポリタニズムも，境界線で
仕切られたコミュニティや領土への道徳的に重要な愛着心を発展させる我々の能
力，つまり人格性を尊重するということはいかなることかについての核心的様相
を見落としているのである[1]。

　こうした理由により，ほとんどすべての古典的な政治的理論の伝統（リベラリ
ズムであれ，保守主義であれ，さらには社会主義であれ）は，人間が自らを一定の境
界線で仕切られた政治的コミュニティごとに組織化することを前提に議論を構築
してきた。いずれにせよ本書の目的に照らして，リベラルな政治理論は，境界線
で仕切られた政治的コミュニティからなる世界において展開され，それゆえ，普
遍的な人権論のみならずシティズンシップ理論を通じても展開されると我々は仮
定しよう。そして，リベラルな普遍的人権論が人格性に基づいてすべての人間に
与えられる権利を示してくれる一方で，リベラルなシティズンシップ理論は特定
の政治的コミュニティのメンバーに与えられる権利をどのように定めるのかを説
明しなければならない。つまり，シティズンシップ理論は，以下のような一連の
困難な問いに答える必要がある。どのような立場の人々がどのような政治的コミ
ュニティのどのようなメンバーとしての権利を持つべきか。様々な政治的コミュ
ニティの境界線をどのように引くか。そうしたコミュニティ間の移動についてど
こまで規制するか。様々な自治的なコミュニティ間の相互作用についてのルール
をどうやって定めるべきか。

　過去30年間のリベラルな政治理論のうち最も興味深い研究には，まさに「シ

ティズンシップ理論」におけるこれらの問いに関わるものがある。（なお我々はここで，「シティズンシップ理論」という概念を，上述のような，特定の政治的コミュニティの境界線やメンバーシップの定義に関わる問いすべてを包含し，それゆえに主権や領域権，国際移動の規制，新参者のシティズンシップへのアクセスを含むことができるような，広い意味で用いている。）そして我々の中心的主張は，こうしたシティズンシップ理論は動物に関しても適切であり，もっと言えば必要不可欠であるというものである。人間に関するのと同様，我々の政治的コミュニティの一員であり，公共善を決定するうえで彼らの利害が考慮されるべきだという意味で，同じ市民であると位置づけるのが適切な動物もいる。逆に，一時的な訪問者や市民ではないデニズンといった，我々がいかに公共善を追求するかに対しての横からの制約として位置づけるのが適切な動物もいる。その他には，その主権や領土を我々が尊重すべき，彼ら自身の政治的コミュニティの住人であるとみなすのが適切な動物もいる。

シティズンシップ理論を動物に拡張するこのような考え方は，多くの読者にとっては直観に反するのかもしれない。動物には不可侵の権利の前提となる自己性なり人格性がないと考える人々からは，間違いなく異議が唱えられるだろう。しかし，動物にも倫理的な人格性があることを認めるべきだと主張する動物の権利論者でさえも，動物が市民であると位置づけられる，あるいは位置づけるべきであると示唆することはほとんどなかった。様々な理由から，人々は「動物」および「シティズンシップ」の概念を関連づけることは困難だとしてきた。やはり知性の観点からして人間と動物は異なる領域に属するとされたのである[2]。

こうした懸念に対する我々の全面的な反論は，この後に続く4つの章で明らかにしていく。論より証拠である。そして，シティズンシップ理論の枠組みを応用することは，論理的に筋が通っているだけでなく，今日まで動物の権利を苦しめてきたいくつもの矛盾や行き詰まりを明らかにすることにも役立てばいいと願っている。しかしながら，手始めに，動物とシティズンシップについて考えるにあたっての，2つの主要な障害に取り組むことが助けになるだろう。おそらく動物とシティズンシップ理論を結びつけるにあたっての違和感のほとんどは，(a) 人間の場合にもある，シティズンシップ概念の本質と機能に関する誤解，および・あるいは，(b) 動物と人間の関係の本質についての誤解，によるものである。この2つの誤解は，現時点で存在しているだけでなく，このままではずっと続いていくであろう。そこで本章の続きにおいて，これら2つの誤解に手短に対処し，次章以降に続くより詳細な議論の導入としたい。

第2節　シティズンシップの機能

　動物を市民として位置づけることに多くの人が難色を示す理由の1つは，我々の日常的なシティズンシップという概念が，能動的な政治参加の概念を包含しており，つまり市民とは，投票を行い，公共的な討議に参加し，競合する公共政策をめぐって政治的に動員される人々であるからである。一見したところ，こうした意味では，動物はとても市民たり得ない。その動物がどんな地位をもっているにせよ，それは市民の地位ではあり得ないのである。

　しかし，この判断はあまりに拙速である。我々は，市民という概念を解きほぐす必要がある。積極的な政治参加という観念は，シティズンシップという概念のたった1つの側面にすぎないのであり，我々は，どのようにこの概念を動物に当てはめられるか判断する前に，我々の規範的政治理論においてシティズンシップの機能がもっている，豊かな意味を理解する必要がある。シティズンシップという概念は，政治理論において少なくとも3つの異なる機能を果たすと考えられる。それは我々が，国籍，人民主権，そして民主政治における行為主体への権利と呼ぶものである。

　①　国籍　　シティズンシップという概念の第1の（かつ国際法上支配的とされる）機能は，個人を領域国家に割り振る機能である。X国の市民であるとは，X国の領土内に住む権利と，海外旅行に行った際にX国に帰還する権利を持っているということである。すべての人は地球上のどこかに住む権利を持つべきであり，したがって国際法も，誰も無国籍者にならないよう保証しようとする。つまり，すべての人は，そこに住んでおり，その領土に帰る権利を保障された，どこかの国の市民であるべきなのである。ただし，こうしたパスポート的意味でのシティズンシップ概念は，市民が所属しているその国の性質については何も語っていないことに注意すべきである。人々は，非民主的な神権国家，君主制国家，軍事政権，あるいは，ファシストや共産党による独裁など，つまり政治的な参政権の全くない国においても市民たり得る。これは非常に希薄な意味におけるシティズンシップ概念である。

　②　人民主権　　フランス革命以来シティズンシップの観念は，政治的正統性の根拠に関する特定の政治理論と関連して新たな意味を帯び始めた。この新しい

第3章　シティズンシップ理論による動物の権利の拡張　　81

考え方によれば，国家は，神や特定の王朝やカーストにではなく，「人民」に属すものであり，シティズンシップとは主権をもつ人民の一員であることを意味するようになった。アレン・ブキャナン（Allen Buchanan）が表現したとおり，国家は王朝や貴族階級の所有物ではなく，人民に属すものであるという考え方は，リベラルな理論の「金科玉条」の一部である[3]。国家の正統性は，人民固有の主権を具体化するものとしての役割に由来する——つまり「人民主権」に。こうした考え方は，当初は革命的な思想であり，より旧い政治的正統性の理論に対して，時に暴力を伴いながら闘ってゆかねばならなかった。しかし今日において，この考え方は普遍的とみなされているといってよく，国際法，さらに国際連合の大前提を提供している。承認と正統性を得るためには，国家は自らを人民主権を体現した存在として定義せねばならない。その結果，今日では自由主義的でも民主主義的でもない体制が，人民主権に基づいていると主張する。20世紀の共産主義者やファシストの独裁体制であっても，自らの国家を人民による共和国であると表現し，国家の正統性は「人民」の意思と利益に由来するというアイディアを支持していると強調していた。実際のところ，そうした独裁体制は，複数の政党による選挙を通じた民主主義政治への抑圧を正当化するために，政治的な党派性があると人民の意思を適切に認識し表出することができなくなるので，むしろ強力なリーダーや前衛党に任せた方が良いと主張したのである。こうした意味におけるシティズンシップ概念とは，その名の下に国家が統治する人民に属していることを意味している。第1の意味で国民である人のすべてが，この第2の意味での「人民」に必然的に含まれるわけではない。例えば，アメリカにおける奴隷は，少なくともいくつかの目的のためにはアメリカ「国民」（少なくとも他国民であるとか，国家をもたない難民とはみなされていない）と位置づけられていたであろう。しかし彼らは，アメリカにおける「市民」，つまり国家がその名の下に統治を行う主権者に含まれる者とは位置づけられていなかった。多くの人種的，宗教的なマイノリティは，その国民とみなされながらも，主権者の一員という意味での市民とみなされないという宿命に苦しんできた（中世や近世のヨーロッパにおけるユダヤ人を考えてみれば良い）。この第2の意味で市民であることは，単に国籍を有する者という以上の，近代に固有の国家の正統性の構想とつながった，より強固なシティズンシップの観念を意味している。ただし，この構想もまだ完全に民主主義的なものとは言えない。というのは，市民が民主的な仕組みを通じて人民主権を行使することを必然的に伴うものではないからである。

③　民主政治における行為主体　　ファシズムや共産主義の敗退によって，今日では，人民主権を実現する唯一の正統な方法は，複数の政党による開かれた選挙に基づく民主主義政治であると当然の如く考えられるようになった。そこでは，政治的な異議申立てや，政治的動員，そして自由な政治討議を行う権利を，各個人が有することとなった。非民主主義的な体制で暮らす人々は，たとえ主権が人民にあるという制度的な建前があったとしても，実際には，「市民」というよりも「臣民」でしかないと思われる。つまり，この新しい理解において市民であるということは，（第1の意味のように）国家の国民であるという意味だけでも，また（第2の意味のように）国家がその名の下に統治を行う主権者の一員であるという意味だけでもなく，さらに民主的な政治過程への能動的な参加者である（少なくともそのような能動的な参加の権利を持っている）ことを意味している。この見解におけるシティズンシップとは，法律が適用される受動的な受け手であるだけでなく，法律の起草者の一員であるという意味も含む。したがってそれは，パターナリスティックな統治には正統性がないことと，民主的なプロセスを通じて自らの立場を代表する能力を個々人が有していることについての仮定の上に成り立っている。非民主的な体制における臣民は，法の支配による便益を受けるかもしれないが，シティズンシップとは，法律を形作っていく権利と責任を含む概念である。となれば，このシティズンシップの概念は，熟議（deliberation），互酬性（reciprocity），公共的理性（public reason）といった政治参加に関する技術や資質や実践を伴うことになる。

我々の見解では，以上3つの側面すべてが，シティズンシップについて考察する際には不可欠かつそれ以上削減できない役割を果たすのであり，したがって，シティズンシップ理論を動物に応用できるか否か，またいかに応用するかを考える際には，この3つの要素すべてを考慮する必要がある。

　残念ながら，日常の言葉遣いでも，現在の政治理論研究の多くにおいても，焦点は全面的に3つ目の側面に置かれている。つまり，シティズンシップ理論とは，一義的に，民主政治における行為主体性に関する理論として広く位置づけられているのである。そして，一見したところ，この3つ目の意味でのシティズンシップ概念こそが，動物にとってのシティズンシップを妨げているように思われる。結局のところ動物は，ジョン・ロールズ（John Rawls）やユルゲン・ハーバーマス（Jurgen Habermas）のような理論家が民主政治における行為主体にとって本質

的であるとする，公共的理性や討議的合理性のプロセスに参加する能力を欠いているのである[4]。

　政治的行為の主体という観念は動物とは無関係であるという想定に対しては後ほど反論するとして，しかしそれに取りかかる前に，シティズンシップとは，たとえ人間の場合であったとしても，民主政治における行為主体性に還元できるものではないことを強調しておくことが重要である。もし我々が，シティズンシップという概念を，民主政治における行為主体性の行使として狭く定義づけるならば，その途端我々は，多数の人間をシティズンシップの権利から排除することになってしまう。例えば，子どもや重度の精神障害を持った人々，あるいは認知症の人々のことを考えてみればよい。彼らは誰一人として，ロールズ的な公共的理性や，ハーバーマス的な熟議に参加することはできない。しかし，シティズンシップの第1と第2の意味においては，彼らは間違いなく政治的コミュニティの市民である。つまり彼らは，国家の領土の中に住み，そこへ帰る権利を有している。そして彼らは，医療政策や教育政策などの公共善の決定や公共サービス（医療政策や教育政策など）の提供において，自らの利害を勘案してもらう（主権者としての）権利も有しているのである。

　これら両方の意味において，子どもや精神障害者は，旅行者やビジネス客とは全く異なる存在である。後者はシティズンシップを持たず，つまりたとえ政治的行為主体たりうる高度な能力を有していたとしても，国籍をもつ権利も，主権をもつ人民の一員にしてもらえる権利も持っていない。ある旅行者は，民主的政治における行為主体たる十分な能力や意欲を持っているかもしれないが，その技能や意欲それ自体が，彼らがその国に住む権利や，公共善に彼らの利害を勘案してもらう権利を与えるわけではない。それに比べて，前者は歴とした市民である。政治的行為主体たる能力に限界があったとしても，国籍をもつ権利や主権者としてのメンバーシップを有している。我々がもし彼らの市民としての地位を考慮しないならば，子どもや精神障害者の権利というものは理解できないことになる。つまり彼らは，旅行者やビジネス客と同様に単に普遍的な人権を有するだけでなく，ある種の基本的なシティズンシップに基づく権利を有しているのである。それは，政治的行為主体としての能力の有無とは関係なく与えられている権利である。政治的行為主体としての能力があるかどうかは，最初の2つの意味でのシティズンシップのための必要条件でも十分条件でもないのである。

　したがって，シティズンシップ概念における最初の2つの次元を見落とさない

ことが重要である。いかなるシティズンシップ理論であれ，1つの中心的役割は，誰が特定の領土に居住し，そこに帰る権利を持っているのか，また，その名において国家が統治する主権者として，誰が含まれるのか，説明することである。そしてこれらの問いに対するもっともらしい答えは，人間と同様に動物にも当てはまる。特定の動物の集団には，この最初の2つの意味において政治的コミュニティにおける市民として位置づけるべきものがいる。彼らは，我々と共有する政治的コミュニティの領土に居住し，そこに帰る権利を有しており，そのコミュニティの公共善を決定する際に彼らの利害を考慮してもらう権利を持っている。とりわけ家畜動物については，こうした議論が当てはまると，我々は考えている。

　すべての人間が我々の政治的コミュニティの市民ではないのと同様，すべての動物が我々のコミュニティの市民であるわけではない。別の仕切られた領域における自分自身の異なるコミュニティの市民である者については，我々の主要な責務は，コミュニティの間の相互作用に関する公正な条件を守ることである。そして，他の者は，我々のコミュニティの住人であるが完全なる市民ではなく，その場合の我々の義務は，いかに自らの公共善を追求するかにあたっての横からの制約となる，彼らの権利を尊重することである。人間の場合にせよ，動物の場合にせよ，シティズンシップ理論の主要な役割は，政治的コミュニティにおける成員資格をどのように決めるかを説明し，シティズンシップの権利がどの個人に該当するかを決めることである。動物をこうしたシティズンシップ理論の枠組みで分類することは，長らく動物の権利論を悩ませてきたいくつもの難問を明らかにすると思われる。

　このように，動物は民主的政治における行為主体たり得ないということを認めたとしても，その結果として，動物の権利を考えるうえでシティズンシップ理論を用いるのは的外れであるということにはならないであろう。ただし我々は，動物が政治的行為主体たり得ないという前提さえも，実は認めていない。確かにシティズンシップの3つ目の次元は，シティズンシップに関する昨今の解釈の中核的なものであり，多くの点で最初の2つの意味の頂点ないし達成点と見ることができる。国籍を持つ権利や主権者としての権利というレベルにとどまり，政治的行為主体性への権利について触れないようなシティズンシップの構想は，それがどのようなものであれ貧しいシティズンシップであろう。これまで述べてきたとおり，シティズンシップを政治的行為の主体となる権利と捉える考え方は，もはや我々のシティズンシップ理解の中核をなしており，だからこそ人々が政治的主

第3章　シティズンシップ理論による動物の権利の拡張　　85

体性を認められない場合，彼らは市民ではなく実際のところは臣民だと言いたくなるのである。やはり，シティズンシップの理念は，政治的主体性への深いコミットメントを含んでいるのである。

　我々もこうしたコミットメントを共有しているが，その性質を明らかにすることが重要である。政治的な行為主体性の有無を，誰が市民であるかを決める閾値や判断基準として扱い，あれやこれやの主体性を発揮できない人々を非市民としての地位に追いやるようなことは重大な過ちである。我々が見てきたとおり，子どもや精神障害者を市民の範疇から外すということは，歪な影響をもたらすだろう。むしろ，シティズンシップの第3の次元については，予め別の根拠に基づいて市民として認められた人々を，どのように取り扱うべきかを示す価値——あるいはそれよりも関連する価値の束——として捉えるべきである。この第3の意味におけるシティズンシップ理論は，自律，政治的主体性，同意，信頼，互酬性，参加，真正性，自己決定といった価値を支持するものであり，したがって，一定の人々を市民として扱うことの意味の一部は，これらの価値を肯定し尊重するようなやり方で彼らを扱うということである。

　我々も，誰かを市民として位置づけるということは，その人が政治的主体として行為できるように支援し可能にすることを含んでいると考えている。こうした考え方は，パターナリズムの危険性，強制の有害さ，個々人が自分の希望や愛着に応じて行動できるようにすることの価値の認識によるものである。ただし，こうした価値観をどれだけ擁護し尊重できるかは，何も動物に関する場合に限らず，人間に関してさえも，状況によって大きく異なるのである。

　例えば，昨今の障害者による政治運動を考えてみよう。多くの評論家が指摘しているとおり，これらの運動は，「シティズンシップをその中心的な組織原理かつ達成目標として採用してきており」(Prince 2009: 16)，「後見人」の世話を受けている「顧客」や「患者」としてではなく，「市民」として扱うことを求めている（Arneil 2009: 235）。そういうものであるがゆえに，現代の「シティズンシップ運動」の典型的な事例の1つとして多くの人に認められている（Beckett 2006, Isin and Turner 2003: 1）。この文脈におけるシティズンシップとは，明らかに，第3の政治的行為主体としての次元を指している。なぜならば，障害を持つ人々は，最初の2つの意味においては，既に市民として数えられている。彼らは，国家に居住し帰国する権利を持っているし，その名の下に国家を統治する「人民」の一員とみなされている。しかし，最近まで，障害を持つ人々は，彼らの後見人や保

護者によって決められたパターナリスティックな政策の受動的な受け手として扱われてきたわけで，逆に自分たちの主張を政治的なプロセスに反映させるということはほとんどあるいは全くなかった。こうした昔ながらのモデルに抗して，障害者運動は，行為主体としての地位や参加，同意の権利を主張し，「私たちのいないところで私たちのことを決めないで」というスローガンを掲げるようになったのである。これが「市民として」扱われたいという，障害者の主張の中核なのである。

　しかし，障害を持つ人々が市民として扱われるということが何を意味するかに関しては，議論は複雑であり，特に知的障害者の場合は難しい問題を含んでいる。言語を通じたコミュニケーションができないかもしれないために，ロールズ的な公共的理性やハーバーマス的な熟議の場に彼らを招き入れれば問題が解決するわけではない（Wong 2009）。また，彼らが政治的綱領や立法の提案内容を理解できないか，あるいは，それらの綱領が彼らの利益を侵害しかねないことを判断できないかもしれないため，彼らに特定の政党や特定の法案への投票の権利を与えればいいという問題でもないのである（Vorhaus 2005）。彼らが政治的プロセスに参加しようとする場合には，「コミュニケーションしない市民」（Wong 2009）のための「依存的な行為主体性」（Silvers and Francis 2005）や，「支援付き意思決定」といった新しいモデルが必要になろう（Wong 2009）。パターナリスティックな後見人制度という昔ながらのモデルは，言葉によるのではない「肉体的」なコミュニケーションにより，主観的善の意味を引き出すやり方を見つけることを目標とする新しいモデルの挑戦を受けている。これらの新しいモデルにおいては，知的障害者であってもシティズンシップを行使できることになるが，彼らの選好の言語的・非言語的表現[5]双方に基づいて彼らの良き生の構想の「台本」を作り上げることを手伝う他の人々（フランシス〔Francis〕とシルヴァーズ〔Silvers〕が「協力者」と呼ぶ人々）を必要とすることになる。彼らがいうには，「この協力者の役割は，障害者からの表現に注意を払い，その人のものとされた善の観念を構成する現在進行形の選好の説明にまとめ上げ，既存の状況の下でその善を実現する方法を編み出し」（Francis and Silvers 2007: 325），彼らの見解が社会正義に関する進行中の議論を形成できるよう，それらの情報を政治的プロセスに伝えることである。

　シティズンシップ理論におけるここ最近の興味深い業績には，「依存的な」「支援付きの」あるいは「相互依存的」な行為主体性を通じて，シティズンシップを

実際に行使できるようにするという興味深い考えに注目するものがある。これら
の行為主体性は，例外的な事例だと思われるかもしれないが，実際には我々の誰
にも，人生のどこかの時点で，例えば幼児ないし子どもの時に，あるいは病気に
よって一時的に身体が不自由になったり，あるいは年をとった時に，そのような
支援付きの行為主体性を必要とする時がくるものである。また，海外から来た移
民が政治的議論を理解するためには，通訳のサポートが必要であろうし，発話や
聴覚に障害を持つ人々は，議論に参加しようとすれば，それ相当の設備か支援が
必要であろう。もっともらしいシティズンシップのどんな構想であっても，政治
的行為主体性の価値を認めているが，そうした政治的行為主体性のための能力は，
時間とともに拡張したり縮小したりするし，人によっても幅があり，そしてシ
ティズンシップ理論の中核的な使命は不完全で脆弱なシティズンシップを支援・補
完することにあると認めなければならないのである。こうした議論は，まさにシ
ティズンシップ理論の中核となるべき論点であり，付随的なものに留まってはな
らないのである。フランシスとシルヴァーズによれば，「多数派である人々と少
数派である依存的な人々との相違は，依存する程度の違いであって，その現実が
全く異なるわけではない」のである[6] (Francis and Silvers 2007: 331. Arneil 2009: 234
と比較せよ)。

　言い換えれば，シティズンシップの第3の次元としての政治的行為主体性に関
しては，市民同士の関係性の中から生まれてくるものと捉えるべきであり，彼ら
の相互作用に先行する個人の属性として捉えるべきではない。つまり，人々はま
ず行為主体であり，そこにシティズンシップが付与されるということではないの
である。また，一時的であれ永続的であれ，認知能力や合理的な主体性が制限さ
れていても，同じ国民である人々からシティズンシップを剥奪すべきでもない。
シティズンシップの関係に入るということは，少なくとも部分的には，人生のあ
らゆるステージ，またあらゆる知的能力レベルにある我々の同胞市民の政治的行
為主体性を促進することを伴うような関係に入ることである。

　この新しい分野は，障害を持つ人々にとってのシティズンシップの重要な可能
性を拡げつつあるが，少なくとも，家畜動物，つまり我々の近くで暮らし，家畜
化によって我々に依存しなければ生きていけないように我々がしてきた動物に関
しても，シティズンシップが与えられる可能性を同様に示唆してくれると信じて
いる[7]。実際我々は，家畜動物の利害に関する台本を作るために，一連の選好の
表出をある程度は読み解くことができるし，その利害を政治的なプロセスに反映

させ，相互作用における現在進行形の公正な条件を決定する助けにできるだろう。家畜動物は，2つの意味において我々と同じ市民として位置づけられるべきであり，依存的な主体性という形式を通じて，我々の政治的意思決定に代表される権利を持っているとみなすべきである。第4章で示すとおり，家畜動物に対する倫理的な扱いに関する提案に関する限り，この意味でのシティズンシップを付与しようとするものではない。これは動物の権利論者（家畜動物の絶滅を訴えない論者）によるいくつかの提案にも当てはまる。それらは，搾取や抑圧や不当なパターナリズムに基づく関係を永続化させる怖れがある。

　ところで，最初の2つのシティズンシップの意味に照らせば，すべての動物が，能動的な政治への参加者という意味の同胞市民であるわけではなかろう。依存的な主体性に基づいて関係を構築するということはある程度の親密さや近接性を含意していることになるが，それは野生動物に関しては実現可能なことでも望ましいことでもない。ただし，これは人間同士の事例でも当てはまる議論であることを想起してほしい。シティズンシップというものは，同じ領域に住み共通の法制度によって統治されている人々の中で適用できる関係である。それは人間にも動物にも当てはまる。シティズンシップは，我々が自分たちの社会に招き入れてきた家畜動物にとって実現可能かつ道徳的に要請されるものであるが，彼ら自身の主権をもったコミュニティに属しているとみなされるべき動物にとっては，必要でもないし望ましいものでもない。そして人間の場合においてと同様，家畜動物と野生動物の中間的なカテゴリに位置する動物，つまり我々人間の政治的コミュニティの完全な内側でも完全な外側でもない，独特の地位にいる動物もいる。いずれのケースにせよ，動物たちのシティズンシップ上の地位は，（人間と全く同様に）彼らの認知能力の相違によって決められるのではなく，特定の境界をもった政治的コミュニティに対する彼らの関係の性質によって決まってくるのである[8]。

　つまり，動物は市民たり得ないという一般的な見解は，シティズンシップの本質に関する誤った解釈に基づいており，それは人間同士のシティズンシップ理論においても見られる誤解である。多くの人々は，(a) シティズンシップとは政治的行為主体性の行使に関わるもので，(b) 政治的行為主体性とは，公共的理性や熟議のための洗練された能力を要するものである，という2つの観点から，動物は市民たり得ないと考えている。しかし，どちらの主張も，そもそも人間同士においてさえ間違っている。シティズンシップとは政治的行為主体性以上のものであり，また政治的行為主体性のあり方にも，公共的理性に基づく以外に様々な方

法がある。シティズンシップは多面的な機能を内包しており，そのいずれの機能
も，原則として動物にも応用可能である。シティズンシップは個々人をそれぞれ
の領土に割り当て，個々人に主権者としての構成員資格を付与し，さらには様々
な形態の政治的行為主体性（支援を要する依存的主体性も含む）の行使を可能にす
る働きをする。この３つのシティズンシップの機能を動物に適用することは概念
的に一貫しているのみならず，さらに残りの各章で後述するとおり，動物に対す
る人間の道徳的な責務を理解する際の，筋の通った唯一の方法なのである。我々
が示すように，シティズンシップの枠組に沿って動物をカテゴリ化することが
できないか，あるいはそれを好ましくないと考えるタイプの動物の権利論では，
我々と様々な動物との関係における道徳的に意味ある違いを認識することができ
ず，結果として，特定の動物に対する特定の形態の抑圧があることを認識するこ
ともできないのである。

第３節　動物と人間の多様な関係

　シティズンシップ理論を動物に応用することへのためらいは，人間同士を前提
にしたシティズンシップへの理解の狭さだけに由来するわけではない。むしろよ
り重大な問題として，人間のコミュニティと動物がどのように関わっているかに
ついての理解が狭いことも理由として挙げられよう。シティズンシップ理論の枠
組みを用いるということは，必然的に，動物と人間は相互作用や相互依存の様々
な関係を通じたつながりがあるということを前提にすることとなり，よってシテ
ィズンシップ理論の使命とは，それらの関係が正義に適ったものであるか評価し，
その関係をより公正な条件のもとで再構築することである。これから論じるとお
り，動物と人間の間のそうした相互作用や相互依存のパターンには，文字通り様々
なものがあり，それらはシティズンシップ理論を用いて適切に説明できるはずで
ある。
　しかし，日常的な理解によれば，また動物の権利に関する既存研究の多くによ
れば，動物はたった２つのカテゴリ，すなわち野生動物か家畜動物かのいずれか
に属するとされている。前者は，自由かつ自立しており，「あちら側」つまり原
野で暮らしている（動物園で飼育されているか，エキゾチックアニマルとしてペット化
されているか，研究目的のために飼育されているかでない限り）。他方後者は，捕らえ
られかつ依存した状態で，我々人間の管理下で，（ペットとして）家庭内にいるか，

（実験対象として）研究室にいるか，（家畜として）農場で暮らしている（Philo and Wilbert 2000: 11）。もしこの二項対立からスタートするならば，動物の権利論者がそうであるように，動物のシティズンシップという観念は，よく言って不適切なものであり，最悪の場合，継続的抑圧の口実に見えるかもしれない。

　古典的な動物の権利論によれば，野生下の（人間から自立している）動物あるいは本来そうする能力をもった動物は，人間の介入から保護されるべきであるということになる。我々は彼らが思うがままに暮らすよう放っておくべきである。野生動物は，人間のシティズンシップ体制に包含される必要はなく，むしろ彼らに必要なのは，まさに人間との相互作用や相互依存から守られることである。他方，人間に依存するように飼い慣らされてきて，野生下で自立して暮らす能力を失った，すなわち家畜動物に関しては，シティズンシップの観念がより意味をもつのかもしれない。シティズンシップの地位を家畜動物に与えることは，彼らが人間と動物の混在した社会において正当に扱われることを保障するであろう。しかし，多くの動物の権利論者は，この議論にも反対する。人間に依存するよう餌付けされて，人間社会への参加を強いられている動物に正義などありえないというのである。人間に依存している状態は，本来的に搾取的で抑圧的というわけである。こうして，動物の権利論者の中には，家畜化の完全なる終焉を求め，家畜化された動物種の廃絶を要求する人々もいる。この見解では，漸進的な改革などあり得ず，シティズンシップを家畜動物に認めるということは，パターナリスティックな依存関係と人間社会への強制的な参加という，本来的に抑圧的な関係に，上辺だけの道徳性を与えるにすぎないことになるだろう。

　したがって，多くの動物の権利論者にとって，シティズンシップを動物に拡張するという考え方は不適切であり，潜在的には悪質なものである。人間と動物の間に，より良好で公正な相互作用ないし相互依存のパターンを構築することを目標とするならば，シティズンシップという概念は適切な枠組みとなるはずであるが，多くの動物の権利論者にとっては，その相互作用・相互依存という事実そのものがまさに問題なのである。彼らにとっての問題解決とは，まずは野生動物を放っておき，次に，家畜動物との関係を廃棄することによって，こうした相互作用・相互依存に終止符を打つことである。動物の権利論における理想の世界とは，すべての動物が「野生」に解放されていること，人間から隔離されて自由に生きていること，人間に対してシティズンシップを求めるような動物がいない状況（逆もまた然り）なのである。

我々は，こうした人間と動物の相互作用も相互依存もない世界の構図というの
は，事実の記述としても規範論的にも，致命的な欠陥があると考える。最も明ら
かな問題は，野生動物にも家畜動物にも当てはまらないような動物と人間の関係
の様々なパターンがあることを無視しているところである。例えば，リス，スズ
メ，コヨーテ，ラット，カナダガンのことを考えてみたい。これらの「境界」動
物は家畜動物ではないが，かといって人間から自立して原野に暮らしているわけ
でもない。彼らは，ガレージや庭，地域の公園など，我々の身の回りで暮らして
おり，人間の近くで暮らす利益のため，我々の方にやってくることがしばしばあ
る。彼らは，野生動物とも家畜動物とも異なる彼らなりの独特のスタイルで，人
間との相互作用・相互依存の様相を見せるのである。しかも，これらの境界動物
は，特異な存在として片付けることができるものではない。そうした動物は何百
万とおり，最も難しい倫理的なディレンマは，彼らとの関係性において生じるの
である。しかし動物の権利論は，こうした問題についてほとんど何も指針を示し
てくれない。

　しかしながら，野生動物および家畜動物にのみ焦点を当てるにせよ，動物と人
間を結びつけている相互作用や相互依存の関係が現に存在しており，その関係は
正義の規範によって規制される必要がある。家畜動物に関しては，確かに家畜動
物が奴隷化されるのを止めなければならないし，また第4章で見るように，家
畜動物がおかれた立場を改善するため現在行われている様々な提言も，長らく続
いてきた搾取の上辺だけを取り繕うものにすぎない。しかしながら，家畜動物が
被ってきた不正義をなくすための最良かつ唯一の方法が，彼らのような動物を廃
絶することであると主張するのは早計であろう。家畜動物に対する現在の扱いが
そうであるように，過去の歴史における家畜化のプロセスも不正なものであった
が，しかし，（人間に対しても動物に対しても）不正義の歴史を重ねてきた場合には，
しばしば，正義の規範に適う新しい関係を創りだす責任が生じるのである。我々
は第5章において，そうした関係は可能であり，家畜動物廃絶を追求することは，
我々の彼らに対する歴史的かつ現状における責任を放棄することであると主張す
るつもりである。

　他方，原野で生きている動物に関しては，そっとしておいてやる必要があるの
は確かであるが，彼らでさえも我々人間との複雑な相互依存関係の中にあり，そ
の関係は正義の規範に従うべきである。1種類の植物しか食べない野生動物がい
たとして，その植物が酸性雨や気候変動によって減少しつつある状況を考えよう。

誰も彼らを狩猟も捕獲もせず，あるいは彼らの生息地に入ることすらないとすれば，これらの動物は，ある意味では「放っておかれている」わけであるが，しかし彼らは人間の活動によって非常に脆弱な状況におかれているのである。

　より一般的に考えれば，立ち入り禁止区域（例えば，原野保護区域など）を設定しさえすれば，野生動物に対する我々人間の義務を果たすことができると考えるのは，致命的な間違いである。まず，野生動物の生息地すべてを立ち入り禁止区域にするのは，そもそも不可能である。1991 年に科学者たちが 1 頭のオオカミの首に電波発信器を付けて行動範囲を追跡した際，そのオオカミは，カナダのアルバータ州から南に下って［アメリカへ入り］モンタナ州へ，その後西に向かってアイダホ州やワシントン州へ，それから［カナダへ戻り］北方のブリティッシュコロンビア州に行って，最後はアルバータ州に戻ってきたが，その 2 年間で40,000 平方マイルの範囲で行動していた（Fraser 2009: 17）。オオカミは，人間を避けようとする野生動物であり，また，このオオカミの移動範囲の一部は国立公園などの鳥獣保護エリアであったが，しかしこの 40,000 平方マイルの面積すべてを人間の立ち入り禁止区域にすることはできない。これらの行動範囲は，道路や鉄道の線路や農場や送電線やフェンスが縦横無尽に広がっている場所であるし，さらには国境線もある。これらの施設が，オオカミやその他の野生動物に様々な形態で影響を与えている。つまり，ほとんどすべての野生動物は，人間によって直接的に影響を受けているエリアで生息し，あるいはそこを横切って移動しているのである。ちなみに，野生生物保全協会（the Wildlife Conservation Society）とコロンビア大学の国際地球科学情報ネットワークセンター（the Center for International Earth Science Information Network at Columbia University）によれば，地球の地表面の 83%は，人類によって直接的に影響を受けているとされる。例えば，様々な土地利用であったり，道路・鉄道・大規模河川による交通路であったり，電気施設が存在していたり（夜間の照明による影響もある），1 平方キロメートルあたり 1 人以上の密度で人間が直接的に占有していたりする[9]。野生動物は確かに「野生」で暮らしているのであるが，人間が一切関わっていない原始的な野生下で暮らすことは滅多にないのである。だからこそ我々は，人間と野生動物の間で必然的に発生する軋轢に対処するために，動物の権利論を必要としているのである。

　ただし我々は，野生動物の保護区域を設定したり，拡張しようとすることをやめるべきだと言っているわけではない。実際のところ第 **6** 章で展開される，我々のシティズンシップに基づく主権モデル（sovereignty model）は，野生動物の領

土に対する権利に，現在の動物の権利論の中で与えられている論拠以上に明確な論拠を提供することによって，そうした事業をサポートすることを意図している。それでもなお，野生動物をめぐる問題は，単に立ち入り禁止区域を設定し，そこに彼らを放っておくだけでは解決できないということを，我々は認識する必要がある。既に生じている絶え間のない人間活動の拡張と生息地の破壊を考えれば，そうした保護区域を設定しても，多数の野生動物が本来必要とする生息地の面積を丸ごとカバーするには，あまりに小さいのである。それで野生動物たちは，彼らの生息地に対する人間からの影響に適応し，その結果ある種の形式や程度において共存することが，いまや彼らにとって自然なことになっているのである。ギャリー・カローレ（Gary Calore）が主張しているとおり，この地球を人間が支配するようになったことが，事実として人間から独立して生きることを進化的敗北戦略へと転じ，「様々な形態の相互依存の時代」につながったのである（Calore 1999: 257）。もちろん，ここでいう相互依存関係というのは，家畜動物や境界動物との関係を特徴づけるものとは異なるものである。しかし，やはりそれも正義に関わる独自の争点を提起する関係であり，そうであるならば，人間と野生動物の共生や相互依存の領域についても概念化する独自の方法が何か必要なのである。

　つまり，動物と人間の関係には実に多様な形態があり，相互作用，相互脆弱性，相互依存のレベルがそれぞれ異なっている。そして，それらすべてのケースにおいて，動物の権利論が今日まで注目してきた普遍的権利を補完するためにも，それぞれ関係性に応じて多様な権利のモデルをもつシティズンシップ理論が必要なのである。

　動物の権利論がシティズンシップ・モデルを考慮してこなかったのは，人間と動物の間には必然的に多様な関係があるということを認めないところに主たる原因がある。しかし，これは問題を一段階押し戻すだけである。つまり人間と動物の関係が永遠に続くということを認めない理由を説明するものは何であろうか。結局，動物と人間は完全に密封して仕切られた存在であるという考え方（つまり，人間は人間化されたこちら側の環境の中にいて，動物はあちら側の手付かずの野生環境の中にいるという考え方）は，大雑把な議論の検証にすら耐えられそうにない。それは，人間と動物が常に相互作用を及ぼしあっているという我々の日常的な経験とも異なるし，そうした相互作用に関するあらゆる科学的な研究とも矛盾する。ではこうした考え方が，いったいどうして動物の権利論の中に定着したのだろうか。

　それが定着したことの1つの容赦ない説明は，動物の権利論者は，それにより

人間と動物の持続的な相互依存関係を認めることで生じる多数の厄介なディレンマを回避することが可能になるからだというものである。より好意的な答えは，動物の権利論者は，最も顕著な動物の権利の侵害に焦点を当ててきたため，積極的な義務や関係性の中で考えるべき義務については他日に期すことにしてきたというものである。しかし，満点の解答は，人間と動物の相互依存や相互作用の持続的なパターンを生み出す根底的要因について，ある種の根深い誤解があるということのうちに存すると我々は考えている。すべての動物を単純に2種類に分類する考え方，すなわち野生に暮らす「自由で自立した」動物と，人間とともに暮らす「捕らわれの身で依存した」家畜動物とに分けて考えるのは，もはやたえずそれに対して防御することが必要な，広く流布された一連の神話に基づくものであると繰り返し指摘しておきたい。我々は，そうした3つの神話として，行為主体性，依存性，そして地理について言及する。これらの神話を永続させる中で，動物の権利論は人間と動物の関係に関する，より一般的な文化的盲目性を反映しているのである。

行為主体性

　伝統的な動物の権利論においては人間が行為の第1の主体であり，人間と動物の関係において行為を開始する側であることが前提とされている。人間は，動物がそれぞれの生活を続けられるようにそっとしておくことを選べるし，人間の要求や希望に奉仕させるために狩猟・捕獲あるいは繁殖を行うことも選べる立場にある。もし我々人間が動物への介入を止めれば，動物と人間の関係は，その多くが終了するのである。

　しかし実際には，動物も様々な形態の行為主体性を発揮している。動物は，人里を避けることもできるが，人里が提供する機会を窺うことも選べる。文字通り，何百万もの境界動物がいて，人間が暮らしている場所で機会を窺っている。また彼らは，個々の人間を避けることもできるし，逆に，食べ物を調達するなり，何らかの手助けを得るなり，身を守る場所を求めるなり，傍にいて交流するなり，様々なニーズに応じて人間の存在を利用することもできる。また，強制的ではない範囲内で選択肢を与えられれば，どのように暮らすか，人間とどのような環境であれば関わるか，彼らは自らの選好を示す（例えば，足による投票など）ことができる。ならば，人間が主体となって動物との相互作用が行われる際に，どのような正義が必要とされるのかを考えるのと同様に，動物が主体となって人間との

関係を構築する際にいかなる正義が必要とされるかを考えるのは，動物の権利論の重要な役割ではないだろうか[10]。

確かに，行為主体となる能力については動物の種類によって大きく異なるようである。イヌやドブネズミやカラスなどの適応能力の高い社会性をもった動物は，行動の柔軟性が大きく，文脈やニーズに応じて選択肢を選ぶ能力をもっている。他の動物の行動はそれよりもきっちりとした「筋書がある」。彼らは自らのニーズを柔軟に変更できず，あるいは他の選択肢を見いだす認知的な柔軟性を欠いているゆえに環境の変化に容易に対応できない「ニッチ・スペシャリスト（niche specialists）」である。しかし，動物の権利に関する理論がもっともらしくあろうとするならば，動物から働きかける相互作用の，そして，人間から働きかける相互作用に対応する動物の主体性の潜在能力についても，注意深くあらねばなるまい。

依存／自立

伝統的な動物の権利論には，人間に対する動物の依存性あるいは人間からの動物の自立性について間違った解釈をする傾向がある。これまで見てきたとおり，伝統的な動物の権利論によれば，野生動物は人間から「自立して」生きており（だからこそ単に放っておくべきである），家畜動物は人間に依存して生きている（だからこそ抑圧的で卑屈な関係を強いられている）という考え方になる。しかし現実には，依存の度合いは多次元の連続体であり，行動や文脈や時間によってすべての個体で多様に異なる。人間から最も遠く離れた野生下で暮らす動物であっても人間に依存しているという重要な観点もあるし，家畜動物であっても自立性を行使しうるという重要な観点もある。

依存性について考える際には，非柔軟性と特定性という，2つの次元を区別することが有用である。例えば，ジョニーの寝室に置かれたケージの中で暮らすドブネズミは，非柔軟性という観点からも特定性という観点からも人間に依存して生きている。もしジョニーが彼女に餌を与えなかったら他には生きていく選択肢がないという意味で，彼女の依存は柔軟性に欠けている。というのも，彼女は他の場所に移動することもできないし，遊び用の車輪や段ボールのトンネルから栄養素を引き出すこともできないからである。また，彼女の依存性は，非常に特定的でもある。彼女は自らの食餌を特定の人間（あるいは特定の人間の家族）に依存している。それは，街中のゴミ捨て場で生きているドブネズミと比較してみれば，

一層分かりやすい。ドブネズミは，食べるものを人間に依存しているが，特定の人間に依存しているわけではない。人間が揃ってそのゴミ捨て場を閉鎖し一斉にゴミを引き上げるのでない限り，ジョニーや彼の家族が毎週いつもゴミを捨てるかどうかは，彼らの生存にとって全く影響はない。そして，たとえゴミ捨て場が完全に閉鎖されても，ドブネズミの依存性は完全に柔軟性を欠いているわけではない。彼は他の場所に行って，他の食料源を見つけることができるであろう。

　こう考えると家畜動物は，特定性という次元において依存的であることが多い。つまり彼らは，餌を得ることや住処を得ることに関して，特定の人間に依存しているのである。それとは対照的に，野生動物や境界動物は，その定義のとおり食物や住処，その他の基本的な生存ニーズに関して，特定の人間に依存してはいない。しかし，野生動物は，非柔軟性という次元において，より依存的なこともしばしばである。野生下にいる動物の多くは，人間の活動による間接的な副作用に対してすら極度に脆弱な，ニッチ・スペシャリストである。例えば，特定のルートで渡りをする野鳥がいたとして，人間がそのルートに巨大な障壁を建設したらどうなるだろうか。鳥たちがその障壁を迂回して渡りを続ける術が見いだせない場合，彼らは窮地に陥ることになる。あるいは，地球温暖化によって流氷の上の生息地が失われつつあるホッキョクグマや，あるいはトウワタ1種にのみ栄養素を依存しているオオカバマダラチョウのことを考えてみると良い。これらの動物は野生下で暮らしているかもしれないが，たとえ彼らを狩猟したり捕獲したり家畜化しようとせずに，「そっとして」おいたとしても，彼らは，その生息環境を変化させるような人間の活動に対して非常に脆弱である。対して，多くの境界動物や家畜動物は，人間の近くで暮らしているけれども，その依存の形には柔軟性があるかもしれない。家庭動物や境界動物は，（ニッチ・スペシャリストではなく）変化に上手く適合するジェネラリストであることもしばしばであり，自然のあるいは人為的な環境変化に上手く適応することができる。例えばアライグマやリス，そして，「リスよけの工夫がされた」餌入れやゴミ箱の閉鎖装置が新たに開発されても，それに見事な能力で対応し（克服する）彼らの驚くべき能力のことを考えてみよう。あるいは，モスクワ，パレルモ，その他数え切れないほど多くの都市において，野良犬は，都市環境の絶え間ない変化に適応する技能をいかんなく発揮している。

　こうした点において，カローレが指摘しているとおり，野生動物の中には，多くの境界動物や家畜動物よりも一層人間に「依存している」ものもある。例えば

ネパールのトラのように，我々が「威厳があって強靭で自由である」と思い描いているような動物でも，現実には，極度に手間暇や費用のかかる，人間による再野生化のための介入に依存しているものがいるし，その一方で境界動物の方が，人間がほぼ全面的に無関心である前で生き延びて，時には繁栄さえもしているのである（Calore 1999: 257）[11]。我々は，こうした依存の多様な形態についての，より洗練された理解を得る必要がある。

人間と動物の関係における空間的な次元

これまでずっと，文化社会学者や文化地理学者は，近代社会は非常に特殊な空間構想のもとで動いていると強調してきた。ある種の空間，つまり都市や郊外，工業地域や農業地域などは，「動物のもの」ではなく「人間のもの」，「自然的」ではなく「文化的」，「原野」ではなく「開発されている」と定義されている。こうした二項対立は，「動物と社会との間の妥当で道徳的に適切な空間関係についての，文化的由来をもつ近代的な構想を支えている」（Jelomack 2008: 73）。この文化的な仮構においては，伴侶動物は（野良状態ではなく）安全に綱につながれて暮らし，野生動物は動物園か人間の影響から離れた自然環境の中で暮らし，家畜は農場の中で暮らすのである。そして，いずれかの動物がそれぞれの正しい，すなわち「妥当で道徳的に適切な」空間の外に出てしまった場合には，「場違いなこと」とみなされ，道徳的に問題があると捉えられることになる[12]。都市生活の結果として動物は私的領域に（ペットとして）取り込まれたか，あるいは，都市文化が動物を現実または虚構の『野生』や何らかの農村的過去へと追いやってきたのである」（Griffiths, Poulter, and Sibley 2000: 59）。そして，境界線を越えた動物がいた場合は，「『人間に限る』と定義づけられた空間を侵犯したことによって，道徳的な侵犯者とみなされるべく運命づけられている」（Jerolmack 2008: 88）。

この高度に近代主義的な空間の構想は，人間と動物の関係に関する我々の理解を体系的に歪めてきた。この構想は，都市においてペットが存在していることを（安全につながれていれば）認めるが，我々の周りに家畜化されていない動物がいることは無視している。そして境界動物は，その数や行動によって彼らが「害獣」になった時にのみ視界に入ってくる。別の表現で言えば，彼らは問題になった時だけ可視化されるのであるが，コミュニティのどこにでもいるメンバーとしては見えていないのである。我々は，こうした動物の多様性について，例えば我々の住宅の中にいるネズミから，都会の真ん中でゴミを漁るスズメや野生のハト，郊

外で暮らすシカやコヨーテ，そして伝統的な農耕社会と共生して暮らすよう進化した多数の動物種（野鳥，齧歯類，その他の穀物を食べる小動物，さらに彼らを捕食する大型哺乳類や猛禽類など）まで，彼らが生息する空間の多様性や，彼らと我々人間の相互作用の多様なあり方について，これまでほとんど注意を払ってこなかった。

　野生動物なり家畜動物と人間の関係においても，同じように空間的な複雑性がある。野生動物の中には本当に人間が暮らす場所から遠く切り離されて生息している動物もいるし（例えば太平洋の海溝深くの熱水排出孔で暮らすゲンゲなど），他方で人間が開発したエリアに完全に囲まれた，小さな原野のポケットの中で暮らしている動物もいる。ただし，多くの野生動物は，道路や船・飛行機の航路，フェンスや橋や高層ビルが，彼らの渡りや移動のルートを遮っているため，少なくとも一定時間は人間の手が加わった環境と折り合いをつけながら過ごしている。家畜動物に関しても，ペットのハツカネズミや金魚は我々の住宅の中のミクロな世界で一生のほとんどすべてを過ごすが，例えばイヌのように，我々とともに街中や公共的な場所に出掛けるものもいる。そしてまたウマのように，彼らの厩舎や運動のニーズがたいへん広範囲にわたる空間を必要とするために，農村地帯で暮らしていることが多いものもいる。

　こうした人間と動物の関係の空間的な次元は，上で同定された行為主体性や相互依存性の次元とも関係しており，因果的起源の多様性，異なるタイプの相互依存，そして多様なレベルの脆弱性の，眼もくらむ程の沢山の関係を生み出している。そして，これらすべてのバリエーションが，どのような正義の概念が妥当であるのかを定め，また我々の道徳的な責務を決定するうえで重要である。野生動物か家畜動物かという単純な二項対立と，それに付随する「動物をあるがままであらしめよ」という主張は，より複雑な関係性の行列（マトリックス）と，より複雑な道徳的処方箋に置き換えられる必要がある。まさに，本書の主たる目的は，野生か家畜かという単純な二項対立を解体し，ジェニファー・ウォルチ（Jennifer Wolch）が表現するような「人間の介入によって身体的・行動的に改変を受けた度合いと，人間との相互作用のあり方によって異なる動物たちの配列（マトリックス）」（Wolch 1998: 123）を提示することにある。この後に続く4つの章において，いくつか典型的なパターンの人間と動物の関係に注目し，それぞれがシティズンシップ理論に依拠することによってどのように説明されるか示していきたい。

原注

1) コスモポリタニズムを主張する人々の中には，この事実を認め，一定の領土内に仕切られた自治的な政治的コミュニティにおける国民としての連帯や愛着を，理論的に許容する余地を模索する人々もいる。しばしば「根をもったコスモポリタニズム(rooted cosmopolitanism)」(Appiah 2006) と呼ばれる考え方である。この考え方によれば，正義を果たす義務は国家の境界線を越えるが，正義に則って他者に対応するということは，その人が，国民としての自治を求めることの正統性を承認することもその一部であり，すなわち構成員を規律する自律的な境界をもったコミュニティの存在を排除しないという立論になる (Kymlicka 2001b, Tan 2004)。我々が本書で展開する見解は，この種の根をもったコスモポリタニズムと両立可能である。実際，シティズンシップ理論を動物にまで拡張することは，グローバルな正義の義務と一定のコミュニティへの正統で根をもった愛着を和解させるグローバルな正義のプロジェクトを発展させる次のステップとみなすことができる。

2) その可能性に言及している数少ない論者として Ted Benton が挙げられる。ただし彼は，シティズンシップは，参加と社会的スティグマ化が問われる際にのみ関係してくる概念であるという理由でその可能性を即座に却下し，「動物は市民たり得ない」としている (Benton 1993: 191)。後述するとおり，シティズンシップという概念は，参加やスティグマ化以上のものであり，たとえそうした基準を前提にしたとしても動物は十分に市民たりうると，我々は主張したい。

3) 「リベラリズムの金科玉条というのは，少なくともその民主主義的な変種においては，国家なるものは，その領域も含めて，王朝，貴族階級，あるいは，いかなるものであっても他の政治エリートのものではなく，人民に『属する』という考え方である」(Buchanan 2003: 234)。

4) ロールズとハーバーマスにとって，公共的な熟議というのは，単に選好を表明したり，あるいは脅迫や取引をしたりすることではなく，他者からも認められるような理由を提示することである。

5) 「絵に描いたり，絵を指さしたり，音を発したり，跳び上がったりしゃがんだり，笑ったりハグしたり」といったようなことを指す (Francis and Silvers 2007: 325)。

6) Arneil が指摘するように，我々は自由・独立・正義に対する障害・依存・慈善という二項対立を，「我々は皆ライフサイクルの一定の段階に応じて，同じく，世界がある変化に他の変化によりうまく対応できるよう構成されている度合いに応じて，その方法や程度は多様であるものの，誰かに頼ったり頼らなかったりするという連続的な目盛り」(Arneil 2009: 234) に置き換える必要がある。

7) Francis と Silvers 自身も，障害者に対応するために発展させた枠組みが，動物にも応用されうると認めている。彼らが注記するところでは，彼らの説明は「彼らの個人化された主観的な善の構想が人以外の動物のために構築されることを許すかもしれない。実際，そうした結論を導くうえでの障壁や問題となるものは何もない。人間ではない動物の中にも，選好を表現し，社会的状況に応じた役割を果たすものがいるからには，それらに帰される善の概念を外挿することにためらいはない」(Francis and Silvers 2007: 325)。しかし，彼らはこの応用を明確に支持することには尻込みし，そうした動物の能力があったとしても，彼らに対して正義を義務づけられる十分条件ではないとする (326)。我々は，家畜化によって創出された状況は，家畜動物に依存的な主体性を認めて互いに市民であるという関係を構築することを可能にするだけでなく，我々がそのように行動するよう義務づけていると主張したい。

8) 例えば，大型類人猿やイルカのような野生動物の中に，多くの家畜動物には欠けている認知能

力を持っているものがいることは，大いにあり得る。しかしだからといって，このことが彼らを我々の政治的コミュニティの市民にするわけではない。シティズンシップとは，知的能力に応じて与えられるものではなく，道徳的に重要な関係性の中にメンバーシップを持っているかどうかで与えられるものである。人間であれ動物であれ，高度に知的であっても我々のコミュニティの市民ではない個人（個体）がおり，人間であれ動物であれ，知的能力に限界があっても我々コミュニティの市民である個人（個体）もいるのである。

9) http://www.ciesin.columbia.edu/wild_areas/ ［→ http://sedac.ciesin.columbia.edu/data/collection/wildareas-v1］を参照。

10) 古典的な動物の権利論が動物の行為主体性について触れていないことを批判した議論として，Jones 2008, Denison 2010, Reid 2010 を参照。

11) ネパールでのトラ保護の取り組みに関する議論については，Fraser 2009: ch. 10 を参照。Fraser の本が示すように，「再野生化」事業というものが，彼らを単に「放っておく」ということを（もしあったとしても）意味することは滅多にない。それは，捕獲して繁殖する事業，複数の動物種や植物種の再導入，土地利用方法の長期的な変更，個体数の慎重なモニタリング等の多様な事業をも含んだ取り組みである。捕食種の（再）導入に関する倫理については Horta 2010 を参照せよ。

12) 近代主義的な空間構想における動物の居場所を議論する古典的研究として，Bruno Latour の著作（Latour 1993, 2004）がある［Latour 1993 の邦訳としてブルーノ・ラトゥール（川村久美子訳）『虚構の近代——科学人類学は警告する』（新評論，2008 年）］。多様な応用については，Philo and Wilbert 2000 の中の諸論文を参照。また，ハトに関する魅力的な議論として Jerolmack 2008 がある。我々の空間構想は，ハトが正当に居ることができるとみなされる場所は文字通り皆無であるようなやり方で進化してきたと指摘されている。

第 II 部

応用編

第4章

動物の権利論における家畜動物

　シティズンシップ理論を動物に適用するにあたり，まず家畜動物の場合から，その検討を始めたい。人間は，驚くほど多様な用途に役立てるために，様々な動物を家畜化してきた。それは食料や衣料，身体の部位（心臓弁など）を供給することから，軍事・医療研究の対象としての利用，重労働（耕作や牽引など）や熟練労働（巡回，捜索と救助，狩猟，警備，娯楽，治療，障害者のサポートなど）への供用，そして共に暮らす伴侶としての用途にまで及んでいる。

　家畜動物というのは異質なものを一括りにしたカテゴリであるため，動物に関する多くの文献では，異なるタイプの家畜動物がそれぞれ個別に議論されている。農業用の家畜動物についての倫理は，ペットや実験用動物についての倫理とは別に議論されている。しかし我々の考えでは，これらの動物が持つ政治的地位を考えるうえで決定的となるポイントは，まさに家畜化という事実それ自体である。家畜化は，人間と動物の間に特有の関係を作り出すのであり，そうした関係がその下で公正たり得るような条件を探求することが，動物の権利についてのいかなる政治理論にとっても中心的な課題となっている。

　人類の歴史の大半を通じ，人間と動物との関係は著しく不当なものであった。家畜化は，人間の利益のための動物の強制的監禁，操作，搾取により特徴づけられてきた。事実，この関係の不公平さはあまりに深刻なものであるため，多くの動物の権利論者にとって，この状況は救いようがないほど不当なものである。人間が家畜動物を維持し続ける世界は，正義に適う世界ではありえないのである。

105

この見解では，搾取のための家畜化という「原罪」は，改革で何とかできる範囲を超えている。だが我々は，こう腹を括ってしまうのは拙速に過ぎると言いたい。もし人間と家畜動物との関係をメンバーシップやシティズンシップといった観念に従って理解し直すことができるならば，それを公正なやり方で整理し直すことができる。共生する人間のメンバーと動物のメンバー，その双方のために統治する政治的コミュニティにおいて，家畜動物が同胞市民としての地位を認められるところでは，正義は可能なのである。

　言うまでもなく，人間が動物の家畜化に着手した当初，動物を彼らの社会で共に生きる「成員」や「市民」として取り込もうと考えてはいなかった。このことから動物の家畜化は，アフリカから奴隷を輸入したことやインドや中国から年季奉公人を雇い入れたことに似通っていると指摘されることがある。というのも，彼らは労働力の供給という目的のためだけに他の国々に連れてこられ，コミュニティの一員になる期待や市民になる権利などもたなかったからだ。実際，こうして奴隷や年季奉公人を雇い入れた人々が，もし，自分たちより劣り価値のないとみなしていた奴隷たちがやがて同胞市民としての地位を得るに至ることを知っていたとすれば，そもそもそのように労働力を買い入れはしなかっただろう。しかし，当初の目的はいかなるものであったにせよ，今日正当化されうる唯一の対応は，そして，公平性に支えられた関係を再構成するための土台たりうる唯一のものは，ヒエラルヒーをなす関係を，共有するコミュニティで共に生きる仲間や市民としての新しい関係に置き換えることである。

　我々は家畜動物についても同様に論じたい。動物を人間社会に連れてきて，人間社会に適応させようと品種改良し，そしてそのことによって他の形で生存していく選択肢を失わせた原因を作る役割を果たしたために，我々は，家畜動物が今や我々の社会の一員であるということを受け入れなければならない。家畜動物は我々の社会に属しており，それはつまり，人間と動物によって共有される政治的コミュニティの，共に生きる仲間とみなされねばならない，ということなのである。

　以下でみるように，家畜動物を市民として捉え直すことは，共有された政治的コミュニティにおける家畜動物の存在が生み出す倫理的ディレンマの全てを解決してくれる，魔法の公式ではない。しかし，この発想は動物の権利を考えるにあたり，斬新な視座を与えてくれるし，これまで動物の権利論が喧伝してきた既存の選択肢よりも説得力があり有益でもあると，我々は主張したい。

第1節　家畜化の定義

　はじめに，家畜化という言葉について，その意味を明確にする必要がある。『ブリタニカ百科事典（*Encyclopedia Britannica*）』によれば，家畜動物とは，「特定の要求や気まぐれを満たすために人間の努力によって作られ，所有する人々による継続的なケアと配慮という状況に適合させられたもの」である[1]。この定義は，論理的に切り分けられる，いくつかの構成要素からなっているため，それらの要素を区別することが我々の議論に役立つだろう。

　a.　家畜化の<u>目的</u>——人間の「特定の要求や気まぐれを満たす」ための動物の飼育とその身体の使用。
　b.　家畜化のプロセス——動物の選択的な繁殖と遺伝子操作といった「人間の努力」によって動物の性質を特定の目的に適合的なものにすること。
　c.　家畜動物の<u>待遇</u>——所有者が動物のために行う，継続的なケアと配慮。
　d.　人間による継続的ケアに対する家畜動物の<u>依存状態</u>——動物が継続的な飼育という状況に「適合させられた」という事実。

上記の要素の1つ，またはそれ以上は，それぞれ独立に存在するか，様々な組み合わせで存在することを想定しうるという意味において，分離可能である。もし人間が動物を使用するにあたり，その繁殖や搾取をやめたとしても，人間による継続的なケアに頼らなくてはならない動物は存在し続ける。あるいは，人間の利益のためにではなく，動物の利益のために，動物を飼育し続ける人間を想像することもできるかもしれない。例を挙げれば，繁殖プログラムが，飼育されている動物の子孫を利する意図のみに基づいて，特定の種や品種を悩ます先天性の異常を除去するようデザインされることもありうる。（人と動物の双方を害する病気の撲滅など，動物の利益が人間の利益と一致する例も挙げることができよう。）あるいは，過度の繁殖と，その結果生じる資源の欠乏からくる困難から動物種を保護するために実施される繁殖計画を想像することもできるだろう。あるいは，問題になっている種の依存度を増す結果につながることのない繁殖プログラムや，人間による管理や世話の必要からの，さらなる自立をもたらすような（既に行われている，絶滅危惧種に指定された動物種の，野生個体数を増やすための繁殖計画のような）ものすら

思い浮かべることができるだろう。はたまた，たとえ一般的にその種が不当な飼育および処遇を受けており，そして受け続けるとしても，個々の動物たちが正当に遇されている場合を想像することはできるだろう（特に幸運な伴侶動物の場合のように）。

人間と動物との関係における倫理を考える際には，この家畜化の諸側面を区別することが必要である。家畜化の圧倒的な方向性は，動物それ自身の利益を顧みることなく，人間への依存と人間にとっての有用性を増すように，動物自身の特定の形質を改良しようとするものであった。しかしながら，人間と家畜動物との間の倫理的関係の潜在的可能性を検討するにあたっては，家畜化の目的，そのプロセス，そしてその際の扱い，といった問題を，切り分けて俎上に載せることが重要である。人間の手による繁殖コントロールの全てが動物の道具化や基本的権利の侵害を伴うわけではなく，人間への依存・従属の全てが虐待や支配を伴うわけでもない。動物の権利論に立つ既存の文献のあまりに多くがこうした区別をし損なっており，結果としてあまりにも性急に，家畜動物との公正な関係のモデルの可能性を封じてしまっているのである。

第2節　人道的処遇および互恵主義の神話

今日に至るまで，動物の権利論の文献は，既存の家畜動物の処遇において何が誤っているのかを細部にわたり洗い出すにあたっては有効であったが，そうした過ちに対しどういう改善策がありうるのかについての探求においては，さほどの効果を挙げられなかった。これは理解可能なことである。というのは，家畜動物の権利を守るための効果的な活動の主要な障害の1つは，人道的処遇というロマンティックな神話の執拗さだからである。

動物の権利を真剣に考えるいかなる人にとっても，人間による動物の家畜化の歴史は，動物を対象とした度を増し続ける奴隷化，虐待，搾取，ひいては虐殺の歴史であった。集約的農業は家畜動物をその小さな構成部品として矮小化し，動物たちの短く圧搾された命は，完全に機械化され，標準化され，商品化されてきた[2]。バイオテクノロジーはそこからさらに歩を進め，動物をより有益な構成部品とするために，まさにその遺伝的な本質を書き換えるものであった。動物の権利論に基づく運動は，そのような残虐な処遇が存在するということと，その背後には，動物は道徳的に劣った存在であり，したがって人間には自らが適当と思う

方法で動物を利用する資格がある，という信念があることを，飽くことなく暴露し続けてきたのである。

　そして，このような堕落が研究室や工場畜産施設の戸口で立ち止まることはない。動物の権利論に立つ者の多くは，近代的畜産業において動物が極度の侵害にさらされていることを認識する一方，より工業的でない条件下であったとしても，「人道的な食用肉」なるものは決して存在しない，との姿勢を頑固に崩さなかった。伝統的な農業技術のもとでは，工業化された畜産場に比べより自然に近い生活を享受できるかもしれないが，いずれにせよ動物は搾取され，殺されるのであり，しばしばケアを放棄され，虐待されるのである。近代的工業化が進展した環境下では，搾取の強度とその範囲は増すが，基底にある支配的関係は，いずれにせよ違わない。家畜動物に関する限り，「古き良き時代」は存在しなかった[3]。そして，「近代的」で，「清潔」で，「効率的」な手法が「人道的な食肉処理」なるシステムに貢献しうるという発想は，単に幸福なプランテーション奴隷という旧い神話を素晴らしき新世界という新しい神話に置き換えるにすぎないのである。

　このような人道的処遇の神話が暴露されると，動物の搾取を擁護する者は，他の神話へと退却する。すなわち，家畜化は実のところ動物の利益に基づいて行われており，道徳的互恵主義の一形態の表れだとする神話である。家畜動物の場合，人間は動物に生命，住み処，食餌，そして世話を与え，その代わりに動物たちは人間に食用肉，皮革，そして労力を提供する。仮に動物たちが人間にとって有益でなければ家畜動物は存在しえず，そもそも存在していない状況と比較すれば，適切な世話を受けられ短時間の死に終わるその短い命も，理に適った互恵的取り決めなのだ，とされる[4]。

　人間同士の関係であれば，我々はこのような主張を決して受け入れないだろう。搾取し，12歳になったら殺し，場合によってはその臓器を収穫するために，一群の人間に生を与えることを誰かが提案したと想像してみよう。これはホラー映画やジェノサイド犯罪の領域のものであり，道徳理論の問題にすべきものではない。子どもは両親が彼らを産まない限り存在しないであろうが，このことが両親に自らの子どもを搾取したり，子どもの権利を侵害したりする権利を与えることはない。畜産動物に対してはこのような合理化が真剣に検討されるという事実ましくそれ自体，人間が動物をいかに軽視しているか，そして，ほとんどの家畜化がどれほど動物の道徳的尊厳の否定を前提としているかを示しているのである。

　同様の神話は，ペットに関する議論も歪めている。多くの人々は，彼らのペッ

第4章　動物の権利論における家畜動物　　109

トを愛しまずまず適切に世話をしているが，数え切れないほどの動物に，ハッピーエンドは訪れない。毎年何百万匹ものイヌやネコが，動物保護施設で殺されている。この数字には，迷子になったもの，野良化したもの，飼い主によって捨てられたもの（よく引用される統計データによれば，飼い主は平均してわずか2年しかペットを飼っていない[5]），そして加齢，健康状態の悪化や気性の荒さが原因で飼い主が引き取ろうとしなかった動物が含まれている[6]。多くの場合，伴侶動物は無節操な利潤追求者の手によって，ペットを大量生産するブリーディング施設（puppy mills）で繁殖させられている。このような動物たちは理想とされる美しさを得るよう育てられるが，基礎的な健康状況や運動能力が犠牲にされることもしばしばである。動物たちは，もっと魅力的で人間の伴侶としてよりふさわしくなるために，苦痛に満ちた不必要な処置（断尾や，声帯除去，爪の切除手術など）や，暴力と強制を用いた訓練法に従わされることもある。動物たちの食餌や住み処に対する基本的欲求が満たされないこともたびたびである。伴侶動物を愛する，善意をもった人間たちと共に暮らしている動物でさえ，純然たる無知のために，運動や一緒にいたいという動物の基本的欲求が満たされないことがままある[7]。また，戦争や飢饉，洪水などの災害が発生したときには，飼い主が自分自身の命を守るのに手一杯になるため，伴侶動物は他の家畜動物と同様に，過酷な環境の中にうち捨てられることになる[8]。

第3節　家畜動物への廃止・根絶論的アプローチ

　動物の権利論の立場に立つ人々は，伝統的なものから現代的なものに至るまで，多種多様な慣行が，いかに家畜動物を不当に扱っているかということを執拗に暴露し続けてきた。そうした慣行は，家畜動物に対する人間の慈悲深い支配という神話の偽りを白日の下にさらすこととなった。しかしまだ問題は残されている。我々はこのような正義に反する事態に対して何をなすべきなのだろうか。

　過度に単純化してしまえば，動物の権利論の立場に立つ文献には2つのアプローチが提示されており，我々はこれらを，「廃止・根絶論的」見解と「閾値論的」見解と呼ぶことにする。前者は，人間と家畜動物の関係を断ち切ることを志向する。家畜動物が独力で生存していくことがほぼ不可能であることに鑑みれば，この論は事実上，家畜動物種の根絶を求めるものとなる。この論に従えば，今生きている家畜動物は世話すべきであるが，新たな家畜動物が今後生まれることがな

いよう，計画的な断種を実施するべきということになる。後者の閾値論は，基本的利益の保護と相互の便益を確保するために，多様な改革を行って安全保護策を設けることを条件に，現在の人間と家畜動物の関係が存続することを想定するものである。第5章においてシティズンシップに基づく我々自身の代案を詳述する前に，ここでこの2つの見解について順に議論し，我々がなぜ両者が共に不十分であると考えるのかを説明したい。

　廃止・根絶論的見解によれば，動物への正義に反した取り扱いのぞっとするような歴史から，1つの避け難い結論が導かれる。我々は動物の所有者としてであれ，君主としてであれ，執事としてであれ，表面的には契約のパートナーとしてであれ，自分自身を方程式から除外しなくてはならないのである。我々人間の持つ力や支配が家畜動物への支配と虐待という結果をもたらすことは避けられない。正義に反した動物の扱いを抜きにして，家畜化は成り立たない。なぜなら，正義に反した取扱いは根源的にまさしく家畜化の概念そのものに本質的なものだからである。ギャリー・フランシオーン（Gary Francione）は，次のように述べる。

> 「我々はこれ以上，家畜化された動物を増やしてはならない。この考えは，食用，実験用，衣料用やその他の用途に利用される動物のみならず，人間の伴侶として扱われる動物にも当てはまる。人間は，既に生まれてしまった動物については確実に世話するべきであるが，しかし，これ以上増やすのは止めるべきである。我々は動物を家畜化するにあたって非道徳的に振る舞ってきたが，これからもさらに継続して繁殖することを許すということは，馬鹿げた考えである。」(Francione 2007: 1-5)

動物の権利を尊重することが，家畜化を停止すること，既存の家畜化されている種については根絶させることを要請するというこの見解は，廃止・根絶論的立場の顕著な特徴をなしている（Francione 2000, Francione 2008, Dunayer 2004）[9]。人間による動物の使用や動物との相互交流のすべてを，やめなければならない。そのことは決して譲れない線なのである。人間と家畜動物との間のありうべき正義の関係について考えをめぐらせることは，動物福祉論的な改良主義の過ちを犯すことになるのである。

　廃止論者は，家畜化それ自身の過ちや，動物に対する現行の取り扱いの苛烈さ，家畜動物としての人間への依存という状況それ自体の糾弾などを含む，多様で混交する議論に訴える。以下のフランシオーンの主張からは，これら全てを読み取ることができよう。

「家畜動物は，いつ食べるか，そもそも食べるかどうか，水を飲むかどうか，いつどこで用を足すのか，いつ眠るのか，何らかの運動をするかどうか，などについて，我々に依存している。特殊な例を除けばいずれ人間社会の独立して活動するメンバーとなる人間の子どもたちとは異なり，家畜動物は動物の世界に属するわけでも，我々の世界の正式な一部でもない。家畜動物は，永遠に脆弱性の地獄に留まり，彼らを取り巻く全てのことについて，常に人間に依存させられる。人間は家畜動物を，従順で隷属する存在として，あるいは，家畜動物自身にとっては実際のところ有害であるが，人間にとっては好都合な特性をもつように，品種改良してきた。我々はある意味では家畜動物を幸せにすることができるかもしれないが，その関係が『自然な』，もしくは『正常な』ものであることは決してない。いかに我々が彼らをよく扱っていようとそれに関わりなく，彼らは我々の世界に属していないのである。」(Francione 2007: 4)

以上のような廃止論の立場が，先に確認した家畜化の多様な側面——家畜化の目的，家畜化のプロセス，人間への依存という事実，実際の家畜動物に対しての扱い——をいかに一緒くたにしているか，留意されたい。人間が今いる動物を適切に扱う（「ある意味では家畜動物を幸せにしている」）にせよ，ひどく扱う（例えば，搾取したり殺したりする）にせよ，そのことは彼らの状況における本質的な過ちおよび「不自然さ」を変更しない。この本質的な過ちは，我々が一群の家畜動物と倫理的な関係を構築するいかなる可能性をも，汚染することになる。フランシオーンの主張は，ここにおいてキャリコット（Callicott）のような環境保護論者（environmentalist）の主張と共鳴する。キャリコットは家畜動物について，人間が「従順さ，扱いやすさ，愚劣さ，依存的性質」を求めて生み出した，品質の劣る不自然な「生きる人工物」，として描き出したことで知られている（Callicott 1980）[10]。同様に，ポール・シェパード（Paul Shepard）はペットのことを，人間による創作物，「文明のがらくた」，「面影や破片」，そして「フランケンシュタイン博士により創られたモンスターたち」と呼んでいる（Shepard 1997: 150-1）。

　我々は，家畜動物との関係を全て断ち切ろうとする廃止論の要求が，動物の権利論に立った運動にとって，戦略的大失策となっていると考えている。何と言っても，多くの人がまさしく自身のペットとの関係を通じて，動物の権利に関心を抱くようになっているからである。伴侶動物との関係は，それぞれの動物が持つ個性の豊かさについて，そして動物と搾取を前提としない関係を結びうるということについて，目を開かせてくれる。動物の権利論に与するならそうした関係のすべてを非難せねばならないと主張することは，多くの潜在的支持者を疎外する

ことになる。そのうえ，こうした主張は，動物の権利論に敵意を抱くハンターや
ブリーダー団体などの人々にとって，攻撃しやすい政治的な批判対象を提供して
しまう。そうした人々は，これらの根絶論者からの引用を，動物の権利という思
想そのものが持つ背理であるかのように，引き合いに出すのである[11]。

　しかしながら，戦略の問題は措くとしても，我々は端的に，廃止論的立場を，
知的に維持しえないものと考えている。彼らの主張は，人間と動物の関係につい
ての一連の謬見と誤解に立脚している。廃止論的立場の中には，家畜動物の種を
生み出したことは歴史的な不正義であるから，したがって人間はこれらの種を根
絶しようとすべきであるという，かなり荒っぽい主張に基づくものもある。ここ
で，フランシオーンの「我々は動物を家畜化するにあたって非道徳的に振る舞っ
てきたが，これからもさらに継続して繁殖することを許すということは，理に適
わない」という主張を検討してみよう (Francione 2007: 5)。しかしながら，これ
は明らかな誤りである。アフリカから南北アメリカ大陸へと連行された奴隷の事
例を考えてみよう。正義は確かに奴隷制度の廃止を要求するが，そのことはもち
ろん，かつての奴隷たちとその子孫の生命を奪うことを<u>意味しない</u>のである。ア
メリカへ奴隷を連行したことは確かに不正であるが，その救済は，アフリカ系ア
メリカ人の根絶を求めることや，あるいは彼らをアフリカに送還することでなさ
れるものではない。アフリカ人がアメリカ両大陸に足を踏み入れることとなった，
その原初のプロセスは正義に反するものであった。だが，この歴史的な不正への
救済は，アメリカ両大陸にアフリカ人が存在しなかった時点まで時計の針を巻き
戻すことによって実現されるものではないのである。実際のところ，アフリカ系
アメリカ人の根絶あるいは放逐を求めることは，原初の不正を正すことから程遠
いことであり，彼らがアメリカ人コミュニティへ参加する権利を否定し，家庭を
築き彼ら自身を再生産する権利を否定することによって，その不正を増幅させる
ことになるのである[12]。

　同様に，家畜化という原初の不正に対する救済が，飼育されている種を根絶す
ることであると思い込む理由もない。実際のところ我々は，このような廃止論の
考え方は過去の不正を深刻化させるだろうと考える。というのも，今以上に家畜
動物が増えないよう強制的に制限を加えること（例えば家畜動物の繁殖を阻止す
ること）によってしか，それを達成することができないからである。そのような救
済はむしろ，家畜動物をコミュニティのメンバー，そして市民として加えること
によってなされるべきである。

第 4 章　動物の権利論における家畜動物　　　113

廃止論者の中には，次の2つの点から上記の比喩は成り立たないと応じる者がいるかもしれない。まず，(a) 過去に奴隷とされた人々とその子孫には良き生を送る可能性がありうるが，家畜動物は自然に反した，あるいは退化した状態になっているため，幸福な生活を送ることは不可能である。次いで，(b) 過去に奴隷であった者に対し，その生殖権を否定することは正義に反する強制となるが，家畜動物の繁殖をコントロールすることには，それと同等な不正は存在しない。

　今挙げた主張は，双方共に上で列挙した引用の中で示唆されているが，それらは緻密に擁護されることは滅多にないし，我々の見解でも，それらを裏付けることはできない。まず，繁殖をコントロールすることから検討を始めよう。多くの廃止論の文献において，家畜動物を段階的に排除していくことについての話題は，非常に曖昧で，婉曲的ですらある。フランシオーンはこの点について，我々は「既に生み出された人間以外の動物については，確実に世話するべきであるが，しかし，これ以上そうした動物を生み出して災いを招いてはならない」と述べる (Francione 2007: 2)。これを，リー・ホール (Lee Hall) の主張，「人間に依存した動物を，これ以上増やすことにを拒否することが，動物の権利論に立つ活動家が採りうる最善の決定である」(Hall 2006: 108)，およびジョン・ブライアント (John Bryant) の，ペットは「その存在を段階的に消滅させられるべきである」(Bryant 1990: 9-10) という見解と比較してみよう。ここで使用されている言い回し，「これ以上（家畜化された動物を）増やしてはならない」や，「増やすことを拒否する」，「段階的に消滅」という表現は，大変興味深い。これらの描写からは，そこで人間が家畜動物を「創造する」実験室のイメージが浮かび上がってくる。そして，これらの動物たちは自身の欲望を持たず，ゆえに繁殖を望まないか，もしくはそうすることに興味がないかのようである。

　現在のところ，家畜動物の生殖はその大多数が人間の管理の下で行われているし，その過程がときに高度に侵襲的かつ機械化されたものになることは確かである。人工授精の活用も広く行われている（家畜化された七面鳥には，人工授精を利用することなしには繁殖することできない種もいる）し，強制交尾台（より婉曲的に言えば，繁殖用の揺りかご）も頻繁に使用されている。その他，人間によって厳格に監視されるが，機械の助けは借りない場合もある（例を挙げれば，ブリーダーが動物たちを一緒にして，動物たちが選んだなら，選んだ時，選んだ方法でつがうことを「許す」場合のように）。

　廃止論の立場は，人間が家畜動物を「生み出す」ことをやめれば家畜動物は存

在しなくなるであろう，ということを含意している。しかし，これは事実とは異なる。家畜動物を「段階的に消滅させる」ためには，人間が動物を作ることやめるだけでは足りず，人間が大規模かつ多大な労力を投じて（そして，おそらくそれは不可能ではあるが）全ての家畜動物を強制的に不妊・去勢化し，そして・あるいは監禁しなければならない。これは，家畜動物の繁殖制限を意味するだけではなく，つがいそして家族を作り養っていくことなどの機会を取りあげることによって——それを完全に防止することを意味する。要するにこれは，動物の権利論者が言う，家畜化を正義に反したものにする強制と監禁をまさに伴うであろうし，そうした意味においてこのような方策は，家畜化が有する原初の不正を救済するのではなく，むしろ増幅させることとなるのである。

　そこには，「生み出すことを拒絶する」であるとか，「段階的に消滅させる」などの言い回しによって糊塗されているけれども，動物の個の自由を侵害するような深刻な問題が横たわっていると，我々は考えている。そのプロセスを，動物の主体性ではなく，人間の主体性のプロセスとして隠蔽することによって，廃止論者は動物の基本的自由の侵害に関わる重大な問題を回避している。

　このことは，家畜動物の生殖能力を管理すること，もしくは制限することが，常に誤りであるということを意味しない。例えば，パターナリズムの観点から，動物の利益に適う繁殖制限が正当化されることもあるだろう。さらなる出産には耐えられないと考えられる高齢の雌ヒツジを守るために，その妊娠を防ぐことや，妊娠は可能であるが未熟過ぎて出産すれば健康を害してしまう動物のために，受胎を遅らせることなどは正当化されよう。子どもや知的障害者のためにパターナリズムに基づく行動をとった場合，そのような制限を課す行為は比例性の基準を満たさねばならず，個人の利益に資すると正当化可能な目的に沿った，利用可能なうち最も非侵襲的で非制限的な手段によるものでなくてはならない。第5章では互恵的なシティズンシップ・モデルの一部として，より複雑な根拠に依りつつ，家畜動物の繁殖に対するパターナリスティックな制約を擁護する。我々は，家畜動物への正当な繁殖制限がありうるということを否定しない。ここで我々が懸念するのは，廃止論的立場は動物への大規模な介入行為を支持するものであるが，自由が制約されているものたちとの関係でそのことを正当化しようと試みすらしないことなのである[13)]。

　しかし，差し当たって家畜動物の種を「段階的に消滅させる」に際していかなる程度の強制が必要となるかについての懸念を脇に置いたとしても，廃止論の立

場に対する深刻な異議は，それが家畜動物の幸福な生をイメージできないところにある。廃止論は，家畜動物が搾取され続けること，そして家畜動物とその子孫たちが幸福な生を享受することなどありえないということを前提にしている。だが我々の見解では，この主張は信じがたい。なぜなら我々は皆，幸福な生を享受しているように見受けられる伴侶動物がいることを知っているからだ。そして畜産動物の場合でも，ファームサンクチュアリ［畜産動物救護施設］を訪れたことのある人なら，そうした工場畜産施設から保護された動物であっても，人間の世話のもとで，同種のまたは多くの他種の仲間と共に，幸せな生活を送ることができることを知っていよう。多くの動物が多種からなる保護施設でのコミュニティに属し，種族間の友情を育みながら——全体は部分に優越するという，ある種の文化を形づくりながら，そして多様な生のあり方を，人間を含む広く異なった個体群に提供しながら——うまくやっているようにみえる。このような世界を作ることが可能だとすれば，これは家畜動物の消滅より望ましいのではないだろうか[14]。

　それでは，廃止論者はどのような根拠によって，家畜動物は幸福な生を享受できないと主張できるのだろうか。先述したとおり，この主張が掘り下げて擁護されることはほとんどないが，それが擁護される限りにおいても，自由／尊厳と依存と間の関係についての，そして人間・動物間の相互作用の不自然さとみなされるものについての，非常に問題の多い諸前提に基づいているようにみえるのである。

依存と尊厳

　我々は，人間による動物の家畜化は誤りだという廃止論者の意見に賛同するものであるが，なぜそうなのかということを明らかにすることが重要である。先に我々は，家畜化の様々な側面——その意図，実際のプロセス，そして結果として生じる依存状態——を解きほぐして説明した。我々は動物の家畜化が持つそもそもの意図——人間の目的に資するように動物を作り替えること——が誤っていることについて，廃止論者に同意している。それは，ちょうど他の人間に奉仕させる目的で一部の人間の選択的繁殖に従事することが誤りであるのと同じだからである。さらに，我々は，家畜化のプロセス——監禁と強制的繁殖——が自由や身体の完全性といった基本的権利の侵害を伴うということについても同意する。いかなるものであれ，正義に適う基礎の上に家畜動物との関係を再構築しようとす

る試みは，人間が家畜動物に支配を及ぼす際の独特な目的と手段の双方を変更する必要があるだろう。第5章で我々が提示するシティズンシップ・モデルは，まさにこうした類の変化に取り組むことを目標にするものである。

　しかしながら，廃止論者はそこにとどまらず，家畜化の結果として生じる人間への依存状態も，改革や改善が不可能な本質的な誤りであると主張する。数十年，数世紀，あるいは千年もの飼育の結果，これらの動物が依存的であることは，今や本性そのものの一部になっており――そして多くの廃止論者にとって，家畜の生来の依存傾向こそが，家畜動物に完全性や尊厳が欠落した生を強いるものなのである。では，先に引用したフランシオーンの一節に戻るとしよう。

「家畜動物が，食べる，水を飲む，用を足す，寝る，運動をするなどの行動をとるにあたっては，人間にそのタイミングが委ねられている。特殊な例を除いて，人間社会で独立して活動するメンバーとなる人間の子どもとは異なり，家畜動物は，動物の世界に属するわけでも，我々の世界の正式メンバーでもない。家畜動物は，脆弱性の地獄に立つことを強いられ，取り巻く全てのことについて，常に人間に依存させられる。人間は家畜動物を，従順で隷属する存在として，あるいは，家畜動物自身にとっては実際のところ有害であるが人間にとっては好都合な特性をもつように，育ててきた。我々はある意味では家畜動物を幸せにすることができるかもしれないが，その関係が『自然な』，もしくは『正常な』ものであることは決してない。いかに我々が彼らをよく扱っているかにかかわらず，彼らは我々の世界に属していないのである。」(Francione 2007: 4)

我々には，この引用の中に，家畜動物の本質に対する強い非難が見て取れる。家畜動物は「不自然」で，「全てにおいて人間に依存」し，「従順で隷属的」であり，人間に喩えるなら，永遠に成長せず，社会で独立して活動することもできない子どもだ――などなど。同様にホールは，「家畜動物に，不完全かつ彼らにとって最善の利益ではない自律を与えることは，（むしろ）冒瀆的である」からといって，家畜動物の根絶を正当化しているのである。(Hall 2006: 108)。

　家畜動物が持つ不自然さなるものには，2つの次元がある。家畜動物の肉体的・精神的特性の観点からみると，選択的繁殖はネオテニー化（成長した個体が，幼少期の特性を保持していることを指し，可愛さや，低い攻撃性，好奇心が旺盛であるなどの特徴を持つことになる）をもたらしている。イヌは，オオカミの成獣よりも，その幼獣に似ている。（個体の大きさや，頭の形，熱心に学習し遊ぶ傾向，「ちんちん（begging）」のポーズがとれること，そして吠え癖，など。）生活を送るための能力についていえば，家畜動物は人間に依存するように育てられている。家畜動物は，「彼らを取り巻

く全てのことについて，人間に依存している」——これは，人間の子どもについても同様であるが，家畜動物の場合のみ，永遠にこの「脆弱性の地獄」に縛られる。廃止論者は，この2つの特徴——ネオテニー化と依存傾向——こそが，家畜動物を，果てしない未熟という不名誉な状態に閉じ込めるものであると捉えているのである。

　こういった家畜動物についての理解の仕方全てが，我々の目には道徳的に筋の通らない誤ったものであるように映る。ネオテニー化や依存傾向のいずれに関しても，本来的に不名誉あるいは不自然なものはなく，こうした理由で家畜動物の存在を非難することは，単に正当化しえないだけでなく，人間にとって有害な結果を招くものでもあろう。

　まず，依存傾向の問題について考えてみよう。動物の権利論者が，独立（もしくは自律）と依存という対概念を，とりたてて問題視せず使用し続けていることに，我々は戸惑いを覚える。というのも，まさに時を同じくして，より一般的に哲学や政治理論の領域では，この種の二項対立に含まれる誤りや意味の歪曲にますます慎重になっているからだ。伝統的に，人間に関する政治理論の領域では，廃止論的な動物の権利論と同様に，個人が自立して生きることが人生の自然かつ最高の目的であると考えられてきた。フェミニストたちによる数十年にわたる批判は，こうした見解がいかに男性中心的バイアスおよび，社会的に構築された公私領域の二元論の産物であるかを白日の下にさらしてきたのである（Okin 1979, Kittay 1998, Mackenzie and Stoljar 2000)。ライフ・ステージのいかなる段階においても人間は脆弱で依存傾向を持つ存在であるということが，次第に認識されてきている。自立や自己充足という我々の感覚は，脆い基盤の上に立つものにすぎない。この脆弱性は，我々が，自然のものにせよ人為的なものにせよ，災厄に直面したとき，あまりにも明白になる。愛する人や，自分たちの暮らし，家を失ったとき，重篤な怪我を負ったり病気に罹ったりしたとき，そして家族を扶養する責任が生じたとき，などの状況である。ここで重要になってくるのは，依存の程度であり，またその一生を通じてかなりのレベルの依存を経験し続ける人々（例を挙げれば，身体的もしくは精神的障害を有する人たち）がいることである。だが，重度の精神障害を持つ人たちなど，現実に脆弱性と依存傾向を持つ人の場合であったとしても，我々は，依存していることや十分に活動できないことといった観点からのみによって彼らを理解することが，尊厳を損なうことであることを認めるようになってきている。障害者の権利を訴える論者は，いかにこうした見方が，支援の条件次

第で障害を負った個人が重要な種類の行為主体性および自立を行使することが可能になるということを覆い隠してきたか，繰り返し示してきた。同様の主張は，フェミニストの手になる文献，さらには子どもの権利に関する文献でも見受けられる（例として，Kittay 1998 など）。こうした重層的な解釈に従えば，依存という概念は，自立という概念の単なる対概念には留まらない。むしろ，人間の不可避な（相互）依存傾向を認識することこそが，選好を表明し，可能性を高め，選択をするといった人々の能力を支える前提条件となるのである。

依存は尊厳を損なうことを本来的に伴うわけではないが，依存についての我々の対応の仕方次第で，確かにそうなりかねない[15]。もし人間が，依存をある種の弱さとして軽蔑するなら，イヌが餌皿をひっかいたり，愛嬌を振りまきながら飼い主をつついて散歩を促すときに，迎合や隷従性を見てしまうだろう[16]。しかしながら，もし，我々が依存を本来的に尊厳を傷つけることとして考えなければ，我々はイヌのことを，自分が何を望んでおりそれを得るためにどのようにコミュニケートすればいいのか知る能力をもつ個体，すなわち行為主体性，選好，そして選択を行う潜在能力をもった存在として，みることになるだろう。他者を隷従する依存者として把握すれば，独立した考え方や，ニーズ，欲求，そして能力を持ち，発達しうる存在であるとして，他者を捉える必要はなくなる。しかし，依存のその先にあるものを見ることで，他者の願望や，欲求，そして寄与をどう理解し，どのように応答すればよいのかが分かる。そして，他者の潜在的な活動能力を高めるためには，どのような社会にするのが最も良いかということも，問うことができるようになる。

「自然かつ正常」な関係には依存が含まれないとの発想には，奇妙なところがある。家畜動物は，餌や住み処，そして仲間と一緒にいることについて人間に依存することにより，非常に脆弱にされた。だが，家畜動物でない動物もまた，ひどく脆弱——それは天候に関してであったり，食料源についてであったり，捕食者に対してであったり——である。野生動物の一部は，比較的移動能力に優れ，適応力があり，かつ社会的である。彼らは餌や住み処，そして仲間と一緒にいることへの欲求を満たすため，危険を回避し，そして生活を全般的に楽しむための，広範な自立的行為主体性をもっているのである。しかしそれ以外の野生動物は，限定的な範囲しか動き回れないか，ニッチな生態学的環境に特化しており，単一の食糧源や気候現象に全面的に依存せざるをえないことから，著しく脆弱である。我々人間も，インターネットの接続がダウンしてしまったときや，送電が停止し

第4章 動物の権利論における家畜動物 　119

てしまったとき，そして「時間通り」に届くはずの食料配送システムが混乱すれば，我々自身がそれらにいかに依存しているか，思い知らされることになる。依存は非常に様々な形で現れるものの，我々すべてにとって逃れようのない，生活の事実である。この事実のみによって尊厳が傷つくことはない。我々の尊厳が傷つくのは，よく知っているべき誰かによって我々のニーズが軽んじられたり，搾取されたり，そして／あるいは満たされなかったときである。尊厳というものはまた，依存の事実を理由に行為主体性発揮の機会が抑制されたり阻害されたりする際に，傷つくものである。家畜動物の尊厳が（その基本的な権利を侵害することに加えて）ひどく傷つけられていることに，疑問の余地はない。しかし，人間への依存状態そのものによって，本質的に動物たちの尊厳が傷つけられるとするのは誤っている。尊厳は，依存することへ我々がどう応答するかで——完全に他者が我々に依存しているのにそのニーズを満たせないことにより，また，我々が家畜動物について，広範な自立的行為主体性を発展させる能力を持った個体でありうる多様な方法があることを認めないことにより——傷つくのである[17]。

ネオテニーは自然に反するか？

　家畜化とネオテニー化は密に関係している。幼少期の特徴，例えば低攻撃性や「飼い馴らしやすさ」を1つ選べば，他の幼少期の特徴——だらんと垂れた耳，ぺしゃっとした鼻，好奇心の旺盛さ，などなど——もそれについてくるのである[18]。時間が経過するにつれ，家畜動物種の成熟個体は，以前はその祖先が幼少期にしか持っていなかった形質を顕わにするようになる。廃止論者は，このような家畜化のプロセスを，不自然で卑しいものと捉えているようである。しかし，それは本当なのだろうか。

　全く逆に，ネオテニー化は進化の1つの完全に自然な形態である。もし幼少期の形質が，ある環境において最も適応性があるとすれば，その形質は選択されるであろう。幼少期の形質には，探求することへの欲求や高い学習能力，そして異種との社会的な交流の垣根の感覚の弱さが含まれる。多様な環境の下では，このような形質が著しく適応的な形質として，成熟期においても保持され続けることが理解できるだろう。例えば，スティーヴン・ブディアンスキー（Stephen Budiansky）は，最終氷期における気候変動が，狭い環境に特化した種（ニッチ・スペシャリスト）よりも，適応能力の高い動物に有利に働いたと主張している。他の種が滅びたにもかかわらず，幼少期の形質（例えば，餌を探すときに新しい場

所も好んで探す性質や，変化する環境に適応することを学習できる性質，そして種族間の垣根を越えて協力し合おうとする性質など）により選択されたことで，生き延びた種があると言う（Budiansky 1999）。多くの動物は，この気候と環境の激動期に，「自己家畜化（self-domestication）」のプロセスを経験したのである。

　実際イヌなどの家畜動物は，長期間に渡る自己家畜化のプロセスを経験してきたが，それは人間がある形質を残すために積極的に繁殖させ始めるはるか以前からのことだったと，ブディアンスキーなどの学者は主張している。他の「自己家畜化」した種の事例としては，ボノボが挙げられる。ボノボとチンパンジーの関係は，イヌとオオカミとの関係に酷似している。ボノボは，ネオテニー化したチンパンジーである。肉体的形質としては，頭部がチンパンジーよりも小さい。（したがって，歯，あご，脳のサイズも小さくなっている。）社会的形質としては，攻撃性の低さ，遊びと学習への強い欲求，社交性や協調性の高さ，そして高い性的能力とそのことへの強い関心，がある。非常によく似た対比は，家畜化されたイヌとオオカミの間にも，見て取れる。

　ここで，どんでん返しがある。驚くべきことに，スティーヴン・ジェイ・グールド（Stephen Jay Gould）やリチャード・ランガム（Richard Wrangham）などの学者は，人間もまた自己家畜化の過程を経験してきた存在である，と主張する。先ほどの例で，ボノボを人間に置き換えれば，人間もネオテニー化したチンパンジーとしての特徴を持っていることが分かるだろう。（なおこのことは，脳のサイズについても当てはまる。過去 30,000 年の歴史を通じて，身体や，頭部，あご，そして歯のサイズが小型化するのと同時に，人間の脳の大きさも 10％減少している。）[19] この自己家畜化のプロセスは，人間の進化にとって，そしてそれまでなかったほど拡大した社会の一員として生き，協調する我々の能力にとって決定的だったのである。

　人類の発達について概観すれば，より華奢な体型，攻撃性の低下，遊び，学び，適応する能力の増加，そして社会的結合と協調的行動の増加，といった進化を積極的な発達として見いだすことができる。これらの属性は，人間に関しては好意的に評価されるが，家畜動物に対しては同じ属性が，動物たちが愚劣に（脳のサイズはより小さいものに），幼稚に，人間に盲従し隷属するように，繁殖されてきた結果であるとして，非難されることとなるのである[20]。人間の場合，ネオテニー化は人間の尊厳と両立するようだが，動物の尊厳は傷つけることになる。依存という概念の場合と同様，我々は，この屈辱なるものは見るものの目の中にあるものであって，家畜動物の本来的な性質ではないと考える。バージェス＝ジャ

第 4 章　動物の権利論における家畜動物　　121

クソン（Burgess-Jackson）は言う。「もしイヌやネコが，野生におけるその従兄弟の偽物あるいは幼児版にすぎないとするならば，論理的一貫性を損なわないためには，人間もまた，彼らがその子孫であり現在関係している霊長類の，偽物や幼児版とみなされるべきである」（Burgess-Jackson 1998: 178 n. 61）。

　家畜動物の監禁と，強制的・選択的繁殖について，とりわけ人間の利益により有用にはなるものの動物に危害を与えてしまうような形質を目的を持って選択することについて，廃止論者が非難を加えるのは正しい。我々が廃止論的立場と袂を分かつことになるのは，依存とネオテニー化そのものに対して廃止論者が行っている論難においてである。家畜動物がこうした進化によって，必然的にもはや良き生は享受しえないくらい，もしくはもはや子孫を残す価値がなくなってしまうくらい，劣化したとは言えない。そして，ずっと昔から行われてきて，今もまだ進行中である正義に反する取り扱いから家畜動物を救済する方法は，家畜動物の存在を根絶するという手法によってではなく，むしろ，正義の土台の上に，人間と家畜動物との関係を再構築することであろう。

関係性と共生の不可避性

　動物が人間に依存することは自然に反する，という廃止論者の前提は，廃止論者の核心をなす別の前提——すなわち，そもそも，動物が人間と交流すること自体が自然に反する，とするもの——とつながっている。上に引用した文の中でフランシオーンは，家畜動物が「人間の世界から抜け出せない」ことが自然に反すると，ほのめかした。同様にデュネイヤー（Dunayer）は家畜化を，動物を人間社会へ「強制的に参加させること」と等置する（Dunayer 2004: 17）。これが含意しているのは，人間の手による介入から動物を切り離して自身の欲求に従うようにさせれば，動物は人間と隔離された自分たちの世界で生きるようになる，ということである。人間社会で暮らすことは動物にとって不自然な事態であり，それは人間の誤った干渉の結果であり，そして動物を自然に反した依存へと導いているのだ。

　ここではまたしても，人間と動物との間にある関係への誤解が働いている。第7章において改めて詳述するように，多くの動物が人間の社会とそれが提供する機会を求めることは，極めて自然なことである。適応能力の高い機会主義的動物たち，つまり，アライグマや，マガモ，ドブネズミ，リス，そしてその他の数え切れないほどの動物たちは，人間たちの居住地域で繁栄を謳歌し，排除しようと

する人間の攻撃的な行動をかわしながら，しぶとく都市生活を送っている[21]。人間は，取り巻く環境から遮断されて存在するわけではなく，むしろその環境の一部をなすものである。人間が作り出した景観も，人の手が加わっていない原生の自然と同様に，生態系の一部である。「自然は空白を嫌う［環境の空白状態が生じることは稀であるということ］」ので，人間の行動様式や居住様式が周囲の環境を変えるのに合わせて，他の種が利用できる生態学的ニッチを満たしていくことは避けられない。そして，いままでも，そしてこれからも，人間の居住形態やゴミ廃棄，農業や資源利用の慣行によって提供される機会に惹きつけられ，人間活動と共生できるように適応する動物がいるのである[22]。

　家畜化の歴史は，現在のイヌ，ネコ，そしてその他，家畜動物となった草食動物の先祖たちが，当時の変化する状況に対して高い適応性を持っていた，ということを示している。オオカミに似たイヌの祖先は，食べ残しや，熱源，そして住み処を求めて，人間の居住地に惹きつけられた。農業が始まり穀物が大規模に貯蔵されるようになると，それを求めて齧歯類がやってきた。次いで，齧歯類を捕食するネコその他の捕食者もやってくることとなった。草食動物たち（現在のシカのようなもの）は食料を求めて，そして人間を警戒する捕食者たちから逃れるためにやってきた。人間による活発な家畜化に先立って，人間と多くの種との間には，共生してゆく関係が築きあげられたのである。このような関係はその始まりにおいて，人間の行為主体性や介入によってそうする以上ではないにせよ，ちょうど同じように，動物の行為主体性と適応能力からなされたものであった。そして，時が経つにつれ人間は，機会主義的な動物種の繁殖を，人間にとって有益な属性を選択するために操作する方法を学んでいき，そうした動物の進化の軌道を変えるに至ったのである。しかしながら，仮に人間が選択的な繁殖の糸口を掴めていなかったとしても，現在我々が，動物と人間とが截然と棲み分ける——すなわち，人間は都市に住み，野生動物は原野で生きる——世界に生きていることはなかっただろう。むしろ我々は，今日そうであるように，数多の適応能力の高い種と，我々のコミュニティを分け合っていたであろう。このことは，人間が単に家畜化をやめることだけでは，動物との関係がもつ倫理的複雑性から逃れられないということを示している。我々が動物を，「自分たちの世界」に「招き入れる」（もしくは，強制編入する）か否かにかかわらず，動物は人間の生活の一部をなしているのである。動物を排斥した「我々の世界」なるものは存在しない。したがって我々の任務は，人間と動物との適切な関係とはどういうものなのか，同定す

ることになる。

　ここで興味深い例として，スカンディナヴィア半島北部でのサーミ人とトナカイの関係を挙げよう。トナカイは，半家畜化しかされていないと考えられている。トナカイは群れを形成して自由に放浪し，そしてその繁殖についても人の手が加えられていない。だが，時代が下るにつれ，トナカイたちは人間のいる環境と，そのある種の畜産形態に適応していった。人間はトナカイの群れを管理して，トナカイを殺し，その肉や，皮革，角を得て，そして時折は，搾乳するようになった。このトナカイたちは監禁されているわけではない。自分たちの意思で，人間から逃れることもできる。

　この種の事例は重要な問題を提起するが，廃止論者の枠組みによってではそれを上手く検討することができず，特定すらされないものである。我々の主張は，(動物の権利論者でない人たちが主張しているように) 動物が家畜化 (もしくは，この例のように，半家畜化[23]) を「自ら選択」した場合は，人間による動物の利用を搾取とみなすべきではない，ということではない。我々は既に，このような見解を退けた[24]。適応能力が高い動物が人間のコミュニティに自然と引き寄せられていくことが，動物を搾取していいライセンスを我々に与えることはない。(人間の場合で言えば，それはまさに，絶望した難民たちが自らを奴隷として売るとなったとしても，そのことが奴隷制を正当化することはないようなものである。)[25]

　我々の主張はその対極にある。人間と動物の関係が，「強制的な編入」によってではなく共生を通じて生じるとしても，そこにはまだ，答えられなければならない重要な道徳的問題がある。人間と動物との，相互交流における公正な条件とはどういったものなのか。我々は，機会主義的な動物や半家畜化された動物と，どのようなやり方での交流が許されるのか，決める必要がある。というのも，そうした動物たちは，人間が好むと好まざるとにかかわらず，我々に接触を図ってくるからだ。そこに関係が取り結ばれることは避けられないが，人間はそれらの動物よりも強大な力を保持しているため，そこには常に，人間が搾取するという関係に転化してしまう危険性が潜んでいる。いかなる立場によるものであれ，動物の権利論における中心的任務は，人間と動物とのこうした関係が搾取的にならないような諸条件を特定することである。我々は，寄生的・搾取的な関係と，互恵的な関係とを切り分けられるような基礎を必要としているのである。どの範囲までであれば人間による動物の利用が許されるのか，そして，人間の存在に適応した動物——招き入れられたか否かにかかわらず——に対する我々の義務につい

て，知る必要がある。そして，ひとたび搾取によらない関係の原理を特定したなら，公正な条件に従って家畜動物との関係を再構築できる可能性までも検討の余地すらないとする理由はない。廃止論の枠組みは，人間と動物が一緒になるのは強制的編入によってのみであると決めてかかることで，こうした論点を無視し，そして重要な道徳的関係の可能性を回避しているのである。

つまり廃止論者の理論は，様々な面において不備があるのである。動物の依存は本来的に尊厳を傷つけるというのは誤っているし，そして動物と人間とが相互に交流を行うことはいずれにせよ不自然だとすることも誤っている。いったんこうした誤解を脇に置くことができれば，家畜動物は本来的で変更不可能な不正義の状況に固定されており，それは根絶（この目標は，強制と監禁というより一層不正な取り扱いをすることによってのみ達成できる）によってしか救済できないと仮定する理由はなくなるのである。

急いで付け加えると，いずれにせよ我々は，家畜動物になされた原初的な不正が有する深刻さを否定したり軽視したりしようというわけではない。家畜化は複数のレベルで，誤りであった。強制的な繁殖と監禁によって基本的な自由を侵害したこと，健康を害して寿命を縮めるような繁殖を強いたこと，繁殖の結果として野生に回帰する潜在能力を失わせたこと，そして全般的にみて，動物たち自身を目的として尊重するのではなく，人間の目的のための道具としたこと，である。廃止論者の，家畜動物へ加えられたこれらの危害こそが人間による動物に対する抑圧の中核をなすとする見解に，我々は全面的に同意する——世論は，例えば，アザラシ猟や絶滅危惧種について，一層の関心を寄せているように見受けられるが，人間の抑圧による悲惨に苦しんできたのは，まさしく家畜動物たちなのである。

こうして終わりのない悲劇の歴史と向き合ってみると，廃止論者が家畜動物の絶滅を求めるのも理解できる。このような歴史的悲劇を取り消すために，家畜動物が存在しなかった時代まで時計の針を戻すことが，廃止論者が考える救済策となる。フランシオーンの言葉を借りれば，「我々は動物を家畜化するにあたって非道徳的に振る舞ってきたが，これからもさらに継続して繁殖することを許すということは，馬鹿げた考えである」ということになろうか。だが，これは誤った救済策——過去の正義に反する行いを増幅させるような，邪悪な救済策——である。ここで再び，19世紀の初頭にアメリカで展開された，奴隷制の廃止に関する議論について考えることが有益である。奴隷廃止論が真剣に議論されだした段

階では，多くの白人たちが，いわば時計の針を戻すことこそが正義に適うもので
あるという見解を抱いていた。黒人たちは，ヨーロッパ人によって捕らえられ，
南北アメリカ大陸へと送られ，不当に奴隷化させられた。黒人たちをアフリカに
戻し，正しい歴史として，再スタートを図ることだけが，この誤りを是正する唯
一の解決法だとされていたのである。もちろん，この方策は，唯一のものでもな
いし，公平でもない解決方法——未来を志向する正義の要求を，回避しようとす
る試み——であった。アフリカ系アメリカ人たちははじめは奴隷として，次いで
二等市民として，強制的に白人社会へ編入された。時を経るにつれ，奴隷として
の経験が，黒人たちを変えていった。それは，黒人たちの文化や肉体，アイデン
ティティの感覚，そして向上心や採りうる選択肢を変えてしまった。奴隷制度が
廃止された後，アフリカ系アメリカ人を彼らにとって存在しなかった歴史の軌道
へ送り還すことは，もはや正義に適う方針ではなかった。それは，前に進んで，
彼らを平等で完全な市民として認めることだったのである。我々は，家畜動物に
ついても，同様の道徳的挑戦に直面している。

　確かにこの問題は，家畜動物を取り扱う方法について，根本的な変革を要求す
るだろう。それは，基礎となっている目的（人間の利益に奉仕するため）から，手
段（強制的な監禁および繁殖），動物を扱う際の標準的な形態（食用や，動物実験，さ
らには労働力提供のため搾取して殺すこと）などにまで及ぶ。しかしこの後でみる
ように，そのような変革は，可能なのである。

第4節　閾値アプローチ

　動物の権利論を擁護する者が全て，廃止論者・根絶論者の主張に賛同するわけ
ではない。我々が「閾値」アプローチと呼ぶ，人間と家畜動物の関係を正義の要
請に適うよう，劇的に改変させることができるという可能性を許容するものを提
唱する人もいる。閾値アプローチでは，現存する家畜動物の段階的な根絶を求め
るのではなく，むしろ，人間と家畜動物との互恵的な共生関係が追求される。こ
の見解によれば，家畜動物の「搾取」あるいは「犠牲」を禁じる一方で，家畜動
物の許容可能な「利用」の閾値を定義することが目標となる。例えばスティーヴ・
サポンツィス（Steve Sapontzis）は，家畜動物の解放とは，人間による家畜動物
の利用を全て禁止することではない，と主張する。

「むしろ，我々の到達目標は，現在人間のみが享受しているのと同種の，自らの利益を日常的に犠牲にすることに対する保護を，動物にも与えることである。そうした保護は，世捨て人になることよりも何らかのかたちで他者の役に立つことが，通常我々にとって最善であるように，何らかのかたちで我々の役に立つことが，動物にとっても最善であるかもしれない……。もちろん，どのような動物利用が真に互恵的であるかは，議論が分かれる論点である。」(Sapontzis 1987: 102)

サポンツィス自身は，人間と家畜動物の互恵的関係の理論を展開していない。彼はこの問題を，動物への大規模な搾取がなくなった後の「我々の世界よりはるかにましな世界」に任せている (Sapontzis 1987: 86)。実際，これはむしろ，廃止論に立たない動物の権利論の文献の典型的見解である。そうした理論家は，人間と動物との互恵的関係についての何らかの理論の必要性を認識しているものの，それをいつか将来の機会に委ねているのである[26]。

　しかしながら，家畜動物との関係性を統御する原理を詳細に検討しようとする重要な試みも，いくつかはなされている。この節では，デヴィッド・ドゥグラツィア (David DeGrazia)，ツァチ・ザミール (Tzachi Zamir) とマーサ・ヌスバウム (Martha Nussbaum) の見解を検討する。いずれの論も価値ある洞察を提示しているが，同様に重大な限界を持っている。とりわけ，彼らは正義に適うコミュニティの本質を特徴づけることに失敗していると，我々は主張したい。我々の見解では，家畜化の結果，動物たちは今や我々の社会の構成員となっているとみるのが適切である。そこでは，メンバーであることは，居住する権利（ここは動物たちの本来の居場所であり，動物たちはこの社会に属する）や，コミュニティにとっての集合的あるいは公共の善を決定するときに彼らの利益を勘案してもらう権利，そして相互作用についての発展していく規則を形成する権利を伴うのである。人間の場合，社会の構成員であるというこうした事実は，シティズンシップの観念によって捉えられており，我々は，これが家畜動物について考えるためにも適切な枠組みであると主張する。以降で再び述べるが，動物の利用についての適切な閾値に関する既存の動物の権利論の説明は，こうしたメンバーシップの事実がもつ重要性を認識していないため，結果として不正を正当化することになってしまうのである。

ドゥグラツィアおよびザミールの動物の利用と搾取についての見解
　閾値論は，家畜動物についての（許容しうる）「利用」と（許容されない）「搾取」

ないしは抑圧を，我々が区別できるという前提に立っている。動物の利用という考えはそもそも，動物を端的に我々自身の目的のための手段として，許容しえない道具的な観点から把握することに，本質的にコミットしているように思われるかもしれない。しかし，それは誤りである。我々は日常的に許される範囲で，他者を——家族を，友人を，知人を，はたまた見知らぬ人を——自分の目的を達成するために利用している。ほとんどの関係には道具的な側面があるが，我々が他者の生存そのものを全面的に道具的なやり方で見ない限りは問題とならない。こうした利用は社会におけるギブ・アンド・テイクの一部であり，それが搾取へと変化するのはある種の条件下においてのみである。実際に人間のケースにおいて我々は，たまたま利用可能な人を利用するわけではない。我々は新規参入者を，少なくとも部分的には，彼らを利用するためにコミュニティに受け入れる。例えば，親は子どもをもうけるにあたり，しばしば複数の動機をもっている。彼らはシンプルに，命という贈り物を他者につなぐことを望んでいるかもしれない。しかし，子どもをもうけるということは，親自身の目的にもまた資する——親になりたいという欲求，他者にそばにいて欲しいという欲求，家族の伝統や家業を受け継いで欲しいという希望などを満たすのである。同じく，移民政策の場合についても考えてみよう。国家は通常，受け入れ国としての労働力需要にあわせて，特定の年齢層の，もしくは特定の技能を持った移民申請者を好む。我々は彼らを使用することで，特定の産業やより一般的に社会に利益をもたらすことを期待して，個人をコミュニティに加えるのである。他者が彼らを使うことに利益を持つからこそ，子どもや移民は搾取の餌食になりやすいのである。しかし，生殖や移民を制限して，子どもや移民を我々が目的を達成する助けとする機会から排除することは，解決策にならない。そうではなく，正義は，そうした利用が互恵的なものになることを保証するような，一連の基準と保障措置——それが実際に，分有されたコミュニティのメンバー間の社会生活におけるギブ・アンド・テイクの一部になるような——を定義することを要請する。そして，強者による弱者への一方的な搾取は退けられる。

　家畜動物の場合に，許容される利用と許容されない搾取の区別を可能にするような同等の区別がなぜなされてはならないのか，原理的な理由はない。おそらく，その自由と幸福にかなり有害な搾取（例えば，長時間労働，危険な条件，選択肢の欠如など）を禁じつつ，任意に伴侶として，あるいはある種の労働（例えば，牧羊など）ある種の製品（例えば肥料）のために，家畜動物が使用されることは許容される

だろう。

　しかし家畜動物の場合，我々はどのようにして，こうした区別をするべきなのだろうか。人間の場合，既に述べたように，私たちはこの問題に，メンバーシップの理念に照らして答えを出す。利用には，共有されたコミュニティのメンバー間の社会生活としてのギブ・アンド・テイクが伴う。搾取とは，人々を二級市民——奴隷として，あるいは低位カーストのメンバーとして——の地位への格下げを前提とするような（あるいは結果としてもたらすような）やり方で扱うことを伴う。したがって搾取を防ぐためには，構成員としての権能（メンバーシップ）とシティズンシップの観念を確認し，そしてさらに，利用がメンバー間の社会生活における相互のギブ・アンド・テイクの中に限定されるよう留めることを確保するための，一連の基準や保護措置を必要とするのである。

　しかしながら，この考えは，家畜動物の権利についての既存の閾値論的説明に用いられている枠組みではない。その代わりに，ドゥグラツィア（DeGrazia 1996）やザミール（Zamir 2007）のような論者は，それよりかなり緩い基準と保護措置の組み合わせ——我々の信じるところ，従属と搾取の関係を再生産しかねないような基準——を提示している。

　ドゥグラツィアとザミールは共に，家畜化の結果として，人間が動物への特別な義務——動物を搾取することを禁ずる義務——を負うことになったことを受け入れている。しかしながら，いずれの場合においても，彼らは搾取を定義するにあたって，同じコミュニティに属するメンバー間でのギブ・アンド・テイクという理念のようなものに訴えることはせず，むしろ以下の2つの基準に言及することによっているのである。その基準とは，(a) 動物の生が生きるに足るものであり，彼らのほとんどの基本的ニーズが満たされることを保証する何らかの「最低限度の幸福」の基準であり，そして，(b) 人間の（家畜化という）行動が介在しなかったとしたら何が起こっていたかというような反実仮想——すなわち，人間の世話と管理がなかった場合の彼らのあり方——よりも，動物の暮らしが悪くならない，というものである。

　我々が関心をもつとともに懸念するのは，この2つ目の基準である[27]。この2人の論者は，それぞれ異なった方法でこうした反実仮想を定義している。ドゥグラツィアにとって，この基準には野生での暮らしとの比較が含まれる。もしある動物が，野生で暮らしたほうが良い生活ができるならば，その動物をペットとして，あるいは農場や動物園で飼育することで，我々はその動物に危害を与えてい

ることになる。しかし，我々の動物に対する扱いが，彼らが野生にあるよりも彼らの暮らしを悪くしない限り，我々が動物を利用することは許容されるのである[28]。ドゥグラツィアも認めるように，少なくとも家畜動物との関係では，これは非常に緩い要求基準である。動物園で展示するために動物を捕獲することについてであれば，この基準は非常に厳しい仮定を設定することになるかもしれない。そのような動物はほとんどの場合，野生に放っておかれる方がよりよい暮らしを送れるからである。しかしながら家畜動物の場合，多くの動物は野生の環境では繁栄することはおろか，生存すらおぼつかない——何と言っても，動物たちは何世紀にもわたり，人間に依存するように品種改良されてきたのである。仮にイヌを荷物運搬用の動物としてだけ扱うとしても，つまり，遊んだり共に過ごしたりする機会もなしに困難な労働に従事させる（そして疲れ果てさせる）としても，1匹で通りに放り出されて自力で生活させられるよりは，まだイヌも長生きできるかもしれない[29]。

　ザミールにとって適切な比較対象は，生まれていない場合となる。家畜動物の場合，その生存そのものが，人間の手によってこの世に生み出されるか否かにかかっている。したがって，ザミールにとってこの問題は，人間に利用されるために生まれてくることが動物にとって利益となるかどうか，ということである。その生を生きる価値のないものにするような水準の苦痛や危害に動物をさらさないような利用形態であるならば，動物は一般的にその生を享けることから利益を得ている，と彼は主張する[30]。ザミールの見解では，多くの家畜動物利用はこの範囲内に留まっている。例を挙げれば，動物を殺さない酪農業や鶏卵業，ペットの所有，そしてイヌやウマを使った，動物を利用したセラピーなどがそれに当たる。ザミールは，このような利用が動物に危害を与える場合もあるが，しかしあくまでもそれは動物たちの生活を質的に悪いものにするほどではないと認識している。それらが，人間がこれらの動物たちを進んで生み出そうとするような「理に適った」必要条件なのであれば，動物に対しての危害は正当化されうるのである。例えば，経済的に成功が見込める採卵作業ができるだけの大きな群れでない限り，人間はニワトリたちを飼おうとしないだろう。この個体数の多さは痛みの伴う断嘴が必要となることを意味するが，ニワトリにとって生を享受することと引き換えにするだけの価値があるのである。仔ウシたちが母ウシから引き離されない限りは，仔ウシたちは母乳の美味しいところを飲んでしまい，酪農業は立ち行かなくなってしまう。ザミールは，仔ウシを引き離すことが長期にわたる危害

というよりは一時的な悲嘆を与えるものであると我々が信じるなら，ウシが生を享ける代償として価値があるため，母子の引き離しは是認されることになる，と述べる。言い換えればザミールは，生きる機会と引き換えにして，数々の権利侵害（家族の引き離し，同意なき外科手術，強制的訓練）を許容するのである。ザミールは極度の権利侵害（例えば，動物を殺してしまうことや，継続的な苦痛にさらすことなど）は退けるが，しかし，そこまで深刻でない権利侵害であれば認めてしまう。というのも，生まれていないという反実仮想と比べれば，結局その程度の侵害は，総合的にみて動物の利益に適う（ということにされる）からである。

　反実仮想の形態において，ドゥグラツィアとザミールのバージョンの間には，重要な差違が存在するが，しかしいずれにせよ，両者共にどれだけ論拠として弱いものであるか，そして人間の場合の利用と搾取について我々が考察する仕方からどれだけ隔たりがあるかということは，即座に明らかとなるだろう。いくつか例をみてみよう。上で述べたとおり，我々はしばしば道具的な理由により，新規参入者を我々の社会に組み込む。我々は子どもや移民を，部分的には我々にとって役に立つという期待ゆえに，社会に受け入れる。しかしながら，ひとたび子どもが生まれるか，あるいは移民が永住するとなれば，彼らは社会を共有するメンバーとなり，したがって，彼らを利用するにあたっては，シティズンシップの規範によって制約が課されねばならないのである。我々は，事実と異なって両親が産んでいなければ生を享受しえなかったということを根拠に，彼らがその子どもの権利を侵害することを許容しない。子どもの泣き声や叫び声に耐えなければならないと知っていたなら親になんかならなかったし，声帯がなかったとしても子どもの生は十分に生きるに値するだろうという理由で，子どもの声帯を除去することを正当化しようとする者のことを想像してみてほしい。人間の場合我々は，子どもが生を享けることの価値がそうした危害を正当化するとは認めないのである。

　あるいは，次のようなケースをイメージして欲しい。2人の実子を持つ夫婦が，児童養護施設でネグレクトを受けている子どもを養子に迎えることを決めたことを想像してみよう。その夫婦は養子の基礎的なニーズを満たすことで，生きるに値するようにしているため，その子は児童養護施設にいたならばそうであった場合より，よい生活を送っている。しかしながら，音楽のレッスンを受けさせたり，スポーツ活動をさせたり，大学教育を受けさせたりする段になると，夫婦は生物学上の2人の子どもにしか支援せず，養子は家の召使いとして働かせている。ま

た，次のようなケースを考えてほしい。ある豊かな国が，積極的に移民を受け入れる政策をとっているとする。その国は，主として，豊かな国の自国生まれの人々はやろうとしないような仕事をさせるために貧困国から労働者を受け入れ，永住することを認めている。その豊かな国は，移民たちに人間としての基礎的な欲求を満たしうるだけの賃金支払いを保証しているが，超過勤務に関する法的保護や，休暇政策，失業保険，職業訓練の機会，年金などへのアクセスは認めていない。移民労働者たちは彼らの貧しい母国に戻るよりも良い暮らしができるし，基礎的なニーズを満たすこともできる。しかしながら，彼らは二等市民であり，どれだけ長くそこに住もうがどれほど貢献しようが，受け入れ先の社会の富や機会を分け合う資格を与えられない。これらいずれのケースにおいても，我々は確実に，養子あるいは移民の取り扱いを正義に反するものとして非難するであろう。

　これらの事例が示すように，家族やより規模が大きいコミュニティにおける我々の正義の感覚は，ドゥグラツィアやザミールの閾値を満たす以上の何かによって規定されているのである。その正義の感覚は，メンバーシップの構想により統御されている。正義は，生まれてこなかった場合という反実仮想，あるいは，何らかのコミュニティの外にいたときの状態への追放，亡命，帰還のような反実仮想に照らして評価されるものではない。それは，社会的コミュニティにおける平等主義的理想像という観点から測定されるものであり，したがって，（出生や移民によって）新規参入者をコミュニティに組み込むとき，我々は彼らが正規メンバーになることを許さねばならず，恒久的な二等市民の地位を強いてはならない。だとすればなぜ，我々のコミュニティに迎え入れる動物たちにとっての基準が異なるのだろうか。人間を（平等の構想の中に包含される）一等市民として扱いつつ，動物たちを（基本的なニーズと2種類の反実仮想的要請という劣った閾値の権利を与えられる）二等市民のメンバーとして取り扱うことを，何が正当化するのだろうか。これらのアプローチは動物の搾取に異を唱えるどころか，むしろ動物の従属的な地位を正当化し，制度化してしまっているのである。

　この反実仮想の2つのバージョンが無視していることは，人間が既に家畜動物を混合社会に組み込んでいるということだと我々は考える。家畜動物の権利について信頼できる説明をしようとすれば，このことを出発点にせねばならない。彼らは既にここにおり，我々と共に暮らしており，長い歴史をもつ相互作用および相互依存の産物なのである。ドゥグラツィアとザミールは共に，あたかも人間が家畜動物から簡単に立ち去ることができるかのように記す。そして，もし我々が

動物たちと相互交流を続けていくと決めたとしても，我々の唯一の義務は，我々が立ち去った場合よりも劣った生を動物たちに送らせないことである，と述べる。これは，集合的な意味でいう人類社会が，何世紀にもわたる監禁と繁殖に由来する家畜動物への特別な義務を負っていることを無視した，受け入れ難い奇怪な見解である。何世代にもわたる人間の行為は，多くの家畜動物たちを野生の暮らしの可能性から締め出してきた。我々はこうした責任を，個人としてペットを飼わなかったり庭でニワトリを飼わなかったりすることを選ぶことによって，免れることはできない。この責任はあくまで，家畜動物に対する我々の扱いの影響が累積したことに由来する，集合的な責任なのである[31]。

　ここでまた，人間の移民との比較が役に立つ。ニューカマーがコミュニティに参画するときには，彼らを援助する特別な責任を持つ特定の個人が存在することがしばしばである（例えば，保証人となる家族や，教会組織など）。しかしながら，社会の構成員たちも，新規参入者に対して集合的な責任——彼らをコミュニティに統合し社会の十全たるメンバーとなれるように手助けする義務——を負っているのである。こうした集合的責任は普通，言語訓練やシティズンシップ教育，住宅支援，職業訓練などといった政府のプログラムによって免除されている。同様に，子どもに対する義務は，私的な観点（両親の子に対する義務）および公的な観点（教育の提供や医療ケアなどを通じて子どもの発達と社会化を促す社会の義務）の双方において理解されている。ドゥグラツィアとザミールは，このような社会・政治的次元を見落としている。家畜動物は，我々と共有するコミュニティの一部となっている。この混合コミュニティは，時間の経過と共に集合的かつ世代を超えた義務を生み出しつつ，存在してきたものである。その結果，我々は単に個人として，個人的行為によって他者としての動物の暮らし向きを悪化させないようにする義務を負うだけではなく，集団としてもまた，家畜化によって発生したメンバー相互の公平な関係を創り出す義務を負うのである。

　既存の閾値モデルに伴うこれらの問題から，これほどまでに多くの動物の権利論者がなぜ廃止・根絶論的アプローチを支持するのか，ということが説明できるかもしれない。家畜化が人間の目的に突き動かされ進められることや，動物たちを搾取することに多大な誘因が存在することを前提とすれば，閾値論が継続する搾取への単なる口実に堕してしまう危険性や，動物に与える危害の評価が人間の自己利益によって歪められてしまう危険性は，遍く存在すると言える（仔ウシの引き離しは，仔ウシと母ウシに一時的な悲しみを与えるにすぎないし，ウマの「調教」は，

深刻な害悪ではない，というザミールの推測について思いを致してほしい）。提案されている様々な閾値は，我々が既に動物への搾取に取り組むうえでは不適切であるとした，福祉主義的改革の焼き直しにしかならないのかもしれないのである。「不必要な苦痛」を軽減させようとする動物の福祉論や，「搾取」を減少させようとする閾値論のいずれによっても，人間の家畜動物への支配を効果的に阻むことはできない。したがって，家畜動物の完全なる廃止・根絶によってのみ，そのような不正に終止符が打たれる，ということになってしまう。

　我々も，このような閾値論への反対意見は深刻に受け止めている。しかしながら，既に検討したとおり，廃止論のアプローチは，それはそれで家畜動物に対して負っている責任を放棄するものであり，そして家畜化により生み出された原初の不正を深刻化させかねないものですらある。我々の考えでは，閾値論的見解も廃止論的見解も，我々の家畜動物への現在進行形の義務を，十分な真剣さで受け止めてはいない。双方共にそれぞれのやり方で，人間にこうした責任を回避する口実を与えている。第5章で我々が展開するシティズンシップ・モデルは，本質的に異なるアプローチを提供するものである。

第5節　ヌスバウムと種の模範原理

　我々のシティズンシップ・モデルを詳細に検討する前に，マーサ・ヌスバウムの『正義のフロンティア（*Frontiers of Justice*）』（Nussbaum 2006）で展開された，もう1つ別のアプローチに手短に触れることとしたい。ドゥグラツィアやザミールと異なりヌスバウムは，同じ正義の一般的枠組みを人間にも動物にも適用しようとする。我々の責務は，人間と動物のどちらの場合においても，個が自らの「潜在能力（capability）」を可能な限り発揮できるようにすることである。我々の動物に対する義務は，野生で暮らす場合や生まれてこなかった場合といった，人工的な反実仮想によって制約されるものではない。むしろ，人間に対しての場合と同様に，潜在能力の発揮を可能にすることを通じて繁栄を促す無制約の義務があるのである。

　こういった非常に抽象的なレベルでは，我々もヌスバウムの「潜在能力アプローチ」に共感するものである[32]。しかしながら，ドゥグラツィアやザミールと同じように，彼女は人間と家畜動物が既に混合社会を形成しているという事実を無視するような仕方でそのアプローチを展開しており，結果として，動物に関わ

る正義を考えるにあたって，この人間と動物に共有された社会的・政治的文脈がもつ含意を見逃していると，我々は考える。問題は端的にいって，ヌスバウムが正義についての潜在能力理論を，彼女が「種の模範（the species norm）」と称するものに結びつける，その仕方にある。ヌスバウムによれば，個体はそれが属する種のメンバーに典型的な仕方でこそ繁栄する。したがって，正義は，属する種の標準的構成員のために定義された潜在能力を，個体が（可能な限り）達成することを，我々が可能たらしめるよう求める。彼女のアプローチに基づく問いは，「この個体が繁栄するためには何が必要なのか」ではなく，「このタイプ（すなわち，種）に属する個体が繁栄するために，典型的に必要なものは何なのか」ということになる。

　ヌスバウムは，その種において「普通」とされる能力を持たない個（例えば，重度の障害を持つ人など）にさえもこの種の模範の観念を用いて，社会政策の目標は，種レベルで定義された潜在能力を彼らが可能な限り達成することを確実にするものになるべきだということを，保証しようとする。人間が繁栄するためには，言語を学んで他の人間との交流やその関係を楽しめるように，人間社会に適応しなくてはならない。人間の個体が潜在能力を発揮できることは，正義の問題となる。重篤な精神障害を持つ人間の場合，完全な潜在能力を発揮することはありえないかもしれないが，我々が必要な時間と資源を費やして，彼らにできる限り「通常の」生活を提供し，彼らが可能な限り潜在能力を発揮できるようにすることは，正義が要請する義務なのである。「ある種として生まれた子どもは誰も，その種にとって重要な『基本的な潜在能力』を有していようといまいと，その種にとって重要な尊厳をもつことを心に留めておくべきである。それゆえ，その子どもは個人としてであれ，あるいは後見を通じてであれ，その種にとって重要な潜在能力を全て有しているべきなのである」（Nussbaum 2006: 347）。

　動物に対してこれを適用すれば，動物にとっての正義は，その動物が属する特定の種の構成員に典型的な潜在能力へのアクセスを要請するということを意味することになるのである。

　「要するに，特定の生物が繁栄するためのまっとうな機会を有しているかどうかを判断するさい，何が適切な基準であるかを教えてくれるのは，（正当に評価された）種の模範である。同じことが人間以外の動物にも当てはまる。それぞれのケースで必要となるのは，それぞれの種に特有の中心的な潜在能力の説明である。……つぎに必要となるの

第4章　動物の権利論における家畜動物　　135

は，構成員を，特別な障害 が邪魔になっていようとも，その種の模範レベルまで高める
ことへのコミットメントである。」(Nussbaum 2006: 365)

ヌスバウムにとって種に属するということは，正義のベースラインだけでなく，
それを限定する外枠をも設定する。例えば，彼女は以下のようにいう。チンパン
ジーにとって言語の使用は，人間の科学者によってつくられた装飾のようなもの
だ。彼ら自身の共同体における繁栄に特徴的な様式はそれに依存していない
(Nussbaum 2006: 364)。チンパンジーにとって，手話（もしくはコンピュータによっ
て支援された言語）は無用な装飾である。というのも，通常のチンパンジーは手話
を使ったり，人間と言語を共有したりしないからである。対照的に，普通のイヌ
は動き回る生き物であり，あなたの飼いイヌが怪我をした場合，義肢を装着する
ことでそのイヌが通常の移動能力を取り戻せるのであれば，それが適切だとヌス
バウムは述べる。怪我や障害を負った場合，一般的な状況下と同様に，種の模範
は特定の介入行為が適切か否かを判断する適切な指針となるのである。
　我々の見解では，こうした種の模範への没入が意味をなすかもしれないのは，
人間と動物とがそれぞれ別々に暮らしているような世界においてのことである。
チンパンジーは，野生における「チンパンジー自身のコミュニティにおいて」種
の模範に従うことで繁栄するであろう。他方で人間も，人間自身のコミュニティ
において，種の模範に従って繁栄するだろう。だが，家畜動物についての難問は
まさに，我々が既に，正義に適った条件のもとで共に暮らすやりかたを見いださ
ねばならない，動物と人間の双方を含む社会に暮らしているということにある。
このことは，それぞれの種が別々に「それぞれ自身のコミュニティ」で繁栄でき
るようにするのではなく，人間と家畜動物とが，混合コミュニティにおいて繁栄
することを可能たらしめることを前提とした潜在能力の理論を，我々が必要とし
ていることを意味しているのである。
　野生のチンパンジーにとって，種の模範と結びつけられた繁栄の概念は，おそ
らく理に適った基準であるだろう。種に属していることは，ある個体のありそう
なニーズや潜在能力について，即席の評価をするための有用な分類法となる。し
かし家畜動物の場合，種の模範という概念によっては，我々の積極的義務が十分
に把握されない。家畜動物たちは種の構成員であるが，同時に，異種混合コミュ
ニティの一員でもあるのである。ある特定の動物の関連する潜在能力は，こうし
た文脈に大きく影響を受ける。オオカミと野犬には，まず他のオオカミや野犬と

コミュニケーションを図る必要がある。しかしペットのイヌは，一緒に暮らす人間や他の種の動物とコミュニケーションをとる必要があり，そして，人間と動物が混在する社会で役割を果たす必要がある。田舎のファームサンクチュアリにいるイヌやロバにとって意味のある潜在能力は，他の多様な（そして多種の）動物と上手くやっていくことや，農業機械の危険について学ぶこと，あるいはヒツジを守ったり，トウモロコシの貯蔵庫からカラスを追い払ったりといった役に立つ技能を習得することなどに関連したものとなるかもしれない。都市に暮らすイヌにとっては，地下鉄の乗り方や障害者などにも使いやすいドア開閉装置の動かし方を学ぶこと，そして，どこで排便を行うのが上品なのかを学ぶことのすべてが，重要な潜在能力であろう。換言すれば，繁栄することと関わるこうした潜在能力は，種への所属と同じくらい，社会的な文脈によって定義される。我々は家畜動物を人間社会の一部としてきたのであり，したがって，家畜動物が野生として生きる彼らの同類には意味をなさない潜在能力を求められる，多種族の文脈の中で繁栄できるように保証する義務を負っているのである[33]。

　潜在能力を異種混合のものとして説明する必要があることから，さらに2つの方向へと話が展開される。人間の繁栄についての我々の構想もまた，人間が異種混合コミュニティに暮らしているということ，そして他の種との公正な形での交流が責務であるとともに好機でもあるということを，考慮に入れなくてはならない。人間の繁栄についての我々の構想は，人間にとって最も重要な関係は，他種の個体とではなく，他の人間との間にあるものだ，という前提に立ってはならない。このことが単純に当てはまらない人々も多くおり，そして，なぜこれが各人の嗜好や選択としてではなく，種の模範を達成することの失敗として概念化されるべきなのかは，明らかでない。

　ここで，ヌスバウムが彼女の甥であるアーサーについて述べたことを検討してみよう。彼は，アスペルガー症候群とトゥレット症候群を患っていると診断されている。彼が持つ知的な潜在能力は抜群のものであるが，しかしその反面，他の人間との社会的な関係を構築するに際しては，多大な障害を抱えている。ヌスバウムは，次のように述べる。

　「アーサーは，繁栄するとすれば，人間として繁栄するだろう。そしてこの事実は，彼の社会的な能力を発達させるために，特別な努力がなされるべきことを意味する。そのような努力がなされないとすれば，友情やより広範な社会的関係性，もしくは有用な政

第4章　動物の権利論における家畜動物　　137

治的関係性を彼が形成することがないことは明らかである。そうした欠落がアーサーにとって重大な問題になるのは，人間の共同体こそが彼の共同体だからである。彼には，ここを立ち去って宇宙のどこかにある（ミスター・スポック〔Mr. Spock〕のように）最小限の社会的能力しかないが知能の高いエイリアンからなるコミュニティを，探しにいくという選択肢はない。人間が彼に特定のことがらを期待するのなら，それらに関連する能力は教育によって育まれなければならない——たとえそのような教育を考案するのにとても高額の金がかかるとしても。種の模範に適用可能性があるとすれば，それが文脈，すなわち人びとがその内部で繁栄したりしなかったりすることになる，政治的・社会的な共同体を定義づけるからである。」(Nussbaum 2006: 364-5)

このような立場は，障害者に強力な権利を与えることに資する一方で，しかし，他方で，個々の能力や利益に理解を示さない，過度に厳格かつ潜在的に苛烈なものともなる。例えば，重度の自閉症スペクトラム障害を持つ人は，莫大な時間を掛けて社会的交流のための細やかな作法について学び，そしてほんのわずかな成果しか得られないよりも，彼や彼女がより直感的でやりがいのあるコミュニケーションが図れるイヌたちやウマたち，そしてニワトリたちと交流を行うことで，より大きな幸福や満足を引き出せるかもしれない。彼らの実際の能力や選好に基づいてではなく，種の模範を基準に個人を測るベンチマークを設定することは，それを行う人間のフラストレーションを増し，失敗に終わるだけになってしまうかもしれない。彼らが持つ固有の個性は，動物と一緒にいることでより一層発揮される能力や嗜好を含んでいるかもしれず，仮にそうだとすれば，コミュニティの異種混合的な構想ではなく種の模範に硬直的に執着することで，彼らの繁栄を妨げるかもしれない。

　アーサーが置かれた状況について私たちが語ることはできないが，深刻な（人間的な）社会的能力の欠如や，困難を抱える個人が，いわゆる通常のレベルの人間的接触に代わるやり方で繁栄することもありうると思われる。アーサーのような人は，コンピュータや高い知性を有しつつも彼らの状態を許容できる人間，もしくは彼の社会的能力の欠如を共有できる人との交流を通じ，知的なやりがいや充足を見いだすことができるかもしれない。彼の感情的欲求のいくらかは，イヌやブタ，そして他の社会性への期待は高くないが，豊富な愛情や忠誠心を持つ動物との交流を通じて，満たされるかもしれない。どうしてこれが，個人としての人間が繁栄するということの，妥当な構想ではないのだろうか。どうして，コミュニティや社会性，友情関係，愛情などの概念が，種の枠によって仕切られなく

てはならないのだろうか[34]。長い歴史を通じて，数え切れないほど多くの人間が，動物を仲間に選んできた。それはまさに，今日において多くの人が，人間の配偶者や子ども，同居人の代わりにペットと暮らすことを好むのと同様である。こうした選好を，いわゆる人間としての模範なるものからの逸脱として，病的なものと捉えることは，種が混合する社会交流から得られる潜在的な豊かさから我々自身を締め出すことになる。実際，（人間の）子どもに関する研究では，彼らが自然に自分自身を動物たちと共有するコミュニティの一部として捉えることが強調されている。子どもたちは，人間と他の動物との間に截然とした区別を設け，厳密に人間のみからなる社会の境界線を画すように社会化されなければならないのである（Pallotta 2008）。我々がこのようなやり方で社会の境界線を画さねばならない理由はない[35]。

　ヌスバウムは種の模範に焦点を絞ることで，種をまたいだ紐帯と種の中における多様性を，ともに覆い隠してしまっている。野生で孤児となって傷つき，人間に養子として引き取られているが，怪我と社会化のために野生に戻ることができそうにないチンパンジーの仔のケースを考えてみよう。こうした動物にとっての繁栄の適切な構想を，チンパンジーの種としての潜在能力リストから考えることはできない。それは，主として人間の社会で生きていく，このチンパンジーの個体特有の潜在能力リストから検討されなくてはならないのである。彼にとって，初歩的な人間の言語を（そして，人間文化における，他の様々な面についても）習得することは，「無用な装飾」ではありえず，おそらく，繁栄するため——彼の環境において働き，生き抜くため——に不可欠なものであろう。我々は単に，種の構成メンバーというだけではない。我々はまた，社会の構成員でもあり，そして，その２つは，必然的に重なり合うものではない。正義の理論には，我々の種への所属についてのみならず，我々が属する社会的文脈についてもまた，考慮されていなければならない。

　同様にして，模範からのズレは，必ずしも適切な救済策がその中で模範を複製させようとする「障害」ではない。個々の多様なあり方はまた，単に異なるというだけにも，あるいは優れた能力にだってなりうる。なぜ正義は，種の模範に従って個を拘束するより，これら個々に独特の能力に注意を払ってはいけないのだろうか。実際，これは障害研究の分野内における，ヌスバウムのアプローチに対するおなじみの批判である。シルヴァーズ（Silvers）とフランシス（Francis）が彼女の潜在能力アプローチについて述べているように，「障害者に対する正当な

扱いとは，障害者が改善可能か否か，彼ら自身改善を望んでいるか否かにかかわらず，健常者が障害者を改善させようとすることによって，健常者が障害者にまず関わることを許容すること，促進すること，あるいは義務付けることを意味しているようにみえる」のである（Silvers and Francis 2005: 55，また Arneil 2009 も参照のこと）。

　動物と人間の双方のために，正義は，種を超えた混合コミュニティに属しているということと種の内部における個の多様性の双方に対して，より敏感な繁栄の構想を要求する。またそれは，新たな形の異種間コミュニティが生まれ，様々な形で人間と動物が繁栄する新たな可能性を拡げるような，進化に対して開かれたものでもあるべきである。我々が第5章で述べるように，まさしくこれこそが，シティズンシップ・モデルによって提示されるものなのである。

第6節　小括——現行の動物の権利論アプローチの限界

　我々が検討してきた廃止論や閾値論，そして種の模範論は，互いに様々な点で異なっている。廃止論者が家畜動物の絶滅を求める一方で，閾値アプローチおよび種の模範アプローチは，人間と動物の接触は避け難く，望ましいときもあるということを受け入れている。しかしながら，またそれと別のレベルでは，三者は重要な前提を同じくしている。それら全てにとって，家畜動物が置かれた状況は，彼らの野生における真の，ないしは自然のコミュニティからの一種の逸脱として理解されており，そして，このことが，我々の道徳的義務を考えるうえでのデフォルトの立場となってしまっている。このことは翻って，廃止論と閾値アプローチの双方に共有されている，家畜動物は人間の行為や意思決定の客体であり，決して行為主体ではないという前提と関連しているのである。両者共に，人間と動物とが共存するコミュニティにおいては，人間が「牛耳る (call all the shots)」(Zamir 2007: 100) ことになるのは避けられないとして，個々の動物自身の選好に配慮することなく，（搾取的ではなく）受容可能と認められる実践のリストを提供しようとするのである。

　我々は全く新しい出発点を必要としている。我々は，人間と動物とが既にコミュニティを共有しているという前提——我々は，家畜動物を自らの社会へと組み込んできたし，家畜動物をコミュニティの構成員として位置づける責務を負っている——からスタートする必要があるのである。いまやこのコミュニティこそが，

家畜動物が属するところであり，そして彼らの帰るべき家である。したがって，コミュニティの共通善に関する我々の構想には，家畜動物たちの利益が含まれなければならない。次いでこのことから，動物に，共有するコミュニティの進化を方向付ける権能を，彼らの（そして我々の）生がいかにあるべきかという決定に参加させることによって，認めることが必要となってくる。我々は，動物たち自身が人間と（そして互いに）どのような関係を持ちたがっているのかに注意を払わなくてはならない。もちろん，そうした関係性は時間とともに発展するものであり，そして，各個体によって多様なものでありうるだろう。これらのことがもたらす結果を見通すことは難しい。しかし，それは，野生において動物が送るであろう暮らしや，種の模範という静的な観念によってもたらされるものとは，ほぼ確実に異なるものになるであろう。要するに我々には，家畜動物を，コミュニティを構成する同胞市民として承認する必要があるのである。

原注

1) ブリタニカオンライン百科事典の「家畜化」の項目を参照のこと（http://www.britannica. com/science/domestication）。なお，家畜動物というカテゴリには，水族館のイルカや，捕獲された野鳥，そしてペットとして飼われる爬虫類などといった，飼い慣らされた野生動物を含まないことに留意されたい。個々の野生動物たちは，人間の手によって飼い慣らされ，調教されることもあるが，しかしそれは，人間の目的に奉仕するために本来の性質を変え，基本的ニーズを満たすうえで人間に依存するように変化させるため行われる，種の選択的飼育のプログラムによるものとは異なる。捕獲された野生動物に関しては，第 6 章で取り扱う。直接的な人間の支配から逃れ，野生の状態に近いものに戻った家畜動物——イヌ，ネコ，ウマなど——に関しては，第 7 章で，人間のいる環境に適応した境界的種と共に扱う。

2) Palmer が注意しているように，ここには特に油断ならない力学が働いており，その中では工場畜産が，家畜化が基盤としている社会性そのものを堕落させているのである。「家畜化は関係性に基礎を置いている。動物は，彼らが社会的コミュニケーションをとる能力があり，お互いにそして人間と関係をもつことができるがゆえに家畜化されたのである。しかし，工場式農場においてはいずれの関係もあり得ない」（Palmer 1995: 21）。

3) 例として，ウマの場合を考えてみよう。内燃機関の発明まで，ウマは輸送力と労働力の主たる源泉であった（もちろん，自動車はそれ固有の問題を生み出したが，しかし自動車がある程度のウマやロバやウシの解放に果たした役割を忘れるべきではない）。アンナ・シュウエル（Anna Sewell）が『黒馬物語（*Black Beauty*）』を書いた 1877 年当時（「ウマにとって地獄」の時代，と言えるだろう），ウマは，伝統的な農耕，軍事，そして人間の輸送の仕事だけでなく，鉱山や運河の操業などのように沢山の新しい産業の中でも利用されていた。その数たるや唖然とするほどである。例えばその時代，ロンドンでは 10,000 台以上のハンサム型二輪馬車が存在していた（この型の馬車は 2 頭立てである）。彼らの多くがあまりの疲労と虐待のため，仕事中に死んでいった。これらのウマたちへの虐待は，シュウエルに格別な懸念を与えるものであった。何よりこの数は，ロンドンの馬車だけで，なのだ！　ゲティスバーグの戦いでは，3,000 頭のウマが死に，

第 1 次世界大戦では 800 万頭ものウマが死んでいる。第 2 次世界大戦の時代になっても，最も近代的で先進技術を有すると名高かったドイツ国防軍ですらなお，輸送その他のニーズの 75% 以上は，ウマに頼っていたのである（占領地域におけるウマの徴発は，ドイツ軍の戦争計画部局の主要な関心事であった）。労働力としてのウマの歴史に関する興味深い視点については，Hribal 2007 を参照されたい。

4) 互恵性あるいは暗黙の同意，という議論の例としては，Callicott 1992 や Scruton 2004 を参照のこと。

5) Tuan 1984 による。Tuan の著作はもう古くなってしまっており，また，我々はペットの遺棄に関する現在の統計データを知らないが，そこに現れる明白なパターンは繰り返されている。可愛い仔イヌや仔ネコが購入されたり，引き取られたりしたのち大きくなって手に負えなくなり，そして／あるいは愛情に餓えた動物になる。子どもたちが新しいものに目移りしてしまう。日々の仕事や移動のパターンが変化したため，動物の存在が不便になる。あるいは，動物の健康が悪化し，経済的な負担になる。そして，動物はシェルターに還ることになる。

6) 伴侶動物の殺処分に関する統計の概観については，Palmer 2006 を参照のこと。

7) 筆者たちは，自分たちも，善意はあっても無知な人々に含めることにする。我々が愛犬コーディー（Codie）と暮らしはじめた頃は単純に，彼の社会的・肉体的ニーズを十分に理解していなかった。彼はかなりの時間，独りで我々の帰宅を待っていた。一緒に行く日々の散歩は，コーディーが本当に充実を感じられるだけの運動となるほど，十分な時間のものではなかった。彼のニーズについての我々の理解は，時が経つにつれ改善された。だが，彼が小さかったときのネグレクトをなかったことにできればと願ってしまう。

8) ハリケーン・カトリーナとその余波の中で，40,000 頭から 90,000 頭の伴侶動物が死んだと推定されている（なお，その他の家畜動物に関しては，数百万頭が死亡したと推定されている）。およそ 15,000 頭のペットがレスキュー組織によって救助され，そのほとんどには，新たな飼い主が見つかった。避難の際に伴侶動物を家に残していくよう，当局に強いられた人々の，悲劇的な話が沢山残されている。ニューオーリンズから避難するようにという早期警報を無視した多くの人々は，彼らの動物の伴侶を見捨てたくなかったためにそうしたという。ハリケーン・カトリーナという災害は，家畜動物について個々の保護者のみが全面的に責任を持つものと考えることが不適切であると，明白に示すものとなった。コミュニティは家畜動物に集団的責任を負っており，彼らを保護するための自治体レベルの制度とメカニズムが必要なのである（この点につき，Irvine 2009 や Porter 2008 を参照のこと）。

9) 多くの動物の権利論者，および活動家が，Francione の見解を共有している。Lee Hall は，「これ以上人間に従属する動物を作り出すことを拒絶することが，動物の権利を求める活動家が採ることのできる最善の選択肢である」と述べる。(Hall 2006: 108)。John Bryant は，ペットを「段階的にそうした存在をなくし，完全に除去するべき」奴隷や囚人とみなしている（Bryant 1990: 9-10。また，これは Garner 2005b: 138 においても引用されている）。

10) なお，その後 Callicott は，「このような論は，これらの動物たちの存在そのものを非難するものである」と認め，こうした見解を撤回した（Callicott 1992）。しかし，彼の修正された見解は，以前展開していた，家畜化の歴史的プロセスへの非難を撤回することによって，現存する家畜動物への非難をも取り下げることとなった。いまや彼は，これらの歴史的過程は，そこまで悪いものではなかったし，実際のところ，家畜動物が食と住まいのために彼らの暮らしを諦めるような，一種の公平な取引を反映するものとしてみることもできるとすら，示唆するのである。この点において，Callicott の修正された見解は，Francione の見解と前提を共有している。いずれの論者も，家畜化の原初的過程の正しさ／誤りを，現に存在している家畜動物の内在的

地位と結びつけている。フランシオーンにとっては，家畜化がなされた原初の意図／過程が倫理に反するものであったため，我々が取り結ぶいかなる家畜動物との関係も，不可避的に汚れたものとなる。修正後の Callicott の見解のもとでは，原初の意図／過程は不道徳ではなかった（なぜなら，それは，「人間と獣との，進化的な暗黙の契約のようなものを伴っていた」からである）し，したがって，家畜動物の現在進行形の生存は本質的に問題があるわけではない。どちらの見解も，家畜化という歴史的悪が，家畜動物自身の，あるいは我々が彼らと発展させることのできるある種の関係の，現在および将来の地位を運命づけるものとして，把握している。

11) ペットの根絶に関する発言は，スパニエル犬のブリーダーから，純血種ネコの保護団体，そして狩猟愛好家に至るまでの諸団体によって，注意深く収集され，回覧された。この引用は，（しばしば誤解を招く，あるいは選択的なやり方で）動員されている。それは，PETA や米国動物愛護協会（the Humane Society of the United States）のような動物の権利団体や，Francione, Regan, そして Singer といった著名な活動家の「隠されたアジェンダ」なるものを暴露するために用いられたのである。我々は，第 1 章の注 18) においてその例を挙げている。

12) Francione は，部分的には人間の奴隷制と接続するために，そして，奴隷制への適切な対応は改革ではなく廃止であることを強調するために，彼の立場を「廃止論的（abolitionist）」と呼んでいる。しかし，彼の立場を際立たせるものは，家畜動物という奴隷の廃止のみならず，我々が家畜動物の根絶に向かうべきであるというそれ以上の主張にある——これは，明らかに人間の奴隷への廃止論的アプローチにはなかった立場である。これこそが，我々が彼のアプローチを「廃止・根絶論アプローチ」と呼ぶ理由である。

13) 我々は，動物たちが自分たちの種を残そうと熟慮のうえでの，もしくは自覚的な，欲求を持つものと想定していない。我々が知る限りでは，ほとんどの動物は種の未来について熟考することはない。しかし，彼ら自身で決定する自由を与えられたら，種の存続の価値についての熟考に基づくのではなく，性的本能と，快楽やつながりを求めるより直接的な反応に基づいて，子を生み続けるであろう。生殖が自由に行える環境にあるならば，動物たちは再生産に乗り出してつがい合う，ということに鑑みれば，その制限には，パターナリスティックな根拠に基づく，しっかりとした主張が必要になるだろう。なお，この点につき，Boonin 2003, Palmer 2006 を参照のこと。

14) ここでの我々の立場は，存在しないことと比べた，存在することの価値についてのいかなる一般的主張にも依存しないことに留意されたい。その論争とは関係なく，100 億人が住む世界はそれだけで，60 億人しか住んでいない世界よりも良いわけではないし，家畜動物の数についても同様である。哲学の領域における，この問題に関する侃々諤々の論争については，Benatar 2006 および Overall［2012］を参照されたい。我々の立場は，より多くの存在を世に生み出すことによる本質的な良さや価値に基礎を置くのではなく，個々の動物が生殖を行うことによる利益および，家畜化による歴史的な不正行為を救済する我々の義務に基礎を置くものである。

15) それはおそらく彼女の意図するところではないだろうが，「不完全でしかない自律を彼らに与えることは冒瀆的であるため」（Hall 2006: 108），我々は家畜動物に生殖を許すべきではないという Hall の主張は，優生学および障害を持つ人々の強制的断種に賛成する古い議論そっくりに思われる。

16) 家畜動物は「不可避的に隷従するもの」であるという主張について，Dunayer 2004: 119 を参照のこと。

17) これは，障害者に関する文献で繰り返し指摘されることである。障害を持つ人々は，依存しなくてはならないこと（したがって，彼らの必要性が満たされない可能性があるということ）のみから苦しみを抱くのではなく，その依存を誇張されること（したがって，彼らにできる主体

的行為や選択を可能にさせるような努力がなされない可能性があること）によってもまた，苦しむこととなる。Kittay は，「他者の助けを借りずには満たされないニーズを負わされることと，そうではないのに過度に依存する必要があるとされることの双方が，障害を持つ人間による社会参加と能力発揮を阻害している」と述べている（Kittay, Jennings, and Wasunna 2005: 458）。

18) このことは，ギンギツネを対象としてロシアで行われた，Belyaev 博士と同僚らによる，40年にもわたる実験によって証明されている（Trut 1999）。彼らは，毛皮用のギンギツネの飼育場で何世代にもわたり，人になれやすい個体を選び続けた。つまり彼らは，各世代の中で高いレベルで従順さを示す個体だけを選別し，繁殖させたのである。その他のこと，つまり，交流したり，飼い慣らしたり，訓練したり，あるいはその中からさらに選別して繁殖させるなどの努力はなされなかった。実験が進展するにつれギンギツネたちは従順になり，人懐っこさが増した。それに加え，幼少期のものとされる一連の特徴——だらんとした耳，頭の形の変化，斑模様，そして家畜化を経た後の特性とされるもの——も，伴うようになったのである。

19) 2009 年 8 月 11 日に，インターネット・サイトの「Edge.org」に掲載された，Richard Wrangham へのインタビュー記事による（http://edge.org/conversation/the-evolution-of-cooking）。

20) 脳の絶対的容量あるいは相対的容量と知能との関連については，広範な議論がある。この問題の真実がいかなるものであるにせよ，家畜動物も，自己家畜化を経た人間も，同じ境遇に立たされていることには変わりない。

21) Dunayer は，動物が人間社会に不可避的に存在することを簡潔に記しているが，そのことが家畜動物にとって持つ意味までは探求していない（Dunayer 2004: 41）。

22) 共生と協力の関係は，人間と動物との間にだけでなく，広く自然全体において見いだされる。動物たち（と植物）は常に，他の種の活動も含めた周囲の環境が与えてくれる機会を利用している。そうした共生の中には，非常に複雑な形態をとった協力関係も存在している。興味深い例として，ワイオミング州やモンタナ州などで観察される，ワタリガラスとコヨーテ（とオオカミ）との，餌となる腐肉を入手するための協力関係を挙げることができるだろう。冬になるとコヨーテは，ワタリガラスの視力に助けられる。どちらの種も，行き倒れたり餓死したり，そして深い雪の中で凍死したりしたシカを餌にしている。積もる雪をかき分けて，餌を探すのは，コヨーテにとっても大変である。そこでコヨーテは，上空からシカの死体を見つけてその場所を教えてくれるワタリガラスを観察する。夏は逆に，ワタリガラスがコヨーテの嗅覚に助けられる。ワタリガラスは下草に隠された死骸を見つけることができないので，その代わりにコヨーテの動きを追っていき，おこぼれに与るのだ。一見，両者の関係は，餌となる腐肉を巡って真っ向から対立するもののように思われる。しかし実際には，両者は自分の取り分が減るのにも耐え，共通の利益への申し合わせに基づいて，お互いを探し求めさえするのだ（Ryden 1979, Heinrich 1999）。

23) Budiansky 1999 と Callicott 1992 を参照のこと。

24) 人間のコミュニティが，ときおり人間を犠牲として捧げることで怪物をなだめた，という神話が思い出される。こうした関係において人間にとっての利得とされるのは，怪物がコミュニティ全体を貪り食うことはせずに，1 人でやめるということである。しかし，我々はこれを倫理的関係と呼ぶべきではない。人間がこれを許容するという事実は，単に限定された選択肢しかなかったということであり，この関係が正当なものだということではない。

25) そして，ひとたび完全なる家畜化——すなわち，強制的監禁および繁殖——が行われたなら，見かけ上の同意や承認すら消え去ってしまう。強制的繁殖はしばしば，より搾取する価値の高い動物を（多くの場合，直接的に動物の健康，寿命などに有害なやり方で）作り出そうとする

だけではなく，（人間を避けようとする性質を削ぐことで）人間の言うがままに自らに対する搾取を受け入れる存在をも作りだそうとするものである。そのような文脈においては，搾取される際の動物の従順さに利己的に訴えることは，全面的に不当である。しかし，こうした強制的な家畜化の不正を拒絶するからといって，我々は，強制によらない共生的関係の現実を見失ってはならないのである。

26）Tom Regan の，次の発言を参照されたい（http://www.think-differently-about-sheep.com/ Animal_Rights_A_History_Tom_Regan.htm）。「家畜動物の場合，大きな難問は，相互に敬意に満ちた共生関係を築いて生きるにはどうしたらいいか解明することです。それはとても難しいことです。」と述べている。

27）基本的ニーズの基準に関しては，Nussbaum の潜在能力アプローチについて検討している次節において論じたい。

28）「家畜動物は，野生で暮らしていたらそうだったかもしれない以上の苦しみを受けないように扱われるべきである」という類似の見解については，Reston 1988: 79 を参照されたい。

29）伴侶動物の場合に，なぜ適切な比較対象となる生活が野生での生活となるのかは明らかでない。いくらかの再野生化した個体群を例外として，ほとんどの家畜動物はここ何世紀にもわたって野生では暮らしていないし，また，その環境に順応していない。この点に関するドゥグラッツィアの動機——動物を家族の一員とすることで，動物の生活を悪化させるべきではないということ——は理に適っている。しかしながら，なぜ比較対象になる生活の資格を野生の生に限るのか。我々によって養子にされる代わりに，この道の向こうの楽園のような（大きな農場があり，沢山のイヌと，イヌ好きな人々が終日家にいる）家の養子にされていたらその動物が得ていたであろう機会は，意味ある比較対象ではないのだろうか。我々がイヌを飼うことにしたとき，どんな機会から彼女を締め出すことになったのか，知ることはできない。彼女はシェルターで惨めに暮らし続けていただろうか。あるいは，楽園のような家に飼われることになったのだろうか。我々は，なぜ比較される生活としての資格が，よりしっかりとした暮らしでなく，非常に慎ましい閾（野生に適していない動物に野生での暮らしを，というように）に設定されると仮定するべきなのか，問う必要がある。それに代わる生活の条件および，他の選択肢を閉ざすことからくる個々の倫理的責務のより要求水準の高い構想について，Burgess-Jackson 1998 を参照されたい。また，Hanrahan 2007 についても参照されたい。

30）Zamir が認めるように，こうした議論は，そこそこ我慢できる生活を 2，3 年送らせた後に農場動物をと畜することを擁護する人々によって，しばしば用いられている。Zamir は，このような見解を，動物の生に歪められた目的を投影するものとして，退けている。彼はこれを，「生き物を，たとえ提供される生活が質的に理に適ったものであったとしても——例えば稀な血液型の人々を，（彼らに質的に理に適った生存を与えるものの）後でドナーとして利用するだけの目的でこの世に生み出すような——好ましくない生活形態へと追いやる」ことに対する目的論的制約と呼んでいる（Zamir 2007: 122）。彼の見解では，牧場に住む動物を殺さずに利用することはこの目的論的制約をクリアするが，と畜する場合はこの条件を満たさない。Zamir の提唱する，この目的論的制約への訴えは，実際のところ，と畜と殺さないで利用することを区別することができるか，我々には明らかでないが，仮に可能だとしても，それはやはり，メンバーシップの道徳的要請を捉えることができていない。なお，生まれてこないことを道徳的な最低基準として要請する議論の限界についての，他の議論に関しては，Kavka 1982 や McMahan 2008 を参照のこと。

31）個人や集団の行為の双方からどのように関係的義務責務が生まれてくるのかについて論じたものとして，Palmer 2003a を参照されたい。

32) 実際，最も抽象的なレベルにおいては，我々自身のシティズンシップ・モデルも広義の潜在能力の用語で記述されうる。我々が賛同できないのは，Nussbaum がその中に潜在能力アプローチを埋め込んだ，コミュニティについての根本的理論について，である。

33) Nussbaum がコミュニティのメンバーシップよりも種の模範に焦点を絞っていることは，家畜動物と野生動物の双方に対して問題を発生させる。一方でそれは，家畜動物にとっての幸福に特有の性質を見失ってしまっている。繁栄を種の模範の観点から定義づけることは，野生動物については適切であることもあろうが，家畜動物の繁栄は実際のところ，多種間コミュニティによって定義されるものなのだ。また他方で，彼女の見解は，我々の野生動物との特有の関係を見落としている。というのも，彼女は，野生動物の暮らしに対しても，家畜動物の暮らしに対するのと同じように，我々が介入する同種の権利や義務があることを暗示しているからである。我々には実際のところ確かに，伴侶であるイヌに（人工装具を含む）医療ケアを施すとともに，捕食者から保護する義務があるが，これは彼らの「種の模範」のためではない。もしそれが種の模範のためであるならば，おそらく我々には，通常であれば動き回ることができる野生のイヌ（オーストラリアにいるディンゴなど）にも人工装具を提供する同様の義務がある。しかし，第 6 章で論じるように，我々は全ての野生動物に対してそうした義務を負っているわけではない。繰り返すがこのことは，「種の模範」に還元できない義務と幸福の双方について独特な源泉をなす，コミュニティに属していることの道徳的重要性を反映しているのである。野生動物への Nussbaum の介入主義的アプローチには，第 6 章でまた検討する。

34) これは，ヌスバウムにおける繁栄の構想が，多種間関係の可能性を排除しているということではない——実際彼女は（ついでのような形でではあるが），イヌにおける種の模範は，「イヌと人間の間で伝統的に作られてきた関係を含む」と言及している（Nussbaum 2006: 366）。しかし彼女は，異種間関係と異種間コミュニティの可能性について，それ以上考察を深めることはなく，その代わりに，典型的にはそれぞれの種が「自身のコミュニティで」生を送る，と記す。さらに，イヌの場合でさえも，人間とイヌとの関係を，もっぱら「種の模範」を達成するという観点から考えることは誤っている。我々が伴侶動物としてのイヌの潜在能力と繁栄を促進する方法は，単に，あるいは一義的に，イヌが近縁の野生犬種と分け合っている遺伝的形質によって決定されるわけではない。むしろそれは，（近縁の野生犬種や野良犬と異なって）混合コミュニティで生活を送っているという事実によって定められるものである。育成されるべき意味のある潜在能力を決めるのは，DNA だけではなく，コミュニティのメンバーシップという事実なのである。

35) 事実，第 2 章で記したように，このような截然とした区別をするために人々を社会化することが，動物たちに対する偏見だけではなく，移民のような人間の外集団に対する偏見にもつながるという証拠がある（Costello and Hodson 2010）。

第**5**章

市民としての家畜動物

　本章の目的は，家畜動物のための我々のシティズンシップ・モデルをより詳細に説明することである。前述したように，我々の考え方は，以下の2つの主要なアイディアに立脚している。

① 家畜動物は我々のコミュニティの構成員として見られなければならない。そのような動物たちを我々の社会に引き込み，そして（少なくとも予見可能な未来において）それ以外に可能な存在形態を奪ったのであるから，我々は，公正な条件の下で我々の社会的・政治的配置の中に彼らを包摂する義務を負っている。そのようなものとして，彼らは，構成員の諸権利（rights of membership），すなわち，すべての動物がもつ普遍的な権利を超えた権利，そして，関係によって分化した権利をもつ。
② それらの関係的な構成員の権利を考えるうえで適切な概念枠組みとは，シティズンシップという枠組みである。さて，そのシティズンシップであるが，少なくとも3つの核心的な要素をもつ。居住（ここが彼らの本拠であり，彼らはここに属していること），主権をもつ人民のうちに包摂されていること（公共善を決定するにあたり彼らの利害が考慮されること），そして，主体性（彼らが協力するうえでのルールを形成できること）である。

これらいずれの側面においても我々は，家畜動物を，もともとは下位カースト

としてコミュニティに編入されたが，正当にも政治的コミュニティとしての「我々」への包摂を要求したかつての奴隷，年季労働者，外国人移民になぞらえてきた。新参者を恒久的に社会の中に組み込もうとするとき我々は，彼とその子孫に対して，普遍的人権に上乗せして構成員としての権利を，シティズンシップという形で与えなければならない義務を負っている。我々の目的は，この原理を家畜動物にまで拡張することである。

　これらの2つのアイディアはある程度まで分離可能であるから，家畜動物の構成員としての権利を受け入れつつ，しかし，それらの構成員としての権利を概念化するのにシティズンシップが適切な枠組みを提供できるということを受け入れない，ということも可能かもしれない。一方で，家畜動物が人間と道徳的に意味のある関係に立っており，その関係が構成員としての権利を生み出すと考えても，そうした関係は同胞市民としての関係ではありえないと考える人もいるかもしれない。実際，我々が見てきたように，これまでのところ動物の権利論者たちは，家畜動物との関係においてシティズンシップをもち出すことに驚くほど消極的であった。それはおそらく，シティズンシップが，多くの動物に欠けている一連の資質を前提とするように見えるからであろう。しばしばいわれることは，シティズンシップは，正義の感覚に加え，熟考したうえで自分の善の感覚をもつこと，民主的な手続の中で自らその善をはっきり述べる能力，さらには，自分自身が理性的に交渉し，同意のうえで遵守することにした，協力するうえでの公正な条件に従う能力を要求する，ということである。このような見解からは，動物にはそのような能力が欠けているので，その構成員としての権利はシティズンシップという形をとりえず，おそらくは後見（wardship）の対象という形で概念化されるだけだろう。その違いは何かというと，市民がコミュニティの法律や制度の共同立案者であるのに対して，被後見人は弱者を保護する我々の義務の受動的な受け手だということである[1]。

　本章では，シティズンシップ・モデルが適切であることを論じる。しかし，後見もシティズンシップもともに関係的な権利を含んでおり，したがって，現在主張されている多くの動物の権利論を超えるものだ，ということは指摘しておく価値があろう。本書の冒頭において，我々の目的は，差異化された動物の権利論によって伝統的な動物の権利論に擁護されている普遍的権利を補完する必要があることを示すことだと明言した。差異化された動物の権利論とは，動物と人間の諸関係がもつ道徳的に重要な差異に対応するものである。後見は，感覚をもつ動物

に対して与えられるべき普遍的な権利の尊重を超えた権利義務を伴う，道徳的に意味のある，ある特定の関係を明瞭にするための，1つのありうる枠組みではある。

　実際，少なくともいくつかの問題については，後見の理論とシティズンシップの理論は，似た結論につながりそうである。例えば両者とも，我々には，家畜動物に対して野生動物や境界動物に対してはもたないような形のケア（例えば治療的介入）を提供する義務がある，という結論を導きそうである。しかしながら，我々は，シティズンシップ・モデルがより望ましいことを強く主張したい。家畜動物を同胞市民と考えることへの抵抗は，基本的に2つの有害な誤解に根ざすものであると考える。第1に，人間と動物が混在する状況における，家畜動物の行為主体性，協力，そして参加する能力を認めることへの抵抗である。生物学者がずっと昔から認識してきたように，家畜化された動物種は，まさにそういった能力のゆえ，選択されたのである。後見モデルは，これらの能力を無視し，家畜動物を全く受動的で，人間に全面的に依存するものとして扱う。第2に，それと関連して，人間と家畜動物が，その構成員全員に属するような混在コミュニティを既に形成していることを認めたがらない傾向もみられる。後見モデルは，明示的または暗示的に，家畜動物を（文字通りまたは比喩的に）人間社会の周縁に位置する残りもの・余りもので，より広いコミュニティがそれ自身とその公共空間をどう統治するかについて，何の要求ももたないもののように扱う。それは家畜動物を，本当はここには属さないが，我々が人道的に扱う義務を負っている，保護された外国人・客人のようなものとして扱っているのである[2]。

　本章の目的は，シティズンシップ・モデルが，人間と家畜動物の関係についての経験的な事実と道徳的な命令の両方を，よりよく捉えるものであることを示すことにある。その目的のために，まずはシティズンシップをもつために要求される能力のようなものを探ることから始めよう。近年の障害理論（disability theory）の業績に依拠しつつ，様々な水準の認知能力をもつ個人が，市民として扱われる方法が沢山あること，あわせて，より拡張されたシティズンシップの観念のうちに，家畜動物を含めることができない理由はないことを示す（第1節から第3節）。そのあと，このシティズンシップ理論が，特定の諸問題に対してどのような意味をもつのかを検討する。その問題とは，家畜動物の社会化や訓練，彼らの移動（mobility）の権利，医療的ケアおよび危害からの保護，そしてその繁殖などである（第4節）。我々が論じるのは，シティズンシップ・モデルが，これらのすべての場合において，第4章で我々が議論した廃止・根絶論あるいは閾値論の見解

より，納得できる回答を提供してくれるということである。

第1節　シティズンシップを再考する

　動物は市民たりうるだろうか。第3章で議論したように，シティズンシップは単なる権利・資格のリストであるのみならず，我々の社会とその文化・制度の形成に集団的に参加する，コミュニティの共同制作者としての持続的な役割を含むものである。シティズンシップは，かくして能動的な役割であり，その中で各個人は貢献する行為主体なのであって，単に利益を受動的に受け取るだけではない。そのような能動的な役割が，一定の能力を要求するものであることは明らかであり，我々はそのことを明確に説明する必要がある。人間の場合について，シティズンシップについてのなじみのある説明に目を向けると，少なくともシティズンシップは3つの基本的能力，あるいは，ロールズが言うところの「道徳的権能（moral powers）」を要求しているのである[3]。

　(i)　主観的な善をもち，それを伝える能力
　(ii)　社会的規範に従い，協力する能力
　(iii)　法の共同立案に参加できる能力

我々は，この基本的なリストについて論争をすることはしない。しかしながら，これら3つの能力についての典型的な解釈の仕方については，異を唱えたい。

　たいていの政治哲学においては，これらの能力は高度に知性主義的あるいは理性主義的な方法で解釈されている。例えば，主観的な善に対する能力は，個人が熟考のうえ善の構想を支持することを要するものと考えられている。単に善をもつだけでは十分でなく，省察された善をもつ必要がある。同様に，社会規範に従う能力は，個人がそれらの規範が存在する理由を理性的に理解し，その理由のゆえにその規範を遵守することを要求するものと理解されている。そして，法の共同立案に参加する能力は，個人が「公共的理性」あるいは他の形態の「コミュニケーション的理性」に関わり，それらの法を擁護することにつき，自分なりの理由を述べ，さらに他人の理由づけを理解し，評価することができることなどを要求するものと理解されている。単に社会生活において協力するだけでは十分ではなく，その協力条件について省察し，熟考できる必要がある。

もし，このように高度な認知能力を要するような解釈がなされると，動物は実際のところ市民たりえないように思われる。しかし，子ども，精神障害者，認知症患者，疾病や負傷のために一時的に無能力状態になっている人など，多くの人間が同じく市民から排除されてしまうであろう[4]。結果として，シティズンシップに課されていた認知能力偏重の制限に対しては徐々に異議申立てがなされて，そうした制限は捨て去られてきた。その多くをもたらしたのは，単なる人道主義的な保護ではなく，明示的にシティズンシップを求めて戦った障害者運動の法的・政治的闘争であった[5]。マイケル・プリンス（Michael Prince）の言葉を借りると，「『十全なシティズンシップ』を求める闘い」は障害者運動内部での「政治行動の模範的な形」であり，その活動家たちが，「シティズンシップを中心的な組織原理そして基準点として採用してきた」のである（Prince 2009: 3, 7）。

　精神障害をもった人にとっては，シティズンシップの認知主義的な構想の仕方へのこういった異議申し立ては2つのレベルで効果があったが，その両方とも動物の場合との関連の度合いが高い。第1に，障害者運動は，精神障害者が実際にもっている能力（例えば主観的な善をもつ能力，その善を伝える能力，公共生活に参加しそれを共に作り出す能力，信頼・協力関係を形成する能力など）および，それらと「健常者」のもつ能力との間に連続性があることを主張する。第2に，その運動は，それらの能力がいかにシティズンシップの承認と行使を支えられるか（例えば，いかに精神障害をもった人々が，少なくとも適切な条件の下では，自らのシティズンシップを実現できるか）について再考してきた。

　シティズンシップにとって必要とされる能力についてのこれらの新しい説明の中心にあるのは，信頼に基礎を置いた「依存的主体性（dependent agency）」という考え方である。この見解によると，重度の認知障害をもつ人であっても行為主体たりうる能力をもつが，その主体性は障害者が信頼する人，そして主体性の表出を認識し補助するのに必要な技能と知識をもった人との関係の中で，その関係を通じて行使されるものである。そのような補助・信頼関係があるところでは，精神障害をもつ人もシティズンシップの必要条件をもつのであり，そこには，(i) 自らの主観的な善を様々な形の行動や意思伝達を通じて表出する能力，(ii) 信頼関係を進化発展させることを通じて社会的規範に従う能力，そして，(iii) 相互作用の条件を形成するのに参加する能力，が含まれる。

　以下では，これらの考え方のいくつかをより詳細に説明しよう。なぜならば，それらは家畜動物に対しても適用可能だと考えられるからである。実際，家畜化

の過程に関する重要な事実のひとつは，それが依存的主体性のまさにこのような諸能力を前提とし，また強化するものだということである。社会性があり，意思伝達ができ，人間に適応し，人間を信頼する動物しか，家畜化できない。そして，時間をかけた家畜化がそれらの能力を強化するよう作用した（Clutton-Brock 1987: 15)[6]。結果として，家畜動物は人間との関係を形成することができるようになり，それがゆえに，彼らは主観的な善を表明し，協力し，参加することが可能になった。要するに，市民になることが可能になったのである。

　必ずしもすべての動物が，この種類の依存的主体性，したがってシティズンシップを可能にするような関係を人間との間にもつわけではない。実際，本章に続く２つの章では，家畜化されていない広い範囲の動物との間には，野生であれ境界領域において我々とともにあるものであれ，そのような関係は存在しないし，存在するべきでもない，と論じたい。そのような動物については，我々と共有する政治的コミュニティの中でシティズンシップを与えるというやり方とは違うやり方で，その権利と善を承認する方法を見つけなければならない。しかし，家畜動物についてはシティズンシップを与えることが可能であるし，かつ，それが道徳的にも要求されている，というのが我々の議論である。

第2節　近年の障害学者理論におけるシティズンシップ

　家畜動物のケースを詳細に検討する前に，重度知的障害（severe intellectual disabilities，以下SID）をもつ人々のシティズンシップに関しての新しい重要業績を一瞥したい。なぜならば，我々自身の考え方が，その強い影響を受けて形成されてきたものだからである。既に指摘したように，これらの業績は，伝統的なシティズンシップ理論に２つの重大な異議申立てを提起した。それは我々に，SIDの人々の中に既に存在している能力を認識するよう求めるものであり，それらの能力がシティズンシップの行使を保持しうる方法を認識するよう求めるものである。

　第１は，主観的な善をもつ能力，そしてそれを伝達する能力である。理論家たちが強調するところによると，SIDの人たちは，「自分自身の利害についての判断を形成するために必要となる，より明確な能力」を欠いている場合ですら（Vorhaus 2005)，また，彼らが他人の援助なしに自分たちの主観的な善を明確に述べることができない場合ですら（Francis and Silvers 2007)，計画や選好をもっ

ているのである。この善を伝達するために，「依存的主体性」の様々なモデルが開発されてきた。例えば，エヴァ・フェダー・キテイ（Eva Feder Kittay）は，SID をもつ人々の選好についてコミュニケートするにあたって，親密さと注意深く愛情に満ちた関心によって一種の透明性を獲得するときの，介助者の役割を強調する（Kittay 2005b）。ここに関わってくるのは，ボディランゲージおよび，表情，しぐさ，そして音の微妙さの解釈である。フランシス（Francis）とシルヴァーズ（Silvers）が述べているように，「協力者の役割は，それらの表現に注意を払い，それらを善についてのその人ならではの考え方を構成するような持続的な選好の説明と組み合わせ，所与の状況のもとで，その善を実現する方法をひねり出すこと」である（Francis and Silvers 2007: 325）。

　ジョン・ヴォーハウス（John Vorhaus）は，カイリーという，SID の子の例を挙げている（Vorhaus 2007）。カイリーは，どう 1 日を過ごしたいかという質問には答えられない。しかし，様々な選択肢を描いた絵を見せられると，自分がどうしたいかをしぐさで示すことができる[7]。伝統的な諸理論が，SID の人々の主観的な善は存在しないかまたは探知不能であり，シティズンシップの基礎にすることができないとするのに対して，障害者理論は，そのような排除は，意思表明についての言語主義的なモデルへの過度の信頼が残した遺物だとする（Clifford 2009）。またこの排除は，主観的な善に辿り着く方法をめぐる，過度に個人主義的な（そして内面的な）構想への過度の信頼の遺物でもある（Francis and Silvers 2007）。権利が適切に実現される状況であれば，SID の人々の主観的な善は表明されうるのであり，それにより，我々の正義の構想を形成する助けにもなる[8]。

　シティズンシップは，自分自身の善を表明し，それを増進することに関わるだけのものではない。それは，協力の条件に同意し，それを守る能力に関わるものである。伝統的な正義理論は，いかにして我々が正義の原理に合意したかを想像するための方法として，社会契約を結ぶ交渉というアイディアに依拠する。まず，我々は協力の適切な諸条件について理性的な討論を行い，しかるのちに，自らよしとする正義の原理を集団的に受け入れて，それらの原理に（正当な理由をもって）従う。このモデルは，SID の人々については明らかにうまくいかない。しかし，シルヴァーズとフランシスが指摘するように，いかにして社会協力が発展するかについての，この「交渉」モデルには，代案が存在する。彼らは，交渉モデルに代わって「信頼」モデルを提唱するのである。当事者たちは，まず特定の他人と信頼関係を発展させ，これを進化させて，より大きな協力スキームを形成し維持

第 5 章　市民としての家畜動物　　153

することに参加するようになる，というものである。伝統的な交渉モデルにおいては，当事者は「基本的な原理を明確に述べ，精査し，そして選択し」，その原理は「すぐに導入される」ことになる。それと対照的に，信頼モデルでは，「社会活動が進化し，その結果，人々が本来もつ相互に頼りあう傾向を強化し制度化するような協力の原理が例証されるようになるに伴い，協力を容易ならしめる諸条件が時間をかけて発展する」ことが強調される。人々は，「それらの諸原理を明言したり，それらについて熟考したり，コミットしている必要はない」（Silvers and Francis 2005: 67）。この信頼モデルは，「能力の違っている当事者がお互いに信頼しあうという，任意の関わり」から始まるが，それらの特定の相互作用が，「協力のスキーム（あるいは社会環境，コミュニティの文化，または社会そのもの）のような別の種類の存在を豊かにする」（Silvers and Francis 2005: 45）のである。

　この信頼モデルにおいては，SID の人々が社会協力のスキームに賛同することができると同時に，それに従うこともできる。そのスキームは，一気呵成に交渉がなされるものというよりは，社会的規範を，持続的な協力的関係の文脈の中で作り上げては改定するという過程として捉えられる。SID の人々は，愛情と信頼と相互依存という関係，伝統的な市民参加のモデルでは見過ごされていた能力を通じて，その協力的なスキームに参加し，それを豊かにするのである[9]。

　これは知的障害をもった人たちのシティズンシップについての近年の理論化の簡単な素描にすぎない。しかし，ここには既に，新しく，より包括的なシティズンシップの考え方の種子をみることができる。伝統的な説明によると，SID の人々は全く無視されるか，さもなくば，「はずれ者（outlier）」，「周縁の事例」として扱われるべきもので，彼らは「道徳的受動者（moral patient）」として体現され，彼ら自身はその形成に何の役割も果たさない社会規範に従い，恒久的に後見のもとにおかれたのである。しかし，この新しい考え方により，シティズンシップは再度把握しなおされ，その結果，能力という点で伝統理論が想定する以上に広い幅をもった人々が，十全な市民として行為し，扱われることが可能になる。そして，このことが翻って，市民を総称的なカテゴリとしてではなく，個々別々で唯一無二の個人たちとして扱うことを要求する。人々を市民として尊重することは，（彼らをその人の表明した希望に照らすことなく，決定された客観的な善や能力の何らかのリストに従って扱うのではなく）彼らの主観的な善に留意し，（個々の人格が現実にもつ，生活の中で出会うあれやこれやの問題について交渉する現実の能力に照らすことなしに，総称的に行われた障害の診断に基づき能力の有無の包括的な判断を行うのではなく）

彼らの個別化された能力に留意することを意味する。誰かを市民として扱うということは，彼らの主観的で個別化された善の根拠を探すことであり，個人的な主体性の領域を探し，支持することなのである[10]。

この新しい考え方の主要な長所は，正義と構成員の権利を歴史的に劣位に置かれてきた集団に拡張できることである。しかし，この考え方が，我々すべてにとってシティズンシップが何を意味するかについて，おそらくはより正確な説明を与えてくれることも，指摘しておく価値があろう。我々はみな，我々の主観的な善をはっきり述べるために他人の援助を必要とする。我々はみな，社会的協力のスキームに参加するために，我々を支えてくれる社会構造の援助を必要とする。我々は，主体性のための（可変的で文脈依存的な）能力を可能ならしめ，支持するために，みな相互に依存しあっているのである。

このことは実際，障害者運動の中で強調されてきた中心的主張である。精神障害をもつ人々のアイデンティティと主体性をどのように支えることが可能かを探ることにより，我々は人間の条件について包括的に，何らかの重要なことを学ぶことができる。依存性の事象を認めることは，自律と主体的アイデンティティの道徳的重要性を強調する諸理論の困惑の種として見られるべきではなく，社会関係や社会構造がそれらの価値を可能ならしめたり，抑制したりする様々な仕方に光を当てることで，それらの諸理論を豊かにするチャンスだと見られるべきである。フランシスとシルヴァーズがいうように，相互依存の事実は，「それとともに個性や相違の喪失をもたらすものではない。それどころか依存的な主体性を通じて，主観的な利益が，妨げられたり毀損されたりせず，むしろ実現されうるということを理解することは，我々が善について考える方法を，豊かなものにしてくれる」（Francis and Silvers 2007: 334）のである。同じようにバーバラ・アルニール（Barbara Arneil）は，こう述べる。我々は，自分が独立して機能することを可能たらしめてくれる構造に高度に依存している。よって，依存は「自律の反対語として捉えられるべきではなく，ある意味，自律に先立つ前兆」として捉えられるべきものである（Arneil 2009: 236）。シティズンシップについての適切な理論は，単に依存という事実がなくなるよう願うのではなく，依存の形や程度が様々であることに照らして，いかに我々が主体性を可能たらしめるか，説明する必要がある。

換言すれば，相互依存的シティズンシップについてのこの新理論の意義は，単にシティズンシップ理論によって包摂される個人の範囲を拡大することだけでは

なく，依存の状態や先天的な能力にかかわりなく，万人についてのシティズンシップに関する我々の考え方を変えることにある。政治組織を，独立した人と依存した人に分割するのではなく，あるいは，行為主体性をもつ人と受動的存在である人に分けるのではなく，この新しい考え方は，我々はみな相互依存しており，状況に応じ，人生の過程の中で，様々な形と程度の主体性を経験する，ということを認めるのである。SID の人々を市民の領域に引き入れることは，彼らの能力について我々の考え方を変えるのみならず（なぜならば我々はそれにより彼らの能力が認識され大切に育まれるべき条件を確立することを余儀なくされるから），それ以外の人々の能力も単に生まれつきのものではなく，社会的に発揮可能なものにされている，そのあり方にも，光を当てるものなのである[11]。

第3節　家畜動物は市民たりえるか

　障害者理論から出てきたシティズンシップについてのこの新しい構想は，我々が家畜動物をどのように考えるかについても，重要な含みをもつ。なぜかというと，理性的な思索なしにシティズンシップの核心をなす諸能力を構成するやり方についての，1つのモデルを提供してくれるからである。SID の人たちは市民たりうる。彼らは，理性的な思索ができなくとも，主観的な善をもつし，それを伝達することができる。彼らは社会的協力のスキームを守ることができる。そして彼らは，行為主体として社会生活に参加できる。もしそうならば，家畜動物たちもこれらの能力を発揮できるのだろうか，そしてそれにより，市民となりうるのだろうか。

　我々の答えはイエスである。ある意味，これはもう明白である。先に指摘したとおり，家畜化のために歴史上選ばれてきた動物種は，まさにそういった能力をもつがゆえに選ばれたのである。しかし，動物を市民と考えるのは新しい考え方であるから，その根拠を再確認する価値はある。

主観的な善をもち，それを表明できること

　家畜動物とともに暮らしたことのある人は誰でも，それらの動物が好みや，興味や，欲望をもち，それらを様々な意図的な方法で伝えることを知っている。外に出たいことを示すために，門のところまで歩いてゆく。食べ物をねだって，冷蔵庫の前でニャーニャー鳴く。かわいがってほしくて腕に鼻をすりつける。あっ

ちに行けと告げるために羽をばたつかせ，ギャーギャー鳴きながら飛びかかって
くる。散歩の時間だといって，戸棚からリードを引っ張ってくる。遊ぼうと誘う
ために頭を低く下げる。その上に飛び乗ってもいいか聞くために，ソファやベッ
ドのほうを向く。公園で一緒に散歩をしているとき，うっかり間違った方向にい
くと立ち止まる。野原を歩いてやってきて，鼻をポケットにこすりつけてリンゴ
をねだる。雨を避けたいということを示すために，納屋のドアの前に群れる。様々
な声，しぐさ，動き，信号により，家畜動物は自分たちの欲求や我々から必要と
していることを伝える。

　このような家畜動物の主観的な善の伝達に必要になるのは，我々が彼らに注意
を払い，彼らの意思伝達の方法を理解するよう学ぶということである。まず，我々
は動物が意思伝達しようとしているということを認識し，次に，個々の動物の表
現手段のレパートリーを解釈するために注意深く観察する必要があり，最後に，
当該動物が我々と意思伝達しようとする試みが無駄にならないことを確かにして
やるために，適切に応答することが必要になる。時を経るに従い，認識と応答と
いう協力的な過程を通じて，知識，信頼，そして期待が増大し，表現手段の総体
も拡大する。これは依存的主体についての典型的な例である。もし我々が，動物
は主体性を欠いているという前提から出発し，彼らの出すシグナルに注意を払わ
なければ，動物がその試みを諦めることになるので，その前提が自己成就的なも
のとなってしまう。しかし，その主体性が期待され，可能なものになればなるほ
ど，その結果として，動物の主観的な善を表現する能力は大きいものとなるので
ある。

　いくつかの例を考えてみよう。多くの人間は，飼い犬は食べ物について好みが
うるさくはない，そして，たとえうるさいとしても，イヌたちの食事をどうする
か決定するのは人間だと考えている。そこではパターナリスティックな枠組みが
支配している。しかし，何らかのパターナリズムは不可避だとしても，我々は，
動物の安全のために必要な程度を越えて，その動物の生活を支配している。なる
ほど，人間は，動物が栄養学的な必要性を満たすようにし，食べ過ぎないように
し，毒になるようなものを食べないようにする必要がある。しかし，そこにもな
お，イヌたちが食べ物についての自分の好みを表明し，自分で選べる余地が広く
残っている。我々の飼い犬のコーディは，試行錯誤をしながら（様々な選択肢から
選ぶことを通じて），ウイキョウ，ケールの茎，ニンジンを好むことが，完全に明
らかになった。そしてエンドウマメが特に大好きなので，コーディは菜園から自

第5章　市民としての家畜動物　　157

分で勝手に食べている。果実には全く興味を示さなかった。一方，彼の相棒のローリィは，バナナに目がなかった。イヌは一頭一頭に好みがあり，（程度の差はあるが）その好みに応じて選択をする能力をもつ。

　我々の友人のクリスティーンは散歩が大好きで，彼女と（亡くなった）飼い犬のジュリアスは，毎日散歩で数時間を過ごした。クリスティーンはいつも，その散歩はジュリアスのためのもので，それらは彼のための特別な時間であり，どの道を歩くか，どれだけ長く歩くか，途中で遊ぶかどうか，川で泳ぐかどうか，等などについて，可能な限り，ジュリアスに決めさせるべきだ，という意見だった。ジュリアスはたいてい，リードなしで道を先導したのである。もし，彼が立ち止まってくんくん匂いを嗅いでいて遅れ，その一方でクリスティーンが道の分岐点に差し掛かって間違った道を選んだ場合，彼は分岐点で立ち止まって，クリスティーンが振り返って自分の間違いに気付き，彼がその日のために選んだ道に合流してくれるまで，そこに座って待っていたものだった。言い換えると，ジュリアスは経路を選び取っただけでなく，それが自分の特権であることを理解していたのである。

　食物の選択と散歩コースの選択は，シティズンシップについて考えるという文脈においては些末な事柄のように思えるかもしれないが，本当にそうだろうか。イヌの生活の中では，何を食べ，1日のうちで最も活動的な時間をどう過ごすかは，実際のところ，ものすごく重要な問題ではないだろうか。

　この主体性は，どこまで拡がりを見せるだろうか。それは抽象的に答えられる問題ではない。それは主体性を期待し，探し求め，可能ならしめるという過程の中でのみ，答えることができるのである。そして，実際，イヌ（やその他の家畜動物）について，主体性を発揮させるために，可能な範囲を深く探究した人たちの特筆すべき実例がある。バーバラ・スマッツ（Barbara Smuts）は，動物シェルターから引き取ったイヌのサフィとの関係を記述している。スマッツは，サフィを「訓練」することはせず，非常に忍耐強く彼女と対話し，サインを繰り返し送り，サフィが返す信号に注意を払ったのである。

　「サフィは（適切に反応するという意味で）多くの英語のフレーズを理解し，そして，彼女自身も，辛抱強く，しぐさと姿勢（サフィは滅多に声による意思伝達という手段を使わない）という彼女の言語を，私に教えて理解させてくれたのである。散歩に行きたいときに吠えるイヌもいるが，サフィはその代わりに，たとえ遠くに立っているときで

も，ドアをじっと見つめ，そのあと，私を見るのである（それを理解するまで時間がかかった）。一緒に散歩に外出しているときに，私が自分自身の考え事をし過ぎていたり，ほかの人とのおしゃべりに夢中になり過ぎたりしていると，サフィは私の足の後ろの，ひざの裏のくすぐったい場所を，鼻でそっと押すことで，私の注意を再度自分に向けさせるのである。私がこのパラグラフを書いているとき，1時間ばかり過ごしていた休憩場所からこっちにやってきて，相手にしてよという信号を送るため，私のひじを鼻先でそっとつつくのである。私がサフィに相手をしてほしくて近づくと，サフィはほとんどいつでも，自分のやっていたことを中断して，私に注意を払う。私もそれと同じことをする。私はキーボードを打つのをやめ，見つめている彼女と目を合わせ，名前を呼んでやり，唇で彼女の頭を撫でてやる。この短時間の接触により明らかに満足した様子で，彼女は私の邪魔をすることなく1，2時間を過ごさせてくれる。これは私が書き物をしているときに特有の自制である。」(Smuts 1999: 116)

エリザベス・マーシャル・トーマス (Elizabeth Marshall Thomas) もまた，伴侶犬の行為主体性を尊重するための方法を見いだそうと，時間のかかる企てを行った。彼女は『犬たちの隠された生活 (*The Hidden Life of Dogs*)』の中で，イヌたちが彼女の期待に応じるために訓練されるのではなく，むしろ行為主体性を発揮する余地を与えられた場合の一頭一頭の能力と選択について，詳細な観察を提供している。

「わが家に残った仔犬たちについては，普通に餌と水を与え，安全なねぐらを与えてやりはしたものの，前述の研究計画がスタートしてからは，室内を汚さないための用便のしつけとか，呼ばれたらすぐそこへくるといった初歩的な行動をも含めて，訓練のための努力はいっさいしなかった。する必要がなかったのだ。幼犬たちは，自然に年長の犬たちを見習い，これがとりもなおさず完璧な室内犬としてのしつけを受ける結果になったし，またどの犬も，呼ばれればたいがいはすなおにそこへやってきた。それを拒むのは，わたしたち人間側の要求が，ほかの，彼らにとっては真に重要である欲求と抵触する場合に限られていた。どちらが重いか，その区別は自分でつける自由がある，そう感じている犬は，自己の考えや感情をあらわす点でも，やはりのびのびしている。彼らが1日のうちに見せる想像力や感情は，訓練でがんじがらめになった，過度にしつけのよい犬が一生のうちに見せるのより，はるかに豊かなのである。」(Thomas 1993: xx-xxi)〔深町眞理子訳23頁より引用〕

トーマスは，イヌたちがいかに，そして誰とともに，時を過ごすかについての能力と選好という見地から，彼女のイヌたちの間には個体ごとの著しい違いがあることを見出した。イヌたちはときに，ケンブリッジ（マサチューセッツ州）の町を

第5章　市民としての家畜動物　159

自由にうろつき，探りまわることを許された。ミーシャはすぐれたナビゲーターであって，遠出をしても迷うことがなかったし，自動車その他の都市生活の危険に対処する困難に突き当たることもなかった。マリアもまた，うろつくのが好きだったが，こちらはひどいナビゲーターであって，ミーシャと一緒でないときは，かならず迷うのであった。道に迷った時の彼女の解決策は，知らない人の家の玄関で誰かが彼女の気付くのを待ち，彼女の名札を見て迎えにくるようトーマスに電話してもらうことであった。これは信頼性の高い方法で，マリアはよくこれに頼った。これは，依存的主体の典型的なひとつの例である。マリアはうろつくのが大好きだが，道に迷う。その時の解決策として，彼女は自分の自律を可能ならしめる一種の足場となるような，重要な役割を担う人間を見つけるのである。

　主体性のための能力は，何も伴侶動物に限定されるものではない。畜産動物もまた，彼らの主観的な善を表現する能力をもつ。ロザムンド・ヤング（Rosamund Young）は，ウスターシャー州の彼女の家族の農場で，数十年かけてウシやその他の動物を観察した。その際，彼らの友好関係，敵意，ありとあらゆる活動への個々の好み，それぞれの特徴的な性格，そして理解力をみたのである。カイツ・ネスト・ファーム（Kite's Nest Farm）は，「そこにいるすべての動物に人間と交流するか自分たちを人間と関係のないものとするか，自分で決められる環境」を与えている（Young 2003: 22）。この自由が形づくる空間では，個性や主体性が出現するのである。

> 「例えば外に留まるか小屋に入るか，草，藁，コンクリートのどの上を歩くか，どのような食事をとるか，といったいくつかの選択肢とそれを選ぶ機会と時間をウシに与えたなら，彼らはどれが一番よいかを選び，そしてそれは個体によって異なる。……長年にわたって，そのことに私たちは気付いている。動物が絶えず関わっている意思決定の過程の１つに，まさに何を食べるかというものがある。ウシたちは，ありとあらゆる草，ハーブ，花，生垣や木の葉をかじったり食べたりすることによって，日々の食事に極めて重要な微量元素を彼らが適切だと感じる量摂ることができる。そしてこの決定は，我々には有効になしえない。動物たちはみな，それぞれ異なるのである。すべての群れに対する餌の全体的な『法』を作ってしまうと，多数のものには適合するかもしれないが，私たちは常に少数者のことを案じてきた。私たちは，ウシやヒツジが驚く程の量の妙な植物を食べるのを見てきた。ウシは深緑の悪意がありそうなとげのあるイラクサを立方ヤードの単位で食べるし，ヒツジはよく，とりわけ出産後エネルギーの備えが激減すると，鋭く先が尖ったアザミの先や，堅いギシギシの実を食べる。……私たちが見出した特に満足のいく事実が１つある。動物たちは，負傷をしているときに大量のヤナギを好

んで食べるのである。私たちは，これがアスピリンの起源と関係があるのではないかと考えている。」（Young 2003: 10, 52）

これらの論者はみな，依存的主体性についての説得力のある説明を提供してくれており，その主体性は尊敬に満ちた関係から生じるものなのである。スマッツは，こうした尊敬を，対等の存在である人格同士の関係という観点から説明している。

「人格としての他者と関係をもつということは，その相手に人間的な特質があると考えることと何ら関係ない。そうではなくて，彼らが我々のように社会的な主体であり，彼らに特有の人間に対する主観的な経験が，彼らと人間との関係において，人間の主観的な経験が，我々と彼らとの関係において果たすのと同じ役割を果たしていることを認めることと関係していなければならないのである。彼らが個として我々と関わり，我々も個として彼らに関わった場合，我々は人格的な関係をもつことができる。もしどちらかの当事者が相手方の社会的主体性を考慮することができなければ，そのような関係性は生じない。したがって，我々が通常他者の中に『見いだしたり』，『見いだせなかったり』する，重要な性質として人格性を考えるのに対し，ここで採用する視点からは，人格性は他者と関係をもっているそのあり方に含まれるのであって，つまりその主体以外の何者も，それを与えたり取り上げたりすることはできない。換言すると，人間が，主体性をもつ存在としてではなく匿名の対象としての，人間以外の個々の存在と関わるとき，人格性を放棄しているのはその動物ではなく，その人間なのである。」（Smuts 1999: 118）[12]

家畜動物は，善とは何かについて熟慮することはないかもしれないが，善——すなわち関心，選好，欲望——と，それらを達成するために行動したり，意思伝達をする能力をもってはいるのである。依存は自律の反対語ではなく自律に先立つ前兆である，というアルニールの主張を思い出してほしい。家畜動物は，彼らにとって安全で心地よい基本的枠組みを確立するために人間に依存している。この枠組みの中で，彼らは直接（ウシが食さねばならないな植物を選ぶ時のように）もしくは他の主体の助けを得て（マリアが「見知らぬ人の家の玄関に座る」というお決まりの方法を使ってお迎えを呼ぶ時のように），彼らの生活のあらゆる場面で主体性を発揮する能力をもつのである。

政治的参加

このように，動物は主観的な善をもっており，表出することができる。しかしこれを政治参加に翻案することはできるのだろうか。参加は，民主的に統治され

ることへの市民の同意という考えと関連している。伝統的な見方では，これは主に情報を受けとり，その情報に基づいて選挙に参加し，それにより共有された政治的コミュニティを形づくる一助を担う責任だと考えられる。ここでもまた今一度，私たちは，このシティズンシップという概念に強い理性主義的屈折が働いていることを確認する。つまりこのシティズンシップは，理性的な省察，交渉，そして同意という知的なプロセスへの参加なのである。

先に，障害者擁護論者が，参加や同意をより「具体化した」条件として捉え直すような，政治参加の異なる構想を提供したことを指摘した。クリフォード（Clifford 2009）は，SID の人々がまさにその場にいることがどのように政治的プロセスや議論を変えるかを述べている。シルヴァーズとフランシス（Silvers and Francis 2005）は，社会契約を結ぶ交渉モデルの代わりに，信頼モデルを提唱している。それは，市民が社会関係に関わることによって，政治的コミュニティに参加し，それを形成するというものである。言い換えれば，同意はある時点に固定された契約ではなく，継続的な信頼関係の連続の中で捉え直されるものなのである。

我々は，この図式の中に家畜動物を見ることができるだろうか。現代社会における家畜動物の不可視性については，多くのことが書かれてきた。19 世紀の新聞を何気なく見るだけで，その変化は明白である。当時の紙面は，「手に負えない」ウシやブタが町や街を錯乱して走り回っている記事で一杯である。農業の産業化の歴史は，制限や監禁を押し進めて，徐々に動物を都市の中心から周辺へと移動させることによって家畜動物を人間の空間から徐々に分離させる歴史であった。市や町はさらに，伴侶動物を含めた家畜動物の死体の処理に関する条例を厳しくしてきた。伴侶動物は，畜産動物よりは可視的ではあるが，移動や行動を著しく限定されてきた。近年，この監禁と不可視化への傾向に対して異議を唱える声が増えている。例えば人々は，ニワトリを庭で飼い始め，ブタを伴侶として飼うことを禁止する条例に反対したりしている。この傾向は，伴侶としてのイヌに最も顕著で，リードをつけずにいられる公園や，公共交通機関，そして旅先にアクセスする権利を求める動きが拡大している。

家畜動物の不可視化と排除の歴史は，障害者の歴史と軌を一にしている。つまり，19 世紀の分離，監禁，そして不可視化への動きがあり，それが社会への受け入れ，移動，そしてアクセスという 20 世紀後半の要求によって反撃されるという歴史である。障害者が公共領域から見えないようにされた時，政治的コミュ

ニティの形も変えられた。その場にいない人々は，もはや矯正的存在ないし政治生活を形作る力として行動できなくなった。隔離と不可視化の拡大と，優生学運動の高まりや障害者の権利への目に余る攻撃が一致することは，偶然ではない。現代の障害者保護運動が社会への受け入れとアクセスの問題を重視しているのは，それらの個々人の生活にもたらす変化だけが理由ではなく，障害者の存在が我々の政治コミュニティについての構想や共同社会生活の制度や構造を変えるからである。言い換えれば，まさにそこにいることも参加の一形態を成しているのである。

イヌをリードでつなぐことを義務づける法律や，その他の公共空間におけるイヌのアクセスや移動についての様々な規制への反対運動について考えるとき，我々はこの運動を人間のシティズンシップの観点から概念化しがちである。自分や彼らのイヌのために運動を展開しているのは人間である。人間がここでの行為主体であり，主張し，擁護する。イヌは行為の客体であって，イヌ自身が主体なのではない。しかし，この見方は，イヌがまさにそこにいることで変化を主張し求める主体になっていることを見過ごしている。いくつかの例を検討してみよう。ヨーロッパとりわけフランスを訪れる北米人は，公共空間にイヌがいることに面食らうことがしばしばである。イヌがバスや電車で移動しているのである。イヌは飼い主とともに映画館やお店，レストランに行く。北米では，このような公共空間における人と動物の融合は，公衆衛生や安全性を理由に条例で厳しく制限されている。さて，もしあなたがフランスを一度も訪れたことがなければ，動物を排除することについての標準的な正当化を何も考えずに受け入れるだろう。もしイヌが公共空間の一員になれば，病気や負傷が蔓延するように思えるかもしれない。ところが，フランスを訪れ，イヌがそこら中にいて，それでも文化的生活が崩壊していないことを目の当たりにすれば，自国の極めて制限的な動物の扱いについて再考することを余儀なくされるであろう。ここで，このシナリオにおける心情の変化が，人間の擁護活動によるものではないことに気付いてほしい。北米人は，彼らの社会にイヌを受け入れることについてフランスの市民と話し合う必要はない。イヌ自身が彼らの存在によって，変化を促す行為主体となっているのである。彼らは熟慮する主体なのではない。そうではなくて，彼ら自らの生を送り，彼らしい行動をする。そしてこの主体性が公的領域で行使されるために，政治的熟議のための触媒となるのである。

北米でも，よく似た展開が，補助犬の行為主体性を通じて生じている。かつて

第5章 市民としての家畜動物 163

は厳格だったイヌの同伴禁止は，障害者を補助したり，その他の仕事を人間のためにしたりする補助イヌの同伴を許すために緩和されてきている。このようにイヌを社会に受け入れる正当化理由は，それが人間の便益に寄与するということにあるが，イヌの存在の影響力は，多くの場合より一般的なイヌに関する制限への疑いを強めるところまで及ぶ[13]。公共空間にイヌがいることは危険だとする考えに固執することは，その逆の光景を日常的に目の当たりにすることによってますます困難になる。このようにして，補助犬は公共の領域で主体として振る舞い，人々の意見を変え，ひいては公共の議論の条件を変えるのである。結果として，「補助犬」というカテゴリは，社会への受け入れに向けた闘争における市民的不服従の場となっている。オンタリオ州東部のある町では，地元のチーズ屋のオーナーが，店内をうろつくのが好きなジャスティンというイヌを伴侶として飼っている。通常この状況は，その土地の公衆衛生に関する条例に反すると考えられるが，ジャスティンは飼い主のてんかんの発作の差し迫った状況を警告するという偽の証明書をもっている。そのおかげでジャスティンは，そうでなければ制限されている場所で飼い主に同伴することが許されているのだ[14]。こうした方法で，ジャスティンはそこに具体的に存在していることによって，チーズ屋の客に彼女は彼らの健康への脅威になるのではなく，社会にとって歓迎すべき新人であることを教えているのである。

　政治参加者ないし変化を起こす主体としてのイヌについての魅力的な報告に，都市の公園をイヌが利用できるものにしようとする運動についての考察の箇所でジェニファー・ウォルチ（Jennifer Wolch）が述べているものがある（Wolch 2002）。ある公園は，薬物使用者や売春婦たちがたむろする場所となり，街の家族層やその他の人々は違法な活動におびえ，その公園を見放してしまっていた。そして，公園は，イヌの飼い主たちの非公式なグループによって「取り戻された」のであった。

「彼らは公園の改善と安全のための投資を行い，リードをつけていない――違法にだが――大型犬の存在を用いることにより，好ましからざる公園の利用を減らしたのである。公園がより魅力的な場所になるにつれ，逆説的ではあるが，他の地元住民が公園の利用を求め始め，『イヌ対子ども』の問題だとフレームアップして，イヌの放し飼いに反対した。それに対して，飼い主たちは，部分的にはイヌに対する偏見を取り除き，イヌがアメリカの家族や地域コミュニティの正当な構成員であると説得することで成功を収めた。イヌの入場が許される他の市街地の公園のように，この公園は今や人と動物双方に

とって独特な場所となり，都市の公園とレクリエーション施設のガバナンスへの草の根の参加活動の中心であり続けている。」(Wolch 2002: 730-1)

この話においては，人間が本質的な「実体主体」となっているのだが，イヌの参加なしにそれは不可能であった。イヌが物理的に存在し，活動していることが，政治過程で鍵となる役割を果たし，結果として公共生活や公共空間へのイヌの受け入れだけでなく，町の草の根活動へのより一般的な広い変化がもたらされた。イヌたちが活動の帰結やそこでの彼らの役割について考えることができないという事実は，この過程にイヌが参加しているという事実を変えることにはならない。そしてイヌは，無理やり，もしくはとらわれの身として参加しているのではない。彼らは主体であり，探検し，遊び，人間やイヌの友達との時を過ごすといったように，彼らがしたいことをして，「そこにいる」ということにより，そして自らの生を続けてゆくことにより，彼らが共有する人間とのコミュニティを形作る手助けをしているのである。

このテーマは，伴侶動物のコミュニティのエートスや交流への波及効果に関する最近の研究で検討されている（Wood et al. 2007）。伴侶動物の存在は，例えばイヌが会話のきっかけを作ることなどによって，コミュニティの社会的相互作用を増進する。彼ら伴侶動物の存在は，例えば旅行に出かけている隣人の金魚の餌やりを手伝うなど，隣人との互酬的関係を促している。人間やイヌが道や公園に存在することは，コミュニティの構成員に，自分たちが住んでいるのは，活気に満ち団結力のある安全な地域である，という感覚を作り出す。そして最後に，伴侶動物は彼らの飼い主にコミュニティの活動に参加する動機を与えるのである。こうした多種多様な方法で，伴侶動物は，市民間の関係をつなぐ重要な接着剤として，コミュニティの中の付き合い，信頼，そして相互作用を積極的に育てているのである。

政治参加にはまた，抗議や異議申立てが含まれる。ジェイソン・フライバル（Jason Hribal）は，使役動物の政治的主体性のこうした側面を検討している。それには，ウマなどの使役動物の労働中止，怠業，器具の破壊，逃亡の企て，暴力が含まれる（Hribal 2007, 2010）。実際，20世紀初頭における馬力から内燃機関への急速な転換は，ひとつには定期的に職場環境に抗議する妨害的な労働力であるウマを取り除くという工業経営の願望があったとフライバルは主張している。フライバルはまた，動物園やサーカスで見られる動物の抵抗について吟味している。

動物園やサーカスの管理者は，ゾウ，イルカ，そして霊長類による抵抗の行動に対して，明白な意志と計画が関係していることを無視し，うかつな事故や行き当たりばったりの本能的な行動であると故意に間違ったレッテルを貼ってきたと，彼は主張する。管理者は，動物が彼らの置かれた状況から逃げることを切望し，自発的に抵抗をしていることが発覚すると，自分の組織に対する公衆の支持が危うくなるということを，よくわかっているのである（Hribal 2010）。

協力，自己規律，互酬性

　市民は社会生活における協同事業に参加する。これが意味することは，市民は相互協力と信頼を育てるため，彼らの行動，願望，そして期待などに関して，様々な形で自制を働かせなければならないということである。平たくいえば，シティズンシップには，権利のみならず責任が伴うものであって，その責任の中には公正な条件に従うという責任も含まれている。上記のとおり，伝統的なシティズンシップ理論は，互酬性という概念の上に合理主義的な抑揚を加えたものである。社会的協力を育てる形で自身の行動を制御するだけでは十分でなく，正しい理由から，つまり，正義への関心や他の仲間の市民の尊重といった理由からこれを行うことが求められる。

　しかしながら，自制，社会規範の遵守，協調行動は，理性的熟慮の能力がなくともすべて可能である。理性的熟慮の能力は著しく個人差があるもので，同じ人間でも状況によって異なり，時にそれ以外のものと混ざり合った一部であり，常に程度の問題である。政治哲学は，典型的には，理性的熟考に動機づけられた互酬行動を理想化するが，現代社会の機能に関していえば，最も重要なのは行動であり，動機ではないのである。

　我々のほとんどは，暴力や窃盗，他者への嫌がらせを禁ずる社会規範を尊重して日々を過ごしている。社会生活は，概して皆がこうした社会規範を知り，尊重してはじめて成り立つ。多くの場合，我々の社会規範への服従は全く熟考されることなしに行われるものである。我々は無意識，自動的，習慣的にそうするのである。哲学的に考察する機会を与えられれば，時折これらの行いについてじっくり考えたり，分析したりするかもしれないし，状況の変化に伴い，立ち止まり熟考する必要が出てくるかもしれない。しかしながら，もし我々の行動の道徳性を常に熟考していたら，社会生活は麻痺するだろう。ほとんどの倫理的行為は，習慣的なものである。このことは，英雄的道徳行為の例に特に顕著である。燃え盛

る家に走り込んだり，凍えるような川の水に飛び込んだり，倒れた戦友を助ける
ために隠れ場所から飛び出したりして自分の命を危険にさらしてまで他者を救っ
た人は，多くの場合，立ち止まって考える暇などなかったという。彼らは，緊急
状況の中で自分がやれると感じて，その状況に直接的に反応したのである。我々
は，こうした人を道徳的英雄だと考える。道徳的行為は，単に抽象的な正当性へ
の傾倒から行うことだけをいうのではない。道徳的人格や行為，そして愛，思い
やり，恐怖心や忠誠心といった動機に関わるものなのである。道徳性の本質につ
いて慎重に考えているくせに，つきあいや社会における行動が全く自己中心的な
人がいることを，我々はみな知っている。そして惜しみなく利他的な社会活動に
携わる人すべてが，自分の振る舞いの道徳性について熟考することにさほど興味
があるわけではない，ということも知っている。

　人間の道徳性の場合，このように，（理性的，感情的なもの双方を含む）動機，性格，
行動，結果への問いを含むことから，非常に複雑であることを我々は知っている。
しかしながら，動物のこととなると，我々は理性的熟考という一側面にのみ焦点
を絞り，動物は善の本質について熟考する能力はないと考えられるから，道徳的
行為主体ではないと結論づける。動物擁護論者の文献の大部分においてすら，動
物は道徳的受動者（人間の道徳的行動の客体）であり，決して彼ら自身が道徳的主
体ではないことが前提とされているのである。

　こうした見解は，最近の動物行動学における知見から強い異議申立てを受けて
いる。その知見によると，動物は幅のある感情を経験し，共感，信頼，利他行動，
互酬性，フェアプレー感覚といった広範な道徳的行動をみせる[15]。動物におけ
る協力的・利他的な行動の存在については，特に論争の対象となることではない。
我々はみな，オオカミやシャチ，その他無数の動物が協力して猟やその他の行動
を行うことを知っている。我々はまた，動物が，彼ら自身に大きな損失が伴う場
合であっても互いを助け合い，人間を助けるという話になじんでいる[16]。それ
より聞き慣れないのは，互酬性と公平性についての研究である。ベコフ（Bekoff）
とピアース（Pierce）が，サラ・ブロスナン（Sarah Brosnan）やフランス・ドゥ・
ヴァール（Frans de Waal）の手になるいくつかの霊長類研究を要約している。

　「オマキザルは，非常に社会的で協力的な種であり，食べ物をよく共有する。オマキザル
　　は，仲間内で公平かつフェアな対応がなされているかを慎重に見る。……ブロスナン
　　はまず，オマキザルの一群に，食べ物との代用貨幣（トークン）として小さな石を用い

ることを教えた。そして，メス2頭からなる複数ペアにその石をご褒美と物々交換するように求めた。まず，1頭のオマキザルにはブドウをやるから石と交換してほしいと求めた。石とブドウの交換を目撃したばかりの2頭目のオマキザルには，石の代わりに，ブドウより魅力が小さいご褒美であるキュウリのかけらとの交換を求めた。褒美が少ないこのオマキザルは，研究者に協力するのを拒み，キュウリを食べずしばしば人に投げ返したのだった。要するに，オマキザルは公平に扱われることを期待していたのである。彼らは，周りの仲間との関係性において褒美を評価し，比較するようであった。ペアを作らずにオマキザル1頭だけが，石とキュウリを取引するのであれば，そのオマキザルは結果にたいそう喜ぶだろう。他の者が自分よりも良い何かを得たと考えられる場合にのみ，キュウリが途端に望ましくないものになるのであった。」(Bekoff and Pierce 2009: 127-8)

互酬的な利他主義と不公平への嫌悪（不公平な待遇に気付いたときのオマキザルの反応）は，社会的動物が社会における財の公平な共有に周到な注意を払うことを示唆している。しかし，互酬性の規範によって統べられているのは食べ物の共有だけではない。社会的動物は，交尾や遊び，毛繕いなどの生活のあらゆる場面を統制する規範を固守しているのである。実際のところ，これらの行動は意識的な学び，交渉，そして社会規範の形成という過程を反映しているのに，我々は，こうした行動の多くを理性によらない本能（優位に立つことへの衝動や繁殖などの本能）として片付けがちである。

　このことは，ベコフの，オオカミ，コヨーテやイヌの遊び行動についての魅力的な観察によって，非常に良く説明されている。遊びは道徳性と関連している。なぜならば，双方ともにルールと期待の体系と，それらが侵害された時の制裁の両方を含むからである。遊びを通じて，コミュニティの構成員は互酬性と公正性についての社会規範を教えられるのである[17]。社会的遊びは，

「公平性，協力，そして信頼に基づいており，それは個体の裏切りによって崩壊しうる。社会的遊びの間，個体は，何が良くてだめなのか，つまり何が相手にとって容認できることなのか，という感覚を身につける。結果として，有効に機能する社会集団（もしくは群れ）が発達ないし維持される。したがって，公平性とその他の協力の形が，社会的遊びの基礎となる。動物たちは，協力と信頼が勝るように，遊ぶ意志についての合意を継続的に交渉しなければならず，また，公平な遊びにするために，交互に順番を守ったり『ハンディキャップ』を設定したりする。彼らは赦すことも学ぶ。」(Bekoff and Pierce 2009: 116)

イヌ科の動物がお辞儀をすることによって互いを遊びに誘うことは，遊びがひとまとまりの特別なルールのもとで進むことを示している。例えば，遊び相手を傷つけないように，力と咬む強さを加減しなければならないのである。遊びの間は，それ以外の時に適用される決まりの逸脱が許容される，ということを認識する必要がある（例えば，下位の動物が上位の動物に挑戦する，上位のものが下位のものに服従するといったことなど）。言い換えれば，遊びは参加者の間にあった差を無くすのである。自ら力や地位にハンディキャップを設けることは，遊び以外の場でやったら恐ろしい結果をまねくはずの行動（噛みつき，マウンティング，もしくはタックルなど）が遊びであるということを保障する。攻撃的になり過ぎる，遊びのマウンティングから実際に性行為に移ろうとする，といったイヌの遊びのルール違反は，大目に見てはもらえない。違反が起きれば，遊びは中断される可能性があるので，動物は遊びを続けるよう継続的に交渉して互いを安心させ合う。イヌ科動物の遊びにはお辞儀は広く用いられ，遊びに誘う時だけではなく，交渉のためにも継続的にみられることにベコフは気付いた。あるイヌが少し強く叩いたり咬み過ぎたりして遊び相手が困惑の反応を示した場合，違反したイヌは「ごめん悪かった，遊びを続けよう」というように謝罪と安心感回復のためにお辞儀をする。明らかに攻撃的な動きをしようという時は，先にお辞儀をして「心配しないで，これはただの遊びだから」と伝える。公平な遊びのルールに違反したイヌ科動物は，遊びから外され，時には社会集団自体からも追放される（Bekoff and Pierce 2009, Horowitz 2009）[18]。

このイヌ科動物の魅力的な遊びの世界についての余談は，イヌが社会の規則を理解，形成し，社会集団における他者の期待に気付き応える能力があることを示している。しかしこのことは，人間と動物が混在する社会における家畜動物のシティズンシップについて，どんな可能性を示すのだろうか。イヌは，イヌ社会のシティズンシップについての規則は理解しうるかもしれないが，それが混住社会のシティズンシップにはどのように翻訳可能なのだろうか。実は，イヌは，人間とイヌの混住社会のルールの形成についても同じような能力を示すのである。実際，イヌと野生のイヌ科動物の最も著しい違いの1つは，イヌが人間に高度に慣れ，人間に対して社会的手がかりや手引きを求めることにある。飼いならされていたとしても，オオカミやコヨーテはこういったことをしない。言い換えれば，イヌがもっている社会的協力の技術のレパートリー（受容される公平な行動の規範を学び，交渉すること，他者の期待に応えること）は，イヌと人間のコミュニティの

中で進化してきたのである。イヌは，人間の行動の意味を読み，協力条件を交渉することに，非常に長けている[19]。

アルガー（Alger）夫妻の素晴らしい研究は，同じ家庭で共に住むイヌとネコの間の友情関係を検討している。友情関係にあるイヌとネコはよく共に座るか体を丸めて寝，いつも互いにあいさつし触れ合う。彼らは連れ立って散歩に行くのを好み，外的な脅威から互いを守り合う。そして何よりも，彼らは一緒に遊ぶことを楽しむ。イヌとネコは，同種の動物との遊びに特有の形式をもつ。種を越えて遊ぶためには，彼らは正確に遊びの申し入れや行動を伝え，理解しなければならない。例えばネコは，ネコ自身はお辞儀をしないのにもかかわらず，イヌのお辞儀が遊びへの誘いを意味することをすぐに理解する。似たように，イヌも，ネコが素早く走り去る，もしくはすべての手足を伸ばして床に横たわる時は，遊びに誘っているのだということを正確に解釈する。共同生活をしているネコとイヌは，互いの行動のすべてを理解するわけではないが，彼らは互いに意思疎通をする術を身につける。さらに，この行動様式は，同種間の遊びで用いられる場合の厳格な台本に制限されるものに限らない。例えば，アルガー夫妻が発見したところによると，ネコは頭を押し当てたり尾を巻いたりするといったネコ流のあいさつや愛情表現を，他のネコを遊びに誘う時はしないにもかかわらず，イヌを遊びに誘う時に用いることができるようになったのである（Alger and Alger 2005, Feuerstein and Terkel 2008 も参照のこと）。

自分たちが人間を含む協力的コミュニティの一部だと認識するのは，犬猫だけではない。たいていの家畜動物は，自分や誰かのために人間に助けを求めることを知っている。ヤングは，難産が予想されるウシや他のウシの健康状態が懸念される時にウシが人の助けを求めるいくつかの例を説明している（Young 2003）。マッソン（Masson）は，ジョアンヌ・アルツマンという伴侶の人間を救ったルルというブタの例を説明する。ある日，アルツマンがキッチンで具合を悪くしていると，ルルは何か深刻な事態であることを感じ取った。ルルは，イヌ用に取り付けられたドアを，すりむいて血を流してまで無理やり通り抜けた。ルルは道路に飛び出し，車が止まるまで道路に横たわり，アルツマンが心臓発作に苦しんでいたキッチンに運転手を導いたのである（Masson 2003）。たいがいの動物は，獣医が彼らを助けようとしている時には，それを理解する。その治療が（四肢を固定したり，注射を受けたり，ヤマアラシの針を抜いたりすることに耐えるといったような）苦しいものであっても，である。言い換えれば彼らは，自分たちが人との協力的コ

ミュニティの一部を成していることを理解しているのである。同様のことは，既に述べたイヌの話からもわかる。相互尊重という条件のもと，持続的な基礎の上に，相互の交渉によって協力的社会が築かれることを動物が認識することができることは，明らかである。ジュリアスは，クリスティーンとの散歩が1日の中で特別な時間であり，その時間をどのように過ごすかを交渉する特権が彼にあることを知っていた。エリザベス・マーシャル・トーマスによると，彼女のイヌたちは，彼女が過度な要求をしないがゆえに，呼ばれるとたいてい応えてくれるという。彼女のイヌたちは，そうすることに正当な理由がある時にのみ，彼女の要請を無視するのである。バーバラ・スマッツは，彼女の犬サフィとの間における交渉について，素晴らしい報告をしている。その交渉とは，例えば，リスやネコ，その他の環境を共有する動物とどのように関わるかという，論争的な問題に及ぶ。そして，そうした社会生活の交渉は，双方向で行われる。サフィもまたスマッツにあらゆる面で教えるのだった。寝ている時に彼女を踏みつけないこと，とても柔らかい布以外のもので彼女のお腹の泥を拭き取らないこと，などである。彼女が嫌うお風呂に関してはというと，

> 「私は彼女をお風呂場に連れてゆき，バスタブに入るように促す。通常は，とても気が進まない様子で彼女はバスタブに入る。しかし時折，彼女はそうしないことがあり，そういうときは自らキッチンに赴いて，私がブラシで落とすことが可能なほど泥が乾くまでじっとしている。同様に，投げたおもちゃを取ってくるといった遊びをしている時，私がおもちゃを落とすように言うとサフィは半分くらいの確率でおもちゃを落とす。彼女がそれを拒めば，それは彼女がおもちゃの取り合い遊びに誘っているか，おもちゃをもっと追いかける前に少しの間おもちゃとともに休憩したいかのどちらかなのである。そのおもちゃは彼女のものであり，彼女は私の新しい靴などをおもちゃの代わりにすることは一度もないので，彼女がいつそのおもちゃをもち続け，いつ私と共有するかを決めるのは公平であるように思えるのだ。」(Smuts 1999: 117)

これらのすべての事例が，人間が命令しイヌがそれに従うという従来の観念に異議を申し立てる。例に挙げたイヌは，明らかに彼らの伴侶としての人間に協力し，喜ばそうとしているが，同時に彼ら自身の好みを主張し，協力条件の（再）交渉もする。要するに彼らは，権利・義務の両方を含むシティズンシップを行使する備えを有しているのである。

このような話を聞いて，「まぁこれは明らかにとても特別でユニークな動物の話だね」ということもできるかもしれない。そうかもしれない。しかしもっと適

切な反応は，「これは明らかにとても特別でユニークな人の話だね」というもの
であろう。つまり，イヌを個々の選好をもつ存在とみなし，その選好を伝達し，
伴侶としての人との共生の条件を交渉する能力をもつ存在であることを認識して
いる人の例なのである。単に動物が特別な生まれつきの能力をもつかどうかが重
要なのではなく（これも要因のひとつであることは否めないが），彼らの伴侶として
の人が，動物の本来の能力を発揮することを可能たらしめる備えを有するかが重
要なのである[20]。

　どれだけの動物が，このような自己規律や協力的生活を交渉により築く能力を
もっているのだろうか。我々はそのことを問い始めたばかりなので，その問いに
答えることはできない。家畜動物を，所持品や奴隷，もしくは不法侵入者として
ではなく，ひとたび仲間の市民とみなすなら，そこには巨大な未知の領域が広が
っているのである。

　最も重要な未知の事柄の1つは，より大きな自由と，他者の助けによる主体性
を与えられたときに，家畜動物がいままでどおり人間との混住コミュニティの一
部であることを選ぶかどうかである。エリザベス・マーシャル・トーマスが郊外
に移り住み，彼女のイヌたちが自由に自分の選んだ暮らしを送ることができる，
広大な囲い地を設定したとき，その結果は，イヌたちはもちろん彼女との関係を
断ち切ることは一度もなく，彼女が与える食事や緊急時の助けに頼り続けたが，
彼らは多少身を引き，少しずつ伴侶としての人間との生活より，イヌ同士の生活
に方向転換していったという（Thomas 1993）。ジョージ・ピッチャー（George
Pitcher）は，『哲学教授の愛犬ノート──人生の大事なことは犬から学んだ（*The
Dogs Who Came to Stay*）』の中で，ピッチャーと彼のパートナーを徐々に信頼し受け
入れるようになったルナという野良犬がたどった反対の軌跡について述べている
（Pitcher 1996）。リタ・メイ・ブラウン（Rita Mae Brown）は，彼女の11歳のイヌ，
ゴジラがほとんど毎日ブラウンの農場に彼女を訪ねて来たものの，彼女の隣人を
一番の伴侶として選んだ過程を説明している（Brown 2009）。またトーマスも似
た経験を綴っている。彼女が自由に歩き回らせていたネコのピューラは，道の先
に住む家族と暮らすことを選択しておきながら，トーマスとすれ違う時にはしき
りにあいさつするという（Thomas 2009）。ゴジラとピューラは両方とも，複数の
動物がいる家を去り，彼らが唯一の伴侶動物となり人間の注目を独り占めできる
家に移っている。

　アニマルサンクチュアリは，家畜動物との可能な未来を考える素材を提供して

くれる。カリフォルニアにあるダンシングスター・サンクチュアリのロバは，古典的な農場生活と野生生活の間のどこかに位置する世界に住んでいる。ロバは思うまま自由に人間と触れ合うことができ，しばしば（特に彼らが好きな人間と）触れ合うことを選択する。彼らは特定の援助（自由にうろついてとる食事の補足や，安全，獣医による医療ケアなど）を人から受けている。同時に，彼らはより大きな生態系と融合している。シカ，シチメンチョウ，ヤマネコ，ピューマ，そして数えきれない小鳥や生き物がそのサンクチュアリに住んでいるのである（Tobias and Morrison 2006）。ヤングの説明によれば，カイツ・ネスト・ファームのウシも，彼らを取り巻く環境から切り離されているのではなく，そこに組み込まれていることが示唆されている。ヤングの自由に歩き回るウシは，散歩の途中で，シカ，アナグマ，キツネ，野生のネコ，そしてその他の沢山の生き物と出会う。彼らは人間と共有する社会と，人間の集落の先に広がるより大きな生態系の中の役割という，両方の世界に属しているのである（Young 2003）。家畜動物の中には，彼らがどのように過ごすか選択肢を与えられたら，完全に人間・動物社会から身を引くものもいるかもしれない。マッソンは，ウマは生理学的かつ心理学的特性ゆえに人間との関係から身を引き「再野生化」に成功するかもしれないが，人間と深く結びついたイヌはそうしないだろうと論じている（Masson 2010）。

　要するに，家畜動物の主体性の射程は未知である。動物の能力を知れば知るほど，動物の可能性は広がる。さらに，依存的主体性の性質は，それぞれの生まれながらの能力から演繹できるのではなく，関係性を通してつくられる。スマッツがいうように，主観性や人格性（personhood）は，人間が他者に「発見したり」，「見つからなかったり」するものではなく，他者と「関わる」1つの方法なのである[21]。よって我々は，動物が行為主体性を拡張させる可能性について常に心を開いているべきである。そして，それは常に可変的で，個体，状況，そして構造の要因に大きく依存するということを，我々は認めるべきなのである。家畜動物を市民として認めることは，つまり，我々が家畜動物の主体性を大事に育てる義務をもつということである。彼らの能力は個体や時間に応じて変わり，多くの場合我々の意図しない思いがけない行為により，鈍らされることもあるし拡大されることもあるということを，我々は常に意識する必要がある。いかにもこれは，人間の市民についても当てはまることを，心しておくべきだろう。

第4節　家畜動物のシティズンシップの理論に向けて

これまでの議論をまとめると，我々は2つのことを主張してきた。まず，(a)家畜動物のための正義が，動物たちが我々の社会の構成員であり，公正な条件のもとで我々の社会的・政治的な組織の中に包摂されるべきであること，そして，(b)家畜動物は主観的な善をもち，それを表現する能力，参加する能力，協力する能力という，市民たるべき要件となる能力を持っていることを考えれば，シティズンシップこそが，動物の構成員資格を概念化するために適切な枠組みだということである。

しかしながら，この枠組みを実際に運用するとどのようになるのだろうか。家畜動物を構成員の権利やシティズンシップといったレンズを通して考えることは何を意味するのだろうか。どのような形，条件下であれば，市民としての家畜動物の利用や，相互作用が許容されるのだろうか。この問いに答えるために，シティズンシップの権利と責任について範囲を定めた確固たるリストを作ろうとすることは自然な傾向であるが，我々は，それは時期尚早であると考える。というのも，そのようなリストは，主体性を発揮させることと，すべての市民間の参加というプロセスを経てつくられるものだからである。もし家畜動物が受動的な被後見人にすぎないのであれば，彼ら自身の意見や参加を得る前に，我々が彼らに対する人道主義的な義務を定式化することもできるだろう。けれども，もし動物が集合的な社会的および政治的取り決めを形成する権利をもつ市民であるならば，我々は動物が主観的な善をどう表現し，社会規範に従ったり，異議を唱えたりするかについて，もっと学ばなければならない。これは，継続的で，結果の予測のつかないプロセスである。

しかしながら，それでも我々は，少なくとも構成員ないしシティズンシップが何を含意し，あるいは前提とするか（逆に言えば何がそれらと矛盾するか）を考えることはできる。以下，9つの領域におけるシティズンシップの前提条件の特定を試みる。

(1) 基本的社会化，(2) 移動の自由と公共空間の共有，(3) 保護の義務，(4) 動物由来製品の利用，(5) 動物労働の利用，(6) 医療ケア，(7) 性と生殖，(8) 捕食・食餌，(9) 政治的代表

これは網羅的なリストではないが，人間と家畜動物の間の最も差し迫った倫理問題の多くをカバーしている。個々の例において私たちが目指すところは，それらに含まれる問題への最終的な回答を提供することではなく，我々の義務を考えるうえで，シティズンシップという枠組みがどのようにそれ特有の視点を与えるかを提示することにある。シティズンシップの枠組みは，第4章で吟味した伝統的な動物の権利論を超え，廃止論，閾値論，そして「種の模範」原理より説得力をもつものなのである。

[1] 基本的社会化

いかなるコミュニティの構成員も社会化の過程を必要とするので，いかなるシティズンシップの理論もまた，どのように各個体が構成員として社会化されるかについて触れなければならない。既存の構成員は，子どもや新しい構成員が適応し，いきいきと生きるために，基本的な技量と知識を伝える必要がある。人間の場合，子どもの社会化を怠ることは，食事を与え，保護し，育てることを怠るのと同様に虐待の1つとなる。これは，家畜動物にも同様のことがいえる。動物も人間の赤ん坊のように，学び，探求し，ルールを理解し，彼らの場所を見つけるための準備ができている状態で，この世に生まれてくる。もし我々がこの準備に適切に応えることができなければ，我々は彼らを害することになる。この意味での社会化は，構成員の権利なのである。家畜動物の社会化を怠ることは，彼らが人間と動物の共同社会でいきいきと生活する機会を損なうのである。

ここで明記すべきは，基本的社会化とは，特定の労働のために訓練すること（例えば視覚障害者のために盲導犬を訓練するといったような）とは異なるということである。社会化は，各個体が社会コミュニティに受け容れられるために（できる限り）学ぶ必要がある，基本的で一般的な技量や知識の伝達を含む。それは例えば，身体作用や衝動を制御すること，基本的な意思疎通の術や社会的な交流のルールや，他者の尊重を身につけることである。他方で，訓練は特定の個体の能力や関心を発達させることを意味する。社会化は，社会の構成員になる敷居をまたぐための基本的前提条件なのである。（家畜動物の訓練に関する問題については，この章の後半で再度触れる）。

我々は，社会化によってあるコミュニティに受容される権利をもつが，そのコミュニティとはどのコミュニティだろうか。この点において，我々のシティズンシップ理論は他の説明と明らかに異なる。政治的コミュニティの境界線と構成員

をいかに定義するかが，特定の個体にとって何が適切な社会化を構成するものかについての我々の理解を形作る。例えば，種によって厳格に定義されたネココミュニティの社会化について考えるとき，我々は，大人のネコによって先導される，ネコ社会の基本的規範や知識を身につけるプロセスという意味で捉えるだろう。けれども，もし我々が人間と動物の混合コミュニティの構成員としてのネコを想定するなら，基本的社会化の権利は，ネココミュニティでだけではなく混合社会でネコがいきいきと生活するために必要な規範や知識を包含することになる。さらに，同様のことは混合社会の構成員としての人間にも言える。現時点では，我々の中にいる動物とどのように生活するかを学ぶことは，一定の家族や下位文化の中にいる人間にとって社会化の一部であるが，確実にすべての人間にいえることではない。けれども，もし我々が家畜動物を合同の政治コミュニティの構成員として認めるならば，互いを同胞市民として認識し尊重しあうことの一環として，一定のレベルで双方向に基本的社会化を行うことは義務である。公正なシティズンシップのための社会化が，異なる種や宗教の人々と尊重しあい，協力し，参加する術を学ぶことを含むように，我々がこれまで述べてきたように家畜動物と協力的な関係などを学ぶことも含むのである。

　しかしながら，適切な社会化の内容については議論の余地がある。その内容は，状況により大いに可変的である。ウマが自由にうろつくことができるサンクチュアリで生まれたウマは，人間との交流も限定されており，人間との混合社会の社会化をさほど必要としない。なぜなら彼の主体性は第一義的には他のウマとの間で発揮され，他のウマが彼の基本的社会化が必要かどうか判断してくれるからである（その社会化には，ガラガラヘビやピューマなど同じ地理的領域に棲んでいる動物との過ごし方の基本も含まれる）。一方で，人間の家族に引き取られたイヌは，人間・動物混合社会での過ごし方について，より多くのことを学ぶ必要がある。そのイヌがいきいきと生活し，他者の基本的権利の尊重を学ぶ必要があるコミュニティは，ことによれば，他のイヌや人間だけでなく，ネコやリス，鳥やその他のものを含む社会である。彼女は，例えば，排せつのしつけを受けたり，人間に噛みついたり飛びついたりせず，自動車に用心し，（それが追いかけっこ遊びでない限り）家で飼われているネコを追いかけないことを学ぶ必要がある。彼女は，他のイヌからだけでなく，人間からも，ことによるとネコからもそれを学ぶだろう。言い換えると，たとえ我々がすべての家畜動物を人間と動物が混在した政治コミュニティの構成員と考えるとしても，ある程度の相互的社会化が必要となり，適切な

社会化の実質的な内容は状況により大いに変わるのである。

　このように，社会化の内容が個別のそして文脈的要素によって融通がきくとしても，社会化過程のよりどころとなるべき一般原則のようなものはある。第1に，前述したように，社会化は親や国が個々人を型にはめる権利ではなく，個々人をコミュニティの構成員と認識し，個々人がコミュニティで生き延びるために必要な技量や知識をできる限り与える責任として理解されるべきであるということである。

　第2に，社会化とは，統制や介入の一生を通じて続くプロセスではなく，個々人をコミュニティの完全な構成員にするための一時的な発達過程として捉えなくてはならないということである。この過程は，それ自体が目的として正当化されるのではなく，この過程が主体性の出現と参加の能力を促進するがゆえに正当化されるのである。ある一定の時点までに，個々人は基本的規範を内面化するかもしれないし，しないかもしれない。いずれにせよ，彼らを形成する他者の義務は幼年時代で終わる。ある一定の時点で，他者の尊重は，人々が彼らがそうであるようなものとして，長所も短所も含めて，完全な市民として受け入れることを要求するのである。それ以降は，基本的規範を侵す個々人は面白おかしく大目に見られるか，避けられるか，もしくは他者に危険をもたらすようであれば閉じ込められる。けれども，彼らを子どものように扱い続けることは尊敬を欠く。もちろん，この一般的な構図には，幼少期のトラウマや虐待，ネグレクトなどによって社会化が著しく遅れたり制限されたりした場合のように，例外がある。しかし一般的には，我々は若い時に「形成され」，成人すると自律する主体として尊重されるのである。

　家畜動物を市民として認めることは，同様のアプローチが彼らにも適切であることを意味する。つまり，我々は，彼らが若い時には基本的社会化の面倒をみるが，彼らを一生涯の形成対象としてみないということである。限られた期間に大人が若者を社会化することは受容可能なパターナリズムであるが，型にはめる者とはめられる者の関係が一生続くとなると，それは有害なパターナリズム（実際のところ支配）と化す。それでも多くの人間は家畜動物をこの意味での永久的な子どもとみなしているようで，彼らがとうに大人になる歳を過ぎても形成の努力に服従させようとし続けるのである（SID の人たちもこの有害なパターナリズムの対象にされがちである）[22]。

　人間の場合，社会化の期間に関する制限に加えて，それがどのように行われる

第5章　市民としての家畜動物　　177

かについて厳しい制限があることを我々は認めている。社会化の方法は，時代や文化の違いによって大きく異なってきた。自由民主主義社会において，あるべきとされる社会化の方法には，強制的で権威主義的な方法から陽性強化と穏やかな矯正のモデルへの，はっきりしたトレンドが生じてきた。厳しい罰と脅しは一般的に（虐待とまでは言わないものの）不必要で非生産的だとみられている。ほとんどの場合，野生動物も構成員を暴力や強制なしに社会化する。イヌ科の野生動物に関するベコフの議論でも明らかなように，遊びは社会化の過程の重要な構成要素であり，強圧的でない文脈で，若輩者を社会規範の理解へと導くのである。人間と同様に，社会的な動物の多くは，一般的に陽性強化と穏やかな矯正といった方法を通じて社会化を快く受け入れる[23]。我々はみな，生まれ落ちた時からこの世界に適応する術を熱心かつ進んで学ぼうとしており，そこで必要なのは分別ある指導であり，脅しや暴力ではない。人間による家畜動物への社会化の多くが厳しく威圧的である事実は，動物の能力の欠如を反映しているのではなく，人間の無知，忍耐力の欠如，そして動物への敬意の欠如の表れなのである[24]。

［2］移動の自由と公共空間の共有

家畜動物を我々のコミュニティの構成員として受け入れることは，彼らがこのコミュニティに属し，公共空間を共有する自明の権利をもつことを受け入れるということである。構成員として認めることは，各個体を個別に隔離したり，指定された隔離区域に閉じ込めたりすることと矛盾する。しかしこれは，まさに現代の社会が家畜動物を扱う際にとっている，典型的な方法である。我々は家畜動物に対して，移動の自由の大幅な制限をしている。それは，木枠やケージ，フェンスによって囲まれた囲い場，鎖や綱などによる物理的拘束，そして公共空間や仕事場，ビーチや公園，公共交通機関，そして（畜産動物に関しては）街へのアクセスといった移動制限を通して行われている。事実，我々は驚くべき時間と労力を，動物を閉じ込めておくために費やしている。この極端な封じ込めは，家畜動物の不可視性を維持するものであり，我々の生活の中に彼らの存在が遍在していることやその重要性について，我々に思い違いをさせているのである[25]。

この度を越した閉じ込めは，家畜動物の基本的権利の深刻な侵害を招き，実際，虐待からの保護に対する最低限の基準すら侵している。しかし，シティズンシップ・モデルでは，どのような移動やアクセスの自由への制限が許されるのだろうか。認容できる制限と認容できない制限をどのようにして区別すればよいのだろ

うか。我々はまず，拘束や監禁をされない，という消極的権利について考える。そして次に，移動へのより積極的な権利について検討する。

　人間の場合，監禁や拘束をされない権利は，基本的な権利であると考えられており，この権利は，その必要性と比例性とが非常に厳しい審査のもとで認められた場合にのみ，一時停止される。例えば，自身や他人に対して重大な危険を与えうる人を一時的に閉じ込めることがある。それは，意図的な場合（暴力的に攻撃してくる人や自殺行為に及ぶ人など）もあれば，意図的でない場合（生命を脅かしかねない感染症にかかった人や，薬物や酒に酔って非常に危険な行動に及ぼうとしている人など）もある。これらの拘束のほとんどは，切迫した危険が取り除かれるまで，という臨時のものとしてのみ正当化される。しかしまた，我々は正当なパターナリズムの一形態として，より持続的に監禁を課すこともある。胎児や子どもが安全に外の環境と折り合いをつけられるようになるまで，数年にわたる拘束や監禁という方法をとることもある。しかしながら，このような制限は明確な理由を必要とする。歴史的には，受忍しうる範囲のパターナリズムを超えた障害者や精神病患者の閉じ込めが行われてきた。このことを考慮すると，制約の対象になっている人のためだと主張される監禁・拘束の要求に対しては，慎重になるべきである[26]。

　移動という積極的権利は，拘束されないという消極的権利ほど絶対的な観点でみられてはいない。我々の移動する権利は，様々な形，とりわけ国境や私有財産に関する法制度によって制限されている。これらはどちらも近代の産物であり，ある論者は近代化と移動の自由への制約の増加を同一視するに至っている。しかし，移動は常に制限されてきたものである。現代社会においてこれは地理的ないし政治的境界線の形をとるのに対し，歴史的には社会的地位（例えば，農奴や兵士，貴族の一員，聖職者といった身分によって移動が厳しく管理されていた）の形をとることが多かったが，移動の自由は常に（現実的にそれが困難でったことは言うまでもなく）社会的・政治的な制約によって，制限されてきたのである。

　コスモポリタニズムの理論家の中に無条件の移動の権利を求める者がみられるものの，ほとんどの理論家は，我々にはいきいきとした生活を送るために十分な種類の選択肢へのアクセスが提供されなければならないゆえに，そしてその限りにおいて，移動は重要な問題であると認める。我々は，適切あるいは十分な移動について権利を有しているのであり，その権利は無制限ではない（Baubock 2009, Miller 2005, 2007）。いかにも，移動の制限には国内および国家間の不当な不平等

を恒久化させる作用がある。不正義の状況下では，裕福な人々が他者を財産から遠ざける権利や，裕福な国々が貧しい国々の人を閉め出す権利といった移動の制限が，特権を保持する構造の鍵となっているのである。しかしながら，ここでの根本的な問題は不平等であって，移動の制限それ自体ではない。国家間あるいは任意の国の市民間での不当な不平等を取り除いた世界を想像してみたならば，移動の制限それ自体が不当なのではないことがわかるだろう。多くの人にとって，国内を自由に移動して働き，旅をして世界の他の地域を見ることは重要である。しかしながら，だからといって，自分の選択でどの国の市民にもなれる権利があるわけでもないし，すべての私有財産が廃止されるべきでもないし，あるいは，政府が安全ではないビーチや危険な道を封じたり，壊れやすい生態系や文化的な場所へのアクセスを管理したりすべきでない，ということにもならない。言い換えれば我々は，自分たちの生活を導き，生計を立て，社会化し，学び，育ち，楽しむのに十分な移動を必要とするけれど，このレベルの移動が保証されているからといって，我々はどこでも行きたいところに行ったり移ったりする権利をもつわけではないのである。身体的拘束は常に明らかに有害であるのに対し，制限つきの移動の自由は，人々が良い機会を得られるのに十分な幅がある限り，有害ではないのである。

　移動の自由は，社会的地位と社会的包摂の重要な相対的指標である。迫害されている人々はいつも移動の権利を制限されている。1930年代のナチスによるユダヤ人への制限，南アフリカの黒人居住区（バントゥースタン）制度，インドのカーストによる制限，アメリカにおけるジム・クロウ制，あるいはサウジアラビアの女性に対する移動制限について考えてほしい。言い換えれば，移動は，自分たちの生活を自分たちに最適な形で送るために必要なだけではなく，特に公共空間へのアクセス制限などによって，完全な市民と，従属集団を区別するために重要なのである。「十分な選択肢」という基準は満たしても（すなわち，ある人のいきいきと生活を送るために必要な能力に対し，不合理な制限を加えることはなくとも），社会的包摂という基準を満たさない制約というのはありうる。例えば，ジム・クロウ法の下での黒人用のランチ・カウンターが，白人用のカウンターと同じくらい質がよい（「分離すれど平等」）としても，それは社会的排除と不平等の表れとして作用している。このような形の排除は，ある個々人や集団は我々とともに，ここに属しているのではなく，彼らの（従属的な）場所に留められるべきなのだ，というメッセージを発するべく目論まれているのである。

故意による露骨で差別的な移動制限に加えて，故意によらない形態の移動差別もある。身体障害者について考えてみると，健常者を想定してデザインされた近代都市の構造は，身体障害者にとって，移動やアクセスの障害になっている。こうした見落としは故意ではないかもしれないが，誰を完全な市民とするかについて暗黙の推定を強調している。完全な市民かどうかは，単に法的権利の保持者のリストに入れられているかに照らして評価されるのではなく，共有された社会の諸組織・制度が構想されるとき，考慮に入れられるかによっても評価される。完全な市民として認識されるかどうかは，公共空間や移動手段の形そのもののデザインに，彼らの意見やニーズが考慮されているかどうかによる部分もある。

　このように，様々な移動制限は，社会的排除の直接的形態として，または不平等の間接的指標として機能しうる。しかし，様々な制限すべてが尊厳への攻撃や不平等の指標となるわけではない。移動の権利は，多くの場合，職業上の役割と関連している。例えば，警備員，メンテナンス業者，舞台役者，学者やその他の数えきれない職業集団が，他の市民が入れない公共空間へのアクセス権を持っており，それは問題とならない。このような制限によっては，誰の十分な選択肢へのアクセス権も損なわれない。また，それは社会的排除の道具として機能しているわけでもない。同じように，ストリップ劇場や成人向け映画への子どものアクセス権を制限することは許容されるパターナリズムの一種であり，十分な選択肢と社会的排除の基準には引っかからない。そして，監禁と拘束に関連づけて検討したように，成人の移動の権利がパターナリズムや他者の保護の必要性を根拠に制限される時もある。車の運転は，運転に必要な力量があることを示せなければ制限され，本人に危険を伴いうる健康状態（もしくは妊娠してかなり時間が経過している段階）であれば飛行機に乗ることを制限され，過去に他者に対して脅威を与えた人が他者に近づくことを差し止めることもある。また別の例では，監視機器の装着（例えばある種の仮釈放者など）や，化学去勢（例えば性犯罪常習者に対する投獄の代替法として）をした場合のみ自由に動き回ることを許す，といったものがある。

　ここでの私たちの目的は，これらの移動の権利の一覧や，自由主義社会での制限を擁護することではなく，移動の自由の権利を我々が一般的にどのように考えているかをおおまかに示すことである。要約すると，人の移動権については3つの基本原理がある。

第5章　市民としての家畜動物　　181

① 個人が自分自身や他者の基本的自由に明白な脅威をもたらしているケースを例外として，いかなる拘束・拘禁も許されないとする，強い推定。

② いきいきと生活を送るために必要な，適切な幅の選択肢にアクセスできる十分な移動の自由への積極的な権利。

③ 以下の(a)(b)の場合には，十分な幅の選択肢を与えていても移動の制限が認められない。(a)その制限が，二級のシティズンシップまたは従属的シティズンシップを示すためのものであるとき（ジム・クロウ法のような隔離政策など）。そして，(b)その制限が，一定の場所へのアクセスをデザインする際，不注意にもある集団のことを考えなかったとき（障害者のアクセスなど）。そうした制限はコミュニティ内の個人に完全なシティズンシップを認めることと両立しない。

　我々の見解では，家畜動物の移動の権利について考えるうえでも，細かい適用の場面では自ずと異なるが，同じ基本原理が適用可能であり，適用されるべきである。第1の原則は，おそらく，家畜動物を同じ市民とみなすかどうかにかかわらず，成立する。後見モデルによっても，あるいは実際のところ感覚をもつ存在への危害を禁止するいかなるアプローチによっても，第1の原則を支持することはできるからである。しかし，第2と第3の原則は，家畜動物を同じ市民と認めることに結びついていると考えられる。これらの原則は，我々が家畜動物を我々のコミュニティに招き入れたために背負うことになった積極的な義務を反映しており，それに従って動物を公平に考慮に入れるために我々の集合的社会を（再）構成する責任をも手に入れてしまったのである。

　現在の家畜動物の扱いは，これらの3原則をすべて侵害している。閉じ込めと拘束に対する強い明白な推定を大いに侵害しているのである。事実，正当化されないと推定されるどころか，このような制限は人間の利便性のために不可欠かつ正当化されうると，一般的にみなされているようである。我々は，家畜動物を口輪や綱，鎖やケージ，囲いを用いて拘束，囲い込みをしている。また我々は十分に移動への積極的権利を与えるという要請も侵しているが，これは（動物はここには属さない，彼らは従属的な場所に留まるべきである，という）故意に差別的な方法，そして（公共空間へのアクセスをデザインする際，彼らの関心事を考慮してこなかった，という）故意ではない方法の両方によって侵害している[27]。これらすべてのことは当然のこととして行われ，こうした並外れた制限のためには特別の理由を要す

るという感覚さえないのである。我々は，動物の移動の自由を制限する一般的な禁止規定を持っている（例えば，「すべての犬はリードにつながれなければならない」「ペット禁止」「街の中ではニワトリを飼ってはいけない」）。そしてその際，個々の動物が，動物が制約を受けない人間と動物の環境の範囲を安全に交渉する能力をもつこと，もしくは，これらの制約によって，動物の繁栄や，共有社会の構成員としての彼らの地位にもたらされる影響などは，全く考慮されていないのである。

　家畜動物を同胞市民として認めると，こうしたアプローチはもはや受け入れられないだろう。これは制約が正当化され得ないという意味ではない。人間の場合と同じように，動物も十分な移動権を求めているのであり，無制限の移動を求めているのではない。フェンスに囲まれた放牧場や牧草地，公園などで十分このニーズは満たされるであろう。そして移動の制限も，家畜動物を捕食者や幹線道路やその他の危険から守るという理由や，動物から人間を守るという根拠がある場合には正当化される。ある種の閉じ込めや拘束は，成長のためのパターナリスティックな手段として正当化されうる（例えば，やがて成熟した主体として責任を全うできるようになるためのイヌの社会化）。これらは，都会慣れしておらず，我慢もできずリスを追いかけ，人に飛びかかってしまうような大人のイヌについても正当化されるだろう。言い換えれば，イヌの社会生活の互酬的な限界と折り合いをつける能力には大きな幅がある。あるイヌは，彼自身や他者を守るために，他のイヌよりも制限を必要とするだろう。要するに，市民としての動物は，社会生活を上手に送る技量や，そうした技量を学ぶ権利を有し，彼らの移動の自由への恣意的な制限に対しては，抗議する機会を有するとみなされるべきなのであろう。動物の自由への正当な制限は，依然沢山あるであろうことは疑いもないが，その制限は常に暫定的なものであり，抗議や交渉の余地，そして不断の進化に開かれている。こうした条件下で，人間・動物社会が最終的にどのようになるか我々には簡単にはわからない。

　一部の家畜動物については，この十分な移動の原理を認めるのは難しいかもしれない。金魚や，最近家畜化されたセキセイインコについて考えてみてほしい。一方で，家畜化されたセキセイインコや金魚は野生に適応して生きてゆく術を失っているので，彼らを単純に放すことはできない。他方で，十分な移動性を満たす水槽や大きな鳥の檻を与えることは大仕事である。このような場合は，シティズンシップ・アプローチへのコミットメントは達成されえないかもしれない。再野生化できる見込みもなく，家畜化された存在に繁栄に必要な移動の条件を与え

ることができないとき，シティズンシップ理論はうまくいかないかもしれず，廃止・根絶論の立場へと追いやられるかもしれない。しかしすべての，あるいは，たいがいの家畜動物についてそうだ，というわけではない[28]。

　シティズンシップ・アプローチは，動物の自由移動への制限の許容性を問うのみならず，アクセシビリティを拡大し移動への障害を縮小する方法について学ぶよう，我々に要求する。家畜動物が責任ある同胞市民（すなわち動物の社会コミュニティの基本的ルールに従い，彼ら自身や他者に危害を加えない市民）として振る舞えるようインフラ，習慣，期待をどう変えるかを問い，彼らの移動に対して恣意的で不必要な障害を課さないようにすることを保証する必要がある。アメリカ社会の構造は，男性にとってのアファーマティブ・アクションであるというキャサリン・マッキノン（Catherine MacKinnon）の有名な言い回しを想起してほしい（MacKinnon 1987: 36）。いかに人間社会が，二足歩行をし（四足や車椅子，歩行器でなく），5フィートよりも高い視線で，視覚（聴覚や嗅覚でなく）や人間の言葉（記号や手話ではなく）に頼る存在に対するアファーマティブ・アクションになっているかを考えだすと，とても興味深い。このように考えだすと，移動への障害の問題は，人間と動物を完全に分けて考えられる問題ではないことがわかる。イヌ，ネコ，そして人間の子どもは，背丈のせいでバックしてくる車に轢かれやすい。車椅子に乗っている人にとって，一部の動物にそうであるように，階段は大きな障害である。海外からの旅行者は，たいていほとんどの動物と同じように言語情報に当惑する。それでも，障害者が時折そうであるように，動物はそれらを補う能力を持っている。動物の場合，鋭い嗅覚，ジェスチャーへの注意力，身体的な早さと機敏さなどがある。動物は人間よりも多くの状況に対応することができる（例えば人ごみや人の流れを通り抜けたり，障害物を飛び越えたり，不安定な足場でバランスを保ったり，食べ物のありかを突き止めたりすること，などである）。言い換えれば，家畜動物を政治的コミュニティ（ポリス）に組み込むことは，共有空間について様々なレベルで再考することを含む。つまり，移動の障害物を取り除くだけでなく，動物の特別な能力をいかに混合社会に取り込むかを考えることなのである。

　同様に，我々は，移動アクセス制限が劣等性のしるしになっていないか考えるべきである。北米のレストランにおけるイヌの同伴の禁止について考えてみよう。それは，典型的には食品衛生の見地から禁止されている。しかし，前述したように，そのような規則を持たないフランスのような国で，病気が蔓延しているわけではない。実際ここで問題となるのは，「動物がどこに属するか」という一定の

考え方，もしくは食事をしているそばで動物を見たくないという嫌悪反応である。言い換えれば，このような包括的差別は，「従業員はトイレを使用した後は手を洗うこと」「すべての乗客は抗菌マットで足を拭くこと」といったものよりも，「黒人はバスの後ろへ」「ユダヤ人お断り」といったものの方により近いのである。このような制限は，必要性の明示と比例性の原則を侵すことに加えて，社会的ヒエラルヒーのしるしとして機能する。こうした制限は，特定の集団を完全な市民から一斉に除外し，同時に閉め出された彼らを見えないようにする。実際，我々は，召使いたちが裏階段しか使えず，劣等階級として見えないところに押しやられていたヴィクトリア朝時代の家庭へと逆戻りしているである[29]。

　要するに，動物を市民と認めることは，移動の権利について3つの鍵となる含意をもつ。第1に，拘束・監禁が許されないとする一般的な推定と，そして彼らがいきいきとした生活を送るための十分な移動に関する積極的権利を家畜動物へ拡大することである。次に，シティズンシップ理論は構造的不平等への注意を促す，――すなわち社会が特定の個々人や集団の自由を不必要に制限するように作られていないか。そして最後に，シティズンシップ理論は，承認と尊重という問題に目を向けるよう我々に要求する。つまり，地位が劣っていることを示すようなやり方で，恣意的な移動制限をしていないか，ということである。

[3] 保護の義務

　家畜動物を同胞市民として承認することは，人間や他の動物，そして，より一般的に事故や天災の害から動物を守る，という我々の義務の存在を示唆する。以下，これらの例について少し触れてみたい。移動の自由の問題と同様に，これらの義務には，市民としての家畜動物の地位如何に基づくのではなく，単に基本的権利が尊重されるべき主観的な善をもつ存在としての彼らの地位に基づくものもある。しかしながら，家畜動物が市民の一員であるという事実と特に結びついた義務もあるのである。

　市民は，法律による十全な保護を受ける資格をもつ。これが意味するところによると，動物に危害を与えない義務というのは，単なる道徳的・倫理的責任ではなく法的責任とされるべきである。動物への危害は，人間への危害と同じように，犯罪化されるべきである。これは，意図的な危害と，苦痛や死につながる怠慢の両方を含む。しかし，周知のとおり，条文と実際の運用との間にはしばしば異なる世界がある。妻への暴行に対する法律は，長い間端的にいえば無視され，捜査

や訴追がなされることは稀であった。今日存在している動物虐待禁止法の多くについても，同じことがいえる。実際，個々が真に同じ市民として承認されている度合いを測る1つのモノサシは，まさに彼らがどれほど効果的な法的保護を現実に受けているかということである。

　1つの社会として，ことに人間に対する深刻な犯罪となると，我々はまず犯罪を未然に防ぐために膨大な資源を費やし，それが起きてしまったときは犯人を捜し，刑事手続にかけ，投獄や必要であれば治療の費用を払う。我々の広範な刑事司法システムは，いくつもの機能を果たす。弱者保護，犯罪抑止，有罪者の非難可能性に比例した報いを与えること，犯罪が起こった後の社会の完全性の回復といった諸機能である。しかし，おそらく最大の機能は，単純に，強制メカニズムによって我々のコミットメントを下支えすることで，我々が，社会として，基本的権利の保護をいかに真剣に考えているかを示す，ということにあるだろう。我々はみな，このメカニズムの傘の下で成長し，他者の基本的権利を尊重することが，社会生活をつなぎとめる不可欠な接着剤であることを，幼少期から学ぶのである。ほとんどの人はこうした禁止命令を内面化し，これらに反する欲求をもつことがない。家畜動物を市民として認めることは，家畜動物も法の下の十分な保護を与えられたものとみなし，コミュニティ内の一員であることを反映・支持するために刑法を用いることを要求するのである。

　この原則は，イヌ・ネコを故意に殺す人を，殺人犯と同じように罰することを必要とするのだろうか。近年イギリスで檻から逃げ出したチンパンジーが銃殺された事件について，キャヴァリエリ（Cavalieri）は，なぜチンパンジーを殺した者は捕まって訴追されなかったのかを問い，「こうした殺しがそのとおりのもの，すなわち殺人（murder）として捉えられるようになる日」を待ち望むと述べた（Cavalieri 2007）。我々もまた，そのような時代を待ち望む。しかし，犯罪化と処罰の関係は複雑である。刑罰は，将来の犯罪を抑止すること，特定の行動に対する社会の憎悪という象徴的メッセージを送ること，有罪当事者の非難可能性に比例した当然の報いを規定すること，そして被害者（やその家族）に決着がついたと感じさせること，といった諸機能を果たす。これらの諸機能は，人間の場合，そして動物の場合もそうなりそうなのであるが，多様な方向に働く。例えば，個々の犯罪の非難可能性の度合いは，多くの場合，犯人もそれを守るよう社会化された確固たる社会規範に，故意にそして甚だしく違反した度合いの観点から理解される。その社会規範がまだ確立していない場合や，犯人がこれらの規範を守るよ

うに社会化されていない場合は，犯人の処罰に値する度合いは低くなる。しかし，動物の命を尊重するという新しい社会規範を強めるために，抑止効果が重罰を求めるのは，まさにそのような状況においてかもしれない。このことは，社会規範の進展と社会化の度合いの違いを考慮して，量刑のガイドラインは時間とともに変化しうることを示している[30]。

第6章および第7章で論じるところであるが，野生動物や都市空間における境界動物のように，市民ではない動物を故意に殺した者に関してもまた，犯罪化すべきである（殺害や危害の禁止は市民に対するものだけでなく訪問者や外国人に対するものについても適用されるのと同様に）[31]。しかし，他の保護義務はすべての動物ではなく，同胞市民たる家畜動物だけに対する義務であるかもしれない。例えば，市民としての家畜動物は，人間だけからではなく，他の動物からも守られるべきである。つまり，捕食動物，疾病，事故，洪水，火災から家畜動物を守るために，我々は対策を講じるべきである。これらの場合，保護と救助という義務を生じさせるのは，動物が感覚ある存在であることから内在的に生じる道徳的地位だけではなく，我々の社会の一員としての地位なのである。

この第5章を執筆しているときに，我々のテーマの良い例となる2つの興味深い論争が生じた。第1の論争は，洪水時に消防局がイヌを救助するというロサンゼルスのニュース映像に関連する。これは，ハリケーン・カトリーナのような災害の際の家畜動物救助についての，一連のよく似た論争のひとつである[32]。こうした取り組みの擁護者には，動物の救助は人間の救助の練習にもなると応じる者もいる。我々の見解では，ここでの倫理的指令はもっとシンプルなものである。これらの動物を我々の社会に組み入れたのだから，我々は彼らを保護する義務を引き受けたのである。第6章で検討するように，例えば野生のリスを洪水や山火事，もしくは自然の捕食者から救助するといったこれに相当する義務は，我々にはない。第2の論争は，周辺の森林からトロントの近郊にやってきて，イヌやネコを殺していると思われているコヨーテをどのように扱うか，に関わっている。同じような話は，コヨーテが増えている北米のあちこちで起こっている。我々の見解では，我々は家畜動物をそうした捕食者から保護する義務を負っている（第7章では都会のコヨーテの権利を侵さずにイヌ・ネコを守るあらゆる方法について説明する）。これもまた，共同構成員として負う義務である。しかし我々は，コヨーテから野生のハタネズミを保護するといった同様の義務もなければ，野生で生きるコヨーテの捕食行動に干渉する権利ももたないのである。

［4］動物由来製品の利用

複数の動物の権利論者たちが，動物の（正当な）「使用」と（不当な）「搾取」を区別しようとしてきたことは，第4章で示した。この論者たちが正しく指摘しているように，人間の文脈では，我々は，しばしば自身の必要性や欲望を満たすために他人をあらゆる方法で使用しており，このこと自体が必然的に倫理問題を孕むものではない。人間社会における経済的交換その他の形をとる多くの交換の中には，例えば髪の毛や血液といった人体由来製品のやりとりを含む，無害な使用の例も多い。問題は，どこから「使用」が「搾取」になるのか，ということである。

この使用と搾取の区別は，それ自体理に適った区別であるが，構成員資格（メンバーシップ）の理論によってのみ可能である。例えば，何を移民に対する搾取とみなすかという問いへの答えは，単純に自国ならばそうであったであろうよりもましな暮らしをしているかどうか，といった問いからは導き出されない（飢饉や内戦から逃れてきた難民にとっては，事実上どのような生存でも，たとえ奴隷になることでも，改善になるかもしれないのである）。そして，何が子どもの搾取に当たるかということに関しても，最初から生まれなかったらそうであったであろうよりはましかどうかと問うことによっては答えられないのである（ここでもまた，奴隷のような生活ですら，最初から生まれなかったよりはましになりうる）。むしろ，いかなる形態の使用が，社会の十全な構成員資格と矛盾せず，また，いかなる形態の使用が人々を恒久的に従属的なカーストにおとしめるのかを問わなければならない。

人の場合，この区別を示すいくつかのガイドラインや安全装置がある。例えば，子どもや移民は一時的に完全な市民としての権利を否定されるかもしれないが（大人になるまで，もしくは新しい社会に融け込むまで），それは恒久的なものではない。ある時点から，全ての市民が自分の生き方について選択の自由をもち（どこで住み，働き，社会関係を築くかなど），他人にどのように「利用される」か自己決定できる。言い換えれば，搾取からの第1の保護は，個々が選択肢をもつこと，搾取的状況から抜け出す自由をもつことなのである。我々は，子どもや移民から利益を得ようと期待してコミュニティに招き入れるかもしれないが，いったんコミュニティに入れば，彼らは完全な権利を付与された構成員なのである。彼らの仕事から利益を得ることができても，一方的に彼らの一生の計画を決めたり，シティズンシップから得られる利益すべてにアクセスすることを制限したりすることはできないのである。

我々は家畜動物も同じであるべきであると信じる。他者を使用することは，片方が他方を永久的に従属させるのではなく，関係の条件が両当事者の構成員としての地位を反映し，確認している場合にのみ正当性を有する。そしてこのことは，翻って，(できる限り) 主体性と選択を尊重することを要求する。家畜動物は，生涯を通して人間に著しく依存するので，彼らは特に搾取されやすい。動物が退出する自由を行使したり，搾取的な状況に対して効果的な抵抗をしたりすることは，非常に難しい。ザミール (Zamir) の言葉を借りれば，「采配を振るう」のは人間であり，動物の主体性を無視する傾向には，圧倒的なものがある。人間が動物を利用することに強い利害をもっていることを考えれば，動物の要求と選好に関して，人間が身勝手な解釈をする危険は遍在している。動物の主体性を認め，発揮させることが必要だということを強調してきたのは，このためである。動物の欲求や選好について動物が我々に対して行いうる意思疎通を理解し，彼ら自身の生き方に関する計画を具体化するよう，手助けする責任が我々にはあるのだ。

これは，家畜動物を我々が利用してはならず，彼らから利益を得てはならないということではないが，それが許されるのは，主体性と構成員の地位とが首尾一貫するような条件の下でのみである。まず，害のないカテゴリに入るいくつかの利用を考えてみよう。多くの人は，イヌが公園で自由に走り遊ぶのを見て大きな喜びを見いだすだろう。その際喜びを得るためにイヌを利用しているともいえるが，この利用はイヌを邪魔してもいないし傷つけてもいない。イヌに全面的に道具主義的な構想を押しつけてもいない。人間がイヌから喜びを得ていることは「イヌは人間に喜びを与えるためだけに存在する」ことを意味するのではない。人間は喜び (そして共に過ごすこと，愛情，インスピレーション) のためにイヌを自らの暮らしに迎え入れるのかもしれないが，イヌがイヌ自体としてイヌ自身のために存在することと両立しうる (人間の場合でも同じように)。

今度は，より明らかな利用の例を考えてみよう。ヒツジの群れが人間と共有するコミュニティの完全なシティズンシップを有するような，「シープヴィル (Sheepville)」という架空の町を想定してほしい。そこでは，ヒツジの基本的権利が保護されている。そして彼らは，市民としての完全な利益を享受する。彼らは，小屋も多様な食べ物も沢山ある，多様性に富んだ広大な牧草地を自由に歩き回る。ヒツジを捕食者から守り，医療ケアに気を配り，適切な栄養も補助してくれる人間が注意深く見守ってくれている。人間はヒツジの仲間から利益を得るが，ヒツジも逆に利益を得ている。1 年のうち，一定期間ヒツジは公共の公園を歩き回り，

草の背丈を短く保たせる。もしくは，デンマークのサムソー島のように，ヒツジは太陽電池パネルの周りを歩き回り，太陽電池パネルが育ち過ぎた草に覆い隠されないようにしてくれる。または，ヨーロッパのあちこちで見られるように，ヒツジの放牧は開かれた牧畜エリアの維持を助け，多種多様な植物相と動物相の維持にも役立つ（Fraser 2009, Lund and Olsson 2006）。この放牧活動に加えて，ヒツジの糞を集めると，花畑や野菜畑の肥やしにもなる。これらの利用は全く害がないだろう。ヒツジはただヒツジが本来することをしており，人間は強制によらずに利益を得ている。

　それでは，扱いがより難しい事例について考えてみよう。シープヴィルの人間は，ヒツジから採れる羊毛を利用すべきだろうか。商業的な羊毛産業は，ヒツジをあらゆる面で傷つけ，羊毛収集を利益の多い事業にするために，苦痛と恐怖を伴う処置をしている（ヒツジが最終的にと畜場に行くという事実とは全く別の話ではあるが）。しかし，その下で人間が羊毛を使用し，利益を得られるような倫理的条件も想定できよう。野生のヒツジは自然に羊毛を落とすのであるが，家畜化されたヒツジは羊毛生産量を増すために選択的に繁殖させられ，多くの品種が自分の羊毛を落とす能力を無くしている[33]。彼らは年に1度，病気や過熱からの保護のために，人間によって羊毛を刈ってもらわなければならない。ニューヨーク州北部のファームサンクチュアリでは，ヒツジは年に1度毛を刈られるが，それは毛が刈られることによる，彼らの利益のために行われる。実際，毛刈りを怠るとそれは虐待になる。サンクチュアリは，できる限り毛刈りにかかる不快感とストレスを最小限にする。ヒツジの毛刈りの専門家は，ヒツジを落ち着かせつつ，毛刈りによってヒツジが傷つけられないよう非常に慎重に刈る。毛が刈られた後，ヒツジは羊毛の重さから自由になり，明らかに安堵する。しかし，その羊毛はどうすればよいのだろうか。ファームサンクチュアリは人間による動物の利用に哲学的に反対しているので，羊毛は人間に使われることなく，鳥や他の動物のねぐらとなるように，森に撒かれるのである[34]。

　動物を圧倒的に道具的な観点から捉えている世界において，動物を利用する我々の権利についての態度を掻き乱すには，これは適切な振る舞いかもしれない。しかし，シープヴィルの公正な人間・動物社会を考えると，ヒツジ自身の利益のためにいずれにせよ刈られなければいけない羊毛を人間に利用させないのは，倒錯的に思えてくる。その拒絶は，(a)いかなる利用も必然的に搾取である，または，(b)利用は不可避的に「滑りやすい坂道（slippery slope）」を下って搾取につながる，

といういずれかの推定に基づいている。1つめの推論に対しては，人間の例を参照することで既に異議を申し立てている。利用は必ずしも搾取的なものばかりではなく，他者の利用を拒絶するのは，むしろ一般的な社会の善に貢献するのを妨げることで，それ自体が彼らの完全なシティズンシップを否定することの一形式となる（ある集団を一定の職業に就かせないということが二級市民のしるしであることを考えてほしい。例えばユダヤ人を専門職から排除したり，イスラエル系アラブ人の軍への入隊を禁止したりすることなど）。シティズンシップは協同的な社会的プロジェクトであり，全ての市民が対等な者として認められ，全員が社会生活の善から利益を受け，全員が能力や性向に応じて全体の善（general good）に貢献するべきなのである。ある集団を永久に他者のために働く従属的な社会地位に追い込むことは，シティズンシップの否定である。けれども，ある集団を共通善（common good）への貢献者として考えることを拒むことも，同じようにシティズンシップの否定になるのである。

　この貢献方法には大きな幅がある。愛情関係や信頼関係に参加するだけの貢献から，より物質的な貢献まである[35]。重要なのは，全員が自らに適したやり方で貢献できるということである。尊厳の極めて重要な要素には，貢献から得られる自尊心だけでなく（つまるところ，すべての者が自尊心などの精神的能力をもつわけではない），貢献の徳による他者からの尊重もある。ファームサンクチュアリは，人間・動物混合社会の同胞市民としてではなく，高度に保護された存在として，家畜動物を切り離している。しかし，保護が利用と著しい対照をなすものである必要はない。かりにシープヴィルで人間が羊毛を利用できるとしても，依然として全員の利害を平等なものとし，全員の権利を守ることはできる。そのうえ，すべてのものが社会的善への貢献者として見られる。個々の能力，主体，そして依存と自立の度合いには差があるだろうが，すべてのものが，もちつもたれつのコミュニティ生活から除外された特別な階級としてではなく，社会的な計画に進んで参加しようとするものとみなされるのである。

　これでもまだ第2の懸念が残されている。使用から搾取への「滑りやすい坂道」論の問題である。しかしすべての「滑りやすい坂道」論にいえることであるが，社会に存在する滑落防止策の存在に，注意深く目を向ける必要がある。滑りやすい坂道を促進する代表的な原因は，商業化である。利潤動機が生まれると，搾取への圧力が強くなる。例えば，毛刈り過程においてヒツジの不快感を最小限にする処置は，より多くのコストがかかる場合が多い。そこで，人が利益を増やそう

とすれば，そうした処置を最小限にしたいという思いに駆られるかもしれない。言うまでもなく，類似の圧力は人間の経済活動にも存在する。勤務時間を延ばす，給料を下げる，職場の安全性を落とす，といったことへの圧力である。人間の場合，（公正な社会では）従業員は団体交渉や政治行動，あるいは退出の権利を通じて，「滑りやすい坂道」に抵抗することができる。動物もまた，いろいろな形で抵抗することができる（Hribal 2007, 2010）。さらにシープヴィルでは，ヒツジのために交渉し，世論をかきたて，擁護することを任された管理人を通して，類似の保護を保証することもできる。もし何らかの理由で，利潤動機が搾取を促進しヒツジを保護することができなければ，羊毛と羊毛商品の商業化を単純に禁止することもできる。羊毛や羊毛商品を売ることは禁じるとしても，年に1度の毛刈りの後，シープヴィルの住民には適切に羊毛を使うことを許すこともできるだろう（もしくは，非営利の取り決めによって収益をすべてヒツジの管理に使うこともできよう）。

　羊毛の商業利用が，市民としてのヒツジの権利の尊重と直接相反するという議論には，合理的反論の余地がある。すなわち，明らかに搾取されやすい市民集団の文脈で，商業利用の圧力は彼らの利害にとって単純に危険過ぎるといえるのだろうかということである。人間の文脈では，我々は脆弱な集団にも似たような懸念をもつ。児童が金銭のために働くことを禁止するのがベストなのか，または慎重に規制すればよいのか。あるいは，営利であれ，非営利であれ，重い知的障害をもつ者の雇用は，禁止されるべきなのだろうか。このような禁止は，個人から互酬的なシティズンシップの機会を奪う。利潤動機がある場合は，弱者である労働者を搾取から保護するため，強い注意責任と，監督責任が生じる。

　卵や牛乳など他の動物商品はどうだろうか。ヒツジの例と同じように，卵や牛乳の場合も，商業化は搾取へと至る危険を急上昇させる。卵や牛乳から利益を得るためにニワトリやウシが繁殖させられることは，ほぼ間違いなく彼らの基本的権利を犠牲にする。現代の鶏卵業は，恐ろしい閉じ込めや虐待だけでなく，オスのヒヨコの殺処分，卵の生産レベルが低下したメンドリ殺しを伴う。そしてこれらはすべて，利潤率を上げるために必要なのである。

　しかし，基本的権利が完全に守られ，他の市民と同様にいきいきとした生活が保証されているニワトリを想定してみよう。家畜化されたニワトリは，卵を沢山産み落とす。いくつかの受精卵を孵化させ，ひなを育てる機会を与えたとしても，沢山の余剰卵が残る。実際，卵の中にある胚の性別は峻別可能であり，メスだけを（もしくはメスを優先的に）孵化させることは可能である。この余剰卵を人間が

利用することは，間違いなのだろうか（もしくは後で論じるように，ネコにこの卵を
与えることはどうだろうか）。ファームサンクチュアリでは，羊毛に対する立場と
一貫するように，卵を人間が食べることは許されていない（その代わり，卵はニワ
トリの食餌になる）。しかし，羊毛の議論と類似して，人間が卵を利用すること そ
れ自体は搾取的ではない。農場や大きな庭でニワトリを伴侶として飼うこともで
きるだろう。ニワトリは，人間の庇護のもと，探索し，遊び，社会的な絆を育み，
子を育てるといったニワトリらしいことを十分にする余地を与えられ，いきいき
とした生活を送る。人間は彼らに住み処を用意し，食餌と医療ケアを与え，同時
にニワトリの卵をいくつかいただく。卵を食べたいという理由もあってニワトリ
を伴侶として飼う人が多いように，この関係には利用に基づく面があることは否
定できない。しかし，この利用の事実が，ニワトリの権利とコミュニティの構成
員資格の完全な保護を損なわせる必然性はない。ヒツジの例と同じように，最も
重要なことは，彼らの権利を完全に守り監視する体制を確保すること，そして，
彼らの権利を蝕む恐れのある商業的圧力を規制することである[36]。

　乳牛の利用は，ニワトリより多くの問題を孕む。大量の牛乳を出すよう育種さ
れたウシは不健康で短命になるおそれがある（例えば，牛乳の過剰な生産はカルシウ
ムを不足させ，骨を弱くする）[37]。加えて，牛乳生産を商業的に存続可能なプロセ
スとするために，オスの仔ウシは殺されて仔ウシ肉になり，メスウシは牛乳を常
に生産するよう継続的に妊娠させられ（これにより母ウシは疲弊し，多くの病気にか
かる），人間にわたる乳量を最大化させるために，仔ウシは母ウシから隔離される。
ウシを完全な市民として承認し，ヒツジやニワトリのときのように彼らの豊かな
生に貢献するような，搾取的ではない環境を想定できるだろうか。そのためには，
（ウシの大きさとニーズを考えれば）非常に実践的かつ費用のかかる人間の取組みが
必要で，牛乳に関しては非常に限られた量しか得られないだろう[38]。ウシが自
分で進んでつがい，子を産み，余剰牛乳があるとしても，おそらく多くはない。
一方では，ウシや仔ウシ（非侵襲的な方法で性別選択を行わない限りオスとメス両方）
の世話には，相当な土地と資源を必要とする。言い換えれば，ウシと共に過ごす
ことの喜び（もしくはほんの少しの牛乳のために長い期間を費やす覚悟）がなければ，
伴侶としてのウシをもとうとする人は想像できない。

　このことは，ウシがいなくなることではなく，とても多くはなくなることを意
味する。伴侶としてのウシ（もしくはブタ）を求める人は常にいるであろう。し
かし現実的には，これらの動物は（非搾取的状況下では）「役に立つ」度合いが減

るため，人間と動物のコミュニティに生み出されるウシの数は減るだろう[39]。他方で，牛乳利用の注意深い商業化はそれを贅沢品とすることになりそうだから，結果として，限定的だが安定したウシのコミュニティが保たれるだろう[40]。

［5］動物労働の利用

これまで我々は，動物の自然な行動（草を食べ，羊毛を生やし，肥やしや卵，乳をつくるなどの行動）から人間が利益を得る例に焦点を当ててきた。それらとは異なる動物の利用としては，動物を訓練して，人間のために様々な場面で仕事をさせるものがある。その例として，補助犬，セラピー犬，警察馬などが挙げられる。その中にはさほど訓練せずできる仕事もある。例えば，シープヴィルに戻れば，ヒツジの群れのコミュニティには，ヒツジの保護を手伝う牧羊犬やロバなどもいる。こうした保護行動は自然の本能によるもので（特定の犬種の選択的繁殖によりこれが大いに促進されてきたのだが），あまり訓練を必要とせず，イヌやロバは，保護の仕事をしながら完全かついきいきとした生活を送れるだろう。シープヴィルにおいても，イヌやロバが搾取されないよう防御手段は必要だろう。例えば，仕事を楽しんでこなし，ヒツジ（または他のイヌやロバ）との交わりを好むイヌやロバのみが仕事につくべきである。彼らには，ヒツジを守ることを優先するか決められるよう，他の活動（ベッドに留まったり，人間とともに過ごしたり，同種の仲間と牧草地にずっといたりすることなど）の選択肢を与えることが必要である。そしていかなる場合でも，仕事の時間は厳しく制限され，ロバやイヌが常に呼びつけられるのではないかと感じないようにするべきである。こうした条件が整えば，限られた時間のみヒツジの保護手伝いをする生活は，大変満足のいくものになりうるだろう。これは，多種多様で，方向が定められた満ち足りた活動と，十分な社会交流がある生活である。

これと同じカテゴリに入るイヌの労働もあるだろう。例えば，社交的なイヌは，病院や老人ホームを訪問し，人間と一緒にいることで喜ぶかもしれない。イヌ（またはラット）の素晴らしい嗅覚を利用した仕事もある。過度な訓練を必要とせずとも，腫瘍，初期の発作，危険物質などを嗅ぎ分け，失踪者を探索して人間を助ける。しかし，搾取の可能性は非常に高いので，このための動物利用は注意深く規制する必要がある。このような利用が搾取になるのを防ぐためには，以下の状況が明確にわかることを要する。それは，動物がそれを喜んでやること，仕事で得る刺激や交流が生きがいとなっていること，彼らが当然に与えられるべき（ま

たは必要な）愛情や承認，褒美やケアを得る対価としてやらなければならない仕事ではないこと，である。他の活動をして，人やイヌ仲間と触れ合う休憩時間をもち，仕事とのバランスがとれていることも必要である。言い換えれば，イヌ（そして他の労働動物）は，彼らがコミュニティに貢献するにあたっての条件をコントロールしたり，どのように自分の生を送るか，誰と過ごすかという観点において，彼ら自身の意向に従うことができるような，人間の市民が持っているのと同じ機会を持つべきなのである。

　ここで生じる危険としては，人が動物のニーズと選好を人の目的に適合するように型にはめ，操作してしまうことが挙げられる。これは，「適応的選好（adaptive prefences）」という，人間の正義論の領域で長年認められてきた，古典的な問題である。迫害対象となる人々に対して，抑圧を自然かつ普通に，彼らがそれが当然のことだと受け容れるよう，操作し洗脳することは，最も悪質な不正義の1つである。このことは，従属性を受け入れるよう社会化されてきた女性や下層カースト，その他の集団のための正義を理論化するにあたり，争点とされてきた。

　動物についても，このことは同様に問題となる（Nussbaum 2006: 343-4）。すべての家畜動物は，立派な市民に成長できるよう，基本的社会化の権利をもつことは前述した。さらに，動物には，個々に特別な利害と能力を育まれる権利があることにも触れた。しかしこれは，繊細なプロセスである。人間の場合，個々人の可能性を促進することと，個々人を規定した役割を担わせるために抑圧し，型にはめ，洗脳することは異なる，ということは知られている。だが，能力を身につけ，試し，伸ばし，課題をこなし，目標のある活動に協力することを生きがいとする利発な動物は存在する。例えば，とても賢く活気に満ちたイヌが，伴侶としての人間と，障害物競走の訓練をすることを何よりも楽しむこともありえるだろう [41]。この学びの過程には，一定の抑制，矯正，誘導が不可欠かもしれないが，イヌは人間から与えられる一定の「頑張れ」という圧力から，利益を得ることができる。これはまさしく，子どもがピアノを諦める前にもう少しレッスンに挑戦するようにと親から与えられる，緩やかなプレッシャーと同じである。例えば，その親は子どもの音楽の才能に気付いており，子どもは短期的にはそう思わなくても，長期的にはピアノを弾けることで，非常に大きな満足感を見いだすかもしれないのである。全体的な状況として，子どもの利益が心の底にあると考えられるために，親がこのバランスを正しくとることを我々は信じるのである。もし，生演奏を聴いたり，子どものピアノ演奏によって経済的利益を得たり，他の親と

の会話で自慢したりしたい，といった自身の思いつきの願望を満たすために若い演奏者を育てるというのが親の真意だと疑われたなら，我々は早々に，親への信頼を失う。親は，子どもがピアノを弾くことで利益を得るかもしれないが，教育の主要な動機は，子どもの利益と発達であるべきなのだ。

この見方に照らせば，家畜動物を訓練することの多くは，搾取的である。セラピー犬，補助犬の多くは，彼ら自身の潜在能力や利益を伸ばすためではなく，人の目的に奉仕するために型にはめられる（同様のことは乗馬，娯楽業界の動物，そしてその他ほとんどの動物労働に対しても言える）。特別に扱いやすい気質の動物は，早々に認められ，将来役割につけるとみなされる。多くの場合，何か月にもわたる徹底的な訓練は，著しい制限と閉じ込め，そしてしばしば厳しい罰と剥奪を伴う。いわゆる陽性強化［良い行動をほめて訓練する方法］でさえ，通常はかろうじて強制をごまかしているだけである。課題をこなして人間を喜ばせることだけでしか，褒美や遊ぶ時間や他者からの愛情を得られないとしたら，それは教育ではなく脅迫である。多くの労働動物は，自由に走り，他者と交流し，単に探検して自分の世界を経験するといった，本当の休憩時間をもらえないでいる。彼らの仕事は多くの場合，ストレスや危険さえ伴う状況に動物を置く。安定した環境や友情の継続性はなく，訓練者も仕事場も人間の使用者も入れ替わることが多い。潜在能力を発揮できるよう育まれることからはほど遠く，こうした動物は服従の枠にはめられる。彼らの主体性は可能にされるのではなく，群衆コントロールや人間の娯楽，乗馬療法，あるいは障害者を援助するための効果的な道具に彼らを変えるために抑圧されるのである。

牧羊地にいるだけで捕食動物を食い止めるロバと，数か月の集中的訓練を受けてその一生のほとんどを他者の道具として使われる盲導犬の間に，我々は使用と搾取の線を引く。この線がどこで引かれるかを明確に示すことは，どこまで禿げたら境界線を超えて「禿げ頭」になるかわからないのと同じように，難しい。しかし，境界性が不明瞭であるからといって，「ふさふさ」と「つるっぱげ」が区別できないわけではない。より一般的に言うと，家畜動物をコミュニティに引き入れながら，それでいて十全な市民として扱わないところでその線が引かれる。問題は，我々が動物から利益を得ることにあるのではなく，我々がほとんど常に，彼らの犠牲のもとにそうしていることなのである。

196

［6］医療ケア・介入

　家畜動物をコミュニティの構成員として受け入れることは，医療ケアのような
コミュニティ資源や福祉の社会的基盤を平等に利用する権利を認めることを意味
する。現代の畜産動物と伴侶動物は，外科処置や医学的措置を沢山受けている。
そのほとんどは，彼ら自身の利益ではなく，動物をより生産的な，従順な，もし
くは魅力的な存在にしたいという人間の利益のためになされている（成長ホルモ
ン投与，去勢，爪切除，断嘴，声帯除去，断尾・断耳など）。一部の措置は，動物の善
になるものとして合理化されるが（例えば乳腺炎やその他の感染病対策としての抗生
物質，ニワトリが互いを攻撃し合わないように行う断嘴），もちろんこうした問題は，
人間の動物に対する虐待がまずあることで起きているのであるから（過密ストレ
ス，不適切な食餌など），コミュニティの構成員の福祉に真に配慮しているとは到
底いえないだろう。

　けれども，ワクチン投与，救急獣医療など，動物の利益になる獣医学的ケアも
ある。ペットの医療ケアの維持に費やされる多額の金銭に関しては，見当違いの
道徳的優先順位の例としてよく批判される（Hadley and O'Sullivan 2009 など）。実際，
多くの家族が彼らのイヌ・ネコの健康のために犠牲を払いながら，畜産動物の虐
待には喜んで加担していることを考えると，深く道理に反するものがあるのは事
実である。畜産や動物実験を支持しつつ，自分のことを動物好きだと考え，ペッ
トに膨大な医療費を使うことは，非常に不誠実な振る舞いだと批判する者もいる。

　しかし，伴侶動物に医療ケアを施す動機が，このように偽善的で首尾一貫しな
いものであっても，そのことが家畜動物の医療ケアへの要求を縮減することはな
い。現代社会において，医療ケアは社会構成員の権利であり，家畜動物には構成
員として扱われる権利がある。まさにこのことが，我々になぜ家畜化されたイヌ・
ネコに医療ケアを施す義務があり，野生のオオカミやヒョウに対してはない（も
しくはいつもあるわけではない）のかを説明する（野生動物に対する義務に関しては第
6 章で論じる）。こうした義務は，何らかの動物健康保険の制度を通じて満たされ
るだろう[42]。

　けれども，この義務の射程と性質に関しては，難しい問題がある。まず 1 つ目
には，動物は治療に対するインフォームド・コンセントを与える立場にないから，
親が子にするように，人が動物のために決定せねばならないことである。ここで
は，パターナリスティックな枠組みになるのは避けられないが，その一方で，動
物が何を願うか，我々にある程度伝えることができる可能性がある，ということ

を我々は受け入れる必要がある。例えば，動物の多くは獣医が彼らを助けようとしていることを理解する能力を持ち，それゆえ，短期的にみて特定の治療が不快かつ痛みを伴うものであっても，何年もにわたる獣医の世話に進んで同意するのである。しかし，そのイヌが年老いた時のことを想像してみてほしい。彼女は慢性的な健康問題を抱え，ある時から獣医の治療を受けにいくのを積極的に拒みだしたとしたら，これはおそらく治療が無理強いになっている赤信号である。たとえ治療がうまくいき，数週間や数年間彼女が長生きする十分な可能性があるとしても，それは彼女の選択するところではないのである。

　我々に何をしてほしいのか，という動物の意思を理解しようと最善を尽くすからといっても，そのことが，人が伴侶動物にとって何がよいか判断せねばならないという基本的なパターナリズムの枠組みを大きく変更することはない。侵襲的な手術，その後の長い痛みと回復の期間の可能性に直面した大人の人間は，何が自分に起こっているのかを理解し，回復後の生活に期待することができる。動物はそのようにはできないため，我々は，こうした処置が彼らには恐ろしく，ストレスを伴うものになるとみなすべきである。侵襲的な手術を施すことは，精神的回復力を持ち，手術後何年も生きる可能性がある若い動物にとっては，正しい決断かもしれない。他方で，臆病な老犬にとっては，数か月延命するためだけに恐ろしい侵襲的手術を施すことが正しい選択だとはいえないだろう。

　人の場合，末期症状が進んだ段階での安楽死が道徳的か，多くの論争がある。一方では，人生最期の数時間に患者の不必要な苦痛を免れさせることは，たとえその処置が同意や要望に基づいていないとしても，正しいように思える。他方で，安楽死の合法化はその濫用を招きうる。家畜動物の場合，末期症状の最期の数日間に苦痛を取り除くといったこととは全く関係なく殺すときも，常に安楽死という表現が用いられる。動物が（いわゆる）安楽死させられるのは，単純に，彼らが望まれなかったり，捨てられたり，老いていたり，不便だったり，お金がかかったりするからである。しかしながら，ほとんどの家畜動物の殺害が恐ろしい虐待であるという事実は，家畜動物が完全な市民として認められた公正な社会において安楽死が全面禁止されるべきことを意味しない。つまり，人の場合のように，安楽死は道徳的難問で争いがあり，合法であるとしても，厳しく制限されるべきであろうということである。

　ここには逆説がある。獣医療の進歩により，かつてなら心臓麻痺で死んでいたであろう多くの動物が，心臓疾患の投薬を効果的に施されて，数か月あるいは数

年も延命する。しかしながら，この進歩によって動物は，一瞬の心臓麻痺で死ぬのではなく，腎臓病や脳腫瘍などのような症状のもと，長く苦しい死を味わうことにもなりうる。人間による多様な介入（心臓疾患への治療のような良い介入や，食べさせ過ぎたり運動が少なすぎたりといった悪い介入であれ）が，動物の最期の数時間や数日間がどのようになるかに影響する。末期状態の動物に対する人間の役割は，難問である。苦痛をできる限り緩和するか，死を早めて苦痛から解放するか。いずれにせよ人間は，その決定責任を免れることはない。人の場合にこの問題がどれだけ争いを呼んでいるかを考えれば，家畜動物の場合にもそれが争いにならないことは考えにくい。

[7] 性と生殖

シティズンシップ・アプローチを含め，いかなる動物の権利論であろうと直面する最大の難問の１つが，生殖の権利に関するものである。家畜動物の性と生殖について，人間は膨大な制御を加えている（性行為ができるか，してよいか否か，いつ，どんな風に，どの相手と行うか，など）。廃止論や根絶論にたつ動物の権利論者の多くは，生殖への介入がこのようにむやみに広がっていることを正当にも非難し，これを，家畜化が本質的に抑圧を伴うということの根拠とする。しかし，第4章で述べたように，家畜動物種を根絶せよという主張の陰にも，家畜動物種の生殖を防げるための同じように体系的な強制・閉じ込めが前提とされている。現在の慣行が人間の目的に適うよう動物に生殖を強制しているとするならば，廃止・根絶論者の考え方は，生殖しないよう動物に強制することを伴うのである[43]。

いずれのアプローチも，家畜動物の正当な利益を真剣に考慮していない。もし誰かが人間の生殖生活について同レベルの干渉を加えようと提案したら，それは非道なことだとみなされるだろう。しかし，もし家畜動物の性生活への人による制限で正当化されるものがあるとするならば，それはいかなるものかという問いに立ち向かう前に，人間の事例と野生環境で生きる動物の事例を簡単に検討することが役立つだろう。

人の性と生殖は，どのように規制に従っているだろうか。一方で，望むなら望んだ時に自身で選んだ相手と性行為に及ぶことができて，望んだ場合は家族をもてるということは，人間にとってとても重要である。しかし，誰でも自由に行えるわけではない。我々は，性的な搾取および強奪から子どもを保護している。また，相手の同意は必要であり，セックスの自由は絶対ではなく，自発的にそれを

望んでいる相手を見つけることができるどうかによる。そのうえで，できた子どもに対する責任を果たすことが求められる。性と生殖のどの局面が市場の力に服しうるかは，特に子どもが関わる場合，注意深く規制されている（精子・卵の売買，生殖サービス，養子など）。そして，特定の結果をもたらすために，生殖を操作できる程度も規制されている（例えば，先天性欠損がある場合に妊娠を終わらせる選択的堕胎は許されているが，性別の選択のための道具としてそれを使うことは許されない。胎児の異常を正すのではなく，能力を「高める」ために手術を行うことは，また別の倫理的論争を生んでいる）。これらの規制の境界線の多くについては，大いに異議申立てを受けている。

　一般的に我々は，性行為やその結果の受け入れに関して，自己制御をし，責任をもつことを個々人に求める。それができない場合は，国が介入する（例えば，子どもの保護，HIVへの接触から無自覚なパートナーを守る，性的暴行を好まないパートナーの保護など）。「（パートナーと）性行為をする権利」のようなものがあるわけではなく，「性的強制あるいは不当な性的規制を受けない権利」がある。我々には「家族をもつ権利」（国連の世界人権宣言によって法制化されている権利）があると多くの人が主張する一方で，この権利も，自発的なパートナー（もしくは提供者や養子）がいるかどうかに依存している。そして，家族をもつといういかなる権利も，その程度については論争があるのは明らかである。自分の子を世話することができるかといった責任や，社会的に人口過剰である場合に生殖しないという責任（あるいは人口減少に際して生殖を行うという責任）に対応して，家族をもつ権利がどの程度抑制されているだろうか。社会は，人々の生殖を促したり，思いとどまらせたりするために，広範なインセンティブ（加えて時にはより威圧的な方法）を用いる。結果として，我々の性と生殖生活は高度に規制されているが，しかしこの大部分は，内面化された自己規律や社会的圧力，あるいはインセンティブへの反応という形をとっているのである[44]。

　生殖を自己制御することによって，人は（理論的には）持続可能なレベルや，生まれてきた子を（個人的もしくは集合的に）世話できる能力を超えないように，保証できる。野生動物の間では，性と生殖がどの程度，社会的規制や自己規制に服しているかについて，とてつもない多様性がみられる。ある種においては，ほとんどすべての大人のメスが交尾をし，子を産む。多くの場合，非常に多くの数の子が産み落とされ，大人は全くといっていいほど子の面倒を見ない。個体数は，捕食，野ざらしによる変調，疾病，そして餓えなどによって調整される。これは，

魚や爬虫類の多くがとる進化的戦略である。この図式は，社会的な種では大分異なる。オオカミは，性と生殖活動を厳しく統制している興味深い例である。オオカミの群れにおいては，ボスとなるオスとメスのみが性行為を行い，子を産むのが普通である。わずかな数の子しか生まれないが，これは大きな投資である。そのボスのペアが産んだ子を，群れがみんなで協力して育てる。大人のオオカミの多くは，一生性行為を行うことなく過ごす。この点において，オオカミは，高度に自己規制と社会制御を行っている。個体数は，外部の力によって管理されているのではなく，環境と入手可能な資源に対応して，社会集団によって厳しく制御されているのである。

　家畜動物種に目を転じると，彼らはもともと社会的な種であり，彼らの祖先は生殖および／あるいは子を育てるための大人同士の協力といった，一定の社会的統制を行使していたことを忘れてはならないだろう。しかし，人間の介入が，先天的にであれ後天的にであれ，それらの種の生殖メカニズムを徹底的に崩壊させた。言い換えれば人間の介入は，食餌や住まい，捕食者からの保護といった面で家畜動物の人間への依存性を高めてきたように，野生のときに存在していた個体数管理メカニズム（自己規制，社会的協力，外的要因の組み合わせ）も取り除いてきたのである。

　家畜動物を市民として認めるにあたっては，自律的な性と生殖への制御が可能ならば，その限りにおいてそれらを取り戻させるべきである。しかし，我々は，主体性がある場合にそれを強めることができるだけなのであり，性と生殖の自己規制が可能な程度は，家畜動物種によって著しく異なる。我々は，（オオカミのような）外的要因に対応した自己規制もしくは（捕食者や食糧不足などの）直接の外的要因によって個体数を管理する自然環境から，家畜動物を引き離してきた。餓死したり，捕食者に食べられたりすることは，主体性を発揮することではなく，そのような環境に戻すことは家畜動物の利益にならないであろう。しかし，もし自己制御メカニズムが取り除かれたとしたら，その代わりになるものは何であろうか。自分で選んだ相手と混じり合いながら社会コミュニティで過ごし，したいときに交尾をし，子を育てる機会が与えられた場合，家畜動物がどのようにこうした行動を制御するのか，我々には分からない。したがって，彼らを市民とみなすことの一部は，我々が，自分の生を管理する機会をより多く与えたときに彼らがどうするか学ぶということなのである。しかしこのことは，人間が単純に生殖問題から手を引く言い訳にはならない。家畜動物が重要な主体性を発揮できない

限り，人間は，彼らの利益のために行動する責任を負う。コミュニティの構成員としての家畜動物は，保護を受ける資格をもつ。そしてその保護には，それが必要なら，パターナリスティックなものも含まれる。さらに，彼らが内面的に自己規制しない限り，社会生活の制約に従うことになる（例えば他者の基本的権利や協力体制の持続性を守るための規制を行うことなどが挙げられる）のである。

いかなる文脈においてもそうであるように，シティズンシップは，ここでも権利と責任が混合した1つのパッケージである。市民として，家畜動物は権利をもつが，そこには性行為と生殖活動を不必要に制約されない権利も，人間・動物社会という，より大きな集団から子どもの世話や保護を受ける権利も含まれている。しかし市民として，家畜動物は他者に不公正なコストを課さない方法で，また協力体制に持続可能でない負担を負わせない方法で，権利行使をする責任がある。動物が生殖において自己制御をしない，もしくはできない場合，彼らの子を世話し養うために，他者の負担はひどく大きくなる。このような場合，彼らの生殖に制限を設けることは，より広く協調的な計画における妥当な要素であると，我々は考える。移動制限と同様に，生殖制限は慎重に正当化され，最も制限が少ない可能な方法でなされるべきである。この理由づけは，根絶論が要求する，絶滅に向けた徹底した産児制限や不妊手術と重要な点で異なる。根絶論者は，各個体の自由を，彼らの利益にかまうことなく制限しようとする。シティズンシップ・モデルでは，各個体の利益を考慮することによってのみ，制限が正当化される。その際，この利益には，権利と責任双方を伴う，協力的社会プロジェクトの一部分であることも含まれることを認める必要があるのである。

家畜動物種がどのように生殖を行うかということと，それらの動物種が何頭存在すべきかは，峻別されるべきであろう。現在，家畜動物は地球上で最多の哺乳類や鳥類であり，数を増やすべきだということは困難である（おそらく人間にも当てはまるが）。その数は，生態的な見地からは持続可能性を欠いている。それだけの数の家畜動物が存在しているたったひとつの理由は，人間が集約的に彼らを繁殖し搾取しているからである。したがって，いずれにせよ，動物の解放は家畜動物の激減をもたらすだろう。我々はたぶん，(a)生態学的に持続可能で，(b)社会的に持続可能な頭数規模に仕向けるべきだろう（ここでいう社会的に持続可能とは，家畜動物をケアする人間の義務と，人間・動物間の共同社会に動物が関与し資することの，バランスを反映するものである）。人間が彼らの数を持続可能な形に制限することは，生態系の破壊や社会の崩壊を許すよりも，家畜動物の利益に適っている。

家畜動物の増殖率を制限するため，相対的に侵襲性が低い方法は沢山存在する。例えば避妊ワクチン，一時的な物理的隔離，鶏卵の無精卵化などがそれである。さらに，可能な限り，動物がそうしたいときは家族をもつチャンスを与えたのちに出生制限を行えばよい。言い換えれば，現状では，一部の動物が繁殖役になり，大多数は1度も生殖することがない。子を持つ（そして育てる）機会は多くの動物の間に，制限された範囲であれ，分散されるべきだろう。

　家畜動物の総数を制限することが（この点において彼らが社会的に自己規制を行わない限り）適切であったとしても，それは，生殖の過程をすべて制御することを意味しない。例えば，性行為を行うか，誰と，いつ行うかという選択である。ここでも我々は，動物の主体性が及ぶ範囲という難問に直面することになる。エリザベス・マーシャル・トーマス（Thomas 1993）は，『犬たちの隠された生活（The Hidden Life of Dogs）』で，2つの全く異なる話を書いている。1つは，彼女の犬マリアとミーシャという深く結びついている仲良しペアのものである。彼らは，明らかに互いに性行為で喜びと満足を得て，結果，妊娠し仔イヌを出産する。他方で，彼女の犬ヴィーヴァは，知らない雄イヌがフェンスを飛び越えて庭に入ってきてレイプされたとき，明らかに心に傷を負い，脅えきった不安定な母イヌとなった。最初の話は，イヌは安全な環境下では責任ある主体性を発揮することができるという例である。主体性が発揮される状況を整えるうえで，人間の介入が重要な役割を担っている。つまり，イヌが相手を選べるような安定かつ安全な環境を用意し，望まれない性関係から彼らを守るということである。言い換えれば，人間の干渉は必ずしも主体性を制限するのではなく，主体性の確立に不可欠なものにもなりうる。

　しかし，わからないことも多い。家畜動物種の中には，何世代にもわたって，人間の介在した授精で生まれてきた動物種がある（一部の動物は人間の介在なしに生殖できない程になっている）。性行為をするかどうか，するとしたらいつ誰とするかということについて，コントロールする権限のいくらかを彼らに返す際，我々は慎重になる必要がある。我々の役割は，動物がどこまで（どのような状況で）意味ある主体性を発揮できるか，明らかにされたことに導かれたものであるべきである。しばらくの間は，どの動物がどの動物と繁殖するか，多くを管理し続けるのは疑問の余地がない。動物が多くの選択を行うことができる状況をつくったとしても，依然として人間は，パートナーになり得るグループや，妊娠と出産につながるつがい関係の可能性を，管理し続けているだろう。この管理は，現在生き

ている動物の権利を尊重し，願わくは次世代の動物にも寄与する形で行われるべきである。

　ここで例を挙げると，人による動物の繁殖は，動物の健康に様々な問題をもたらす。呼吸障害，短命，気温の激しい変化への脆弱性の深刻化，成長した動物が自分の体重を支えきれなくなるほどの骨格と筋肉のバランス異常（flesh-to-bone ratios）などである。動物には，こうしたプロセスを故意に逆行させるために，繁殖期を判断することはできない。我々は動物を，進化的圧力が適応性を決定し選択する自然条件から切り離してきた。家畜動物にとっての適応性とは，人間・動物混合社会で生き抜く能力をいう。これが意味するところは，人間は，少なくとも予見可能な将来においても，家庭動物の利益のために，繁殖に対して何らかの制御を行う必要があるということである。動物にパートナー候補のグループを用意する際には，動物を搾取するためではなく，シティズンシップに基づいて，健康や混合社会でいきいきと生きる能力という観点から，産まれてくる子の利益になるようにグループを選ぶべきである。この繁殖管理は，将来の動物の利益になり，繁殖するつがいの権利を尊重する条件（どこで誰とつがうか，つがわないのかについて）を満たしていれば，正当化できるものとなるだろう[45]。

［8］家畜動物の食餌

　家畜動物に対する我々の義務の中には，適切な栄養を与える責任というものがある。そこで我々は，また別のディレンマに直面する。とりわけ，もし彼らにとって（いわゆる）自然の食餌の一部である場合，肉を家畜動物に与える義務が我々にあるのか，という問題である。同胞市民としての家畜動物に対する義務を果たすために，我々はある種の動物を肉にしなければならないのだろうか。

　ここでは，一歩距離をおいて，動物の食餌の問題を一般的に考えてみる価値がある。家畜動物（特にニワトリ，ウシ，ヤギ，ヒツジ，ウマ）には，主体性を発揮する機会を大いに与えられると，自分で栄養必要量の多くを満たすことができるものがいる。ロザムンド・ヤングの説明を前に引用したが，自由に歩き回れる彼女のウシたちは，自分でバランスのとれた食餌を調整し，病気に対応し，出産に備えたりしている（Young 2003）。しかし他の動物は，栄養のニーズを満たすために，予測可能な未来においては我々に依存するだろう。伴侶動物としてのイヌやネコは，狩猟や屍体あさりなどによって自力で生きてゆく野生の環境から，とうの昔に引き離されている。野生化したイヌやネコは多くの場合自力で生き抜けるが，

人間によって食餌が与えられることがない限り，うまく成長することは難しい。実際，イヌやネコは，人間の家族と暮らし，食べ物を共有するようになってから久しい。ここ数十年で我々は，ネコやイヌのためにだけ作られたフードを与えるという考え方に慣れてきた。（これは，イヌ・ネコが人間と異なる栄養ニーズをもつことへの理解を反映している。また，工業化した食肉生産システムにおける副産物の販売先を探したいという要望も反映している。）しかし，人間とペットの歴史の大半において，イヌとネコは家族の残飯を食べたりおねだりしたりしてきた。特にイヌは，非常に柔軟性の高い雑食動物として進化してきた。イヌが（よく考えられた）ヴィーガン食で健康に育つことを示す根拠は十分にある。また，ネコは肉食ではあるが，タウリンや他の栄養素によって適切に補充された，タンパク質が豊富なヴィーガン食でもやっていけるという証拠も増えてきている[46]。もしそれが本当ならば，正当なる人間・動物世界への移行は，伴侶動物に食餌を与えるという点に関しては，克服できない倫理的ディレンマをもたらさないだろう。

　ヴィーガン食は，イヌとネコにとって自然な食餌ではない，という批判もあるだろう。しかし，イヌとネコは何世紀も人間とともにあって，食に関してもその文化的多様性に適応してきた（そのうえ，商業的なペットフードに自然的なものは何ひとつない）。伴侶動物に，自然な食餌というものはもはや存在しないのである。重要なのは，彼らの栄養ニーズを満たす食餌を与え，それが口に合い，彼らを喜ばせることができるか，なのである。ネコやイヌは，個体によって好みが異なることがあるが，多くのヴィーガン食材および食欲増進食材（栄養補助酵母，海藻や，肉や魚に似せたもの，チーズの香りをつけたもの）を特別好むものがいることを示す証拠はいくらでもある。

　たとえヴィーガン食が栄養十分で美味しかったとしても，それが多くのイヌ・ネコにとって第1の選択肢ではないということはありうる。選べるとしたら，彼らはたぶん肉を選ぶであろう。我々は，動物を主体として確立し，可能な限り彼らに自分の善を選択させるべきだと主張してきた。ではなぜ，ことに食餌の件に関しては，肉を選ばせないよう勧めるのか。それは，市民の自由は常に，他の市民の自由を尊重するために制約されるからである。人間・動物社会の構成員であるイヌやネコは，他の動物を殺すことを伴う食餌への権利をもたないのである。第6章で検討するように，被食者・捕食者の関係は，野生環境では不可避だが，家畜動物は人間・動物混合社会の市民であり，その社会では正義の状況が存在するのである。私たちがこれまで繰り返し主張してきたように，正義は，家畜動物

第5章　市民としての家畜動物　　205

の権利を認めることを要請する。そして同時に正義は，家畜動物にも，すべての
市民と同様に，すべての市民の基本的自由を尊重することをも求めるのである。
多くの人間も肉食を好むと思われるが，栄養ニーズを満たす代替手段が存在する
ことを考慮すると，肉食は非倫理的だということになるだろう。

　しかしながら，動物性タンパクが食餌に含まれていないと適切に栄養摂取でき
ないネコがいることが明らかになったら，どうすればよいのだろうか。我々は，
いかにして，他の動物の殺されない権利を侵さずに，ネコに食餌を与える義務を
果たせるのだろうか。考えられる選択肢として，①ネコに狩りをさせる，②動物
の死体を食べさせる，③幹細胞から生成される「人造肉（frankenmeat）」を開発
する，④家畜のニワトリが産んだ卵を食べさせる，というものが考えられる。第
1の，ネコにネズミや鳥を捕らせる選択肢は，我々がそれを殺すのと何ら変わら
ない。伴侶としてのネコは，我々のコミュニティの一部なのだから，子どもがそ
うするのを禁じるのと同じように，可能な限り他の動物に暴力を加えることを制
限する必要がある。言い換えれば，人間と動物の共同社会の構成員としての我々
の責任の1つには，他者の基本的自由を尊重するという場面において自己規制が
できない構成員を一部制御することがあるのだ（例えば，ネコに鈴を付けて，ネズ
ミや鳥に，ネコが近づいているのをわからせるようにし，戸外にいるときはネコを監視する，
といったことである）。

　例えば，老いて自然死した動物や交通事故にあった動物の死体から肉を採取す
るなどして，屍肉あさりをさせるという選択肢は，興味深い問題を提起する。遺
体を丁重に扱うことは，尊敬を表す1つの方法である。動物には遺体を侮辱する
という観念が理解できないのだから，彼らの死体の扱い方によって彼らの尊厳を
傷つけることはできない，という人がいるかもしれない。それに対しては，お互
いに尊敬しあう関係は尊敬の概念を理解しうる人格同士の間にしか存在しえない
という考え方は，片方が尊敬という概念や自分自身を理解できない場合であって
も存在しうる，と主張する障害者理論によって異議を唱えられている。たとえ尊
敬されていない人がそのような状況を理解していないとしても，尊敬の欠如は彼
らがどのように扱われるか，彼らがコミュニティの完全な構成員として認められ
ているかという点において，重大な意味をもつ。この尊敬の構想は，動物の遺体
の扱いにおいても意味をもつだろう。もし我々が，一般的に動物の死体と人間の
遺体の扱いに異なる基準を設けているとしたら，これは尊敬に異なるレベルがある
ことを表すとともに，また，動物をコミュニティの完全な構成員としてみること

206

ができない状態を永続させることになる。したがって，動物の死体に対して人間の遺体とは異なる扱いをすることの意味については，慎重になる必要がある。他方で，人間の遺体を尊重する考え方は文化によって異なり，時が経つにつれて変化するものでもある。死体を検死解剖する，科学の研究に使う，臓器を移植するといったことは，かつては遺体の冒瀆の例とみなされてきた。人間の体を堆肥化する新技術も，同様の理由で論争含みである。人間の体を肥料として再利用することは許されるだろうか。

ここで生じるさらなる疑問は，死体の扱いは全ての個人に関係する基本的権利の領域に属する問題なのか，それとも，コミュニティの境界線とメンバー相互間の義務を画するシティズンシップに関係する権利なのか，ということである。それは，どちらのレベルでも問題になるように見受けられる。一方では，人間の死体への干渉——我々がなすことを控えるべきこと——で，おそらく世界的に共通して侮辱や軽蔑として考えられるものがいくつかある。他方では，死体に対する積極的な義務についての観念——敬意を表すために我々がなすべきこと——もあり，死体に対する積極的な義務は，文化（そして宗教）によって異なり，コミュニティの境界線を示す。このことは，人間であれ動物であれ，市民であれ外国人であれ，我々が決してしてはならない死体の扱い方がある一方で，我々がコミュニティの構成員に負う特別な義務もあるということを意味するのかもしれない。例えば，もしある人が外国で亡くなったら，旅行者として訪れた地の文化によるのではなく，遺体を本国に送還するか，または，その人が属する文化，宗教，コミュニティの方法で死体を扱うことが，より適切となるのであろう。

したがって，おそらくはいかなる社会やコミュニティにおいても，我々は人間の死体と同じように家畜動物の死体を扱うべきだが，コミュニティの外からきた動物の死体については同様の義務は求められない。伴侶動物としての我々のネコの死体は，人間と動物の共有社会における彼女のシティズンシップを示す形で扱うのが適切だと考えられるが，野生動物に同様のことをするのは適切ではない。野生動物は異なる社会に属するので，死体があさられて，生命の網の中で再利用されても，何ひとつ威厳が損なわれることはない。そのことは，そうした野生動物の死体を我々のネコの餌として用いてよいことを意味するのだろうか。それとも，それは必然的に野生動物の生命を軽んじることになるのだろうか。

我々が動物の死体をどう扱うか，そしてそれが生物への尊敬をどのように傷つけうるかという懸念は我々を，研究室で幹細胞から作る人造肉の発明についての

第 5 章　市民としての家畜動物　　207

関連した懸念に導く。一方で，このような発展は肉の利用問題の回避策を与えてくれるようにみえる。感覚ある動物を作り出さず，ただ組織だけ作るというアイディアである。したがって，この人造肉の製造によって直接危害を受けるものはいない。けれども，我々が懸念するのは，このような発展が生命への畏敬という点で波及効果を生むのではないかということである。人造肉を作るのに人間の幹細胞を用いることをせず，動物の幹細胞を用いるのであれば，人格の尊厳という観点で，決定的な差違を設けていることにならないだろうか。我々が人間の幹細胞から食用の肉を作ることはないだろう。人肉をつくることは，人は食べ物ではない，という共食いのタブーを冒すことになるからである。しかし，もしそうであるなら，動物の幹細胞から育てられた肉を食べることは，類似のタブーを冒すことにはならないだろうか。一部のヴィーガンの人にとっては，肉（または毛皮や革）に似せたものを使うという考えさえも忌まわしいものとなる。他の人にとっては，こうした製品は全く問題がない。嫌悪の問題は，尊敬の問題と結びついており，適切な境界線のあり方について，かなりの人々が議論し続けることは間違いないだろう。

　鶏卵のような肉以外の動物性タンパク質をネコに食べさせるという選択肢は，人間・動物社会内部において，ニワトリをそのような食物供給者として使うことが倫理的なものとなる条件があり得るのか，にかかっているのは明らかである。この問題については既に論じたとおりで，限られた状況においてのみ許容されることを示した。鶏卵（もしくは牛乳）の商業的産業はおそらく存続可能ではない（そして虐待を引き起こしうる）ので，ネコのための動物タンパク質の問題を解決するための大量生産もあり得ないのである。けれども，ネコを伴侶としたい人にとっては，いわばそれと抱き合わせで，おそらくはニワトリの伴侶も飼うことによって，卵の倫理的な供給源を見つける必要が生じるということがありうるかもしれない[47]。

　ネコは家畜動物の中で唯一，真に肉食動物といえる存在なので，人間・動物社会に対して独自の問題を提起する。食餌や，その他の人間・動物社会の構成員になるために必要な制限などの，何らかのレベルの道徳的複雑性に向き合わずして，ネコを伴侶とすることはできない。（そのような制限には食餌に関することだけでなく，他の動物を捕食しようとするネコの行動から守るために，屋外でネコを慎重に見張ること含む。）こうしたレベルの制限は，ネコが混合社会の構成員としていきいきと生きる可能性を損なうだろうか。これは，ネコの根絶をもたらすことも正当化され

るということを意味するのだろうか。少なくとも，伴侶としてネコと暮らす人は誰でも，彼らのネコが必要な制限のもとでいきいきと生きることを確保する重要な責任を引き受けることを意味する。（例えば，口に合い，栄養ニーズも満たす適切な食餌を彼らに用意し，他の動物を危険にさらさないようにしつつ，ネコに屋外を楽しむ機会を与えるといったことなどである。）

［9］政治的代表

　我々は，シティズンシップ理論が各個体の自由と繁栄についての視点をいかに提供するのか，そしてそれらがいかに協力的で互酬的な社会生活計画の中で展開すると理解するか，ということを強調してきた。そこでは，個々の市民には，彼ら自身の自由と機会を享受するためにも，社会の基本ルールを内面化することが求められる（例えば他者の権利を侵してはならない，社会生活に参加する，といったルール）。しかし基本ルールは常に暫定的なものであり，全市民の民主的参加により，継続的な交渉の対象となる。また，我々は既に，家畜動物は，彼らの選好の表出を解釈する術を学んだ「協力者」の助けがあれば，この過程に参加できることも論じた。しかし，このような依存的主体は，家畜動物と協力者を政治的意志決定者につなげる制度上のメカニズムがある場合にのみ，政治的に効力を得る。つまり，我々は家畜動物の政治的代表を効果的に確保する方法を必要とするのである。

　動物は，様々な候補者や政党の綱領を理解することができないので，それは家畜動物に投票権を拡大することによってではないことは明らかである。これは，重度知的障害者にも当てはまる。ヴォーハウス（Vorhaus 2005）が指摘するように，彼らもまた，投票に限定されず，投票に尽きない代表の構想を必要としている。では，同胞市民としての動物のための政治的代表は，どのように捉えられるだろうか。

　動物の権利論の文献は，このことにほとんど触れてこなかった。これは，消極的権利の保護が最優先されてきたことと，将来の人間・動物関係は，社会的・政治的に動物を統合することではなく，最小限の接触しか伴わないものであるべきだという思い込みを反映したものでもある。しかし，環境についての文献では，いかにして「自然に参政権を与えるか」が議論されてきた。例えば，ロビン・エッカースレイ（Robyn Eckersley）（Eckersley 1999, 2004: 244）は，次世代と人間以外の種の関心が政策決定に反映されるよう責任をもつ，「環境保護局」のような独立した公的機関の，国制レベルでの設立を推奨している。「代弁者（advocates）」，「受

託者（trustees）」，「オンブズマン」といった環境に関する政治的役職を確立するといった類似の提案は，他の論者によってもなされている（Norton 1991: 226-7, Dobson 1996, Goodin 1996, Smith 2003 など）。しかし，結局のところ，次世代や人間以外の種の関心を信頼のおけるかたちで考慮するために，信頼できる唯一の方法は，人間の一般的有権者の態度を変えることであるという批判もある（Barry 1999: 221, Smith 2003: 116）。

これまでに触れたように，こうした提言は動物の権利論の文献からではなく，環境保護主義ないし生態系保護主義関連の文献の内部から出現してきたものである。そして，これらの文献の優先順位を反映して，これらの提言が家畜動物の基本的権利を守るという観念に焦点を当てることはほとんどなく，ましてや家畜動物のシティズンシップの地位が顧みられることもないことは，いうまでもない。むしろ，議論の中心は，何よりもまず野生の状態で，生態系を持続的に保存することにある。第2章でみたように，このコミットメントは，個々の動物の権利を侵すことを支持することと手を携えることとなる（例えば持続的な狩猟や，増え過ぎた種や侵略的外来種への対処としての駆除の支持など）。

動物の権利により固有な視点からは，スイスのチューリッヒ州にある「動物弁護（animal advocate）」局という非常に興味深い例が挙げられる。法廷で動物を代理する弁護士がおり，環境の持続可能性ではなく，動物の福祉に焦点を当てる権限を与えられている[48]。しかし，これは政治的代表のためというより，虐待を防止する既存の法の効果的執行を確保するためのものである。動物弁護人は，立法過程において，同胞市民としての動物を代表して構成員としての条件を再交渉するといった権限を与えられているわけではない。

上記の例によって明らかになったことは，最終的に重要なのは，あれやこれやの制度的メカニズムを創り出すことではなく，例えば「弁護人」よりも「オンブズマン」か，といった制度の検討ではなく，制度改革を促すような人間と動物との関係の捉え方なのである。よく整備された動物福祉監督局は，既にほとんどの法域にあるが，彼らの役割は，動物は人間の目的に仕えるために存在しているということを当然のことと捉える福祉主義の哲学に縛られていて，動物福祉とは，単に「不必要な」動物の苦痛をなくすことでしかない。

このわなから逃れるために，我々はまず，家畜動物のシティズンシップという観念，それにのっとった新しい代表のスキームを作るという目標を明確化する必要がある。このスキームにおける効果的な代表は，あらゆるレベルの制度改革を

210

必要とする。立法過程における代表にとどまらず，例えば地方自治体の土地利用計画の決定や，ありとあらゆる専門職や公共サービス（警察，緊急サービス，医療，法律，都市計画，公共事業など）のガバナンスにおいても，動物を代表することが求められる[49]。これらすべての機関において，家畜動物は見えないものとされ，彼らの関心は無視されてきたのである。

第5節　小括

　以上が，家畜動物を同胞市民として考えることによってもたらされるいくらかの変化の，部分的なリストである。これまでの例が，シティズンシップの見方がどのように運用されるか，そして，シティズンシップ理論が現在の動物の権利論を支配する廃止・根絶論，閾値論とどのように違うのか，示せていればと思っている。我々が考えるシティズンシップ理論は，権利と責任の固定的なリストを定めるのではなく，完全な構成員，同じ市民として，継続的な関係性を築くことへのコミットメントをその核心とする。いかなる条件やセーフガードが人間・動物混合社会における完全な構成員としての家畜動物の地位を保ち，逆にその地位を蝕み，動物を恒久的な従属カーストにおとしめるのか。こう問うことによって，我々は，動物の訓練や社会化，動物製品や動物の労働，医療ケアや生殖などの問題を検討するのである。

　これらのすべての問題において，家畜動物を同胞市民と捉えることで，倫理的ディレンマを残らず解決する魔法の公式が得られるわけではない。人間の場合も，同胞市民を尊重することに必要とされるものは何かという問いは，異議申立てと理性的な論争を生じる問題である。けれども，これらの条件の中で考えることで，我々の判断を導くべき目標と予防手段を明確にすることができ，従来の動物の権利論を悩ませている行き詰まりや矛盾を避けることができるのである。

　さらに，この考え方は，現在の我々の動物の取り扱いについて存在するようにみえる，逆説のいくつかを理解するのに役立つ。人間社会におけるイヌやネコといった伴侶動物の過剰なほどの手厚い保護は度を越しており，感傷的，偽善的，そして自分勝手だという批判を聞いたこともあるだろう。この批判には2つの側面がある。第1に，夕食に豚肉の切り身やニワトリの手羽を食べながら，ペットのイヌ（例えばローヴァーという名の飼い犬［アメリカで多いイヌの名前］）の癌治療に膨大な費用を費やすことの偽善性を衝くものである。第2の批判は，比較の問題

第5章　市民としての家畜動物　　211

ではなく，絶対的なものである。この立場によれば，そもそも伴侶動物にはそんな高水準のケアをしてやる価値もなければ，そうしてやるべき適切な対象でもないのである。彼らは結局のところ，単なる動物なのだから。

　現在の家畜動物の扱いが歪んでいることについて争う気はないが，これらの批判は，シティズンシップ理論からみるとどちらも的外れである。第1の批判の，偽善だという指摘へのシティズンシップ・アプローチからの適切な応答は，伴侶動物へのケアのレベルを下げることではなく，すべての家畜動物を，構成員としての十全な利益と責任を備えた市民として扱うべきだというものである。第2の批判に対して，シティズンシップ理論は，コミュニティのすべての構成員の基本的平等を要求する。すべての市民に対する平等な配慮と尊重は，感傷的な免罪符ではなく，正義の問題である。多くの人間が彼らの伴侶動物に向ける愛情とケアは，軽蔑すべき誤った感傷などではなく，生かして拡大すべき，強力な道徳的エネルギーなのである。

原注

1) これは，Rollin 2006 の暗黙の前提であるようだ。Rollin は，家畜動物と関わるうえでの我々の義務を果たすために，後見［保護］(guardianship) モデルないし被後見 (wardship) モデルを支持する。Burgess-Jackson は，「デニズンシップ (denizenship)」に含まれる関係的な権利と責任については説明することなしに，伴侶動物を「都会と郊外のデニズン (denizen)」とみなすことを示唆している (Burgess-Jackson 1998: 178 n. 61)。第7章では，我々のコミュニティの完全な構成員にはなることなく都会や郊外で我々とともに暮らしている，家畜化されていない境界動物（リスやカラスなど）に対して，デニズンシップの考えが適切であることを論じる。しかしながら，家畜動物の正義のためには，デニズンシップや後見モデルではなく，シティズンシップが適切であるということをこの章では論じる。

2) 第4章で検討した閾値論は，(a)人は「采配する」存在であり (Zamir 2007: 100)，(b)初期値としての立場あるいは水準指標としての立場は，動物を不存在もしくは関係のない存在とするものだと想定するので，せいぜいが何かしらの後見モデルを擁護するのみである。それとは対照的に，シティズンシップ・モデルは，動物自身によって表現された主観的な善に敏感であり，動物が共有された混在コミュニティの構成員であるという事実を所与のものと考える。

3) Rawls は，2つの道徳的権能を特定している。1つ目は，善の構想を形成し，見直し，追い求める能力である。2つ目は，正義の感覚をもつ能力である。ロールズは，我々がリストに掲げている3つ目の能力については明言していないが，それは彼の2つ目の能力についての説明と，市民は「公共的理性」をもつという彼の仮説に暗示されている。その他，Habermas のそれような現代の理論は，暗示的に最初の2つの能力を前提として，法律の共同立案に参加する能力に注目している。

4) 女性や種的マイノリティ，そして下層カーストとみなされた人々は，歴史的に市民の地位を否定され，恒久的に後見の対象でなければならなかったことを忘れてはならない。それらの根

拠として，彼らは市民になるには愚かで，主観的な善を表現したり集合的決定の形成に参加したりする権利を欠くと言われてきた。そして，市民たりうる知的能力を欠く膨大な人々の後見は，いわゆる白人男性の負担だった。

5) これらのシティズンシップをめぐる闘争についての歴史や概観については，カナダの例としては Prince 2009，イギリスの例としては Beckett 2006，アメリカの例としては Carey 2009 を参照。

6)「社交性，行動の順応性，コミュニケーションの形態における人間との類似性，または（両者の）生存のための生態学的条件に関する人間との相互依存性，あるいはその双方が，家畜化の結果であるだけはなく，その前提条件でもある」ことの度合いの高さを強調する Benton 1993: 51 も参照せよ。

7) 生命倫理学の文献では，治療を受ける際の「インフォームド・コンセント」という合理主義者の構想と，それほど認知的に要求水準が高くない「同意（assent）」という構想を区別することが一般的である。そして，ある種の人々は，前者をすることができなくても，後者はできることが多いと考えられている。

8) Francis と Silvers が認めているように，依存的主体性の理論は，多くの課題に向き合う必要がある。例えば，SID の人たちを特徴付ける，計画，愛着，信頼の判断の難しさといった課題である。これらの困難は，真に SID の人たちの善に関する忠実に個人に合わせた台本（scripts）を形成する可能性を蝕み，その結果，「生涯にわたる知的障害をもつ人たちの善は，彼らに与えられた主要な能力を基本的レベルまで可能ならしめるという，他覚的なものになる」と考える者もいるのである。（Francis and Silvers 2007: 318-19 は，この見解を Nussbaum に帰すものとしている。）彼らの論文はその大部分において，この異議に応答するための長期にわたる努力である。

9) 道徳と政治哲学（そして社会一般）が，どのように SID の人たちの道徳的能力と影響を軽視しているかについては，Kittay 2005a も参照せよ。Clifford も，SID の人たちの純然たる身体の存在は，参加の一形態であり，手に負えず，不調和であり，また，他人を困惑させるようなやり方で行動することは，「誤った前提に直面させ，新しい意見交換の道」を拓く，としている（Clifford 2009）。

10) 障害をもつ人たちを，障害の区分に基づいて扱うのではなく，それぞれ特有の主観的な善と特有の能力をもつ人たちとして見ることの重要性は，身体障害に関する著述で頻出するテーマである。彼らを障害者としてだけではなく，人格としてもみることを要請する点は，シティズンシップ・アプローチ特有の利点であるとされることが多い。例えば，Carey 2009: 140，Satz 2006，Prince 2009: 208，Vorhaus 2006 を参照のこと。

11) Carey は，自身の知的障害者の権利についての本を，我々はみな，自分の権利を行使するために助けを必要とする，という同様のメッセージで締めくくっている。「市民は，諸権利を主張ないし実現するための，あらゆる支えを提供する関係的な文脈に埋め込まれている。かくして，我々はみな，我々が関わりあう関係性や社会慣習が壁を作っている場合，参加や諸権利の実現に際して不利な境遇におかれる。そしてそれらが参加を援助してくれるとき，我々は有利な状況におかれる」（Carey 2009: 221）。SID の人たちは，この明らかな例であり，すべての市民が心しておくべき教訓である。

12) 人間とその伴侶としてのイヌについての研究において，Sanders は，「心を寄せる」すなわち「自分たちの動物の主観的経験がいかなるものか同定し，それに声を与える代理人」として行動するという過程について説明している（Sanders 1993: 211）。日々の決まり事や相互作用の中で，その解釈作業が行われる。「世話をする人と彼らのイヌは，継続的に活動や気持ち，そして日課を共有する。これらの当然の決まり事を協調して行うことは，人と動物に，互いの見方を身に

つけることを要求し，疑いなく飼い主の目には，そして表面上はイヌにも，『共に』いるという共通認識を結果として生むのである」(Sanders 1993: 211)。

13) 差し当たり，どのようなときにイヌを使って補助させることが搾取となるのか，という問いについては検討しない。この問題については，後で触れる。

14) 罪なき動物擁護者を守るため，名前と地名は変えていることに注意していただきたい。

15) Bekoff and Pierce 2009, Bekoff 2007, de Waal 2009, Denison 2010, そして Reid 2010 を参照のこと。Sapontzis 1987 は，道徳的主体性は種をまたぐ連続性がある，という見方を早くから提唱している。

16) 野生のイルカが，危険にさらされた人を安全な場所まで押していった事例は多くある (White 2007)。イルカが人を助けるということはよく知られているので，小説家の Martin Cruz Smith によって，当時のロシアの「道徳的に転倒」した社会はロシア人を安全な場所から危険な場所へ押しやる 2 頭のイルカだという比喩に使われているほどである (Smith 2010: 8)。

17) これは，人と動物双方にとって遊びがどのように機能するかのほんの一側面にすぎない。これ以外にも，物理的生存の能力を身につけさせ，身体的健康を維持し，社会的絆を促進する。また，それが純然たる楽しみであることは言うまでもない。

18) Mark Twain が，人間は「赤面する，あるいはその必要がある唯一の動物である」と言ったのは有名である。イヌ科の動物はその能力や必要性を共有しているようである。

19) イヌと人との間の特別な関係性についての研究や，どのようにして我々が共通理解と協調関係のために共進化してきたのかに関しての増えつつある証拠については，Masson 2010 を参照。Horowitz 2009 も参照されたい。

20) Bernard Rollin は，我々は何が伴侶動物の最大の利益なのか（例えばどんな訓練なら抑圧的でなく，楽しんでやれるのか）を常に知りうるわけではなく，「これらの，もしくは類似の問いに答えられるようになるまで，我々は伴侶動物の後見モデルに移行することができない」とする (Rollin 2006: 310)。我々は，これを裏返して考える。つまり，伴侶動物のシティズンシップ・モデルを受け入れない限り，動物の最善の利益は何か，というこれらの問いに答えることを可能にする前提条件や準備を，我々は欠いているのである。

21) 科学的研究と，前述した動物の行動についての，より逸話に近い報告を同列に置くことを不安に思う読者もいるかもしれない。我々はみな，一部の動物好きが，彼らの伴侶動物の行動を驚くほど擬人化した方法で解釈する傾向にあることをよく知っており，こうした投影化には慎重であらねばらない。しかしながら，伴侶としての人は，他者の心に対する正真正銘の洞察を導くような長期の観察に従事することが多いということを，社会学の研究は認めている。そして，伴侶としての人の心理状態の解釈がそうであるように，伴侶としての動物の心理状態の解釈も，修正と改善という同様の継続的な過程を辿る。Sanders と Arluke が言うように，「日々，他者としての動物と相互に関わり合っている人が，その動物の意思を明らかにし，彼もしくは彼女の内部状態を判断するために用いる証拠は，日常的な状況の中で人間相互の関わり合いの間主観的な基礎を確立するために用いられる証拠と同じくらい説得力がある。……［そしてそれは，］少なくとも行動主義的あるいは本能主義的な前提に全面的に根拠を置いた因果的説明と同じくらいには強力なものである」(Sanders and Arluke 1993: 382)。伴侶としての動物に関する心理的な投影は，根拠に照らして練り上げられたものでなければならないが，まず，そもそもそのような心理的な投影を行おうという意欲が，学びの可能性を開く。「我々の伴侶としての動物を，社会的相互作用における顕著な自覚をもつパートナーとして承認することを通じてのみ，彼らの視点や行動を検討し理解することができるようになる」(Sanders and Arluke 1993: 384)。「動物であれ人間であれ，他者との親密な親交関係は，優秀な教師である」(Sanders 1993: 211)。

Horowitz 2009 も参照。

22) 第4章第3節で触れた，障害をもつ人たちが依存すること（そしてそれにより彼らのニーズが満たされない可能性）だけでなく，依存が誇張されること（そしてそれにより彼らの主体性と彼らがもちうる選択肢を可能にしようという努力がなされない傾向があること）によっていかに苦しむか，という議論を思い起こしてほしい。イヌやネコは，人間の子どもと同じくらいの知能をもつという話をよく聞く。このような家畜動物と子どもの比較に対して，動物擁護の立場に立つ人は異議を唱えるが，それはもっともである。こうした比較は往々にして，動物の自立した主体性や成年者としての行為能力や経験を，過小評価するか，または曖昧にするのである。しかしこれは，話のたった一部にすぎない。動物はこの世に成長しきった状態で躍り込むのではない。彼らも我々のように，広範な世話を必要とする，非常に無防備な子として踏み出すのである。よって，すべての動物を人間の子どもと比べることは不適切である一方，基礎的な社会化の問題に関連して，種をまたいで子どもと比較することは不適切ではない。

23) アフリカゾウを数十年もの間観察してきた Joyce Poole は，「『しつけ』をされた子ゾウを見たことがない」という。「ゾウは，子ゾウを守り，あやし，優しく話しかけ，安心させ，救助するが，罰することはない。ゾウは，信じられないほど前向きで愛に満ちた環境で育つ。もし若いゾウや，実際には家族のどのゾウであれ，他の家族を何らかの方法で不当に扱った場合，説明や議論がなされる。そして不当な扱いを受けたゾウを慰める声と，仲直りの声とが混ざり合うのである」（Poole 2001）。

24) 人の無知を露呈させるものの1つとして，「群れ」の優位に立つ存在としての立場を確立した人間によって，イヌは支配されなければならない，という考え方がある。Horowitz 2009 やPeterson 2010，その他の者が指摘するように，イヌ科の動物の社会構造は比較的堅固な，血のつながった構成員による家族関係に基づく。多くの場合，血縁関係にないものによって構成員が変動する群れとは異なる。不安定な群れの構造のもとでは多くの場合，絶えず虚勢や誇示行動，荒っぽい威嚇，時には暴力を用いて，優位性を主張する努力がなされる。これは，家族構造における権威の性質とは実際異なる。家族構造における権威は，親と子ども，年長と年少，そして兄弟の序列に本来備わっている。この権威は，だいたいは疑いのないものであり，支配を通して継続的に示されることを必要としない。

25) 我々は，動物が閉じ込められた状態から逃げ出した時，非常に混乱する。家畜動物を乗せたトラックが高速道路でひっくり返り，ブタやウシやニワトリが外に出たような時，手に負えない動物の存在に気付かされることになる。Owain Jones によれば，我々がただ種としての存在にすぎないものでなく，特定の個体として見ることを可能にして，動物を道徳的焦点に引き出すのは，まさにこのような，動物が「場違い」となる瞬間のなある（Jones 2000）。

26) 障害者運動における「最小限にしか制限されない環境（the least restrictive environment）」原理を求める闘争については，Carey 2009 を参照。ある一時点におけるある領域におけるパターナリスティックな制限が必要になるかもしれないことが，他の領域にまでわたる，大規模または恒久的な制限の許可証を与えることはないのである。

27) 彼らの決定が動物に与える影響を検討するための学問であり，専門職であるはずの都市計画のほとんど全面的な失敗については，Wolch 2002，Palmer 2003a を参照。

28) 移動の問題は，現実におかれている多くの環境より本当は広い場所を必要とするであろうウマにも関係してくる。しかし彼らの場合，前述したように，セキセイインコや金魚と比べれば，再び野生化させるという選択がより実現可能でありそうだ。そして我々には，根絶論の考え方をとる前に，この野生化の選択をとる義務がある。ほとんどの「ペット」としての爬虫類，両生類，魚，そして鳥は，捕えられた野生動物であって家畜動物ではないということを指摘して

おく。彼らについては第**6**章と第**7**章で論じる。この章では，数世代にわたって閉じ込められた場所で繁殖され，長年家畜化されてきた種のほとんどに見られるように，人への恐怖心や自然環境で生きる適応力を失うという特徴を示してきた種について言及している。

29)「ペット禁止」のルールと「子ども禁止」のルールを比較することは興味深いだろう。一部のリゾート地やホテルは子ども禁止と明記しており，大人だけの環境で休暇を過ごしたい人にとって，そこには正当な理由があると思われる。ペットを禁止するホテルやリゾート地にも類似の議論が当てはまると想像する人もいるだろう。しかしながら，子どもを禁止する決まりがそのような状況にのみ適切であるとされる限り，その議論は，そのようなルールが子どもは社会の完全な構成員だという原則の例外であり，一般的に子どもは公共の場で歓迎される，という前提に基づいている。動物の場合に欠けているのは，まさにこの前提である。（ここでの重要な違いは，一部の人はイヌやネコがいることでアレルギー反応に苦しむことである。しかしながら，このことは動物嫌いの言い訳に悪用される可能性もある。シティズンシップ・モデルにおいては，アレルギーをもつ人たちに十分な選択肢を提供しつつも，家畜動物の完全な構成員資格を是認するために，公共空間の組織の仕方が交渉されることになるだろう。）

30) 我々は，人間には当てはまるが，動物の事例には当てはまらない訴追や処罰の理由がある，というFrancione 2000に同意する。しかしながら彼は，不注意または故意に動物を殺した人を起訴する可能性を，あまりに性急に矮小化している。

31) 政府が市民に対して特別な責任をもつという事実は，特に不注意によって危害や死が引き起こされた場合，特定の法律の解釈に影響を及ぼしうる。危害を加えないよう分別のある用心をする義務は，野生動物や境界動物との間の多くの場合予測不能な関係よりも，永続的に我々のコミュニティの一員である家畜動物との関係において，より厳しくなるのである。

32) 災害時における動物の救助についての議論は，Irvine 2009を参照されたい。興味深いことに，都市計画者やソーシャルワーカーのような他の多くの専門職は行わない動物への配慮が，消防や救助活動においては行われている（Ryan 2006）。

33) このことは，将来の繁殖，そして品種改良のプロセスを逆行させることの可能性について，疑問を提起する。品種改良によって，ヒツジは自分の羊毛を落とせないだけでなく，増加した肌の表面積と羊毛の量によって寄生虫と病気に弱くなっている。このプロセスを徐々に逆行させるために異なる品種のヒツジとかけ合わせることは，我々の責任である。しかしながら，これには長い時間が必要となる。ヒツジを不快にし，不健康にし，または病気を起こしやすくする品種改良の慣行を逆行させるべきであるが，一方で，単にヒツジが毛刈りの際に人に依存するという事実に問題があるかは，問題含みである。いずれにせよ，ヒツジにそれぞれパートナーを選ばせて繁殖の機会を与えることを想定すると，将来の繁殖は我々の手中にのみあるのではない。人が全体的なパラメーターを決めるにしても（例えばパートナーの多様性を増すよう群れを混ざり合わせるなど），将来のヒツジの進化の方向性は，人の厳格な管理下ではなく，ヒツジと人間双方の選択を通じて展開してゆくだろう。

34) 非利用というファームサンクチュアリの哲学についての議論に関してはhttp://farmsanctuary. typepad.com/sanctuary_tails/2009/04/shearing-rescued-sheep.htmlを参照。また，人は「人以外の動物に属するものを人の所有物として扱う権利は，公正な立場でいえば，ない」とのDunayerの主張も参照のこと。「人以外の動物は，彼らが産出したもの（卵，乳，はちみつ，真珠……），建てたもの（巣，木陰，巣箱……），そして彼らが住む自然環境（湿地帯，森，湖，海……）を所有していることを認められるべきである」（Dunayer 2004: 142）。我々は，動物がつくるものは彼らに属するという点に同意するが，そのことは，そうした産出物を我々が正当に利用しうるかという問いを妨げない。市民は，彼らがもつものにかかる税を払い，他者がも

216

つものを利用するために，もしくはすべての者が共有するものを維持するのを助けるために，交換を行う。動物の生産物がそれを生産した動物に属すると考えることが，必然的に「非利用」の方針を導き出すわけではない。むしろ，シティズンシップに関する公正な構想の一部として，そして社会生活におけるギブ・アンド・テイクの一部として，動物の生産物を使用することが正当化されることを要求するのである。

35) または，創造的な方法においてなされることもある。自然を舞台として演奏した作曲家 R. Murray Schafer の作品に自発的に参加した動物（家畜動物ないし野生動物）について考えてほしい。その音楽には，オオカミ，ヘラジカ，数種の鳥，そして参加した人間の伴侶としてのイヌたちが，刺激を受けて参加した。例えば，Schafer の Wolf Music については http://beta.farolatino.com/Views/Album.aspx?id=1000393〔Not Found〕

36) これらの問題への興味深い省察については，カリフォルニアのブラック・ヘン・ファームのウェブサイトを参照のこと。世話しているニワトリの卵を売ることがなぜ倫理的に許されると彼らが考えているかが説明されている。http://www.blackhenfarm.com/index.html

37) ここでも，ヒツジの場合と同様に，選択的な繁殖が動物の健康を歪める効果を元に戻すために，人間がどのような努力をしなければならないのかという問題が生じる。

38) ウシの牧畜が，他の方法よりも実用的な状況もある。例えば，オーストリア東部のノイジードル湖地方で牧草を食べるハンガリー原産のハイイロウシの場合，放牧によって彼らに必要な食糧が賄われているが，この放牧は，牧草地を破壊するどころか，背丈の低い牧草地の生態系と，そこで繁栄する野生の動植物を維持する鍵となっている（Fraser 2009: 91）。

39) ウシとブタに関する「利用」の問題は，彼らが自然死した後の皮の利用にも及ぶ。動物の死体の取り扱いについては，後に動物の食餌の節で取り組む。

40) ヤギのミルクの販売の正当化については，テネシー州にあるフィアス・コ・ファームのウェブサイトを参照。https://fiascofarm.com/Humane-ifesto.htm　この農場は決して山羊を殺さず，オスの仔山羊については譲渡先を探す。

41) ウマにおける状況は，より疑わしい。一般的にウマは，彼らの基本的権利を侵害する「調教」（すなわち徹底的かつ強制的な訓練）を受けるまで，馬具であるはみや引き具，そして騎手を拒絶する。人間がウマを利用するにあたって，人間がウマに引き具をつけたり騎乗したりせねばならない限り（伴侶としてのウマや放牧を除いて，利用のほとんどはこれらを伴う），このようなウマの利用は，おそらくシティズンシップの基準を満たすことはあるまい。

42) このことは必然的に，同じ市民としての動物にどの程度の医療を与えるのが正当か，という問いを生じさせる。ここではいつものように，その答えは人間の場合に我々が何を要求することを正当と考えるかに，部分的には依存している。潜在能力論者が言うように，医療ケアにおける正義は，すべての者がある一定の主要な「機能」を果たすようにすることなのだろうか（もしそうならば，どのような機能なのか）。もしくは，「十分主義（sufficientarian）」の理論家の言うように，目指すべきは一定の基本的な福祉のレベルを満たすことなのだろうか。または，「運の平等主義（luck egalitarianism）」の理論家の言うように，福祉の機会に関する不当な不平等をなくすことが目標なのだろうか。はたまた，民主的平等主義の理論家が言うように，すべての者に市民としての社会的役割を果たさせることが目標なのか。明らかに，こうした問いは未だに人の場合でも激しく争われており，この本の趣旨からして，私たちはこの議論における確固たる立場を示すことはしない。家畜動物は我々の政治的コミュニティにおける同胞市民である，という私たちの議論は，それぞれが動物の医療について異なる含みをもつであろう，これら特定の配分的正義に関する説明のどれを採用するかということに左右されない。例えば，Nussbaum の潜在能力に関する見解に基づけば，目指すべきは，家畜動物がいきいきと生活す

るために特有の機能を満たすことである。それは，我々の医療が，我々がいきいきと生活できるということを定義づける，特有の機能を得ることを目的としているのとまさに同様である。そして双方の場合において，医療費が他の社会的な善を排するほど底なしにならないよう，そこには限界が設けられるべきだろう。我々は，余命や生活の質のわずかな向上のために大金を払うようなことは望まないだろう。明らかに，これらの機能や関連する限界の特定は，身体的，精神的能力，寿命，健康上の脆弱性などに基づく，動物のタイプによって異なる。

43) 動物の生殖の権利に関する興味深い議論については，Boonin 2003 を参照。Boonin が示しているように，驚くべき数の動物の権利論者たちが，人が家畜動物の不妊断種手術をする権利（もしくは義務までも）を有するという考えを無批判に支持しており（例えば Zamir 2007: 99），動物が生殖への妥当な利益をもっているかもしれないという事実を無視している。我々は，生殖への利益が考慮されなくてはならないということに同意するが，家畜動物の子孫を世話するという人間の義務を含む，人と動物との間のより十全な権利と責任の組み合わせを統べる，シティズンシップというより広い理論の内部で考慮される必要がある。我々は，このより広がりのある理論が，生殖に一定の制限を課すことの根拠を提供すると考えている。動物の権利論者が概して，不妊断種手術を含む基本的権利の侵害を正当化することができていないのに対し，1 人の例外として Fusfeld 2007 がいる。彼女は，家畜化された奴隷としての飼育環境下に生まれてこないという将来世代の動物の利益を守るために現存する動物の生殖権を犠牲にすることで，本質的に功利主義的な立場から広範囲な不妊断種手術を擁護している。

44) 20 世紀の大半を通して，諸国家は精神障害をもつ人たちに強制的な不妊断種手術を行ってきた。その根拠としては，彼らは理性的に性的行動を自制できず，自分の子どもの面倒を見ることもできないというものであった。こうした強制的な不妊断種計画は廃止された。部分的には，そういった措置が身体の完全性という観点において，彼らの基本的権利を侵害するためであり，また，別の場合には，多くの知的障害者も（適切な援助があれば）親として行動できるという理由であった。しかしながら，知的障害者を世話する人たちが，例えば集団生活や集団行動を性別に組織するといったように，他の侵襲度の低い手段によって彼らの性的生活を統制し続けていることは注意しておく価値がある。精神障害者における性と生殖をどのように扱うかといった問題は依然として論争の的である。アメリカについては Carey 2009: 273-4，カナダの事例については，Rioux and Valentine 2006 を参照。

45) 読者は，本章における我々の議論が，動物園の動物に関して示唆するところは何かと疑問に思うかもしれない。動物を捕まえて動物園に入れることは，各個体の基本的権利の侵害になる。そして，第 6 章で扱う，主権を有するコミュニティの構成員としての権利の侵害にも当たる。けれども，既に動物園にいて，自然環境で生き抜く術を失い，子どもにどう生き抜くかを教えられない動物についてはどうだろうか。動物園で飼育されている動物が徐々に死に絶えるよう，飼育環境での生殖を防ぐべきなのだろうか。飼育環境にいる種の多くは生殖率が低く，彼ら自身の意思に委ねたとしても，徐々に死に絶えてゆくだろう。しかしながら，他の種は飼育下においても生殖をしており，今後も人がそれを防がない限り生殖を続けるだろう。家畜動物の場合，彼らへの性行為や生殖の選択への制限は，制限を受ける各個体の利益に照らして正当化されなければならない。時を経て，管理された環境のもとで，こうした動物と彼らの子孫は野生や半野生のサンクチュアリに組み込まれることを選択するかもしれない。しかしながら，他の動物は，野生に戻ることもできず，また，何らかの閉じ込められた環境では，たとえ最も「先進的」なサンクチュアリが提供する広大な場所ですら，いきいきと生活することはできない，という悲劇的なディレンマに追い込まれているかもしれない。そうなると彼らの状況は，前述したセキセイインコや金魚のような，いきいきと生活できる環境を人が用意することが非常に難しい動

218

物と似ていると考えられる。人間・動物共同社会における彼らの状況は，廃止・根絶論者がすべての家畜動物の状況がそうだと（誤って）しているのと同じように，本質的に問題含みなのである。

46) イヌとネコのヴィーガン食が健康に害がないことの証拠に関しては，以下を参照のこと。http://www.vegepets.info/diets/veg_feline.html

47) 読者の中には，卵を食すことも，死体を食べるのと同様の懸念をもたれないのはなぜかと，不思議に思う向きもあるかもしれない。その営みがニワトリへの尊敬という観点で波及効果をもたらすことなしに，我々は卵を食べられるだろうか。このことは，（不定かつ可変的な）文化的意味づけと行為に内在する悪を切り離すことが困難ないくつかの例のひとつである。細胞から生成した人造肉を食べ，死体を食べ，死体を堆肥に利用し，身体の老廃物を肥料に利用することに関しては，もしこれが人の細胞，死体，老廃物が食されたり利用されたりしているとしたら，嫌悪感を抱く人が今日では多いだろう。しかし，動物の細胞，死体，老廃物であれば，喜んでその利用や消費を受け入れるだろう。我々は，この扱いの違いは道徳的に疑わしいと考える。しかしその解決方法が，同様のタブーを人から動物へ広げるものである必要はない。もしかしたら我々は，人権や尊厳を尊重する方法で可能なのだとしたら，人の細胞や死体，もしくは老廃物に対するタブー視を再検討することができるかもしれない。卵に関しては，ニワトリと人の卵の実質的な特徴の違いが明白な論点として挙げられよう。ニワトリの卵は，もち運び，保存，そして調理を容易にする殻に覆われた形で，アルブミンに包まれており，使用に適している。かりに，人が卵生であり，無精人卵を産み落とすのだとしたら，我々がそれを利用することに対してどのような反応をするか，知ることは困難である。我々の嫌悪感，タブー，そして文化的伝統を，倫理的配慮と切り離すことは難しい。

48) この役職についての議論と，スイス全土にわたってこれを拡大することを問うために行われた2010年の国民投票の試みの失敗について，以下を参照のこと。http://www.theguardian.com/world/2010/mar/05/lawyer-who-defends-animals

49) 1つだけ例を挙げれば，Ryan 2006は以下のように注記している。ソーシャルワーカーは家畜動物がいる家族や家に関わることも多く，彼らの活動が多くの場合，関与する家族の動物に決定的な影響を与えることが多いにもかかわらず，動物の福祉を考慮するための専門的訓練を受けておらず，動物の利益を考慮するような職業上の権限ももたないのである。

第6章

野生動物の主権

　これに先立つ2つの章において，我々は家畜動物に焦点を絞ってきた。この章で我々は，人間による直接的な管理から比較的自由に暮らし，食物，住み処，社会構造に関して彼ら自身のニーズを満たしている，家畜化されていない動物に目を転じる。家畜化されていない動物という広いカテゴリには，多種多様な人間・動物関係が存在する。我々は第7章において，境界動物——人間と密接な関係を持って暮らしている野生動物について検討する。この章では，「真に野生の」動物のケース，すなわち人間および人間の居住地を避けて暮らし，縮小しつつある生息地や縄張りにおいて，（そうすることができる限りにおいて）分離・独立した存在であり続けている動物たちのことを検討する。野生動物については，我々が家畜動物のために概要を述べてきた，人間・動物の混合コミュニティにおける依存的主体性およびシティズンシップのモデルは，実現可能ではないし望ましくもない。

　野生動物は人間を避けて生活しており，日々のニーズを満たすうえで我々に依存していないけれども，にもかかわらず人間の活動によって傷つきやすい。この脆弱性は，人間活動との地理的近接度，特定種の生態系変動への適応能力，およびそれらの変動のペースによって異なる。彼らの脆弱性は，大まかに3つのカテゴリの影響の結果として生じるものと考えることができる。

① 直接的，意図的な暴力——狩猟，漁撈，わなによる捕獲。動物園やサーカ

スに入れたり，エキゾチックなペットの飼育やトロフィー収集の嗜好を満たしたりするために野生から誘拐すること，または野生動物の身体やその一部をその他の目的に使用すること。野生動物管理計画（wildlife management programmes）の一部としての殺傷。科学研究の名目での野生動物を用いた加害的実験。

② 生息地の喪失（Habitat loss）——（居住のためであれ，資源採取，あるいは娯楽その他の目的のためであれ）生息地を破壊し，生存のために必要な空間・資源・生態系の存続可能性を動物に与えないような，人間による動物の生息地への継続的な侵犯。

③ ［人間活動の］波及的な加害——人間が作るインフラストラクチャーや人間活動が動物にリスクを負わせる多種多様なやり口（航路の設定，高層ビルや道路の建設から，公害や気候変動のような波及効果まで）。

人類が野生動物に与える影響の大部分はネガティブなものであり，これら3つの方法のいずれかに当てはまるが，潜在的にポジティブな影響を及ぼす4つ目のカテゴリを考えることもできる。

④ 積極的介入——個別的な対応（例えば，氷の割れ目に落ちたシカの救助）であれ，体系的な保護管理（疫病を防ぐための野生動物へのワクチン接種など）であれ，人間が野生動物を援助しようとする努力。また，それらは（火山噴火，食物連鎖，捕食のような）自然災害や自然の作用への対応であることも，人間が招いた害を逆転させたり予防したりする努力（再野生化，生息環境修復など）であることもある。

動物の権利論が適切なものであろうとすれば，上の4つすべてのタイプの影響について考えるためのガイドラインを提供しなければならない。

　この章で我々は，上記の点において伝統的な動物の権利論が不適切なものであることを論じるとともに，これらの課題に対応するためにどのように拡張・修正されなければならないか示す。我々が示すように，伝統的な動物の権利論は第1のカテゴリ——基本的権利の直接的な侵害——に焦点を絞ってきており，他の3つの問題にはあまり注目してこなかった。これは偶然の見逃しというに留まらず，動物の権利をもっぱら内在的な道徳的地位に基礎を置くものとして定義するすべ

第6章　野生動物の主権　　221

ての理論が持つ限界を反映しているのである。他の3つの争点に適切に取り組むには，実現可能かつ道徳的に擁護可能で，人間コミュニティと野生動物コミュニティとの様々な関係を明確化するような，動物の権利のより明示的に関係論的な説明を工夫することが必要である。これからみるように，これらは根本的に政治的な問題であり，人間社会と野生動物コミュニティの政治的関係について適切な構造を同定することによってのみ取り組むことができる。我々は，これらの関係を同定するひとつの有益な方法は，野生動物が主権を持つコミュニティを形成するものと考え，それと人間コミュニティとの関係を国際的な正義の規範によって規制するべきであると論じる。第5章でシティズンシップ理論は我々が家畜動物に対して負う義務を特定する手助けをしてくれると論じたように，ここでは主権および国際的正義のアイディアが野生動物への義務を特定する助けになることを示したい。

いずれ明らかになるように，我々の目的は動物の権利論を拡張することにあり，それにとって代わることではない。この点で，似たような関心からスタートするとはいえ，我々のアプローチは生態系中心主義に関する文献の多くとは異なっている。多くの生態系中心主義者は正当にも，生息地破壊その他の故意によらない加害に注目しないことや，人間活動が野生動物（および生態系）に及ぼす複雑で壊滅的な影響を適切に理解していないことをもって，伝統的な動物の権利論を批判してきた。我々は彼らの洞察を大いに参照している。しかしながら，第2章で論じたように，環境理論の一般的な傾向として，動物を自然もしくは生態系といったより広いカテゴリの一部とみなそうとすることで，動物の主観性がもつ独特の道徳的重要性を過小評価し，個々の（人間以外の）存在の不可侵性を否定してしまうきらいがある[1]。実際，生態系の健全性についての全体論的関心が，個々の動物の権利を認めるという考えとは両立しないと主張する生態系中心主義者は多い。脆弱な生態系を守るために侵襲的な植物を除去する必要があるように，人間も生態系にダメージを与えている動物種のいわゆる治療的除去（therapeutic culling）に携わる必要に迫られるかもしれないのである。

しかしながら，動物の権利論の観点からみれば，生態系内部の多くの異なるタイプの存在の中でも，ある種の存在は，侵害不可能な権利を尊重することを含む独特の道徳的対応を求める主観的実存（subjective existence）を持っているということを思い起こすことが肝要である。実際，生態系中心主義者たちは既にこのアイディアを受け入れている。結局のところ彼らは，脆弱な生態系を守るために人

間を治療的に除去することを推奨したりはしない。人間に関していえば彼らは，生態系保護へのコミットメントは侵すべからざる個人の権利の制約の範囲で行うことができるし，行われなければならないことを受け入れているのである。我々は，同様の原理は動物にも適用可能であるし，されるべきだと論じる。この章における我々の目的は，それゆえに，拡張された動物の権利論が主体の不可侵性へのコミットメントを維持しながら，いかにして生息地や生態系の繁栄といった根本的問題に取り組むことができるのかを示すことにある。

　我々は，伝統的な動物の権利論の野生動物に対するアプローチの限界を描くことから始め，続いて代替案として主権に基盤を据えたモデルを展開する。そうするにあたっては，主権という言葉が何を意味しているかを説明し，野生動物コミュニティに与えることのできるような主権の意味をはっきりさせ，このモデルが，野生動物に対する人間活動の与えるインパクトやそれらとの相互作用のすべてに幅広く取り組むための，説得力ある原理を明確化するのに役立つことができるようなやり方を特定する。

第1節　野生動物に対する伝統的な動物の権利論のアプローチ

　人間が野生動物に与える4つのタイプの影響のうち，動物の権利論は主として最初のタイプに注目してきた——野生動物の生存権や自由権への直接的侵害である。ハンター，わな設置者，珍獣の密輸業者，動物園，サーカス，野生動物管理人による捕殺からこれら野生動物の権利を擁護するために，多大なエネルギーが注がれてきた。確かに——これらの行為によって殺されたり害されたりする動物の数ははかりしれない[2]。動物の権利論がすべての動物の基本的な消極的権利（basic negative rights）に理論的力点を置いてきたことからすれば，そこに焦点が当たるのは自然な流れであるし，その焦点は野生動物の擁護において，適切な出発点を提供している[3]。

　しかしながら，伝統的な動物の権利論者にとって，基本的権利に対する直接的侵害へのこの強調は，動物擁護の出発点というだけではなく，終着点でもある。彼らの基本となる禁止命令は，野生動物への直接的加害を止めること，そうしたら彼らを放っておくことである。それが彼らを人間活動による間接的加害や，自然の力（洪水や疫病のような）や，あるいは他の（捕食）動物によって害を受けることに脆弱なままにするとしても，である。かくしてトム・レーガン（Tom

Regan）は，野生動物に対する我々の義務を「動物を放っておく」という観点から総括してみせる[4]。同様に，ピーター・シンガー（Peter Singer）も，自然への介入の複雑さを前提として，我々は「我々自身による他の動物に対する殺害や残虐行為を止めればそれで十分なのであり」（Singer 1990: 227），「我々はできうる限り彼らを放っておくべきである」（Singer 1975: 251）[5] と述べる。そしてギャリー・フランシオーン（Gary Francione）は，我々の野生動物に対する義務は，「彼らに襲いかかる害を防止するために援助を与えたり介入したりする道徳的あるいは法的義務が我々にあることを必然的に意味するものではない」（Francione 2000: 185）と論じ，そして実際「我々は単に彼らを放っておけばよい」とこれまた提案するのである（Francione 2008: 13）。

　つまるところ，伝統的な動物の権利論は野生動物に対する不干渉（hands-off）アプローチを支持しているのである。直接的危害は厳格に禁止されているが，それ以上の積極的義務は存在しない。クレア・パーマー（Clare Palmer）はこのことを「レッセ・フェール的直観」と呼び，それが動物の権利論関連の文献の深層に流れていることを指摘している（Palmer 2010）。しかしながら，このアプローチは不十分（too little）であるとも行き過ぎ（too much）であるとも批判されている。不十分であるのは，「放っておく」ための禁止命令は，少なくとも動物の権利論の中で伝統的に理解されてきた限りでは，人間の生活領域の拡大に伴う動物の生息地喪失のような，人間が野生動物を害しうるある種の主要なやり方に取り組んでいないからである。これまでみてきたように，基本権の直接的侵害は人間が野生動物に与えるネガティブな影響の3つのタイプの1つにすぎず，我々が狩猟や捕獲を止めたとしても，人間は大気汚染，水質汚濁，運輸・交通網，都市・工業開発，農業プロセスといった手段により，野生動物に多大な被害を与えることとなる。もちろん，「放っておく」というアイディアは間接的な加害を含む拡張的な意味で解釈することもできるが，少なくとも現在までのところ動物の権利論は，これらの間接的リスクや加害がどのような場合に不正義を構成するのか，どのようにして決定し，あるいはそれがどのように救済されるべきか，述べるところが少なかったのである。

　そのことは潜在的には行き過ぎであるともみなされてきた。我々が野生動物に生存への権利を認めるのなら，それが非介入という消極的義務を創出するのみで，積極的義務を生み出さないのはなぜか，明らかではないからである。動物の権利論者たちは，動物をあるがままにという観点から彼らの理論を記述しようとする

かもしれないが，その批判者は，生命権を承認することが人間による動物の殺害を止めさせることのみならず，動物の生命が脅かされているときは，捕食をやめさせたり，飢餓，洪水，あるいは被爆のような自然的プロセスから動物を保護するために，体系的な介入を含む形で介入したりすることを要請するようにみえると指摘しているのである (Cohen and Regan 2001, Callicott 1980)。もし我々が彼らの侵すべからざる生命や自由を守るために，人間がレイヨウ (antelope) を狩るのをやめさせるべきであるなら，すべてのライオンを隔離空間に追い立ててフェンスで囲い，あるいは動物園に押し込めるなどして，彼らがレイヨウを狩るのをやめさせようともすべきではないのか。帰謬法 (*reductio ad absurdum*) 的に考えれば，生命権をもった野生動物に積極的援助を与える義務を果たすために，鳥類に大豆タンパクのイモムシを作り出して与えること，あるいは，野生動物の巣にセントラル・ヒーティングを設置することまで想像される (Sagoff 1984: 92-3, cf. Wenz 1988: 198-9)。野生動物の狩猟を禁止するための根拠として生命権に訴えることは，信じがたいほど広範な自然への介入義務の水門を開いてしまうようにもみえる[6]。

　動物の権利論者たちはこれら 2 通りの批判に応答し，その過程で見解を修正してきたが，ただしこれから我々がみるように，彼らによる修正は不適切であるとともにアドホックなものにすぎない。これらの修正は確かに，我々をより適切な関係論的見解へと向かわせてくれるのであるが。我々はこれらの修正について簡潔に概観したのち，それらがいかにして我々の主権モデルのようなものに自然と導かれていくか示そう。

　生息地喪失への懸念に対する応答として，動物の権利論者は，生態系の繁栄が個々の動物の繁栄の前提条件であり，動物の権利論もまたこれらのエコロジー的関心に適応する方途を探らねばならないことを認識するようになっている（例えば Midgley 1983, Benton 1993, Jamieson 1998, Nussbaum 2006）。実際，近年の動物の権利論者達は，生息地保護は野生動物の主要な権利だと主張するようになっている。例えばデュネイヤー (Joan Dunayer) は，「人間に殺害されない権利を例外とすれば，人間以外の動物の最も重要な権利は生息地への権利であろう」と述べている (Dunayer 2004: 143)。ジョン・ハドレー (John Hadley) は，この生息地への権利は野生動物の所有権という観点から定式化でき，人間の居住地の拡大や生態系破壊による強制的移動から彼らを守るであろうと論じている (Hadley 2005, また，Sapontzis 1987: 104 を見よ)。

　しかしながら，概して言えば，これら動物の権利論内部における生息地への所

第 6 章　野生動物の主権　　225

有権という最近のアイディアは未発達であり，いくつもの決定的な問題が取り組まれないまま残されている。鳥には巣への所有権があるということ，オオカミが縄張り——単独の動物の家族によって排他的に利用されるちょっとした領域——に所有権を持つ，といってみたとする。しかし，動物が生きていくのに必要な生息地は，そのような特定の排他的な領域をはるかに超えて拡がっている——動物はしばしば，多くの他の動物と分け合っている広い領域を飛行したり動き回ったりする必要がある。鳥の巣を保護したとしても，近くの水飲み場が汚染されていたり高い建築物が飛行経路を塞いでいたりすれば意味をなさない。ここで所有権のアイディアがものの役に立つのかは明らかではない。どの区画がどの野生動物の所有物とみなされるべきだろうか。これらの領土において，いかなる人間活動がどの程度制限されるべきだろうか。我々はどのように境界を監視し，境界を越える移動（何れの方向にも？）を規制すればいいだろうか。野生動物の生息地において，我々は動物に対して（そうしたものがあるとして）いかなる追加的義務を負っているのだろうか。（もし所有権が人間の拡大に起因して強制的に移動させられない権利を動物に与えるのであれば，我々は他の動物の活動や，あるいは気候変動のために移動を強いられることからも動物を保護するべきだろうか。）

　我々の見解では，動物の権利論者はこれらの問題にあらかた手を付けないままでいる。なぜなら，それらは動物に内在する道徳的地位のみに焦点を当てる枠組みの内部では解答を出せない問いだからである。我々がみてきたように，その種の問題は特定の動物（または特定の人間）に対する我々の道徳的義務についての問題を決定されないままにする。それは，彼らと我々の関係の性質によって変化するのである。所有物へのあるいは生息地への権利についての話題は，動物の権利論内部における，我々と野生動物との関係はもっと関係論的かつ政治的な観点から理解されねばならないということへの，暗黙の承認を反映しているのである。しかしながら，この後みるように，所有権のみに視野を限定することは不十分であり，これらの政治的関係の説明としてはいかにもミスリーディングであろう。我々はまず，人間と野生動物のコミュニティの間の適切な関係——我々が主権という表現で枠づけられるのが最もいいと考えている関係とは何かを問い，そのうえでその枠組みの中で生息地の問題に取り組む必要があるのである。

　我々は，生命権を承認することが捕食に介入する義務を課すこととなりかねないという懸念に関連して，同じような袋小路に入りこんでいる。動物の権利論者は一般的に，自然には介入すべきではなく，ましてや野生動物を飢えや捕食から

保護するようなことはすべきでないという「レッセ・フェール的直観」を支持することが多い。しかし，この直観は，動物の生命は道徳的に重要であり，彼らが生命と自由への基本的権利を持っているという主張と衝突するようにみえる。この懸念への応答として，動物の権利論者は，なぜ彼らが自然への大規模な介入に関わろうとしないのかについての一連の議論によって応えてきた。

　脆弱な動物たちに援助を与えることが賞賛に値する立派な行為だとしても，なぜ我々には捕食や飢えの場合に介入する義務がないのか示そうと試みる一連の議論がある。レーガンはその古典的著書，*The Case for Animal Rights*〔『動物の権利の擁護』〕の初版の中で，不正義——権利の不法な侵害——を防ぐ我々の義務は，単なる不運を予防する義務よりも一般的に強固であると指摘している。それゆえ，それが責任能力のある道徳的主体によって行われる不正な行為であるがゆえに，我々には人間による狩猟から野生動物を保護する義務があるが，それに相当する，自然的な原因による捕食や苦痛から野生動物を保護する義務はないのである。これらは道徳的義務を負った主体の行為の結果ではなく，それゆえ不運ではあっても不正ではないからである[7]。

　同様に，フランシオーンは，アメリカの法は人間の場合であっても我々の「援助の義務」を限定しているという。

> 「もしわたしが道を歩いていて，人が気絶して横たわり，小さな水たまりの中で溺れているのを見たとしても，法はその人を援助する義務を私に課さない。私がせねばならないのは彼女をひっくり返すだけで，我々がリスクや自分への重大な不都合なしにできることであるとしても……物（things）として扱われないという動物の基本的権利は，我々が動物を資源として扱うことができないことを意味する。〔動物に基本的権利を認めることは，〕必然的に我々に彼らに援助を与えたり，彼らに訪れようとしている害を防ぐために介入したりする道徳的または法的義務があることを必然的に意味するわけではないのである。」（Francione 2000: 185）

他の動物の権利論者も同様に，我々は他者（人間であれ動物であれ）の基本的権利を侵害しない「完全な」義務を負っているが，困っている他者を援助するにあたっては「不完全」あるいは裁量的な義務を負うにすぎないと論じる。一般的に，我々の他者に対する消極的義務（殺すなかれ，監禁するなかれ，拷問するなかれ，奴隷化するなかれ，生存に必要なものを奪うなかれ）は，共存できる——すなわち，これらの義務は互いに矛盾しない。人を殺してはならないという私の義務を果たすことが，その他の人に関する同様の義務を果たすことを不可能にすることはないのである。

他方，多くの積極的義務は共存不可能である。ある潜在的な加害に関連してある動物を援助することは，他の動物を助ける他の方法と競合しやすい。私に実施できる援助プロジェクトがあるとしても，私に与えられた時間と資金の制約のために，すべてを支援することは不可能であろう。このことは，援助プロジェクトをおそらくは身近で低リスク，そしてよく知られた介入のケースに限定し，いかなる一見明白な介入の義務をも抑制することになる（Sapontzis 1987: 247）。

援助の積極的義務は弱く不完全なものでしかないというこうしたアイディアは，しばしば積極的義務の「同心円」モデルを伴っている。キャリコット（Callicott 1992），ウェンツ（Wenz 1988），およびパーマー（Palmer 2010）に見受けられるこのモデルにおいては，我々の道徳的義務は我々と困窮状態にある動物との（感情的，空間的，および因果的）近接性によって決定されるのである。伴侶動物のように我々に近い動物は積極的義務の対象となるが，野生動物のように我々から離れた動物たちについては，加害しないという消極的義務の対象になるのみなのである。

これらの様々な応答には，2つの致命的な問題がある。第1に彼らは，困窮状態にある人間を援助する我々の道徳的義務を劇的に弱めることによって，野生動物に対するレッセ・フェール的直観（LFI）を擁護している。不運を防止するよりも不正義を防ぐことに我々がより大きな義務を負うことは確かかもしれないが，ビーチで溺れている人を助けたり，落石に当たりそうな人を助けたりすることについては，それらが自然による不運であり，不正な行為によるものではないにしても，我々は確かに強い義務を負うであろう。アメリカの法がいまのところ災難に遭っている人に対する「良きサマリア人」的な義務を課していないということについてはフランシオーンが正しいかもしれないが，他の法域ではそうであるし，単なる裁量ではなく真正の道徳的義務と広くみなされてもいる。同様に，我々が身近にいる者を助けるほうが強い義務を負うのは真実だろうが，遠くの国で苦しんでいる人々への積極的義務もまた確かにある。離れた国において餓えに苦しむ人々と個人的なつながりはないかもしれないし，彼らの苦境への因果的責任もないだろうが，その距離は彼らを援助する積極的義務から私を解放しないのである。自然に発生した不運からくる苦境にある人々や，我々から（地理的に，あるいは因果的に）遠く離れたところで苦しんでいる人々を援助するという，我々の一般的な道徳的義務を弱めることによって野生動物に関するLFIを擁護しようとするのは，道理に反することであろう。

第2に，動物の権利論に反論する目的は，動物の権利論が野生動物を助けるために自然に介入することを<u>義務的に</u>することではなく，そうした介入を励まし賞賛することになるところにあるのだから，これらの応答は実のところ，問題の核心に届いていない。我々のほとんどは，（法的には強制されないとしても）道端で窮境におかれた仲間の市民を助けることを良いことだと考えるだろう。にもかかわらず，我々のほとんどは，捕食者・被食者関係に体系的な介入を行うことは悪いことだと考えている。我々は単に，ライオンがレイヨウを餌食にすることがないように後者から前者を物理的に引き離そうとすべきではないのである。野生動物への援助を義務ではなく単なる裁量として取り扱うことで，こうした感情を捉えられるわけではない。動物の権利論の反応は，援助は義務ではなく許容できるということにすぎず，その批判者たちは少なくともある程度の事例においては，介入は容認できない——たとえ介入することが我々の裁量的権限であるとしても，介入するべきではないと論じているのである。

多くの動物の権利論者が，動物の権利論の視点内部から，我々に自然への介入を限定するもっともな理由があることを示そうとしてきた。もちろん，動物の権利論と整合的であるために，そうしたいかなる議論も，動物の苦痛を減らさねばならないという明らかな道徳的理由があるという前提からスタートしなければならない。動物の権利論の道徳的基礎は，動物が世界を主観的に経験しているということの承認にあるので，この経験がいかなるものかということは道徳的に明らかな重要性をもつのである。食物連鎖や捕食のような自然的プロセスが苦痛を生じさせる限りにおいて，これらのプロセスは無害でも神聖でもない。しかしながら，なぜ野生動物の場合において介入する義務がかなり高度に制約されるのか，様々な原理的であるとともに実践的でもある理由が存在するのである。では，これらの制約の2つについて簡単に検討しよう。

人間の誤りやすさに訴える議論（The Fallibility Argument）

おそらく最も一般的な議論は，自然に対する人間の介入につきまとう多大な誤りやすさを思い起こさせるものである。人間が自然に介入しようとする場合，その結果はしばしば意図せざるものになるだけでなく，理に適わないものになるのである。熟考のうえで行った種の導入が重大な生態学的影響を遺した，あるいは科学的とされた管理技術が災厄につながったすべてのケースを考えてみよう。例えば，H. J. L. オーフォード（H. J. L. Orford）はナミビアの国立公園で起こったこ

とについて，'Why the Cullers Got it Wrong'［「なぜ間引きは誤ったか」］の中で描いている。進化は生息数の爆発的増加と崩壊の多大な変動に基づくのであって，その両極端が生息地および生態系における他の生物に適した条件の形成にとって決定的であるのに，彼らの淘汰的介入は静的な動物の個体数についての不正確なモデルに基づくものだったのである（Orford 1999）[8]。自然のシステムはとてつもなく複雑であり，我々の理解は限られている。こうした条件の下では，我々による介入はよいことと同じくらい，そしてひょっとしたらはるかに多くの害を生み出すことになりかねないのである。

　この誤りやすさの議論は強力なものである。実際のところ，我々が行う介入の効果を予測することは困難である。オオカミの群れを追い払って1頭のシカを救えば明確な利益があるようにみえるが，それでオオカミが飢えることになったとしたらどうか。あるいは，その群れが隣りの丘で若くてより健康なシカを殺したなら。またあるいは，ぞっとするものの迅速な死から救ったばかりのそのシカが，食べ物が少なくなる長い冬の間に時間をかけて飢えていったり，長く続く消耗性の疾患のため苦しんだりするとしたら。我々はここで，小規模あるいは孤立した介入に関する我々の無知について語っているにすぎない。より大規模な介入を考えるなら，干渉によるリスクも劇的に増大することになる。我々によって実施されてきた過去の生態系操作——例えば，外来種の導入や，中枢種の破壊——は，生態系の複雑性に対し我々を謙虚にし，特定の介入行為に関連する変数について理解する我々の能力について用心深くさせるであろう。多くのアフリカの河川において頂点にいる捕食者であるワニの例について考えてみよう。フレイザー（Fraser 2009: 179-94）は，オカヴァンゴ・デルタ（Okavango Delta）のような完全な生態系が，ワニの死滅によってどのように崩壊していったのかを論じている。一方でワニがいなくなったことにより，ナマズのような餌たちにとって直接的な脅威が減少した。他方でナマズはそれ自身食物連鎖の中間にいる捕食者であり，その増大が妨害されなくなったことは，アレステス（タイガーフィッシュ）やコイのような数え切れない他の種の崩壊をもたらした。それと同時に，ワニの幼生を餌にする魚類や鳥類（サギ，コウノトリ，ワシ）もまた破滅した。大きな体をもつワニは，デルタの葦場に他の多くの種にとって不可欠な開放水路（open water channels）を維持するうえで必須の存在である。老廃物を取り除いて栄養をリサイクルするワニの役割に加えて，この活動はデルタに住むすべての動物が依存している水質を維持する鍵であった[9]。このような生態系の複雑性は，捕食への介

入を，苦痛を減らすのではなく（せいぜい）単に移転させるだけにしがちで，（最悪の場合）邪悪な結果をもたらすかもしれないのである。

このように，数多くの動物の権利論者は，生態系における相互依存性を信じており，予防原則をもとに自然への介入に反対するのである。我々が負っている，苦痛を防ぐために介入するいかなる義務も，より大きな苦痛を与えることになってはならないという義務によって制約されているのである（Sapontzis 1987: 234, Singer 1975, Nussbaum 2006: 373, Simmons 2009, McMahan 2010: 4）。

しかしながら，パーマー（Palmer 2010）がいうように，この誤りやすさの議論もやはり依然として的を射ていないように見受けられる。もし我々が単により多くの情報を得られたなら，野生動物が希少な食物や領土を競い合うことを防止するために自然界を設計しなおすことを始めるべきだということ，あるいは餌となる動物を捕食者から引き離す——すべての野生動物に自らの安全な生息地を与えることで，自然を，それぞれの動物が自身の囲い地を与えられ食物を保証される，うまく管理された動物園に変えることを含意している。おそらく我々はまだどうやればいいかを知らないが，もし唯一の反論が誤りやすさだとするなら，すべての苦痛を減らすためにどうやって自然を改変するのかについての知識を蓄積するために，我々は少なくとも小規模のパイロット・プロジェクトから始めることはできるであろう。実際ジェフ・マクマハン（Jeff McMahan）は，野生における人間の影響は既に邪悪なものであるので，将来の介入は，自然界における苦痛を減らすことにむけるべきであると論じている（McMahan 2010: 3）。言い換えれば，我々の与えた影響が既に邪悪なものであり避けがたいものになっている以上，我々は非介入の理由づけとして誤りやすさの理論の背後に隠れることはできないのである。

繁栄（Flourishing）論

裁量論も誤りやすさの理論も，問題の核心に届いていない。我々のほとんどは野生動物の苦痛に介入することを拒絶する。誤りやすさのため，あるいはコストのためだけでなく，より原理的な基盤に基づいて——すなわち，介入は野生動物の繁栄を台無しにするという理由によってである。繁栄に関するこの議論は，おそらく最も重要なものであるが，最も展開されてないものでもある。苦痛を受け入れることが正確にいってどのように繁栄に貢献するのか。

ジェニファー・エヴェレット（Jennifer Everett）によれば，野生動物の繁栄は，

彼らが自らに特徴的な形質や潜在能力をもって振る舞うことができるかにかかっている。それはまさに捕食のプロセスと関連して進化してきた。これは，集団的レベル・個体レベルともに当てはまる。野生動物コミュニティは彼らが自律することができるときに繁栄し，個々の動物は，彼らがどのような存在であるかに合致して振る舞うときに繁栄しているのである。エヴェレットは，このことを生き物の本性における特徴的事実に関心を向ける観点から叙述しており，「我々が行う援助がその生き物の本性に照らして繁栄できるために当然のこととして必要なものである限りにおいて，そしてそのときのみに，我々は彼らを援助する明らかな義務」を負うと論じている。「人間による人間以外の捕食者からの保護がなくても，シカはシカとして繁栄している」ので，シカを捕食者から救うために介入すべきではない。「そうした介入が常に得られるとしたなら，シカが彼らの本性に応じて繁栄できるのか疑問である」（Everett 2001: 54-5）。

　ここには相当重要なことがあるが，限定と明確化が必要だろう。シカの死を防ぐことがその繁栄にとり有害だということは難しい。シカは生きていなければ繁栄できないし，実際に様々な動物の権利論者が，繁栄論ではすべてのこのレベルの介入を禁じることはできないと主張している[10]。エヴェレットは，「一貫性のある」干渉に言及することによって譲歩しているようにみえる——おそらく繁栄を掘り崩すのは体系的な介入だけなのである。自然を設計しなおして動物園に変えることは，シカがその本性に応じて繁栄することを不可能にするが，氷にとらわれた個々のシカを救助することはそうでないかもしれない。そうしたすべての介入に反対するために繁栄論を持ち出すことは，自然のプロセスを内在的に道徳的に善で無害なものと神聖視することに危険なほど近い。シカの本性が捕食のプロセスによって形作られてきたという事実は，シカが生きたまま喰われることに達成を見いだすということを意味しないのである。

　であるから，いかなる種類の，そして，いかなるレベルの介入が繁栄を抑止するのかについて，より慎重に考えなければならない。人間の場合も同様に，個人の介入と国家介入を区別する必要が発生する。国家が保護者となりリスクを取り除く役割を引き受けるべきかまで考えなくても，個々のケースにおいて援助する義務を擁護できるかもしれない。レーガンは，トラによって傷つけられている子どもに出くわしたならその子どもを助けるべく介入する義務が生じるが，その結果として，国家がトラに襲われる危険を低減させるためにすべてのトラを根絶する義務を負うことにはならないと指摘している（Regan 2004: xxxviii）。（また，すべ

てのトラにタグ付けして追跡し，その存在を人々に警告する公共政策，あるいは人々に森に入ることを禁じる政策を支持することもないと付け加えることができるだろう。）人々はリスクとともに暮らさねばならない。リスクを根絶することは，潜在能力を十分に開発したり探索したりする自由を含め，恐るべき自由の縮小を引き起こすであろう。被害が発生するその時に人間の子どもを保護する個人的行為は，彼女の繁栄に貢献する。これに対し，害を被るリスクを創り出す行為やプロセスを禁止する集団的行為は，人間の繁栄を損ないそうである。それは，動物にとっても同じことである。

　しかしながら，いったん我々がこのことを認めたら，我々の分析レベルをより関係的・政治的な平面にシフトしなければならない。問題はもはや，動物が苦痛を感じる固有の能力を持っているから我々は野生動物に義務を負っているといった類のものではないのである。これまでみてきたように，現行の動物の権利論はこの問題にはアドホックかつ部分的な回答しか与えていない。むしろ，我々は問わねばならない。人間と野生動物コミュニティの間の適切な関係とはいかなるものか。我々の見解では，現在の動物の権利論の議論は，この関係をより政治的観点で，異なる自己統治するコミュニティ同士の関係として理解する必要を，暗黙のうちに承諾していることを反映しているのであるが，そのような関係の条件を実際に詳しく説明するには程遠い。生息地問題を扱えていないという異議申立て（the habitat objection）に対応する方法として所有物への権利に言及することが，より政治的な理解を示すものであるのとちょうど同じように，過剰な介入の危険へのこれらの言及もまた，野生動物コミュニティを組織され自己統治するコミュニティとして考慮する必要があることを示すものであり，それらと人間社会との関係は，主権と公正な相互作用の規範を通じて調整されねばならないのである。

　実際，動物の権利論の文献において，我々はこのアイディアの兆候を見て取ることができる[11]。例えばレーガンは，「動物たちを放っておけ，人間という捕食者を動物たちの関わる事柄から排除しよう」という彼の有名なコメントの後ですぐに，我々は「これら『他のネイション』が彼ら自身の運命を紡ぐのにまかせる」（Regan 1983: 357）べきであると付け加える。このことが示唆するのは，個々の動物の生命への権利を侵害してはならないという我々の義務に加えて，我々は彼らの集団的自律性——彼らの「他のネイション」として「彼ら自身の運命を紡ぐ」能力を尊重する義務もまた負っているということであろう。同様に，マーサ・ヌスバウム（Martha Nussbaum）は，「動物に対する人間の，彼らが必要なものを提

第 6 章　野生動物の主権　　233

供するという寛大なる専制という当の思想こそが，道徳的に嫌悪感を呼び起こす。種の主権も［人間の］ネイションの主権同様に道徳的重みをもっているのである。生き物が繁栄することとはどういうことなのかということの一部は，何らかのとても大事な問題を，それがたとえ善意に満ちたものであっても，人間の介入なしに自分自身で解決することである」（Nussbaum 2006: 373）という。ここで我々は，動物の権利論が個々の意識を持つ存在の権利の尊重のみならず，集団的自律と主権の尊重というアイディアに到達したことをみることができるのである[12]。しかし，レーガンもヌスバウムも，野生動物を「他のネイション」や「主権を持つ」種として扱ったらどういうことになるかを詳述しようとはせず，彼らの著作の他の章句もこの構図と和解することが難しいのである[13]。

　つまり，野生動物の問題に対する動物の権利論のアプローチはよく言って発展途上である。我々はこの章を，野生動物が人間活動に対して脆弱となる4つの主要領域を記述することから始めた。直接の意図的な暴力，生息地の侵害，その他の意図せざる加害，そして積極的介入である。動物の権利論がすべての動物が基本的権利をもつことを重視していることは，直接的暴力への強力な歯止めとなる。しかしながら，残りの問題について，動物の権利論は不適切な枠組みしか与えない。多くの動物の権利論者は野生動物のための生息地保護の重要性について述べるが，これをどうやって実現するべきか探求した者はほとんどいない。その他の意図せざる加害の問題は，さらに注目を受けてこなかった。（捕食，食物連鎖，自然災害に対して）野生動物を援助する積極的義務の問題については，動物の権利論者たちは積極的介入への様々な制約を規定してきたし，それらに関する限りは正しいものの，選択的かつ断片的な性質のものである。そこに欠けているものは，人間と野生動物コミュニティの間の関係に関するより体系的な理論であり，これまでの様々なアドホックな議論をまとめ上げ，動物の権利論がこれまで無視してきた一連の問題や紛争に取り組むことをさらに推し進めるような理論である。

　この章の残りで概要が語られることになる我々のアプローチは，個々の野生動物の繁栄はコミュニティの繁栄から切り離すことができないことを認める主権理論であり，そしてそれは野生動物の権利をコミュニティ間の公正な相互作用の観点から再構成するものである。このアプローチには人間・動物間の相互作用の全範囲にわたる含意がある。動物主権の承認は野生動物の領土への侵害の観点から我々の行動を制約し，我々が意図せず野生動物を害することを制限するよう理に適った用心（例えば航路の再設定や道路建造物へのアニマル・バイパス路設置によって）

をする義務を課すが，野生動物への積極的援助の観点からは我々の義務をも制約する。それは主権を持った野生動物の領土を訪れたり（あるいは重なり合う領土をわけあったり）することができる条件を制約するが，同時に人間が主権をもつ社会に野生動物が入る際の条件を定める。それは動物の基本的権利を尊重することを我々に義務づけるが，逆に侵害のおそれから我々を守りもする。言い換えるなら，野生動物の主権の理論は，我々と野生動物の相互作用の指針となり，彼らに対する消極的義務と積極的義務のバランスを理解するための，それも，一方にある個々のアクターの倫理的義務と，他方にある国家レベルの介入の違いに敏感なやりかたでそうするための，包括的な枠組みを提供するのである。

第2節　野生動物コミュニティの主権理論

　第3章で議論したように，シティズンシップそして主権のアイディアは，個人および自己決定を行うコミュニティの権利を理解するうえで中核となる組織原理であり，我々の目的はこれらを動物へ拡張することにある。第4章・第5章では，自己統治コミュニティの内部におけるシティズンシップの性質に注目した。その際に検討されたことは，歴史的に周縁化された，あるいは従属させられた他のカーストまたは階級のそれと同様に，家畜がどのように不正義に苦しめられてきたか，そしてシティズンシップ理論がそうした不正義に取り組み，メンバー全てを抱擁するより包摂的な政治的コミュニティを建設するための枠組みを提供するか，ということであった。この章において我々は，自己統治を行うコミュニティの間の関係における，コミュニティの対外的次元に焦点を当てる。ここではまた，自分の領域に対する自己統治および主権的統制を歴史的に否定されてきた，様々な人間のコミュニティが苦しめられたのと同様な不正義に，野生動物が苦しんできたことを論じる。

　ここで人間世界における，強国が弱小国に対し不正義を犯してきた植民地化や征服の哀しい歴史を繰り返す必要はない。これらの侵略，いわゆる未開または文明化されてない人々を植民地支配に服させることは，しばしば被害者たちが自己統治に値することを否定することによって正当化されたのである。例えばナチスによる東ヨーロッパの征服では，ある集団（ユダヤ人，ロマ）が全面的絶滅の対象となる一方で，ポーランド人，ウクライナ人ほかスラブ系民族は国家主権を剥奪され，封建時代の農奴や奴隷のような立場に貶められた。他の征服の事例では，

先住民のような既存の住民は，ある重要な意味において，単に目に見えない存在とされた。オーストラリアへの入植者は，よく知られているように，その大陸を「無主地（*terra nullius*）」——人間の（あるいは他の）市民がいない土地とみなしたのである。

そうした不正義に直面して，国際コミュニティは，強大国の支配から弱小国を保護するための国際法の進化的システムを発展させてきた。これにはネイションの主権を承認すること（そうすることで侵略や植民地化を違法化する）ことと，通商および協力の公平な条件，（例えば公害や移民から発生する）国境を越える紛争を取り扱うための超国家組織の創設を含む，ネイション間の相互作用を規制する一連の原則を明確化すること，破綻国家あるいは大規模な人権侵害の場合に正当な介入を行うルールを確定することを含んでいる。これらは「諸国民の法（law of peoples）」，あるいは国際的正義の進化するシステムの核心をなしている。

国家対国家の関係のこれらすべての側面が，大いに異議申立てを受けつつ不断に進化している。これらは，定住するためであれ，あるいは資源を搾取するためであれ，人間たちが新たな領土を獲得するために生の暴力に訴え，その中で殺され，退去させられ，奴隷化され，あるいは植民地化される，既存の住民のことが一顧だにされなかった何世紀もにわたる征服や搾取に対応するための，現在進行形の事業である。

我々の見解では，野生動物は同じ種類の不正義にさらされてきているので，同種の国際的規範を必要としているのである。ジェニファー・ウォルチ（Jennifer Wolch）が記したように，動物の生息地を植民地化するうえでの正当化事由は，先住民の土地の植民地化を正当化する「無主地」理論と驚くほど似ているからである。

> 「主流の（都市）理論において，都市化とは『空白の』土地を『開発』と呼ばれるプロセスを通じて改変し『改良地』を創り出すことであり，開発業者は『最有効使用（highest and best use）』のためにそれを捧げることを（少なくとも新古典派理論においては）推奨される。そうした言い方は邪悪である。荒野は『空白』ではなく，人間以外の生が溢れている。「開発」は環境の完全なる変成を伴う。『改良地』は土壌の質，排水，植生といった観点からみると必ずやせた土地にされてしまう。『最有効使用』の判断は，利潤中心の価値観と人間のみの利害を反映している。」（Wolch 1998: 119）[14]

原野に野生動物が住んでいることが認識されたとしても，それらが棲む土地への

主権的支配や占有権があるとはみなされてこなかった。例えば，開発と動物が占有している生息地との間で生じる紛争の，「殺さない」一般的な解決法とは，あたかも強制的立ち退きそれ自身は権利の蹂躙でないかのように，動物たちをほかの生息地に移動させることであった。ハドレーが言うように，開発のプロセスで動物に害をなさないという要請は，彼らの財産所有権の尊重より著しく弱い保護なのである（Hadley 2005）。また以下で論じるように，反対に，財産所有権は主権的領域権の承認よりも弱いものである。

　人間の場合，これらの不正義——無主地原理および強制移住の慣行——は，国際法によって固く禁じられている。その故郷からの人々の非自発的移住を考えてみよう。土地区画Aを私が開発したいと思っているとしよう。その土地は現在先住民コミュニティによって占有されているので，住民を拘束し，現在のところ別のコミュニティによって占有されている土地区画Bに移住させることになる。いずれの土地の住民もシティズンシップの再割り当てに関して意見聴取されない。区画Aの市民は故郷を奪われ，難民となる。区画Bの住民はこの問題について一言も意見を述べることなしに大量の難民に殺到され，そこが熾烈な資源獲得上の，そして文化的な紛争が発生する舞台になるということは，大いにありうる。人間の場合はそこで何が起こっているかすぐに理解できる——土地や資源に対する恥知らずの窃盗であり，主権の侵害である。「被害を最小化する」ために移住を慎重に実施したかどうかは問題にならない——端的にいって我々には他者によって既に占有されている土地の支配を奪う権利はないということにすぎない。

　しかし国際法も政治理論も，野生動物の場合においてはこれらの図々しい不正義を咎めない（実際のところ，皮肉にも，人間の場合に主権を支持するために採用された当の国際法が，動物主権の否定を大目に見ているようである）[15]。

　我々の提案は，人間の場合と同じように，これらのコミュニティの間においてなされる不正義は，野生動物に主権を拡張すること，そして主権コミュニティ間の公正な相互作用関係を定義することによって，最適に対処することができるということである。以下において詳述するが，手始めに我々のモデルを，いくつかの環境主義者による文献（そしていくつかの公共政策）にみられる「後見」モデルと対比することが助けとなるかもしれない。このモデルにおいて，生息地は野生生物の自然保護区，避難所，あるいは国立公園システムの形態で，野生動物のために確保される。これらの野生エリアは，人間と動物双方の共通利益のために，人間による管理あるいは後見のもとにおかれるのである。動物コミュニティの主

第6章　野生動物の主権　　237

権を承認するからではなく，人間による管理の行使のために，人間によるアクセス・利用は厳密に限定される。この後見は，相対的にみて介入的でも，非干渉的でもありうるが，いずれにせよ，関係は人間の主権コミュニティが特定の利用のための領土を確保するものとして概念化されており，人間のコミュニティが一方的に境界および使用について再定義する権利を保持しているのである。

　対照的に，主権モデルにおいては，他のコミュニティの主権的領土を承認することは，我々にその領土を支配する権利が無いことを承認することを含む。ましてや，被後見人のために，管理人として一方的な決定をする権利もない。ある国の市民として，我々は異なる主権国家の領土を自由に訪れたり居住したりできるが，それを自由に支配したり，植民したり，一方的に自らのニーズや欲望，あるいはそのニーズや欲望に関する我々の構想に見合うように改変することはできない。カナダからスウェーデンへの訪問者は，その国を移動して回ってそこでの多くの娯楽を愉しむ自由があるが，シティズンシップは持たない。店舗を開いたり，法を変更したり，投票したり，フランス語と英語でのサービスを要求したり，あるいは国家からの給付へのアクセスはできない。スウェーデン市民が彼ら自身の社会のかたちを決定し，他者が訪れる際の条件を定めるのである。

　同様に，我々が野生動物の生息地に対する主権的権利を承認することについて話すとき，動物や自然に対する管理を行使する主権的権威を人間が保持する公園を作ることを言っているのではない。同じように権威を主張できることに基礎を置く，主権的存在の間の関係について言っているのである。このことは，我々人間が彼らの領土を訪れるならばそのときは，管財後見人や管理人の役割においてではなく，外国の土地への訪問者として訪れることを意味している[16]。

　この点において，野生動物との関係において管財人モデル（stewardship model）を措定することの問題は，第5章において議論した家畜動物との関係における後見（wardship）モデルと同様である。いずれの事例においても根本的問題は，動物を力量不足（incompetent）で，我々の（寛大であれ有害なものであれ）行為の受動的な受け手として扱う点にある。野生動物のための主権モデルはその代わりに，家畜動物のためのシティズンシップ・モデルのように，動物が自らの善を追求し，自らのコミュニティを形成する能力に注目するのである。

　領土に基礎を置くコミュニティの主権を承認することは，その領土に住む人々がそこに居て，その共同生活の姿形を決定する権利があり，またそうする能力があることを承認することを意味する。この承認は，その主権コミュニティが一方

238

で植民地化，侵略，搾取から，他方で外部からのパターナリスティックな管理からも自由である権利を持っていることを認めることを意味する。主権をもった人々は，他の主権を持った国民の権利を侵害しない限り，彼らの共同生活の性格について自ら決定する権利を持つ。このことは，過ちを犯す権利，他者が見当違いだと思うようなやりかたを貫く権利を含む。

　主権国家の自律性は，人間の場合でも動物の場合でも，絶対ではない。外部の援助や介入が適切であるような多くの条件が存在する。我々は野生動物との関係について多くの事例を議論するであろう。しかしながら，一般原則として，主権の理論は，国民が，個人にとってと同様に，自己決定した生活を営むことの重要性を承認し，そのことは翻って彼らの苦しみに我々がどのように対応するかに影響し，制約もするのである。

　動物が主権を持つというアイディアは，聞き慣れないもの，そしておそらく深く直観に反するものとして多くの読者に衝撃を与えるだろうことは疑いない。そして，実際のところ，ある種の定義からすれば誤った推論である。主権はしばしば法を創造する至高のあるいは絶対的な権威と定義されているが，そこでは法はただの慣習，習慣，社会的因習とは何かしら異なるものと理解されている。このように理解されると，「主権概念を授けられるような制度を我々が見いだすことができるのは，このタイプの命令構造の出現がみられる場合にのみである」から，主権は「コミュニティから超然とし，そのうえに屹立する」権威構造の存在を要請することになる (Pemberton 2009: 17)。社会生活のほとんどは，社会化，伝統，仲間による影響，個々のメンバー同士の交渉や争いなどを通じて，暗黙のうちに非公式なやり方で規制されているが，主権はそれらとは絶対的に異なるとされる。それは「社会とは区別され，絶対的政治権力を行使できる統治権の確立を通じてのみ」立ち上がるのである (Loughlin 2003: 56)。この意味において，主権は「社会発展における単に機械的あるいは自然発生的なものすべてに対立して立つ」(Bickerton, Cunliffe, and Gourevitch 2007: 11) のである。

　このように定義するならば，動物のコミュニティが主権を持つのに必要な制度を欠いていることは明らかである。動物コミュニティの自己規制は「単に機械的あるいは自然発生的」ではないかもしれないが，暗黙的かつ非公式であって，社会と分離した権威による明確な法的命令の発布に基づくものではない。しかし，この主権の定義は，動物のケースに限らず，過度に狭いと我々は信じる。これでは人間のコミュニティの正当な訴えに取り組むにも狭過ぎる。ゆえに我々はまず，

人間の場合に，なぜより広範でより柔軟な主権の説明が必要なのかを論じ，引き続きなぜこの広範な説明が野生動物のコミュニティにも一般化することができ，そうすべきであるのか論じる。

　もし複雑な制度的分化を遂げた社会にしか主権を主張する権利が与えられないとしたなら，人間のコミュニティにもその閾値を越えることができないものがあるだろう。実際，歴史上人間のコミュニティのほとんどが，慣習によって統治された国家無き社会であった。このことは，彼らが主権への妥当な資格をもたなかったということを意味するのであろうか。これがヨーロッパの帝国主義者が採用した見解である。ヨーロッパ人が南北アメリカ大陸を植民地化したとき，彼らは先住民族がいかなる主権の概念も実行ももたなかった——先住民コミュニティ内部には，すべての成員を拘束する法的命令を発出する「絶対的政治権力」をもっているとみなされる個人あるいは制度がなかった，という理由で，このことが先住民の主権の侵害であるということを認めなかった。彼らの自己規制は「単に機械的あるいは自然発生的」なものとみなされたのだった[17]。

　原住民からその土地と自律性を取り上げるような，こうした主権理論の帝国主義的な用法は，偶然生じたものではない。主権の理論はまさに，原住民の植民地化を正当化するために発展させられたのである（Keal 2003, Anaya 2004）。主権理論，またより一般的にいって国際法の，精緻化にむけた基本的な推進力は，ヨーロッパ諸国の支配者たちが，なぜお互いをある方法で（平等と同意に基づいて文明化された国民として）取り扱いつつ，非ヨーロッパ人を（征服され植民地化される劣位者として）異なる方法で扱うべきなのか，正当化するためであった。主権理論はこうした帝国主義ゲームの内部での指し手だったのである。

　主権という術語のいかなる用法にも，そうしたヨーロッパ中心主義的なイデオロギーおよび価値序列が内在しているため，先住民のための正義に関心を持つものであるならば使用を控えるべきであると批判する者もいる（Alfred 2001, 2005）。こう考えれば，先住民は植民地化されていることに対し，主権を主張することで対抗すべきではなく，主権という観念そのものを拒絶すべきだということになる[18]。あるいは，元来のヨーロッパ人の故郷内部においてさえも，主権は曖昧になりつつあると論じる者もいる。国際人権法や，EUのような新しい形態のトランスナショナルなガバナンスの登場によって，「絶対的政治権力」のアイディアは無意味になりつつあるというのである。実際，多くの批判者——ポストモダニスト，フェミニスト，コンストラクティヴィスト，そしてコスモポリタンを含

む——は,「主権の道徳的危険性,概念的空虚さ,経験的無意味さを確信している」のである(Bickerton, Cunliffe, and Gourevitch 2007: 4. Smith 2009 も参照せよ)。

しかしながら我々の見立てでは,主権概念は復権可能であり,ある種の道徳的目的に重要な役割を演じることができる。ただし,これらの道徳的目的をより明瞭にする必要がある。では,主権の道徳的目的とは何であろうか。ペンバートン(Jo-Anne Pemberton)によれば,主権とは,「コミュニティが成長し繁栄することのできる安全な空間を提供する1つの手段以上のものではない。ここで危機にさらされている決定的価値は,したがって,自律である」(Pemberton 2009: 7)。実際のところ,これが主権の道徳的目的に関する最近の理論家の見解である——コミュニティが繁栄する手段として,主権は自律を擁護するのである[19]。コミュニティのメンバーの繁栄が,彼らが自らの領土において自前の社会組織を維持する能力と結びついている限り,彼らによそ者が支配を強いることは加害と不正義をはたらくことになり,主権はそうした不正義から守るために使うことのできるツールなのである。

このように見てきたとき,主権の道徳的衝動とは根本的に反帝国主義的なものであり,そして実にダニエル・フィルポット(Daniel Philpott)が論じているように,2つの歴史的に大きな「主権における革命」——はっきりとした主権の原理を最初に創造したウェストファリア条約,および主権原理を世界に拡げた第2次世界大戦後の脱植民地化運動——は,ともに地域的コミュニティ[の自律]を目指して帝国主義大国に対抗した闘争に触発されたものであった(Philpott 2001: 354)[20]。

規範的に擁護可能な主権の概念は,こうした道徳的目的に奉仕するように定義されねばならない。しかしそうであれば,主権をもつにふさわしいとされるためにコミュニティが特定の「命令構造」をもっていなければならないという主張は,明らかに道徳的に歪んでいる——それは道徳的実質よりも法的形式を崇拝するものだからである。先住住民が何らかの複雑な制度的分化の閾値を満たしているかどうかといったことは問題にすべきことではない。大事なのは,彼らが自律に関心をもっているかということである。ペンバートンがいうように,「(先住民が)独立して存在するという事実と,国家による取り込みに抗して独立して存在しているということをみてもわかる,自立におかれた価値だけで,彼らが独力でやっていくことを放っておいてもらう権原を確立するに十分とすべきであった」。国家無き社会は盛期近代ヨーロッパにあらわれたような主権概念を発展させることができなかったかもしれないが,「そうした人々は社会組織とはっきりした利益

第6章　野生動物の主権　　241

を奪われた，ただの頭数の総数として見られなくともよかったのかもしれない」
（Pemberton 2009: 130）。人民が「独立した存在」を維持し，「そのことに価値を置き」，
外からの支配に「抵抗し」，彼らの「社会組織」に「はっきりした利益」を有し
ているところでは，我々には主権を要求する道徳的理由があるのである。

　つまり，特定のコミュニティに主権への権利を承認するかどうか，そしていか
にしてかを評価するにあたって，問題となるのはそれらコミュニティがたまたま
保有していた法的形式ではなく，彼らが自律することに利益をもっているかどう
かであり，そのことは翻って，彼らの繁栄が彼らの領土における社会組織および
自己規律の様式を維持する能力と結びついているかどうかによるのである。人間
の場合，そうした利益が特定の近代国家の形式を持った社会以外にも敷衍できる
のは明らかである。そしてそうであるがゆえに，先住民族のための，そして国民
国家の国境線の内部あるいはそれを横切って活動する遊牧民（pastoralist）達のた
めの，新たな主権の構想を発展させようとする明らかな趨勢を見いだすことがで
きるのである[21]。

　我々は，一連の保護国や属領との関連で主権を概念化しなおすことも，同様に
必要だと考える。これまでの歴史を通じ，小さく脆弱なコミュニティは，内的自
治権を主張しながらも，確かな目的をもって，大国と自らを関連づけることによ
って保護を得ようとしてきた。そのようなケースがまだいくつも世界中に残って
いる。主権理論家は，そうしたコミュニティが主権を放棄したのか，頭を悩ませ
てきた——そして国連の非自治地域に関する委員会（UN's Commission on Non-Self-
Governing Territories）は，しばしばそうしたコミュニティが本格的な独立を（再）
主張するよう推奨している——そうした調停が，根底にある主権の道徳的理由に
敏感でありえない理由はない[22]。同様の新機軸はヨーロッパ内でも起こりつつ
あるのをみることができる。そこでは人々は，EU の様々なレベルにおいて主権
が解体されたり再び束ねられたりしており，議論の余地のない優越性を主張でき
るような単一のレベルがなくなっている様子を理解しようとしている。

　我々は，これらすべての事例において，特定の法的形式に異常なこだわりを持
つのをやめ，代わりに主権が果たそうとしていると主張する道徳的目的について
問うことから始め，実際にこれらの目的に資するような主権の態様とはいかなる
形式のものか，考える必要がある。結果として，主権がかなり異質な集合の配列
になるのは避けがたく，その中で主権は，自治領，属領，保護領，国家連合
（confederation），同盟（association）といった様々な形式の中で入れ子にされ，プ

242

ールされ，分かち合われるだろう[23]。

　我々の見解では，このことすべてが野生動物にとり決定的な含意を持つ。国家を持たない人間のコミュニティのように，彼らは主権という概念をもたないかもしれず，「社会」と「国家」を分離するような制度的分化のようなものもないかもしれない。しかし，人間のコミュニティのように，「善意であっても，社会組織や承認される利益を奪われたただの数的存在とみられて」はならないのである（Pemberton 2009: 130）。彼らもまた「独立の存在」を有しており，外国による支配に抵抗することによって，彼らがそうすることに与えている価値を立証してきたのである。人間のコミュニティ同様，彼らの「共同体的繁栄（communal flourishing）」は彼らの土地と自律を確保できるかにかかっている（実際，彼らの福祉が特定の伝統的な生息地を維持することにかかっていることは，人間よりもほとんどの野生動物に間違いなく当てはまる）[24]。したがって，彼らもまた「放っておかれる資格がある」とみなされるべきなのである。

　つまり，いったん我々が主権の道徳的目的を明確にすれば，野生動物が主権を持つ資格を取得することを否定する根拠はなくなる。野生動物は彼らの領土において社会組織を維持する正当な利益を持っており，よそ者による支配が彼らおよびその領土に押しつけられる不正義に対して脆弱であり，そして主権は，不正義への脆弱性に対しその利益を保護するための適切なツールである。特定の「命令構造」を主権獲得の要件とすることを主張するのは，人間の場合であれ動物の場合であれ，道徳的に恣意的なのである。

　国家を持たない人間の社会と野生動物コミュニティの間には根本的な差違があると考える読者もきっといるだろう。前者には制度的にはっきりした法的秩序をもっていないかもしれないが，自己統治に関して理性的省察を行う能力がある。たとえ主権が国家性を必要としないとしても，少なくとも理性的省察や意識的な決定のある程度の能力は必要となる。主権が許容あるいは尊重に値するものとなるには，本能的な行動の「単なる機械的あるいは自然発生的（spontaneous）」な表出以上のものを含んでいなければならない。たとえ帝国主義者が先住民族にヨーロッパ中心主義的な「文明の基準」に達することを要求することが間違っているとしても，主権を主張する者が満たさねばならない力量の何らかの水準のようなものはきっとあるのではないだろうか。

　我々は，第5章における動物がシティズンシップを持つために必要な能力についての議論が，これらの反論をある程度弱めてくれていればいいと思っている。

そこで論じたように，動物には主体性をもつ能力がないと仮定するのは誤りである。しかし，そこでの我々の議論は，人・動物の混合コミュニティ内部における家畜動物にとって可能な，ある種の主体性に焦点を当てたものであった。我々が論じたいのは，我々の共通善についての政治的決定にあたって含むことができ，また含まれるべき主観的な善を表明する能力を，家畜動物がもっているということである。しかしこのことは，人間がこの主観的善を解釈するうえで能動的な役割を果たすことができ，したがって動物のシティズンシップ——それ自体家畜化が前提とするある種の動物と人間の間の信頼関係に依存しているアイディアである——の行使を可能にするという「依存的主体性（dependent agency）」のアイディアと結びついているのである。

　反対に，我々が野生動物に主権を認めるならば，依存的主体性のモデルをはっきりと拒絶することになろう。我々は，個々の野生動物は彼ら自身の善を解釈するのに人間の援助を望まないし必要としないといっているのである。明らかに，家畜動物によるシティズンシップの行使に含まれる力量とは異なる，ある種の力量がここでは必要とされるのである。もし野生動物が主権を認められるのであれば，我々は彼らが彼ら自身の面倒をみて，コミュニティの独立を守り，人間から離れて暮らすための，混合コミュニティ内における依存的主体性とは全く異なる力量があることを示す必要があるのである。

　主権をもつために必要なのはどのような力量だろうか。野生動物のためには，そして実際，人間のためにも——主権をもつにあたって重要なことは，コミュニティが直面する難問に対応し，個々のメンバーが育ち繁栄する社会的文脈を提供する能力であるといいたい。そしてこの意味において，野生動物が力量をもつというのは明らかであろう。この力量は動物が身体の衝動や，機会，難題，彼らの環境における変動に本能レベルで反応するときのように，「機械的で自然発生的」であることもある。そして，この力量が意識的に学習されることもある（イエローストーン国立公園のクマが屋根で飛び跳ねることでミニバンのドアを開けることを学び，ほかのクマに学んだことを伝えるように）。

　野生動物は，個体としてもコミュニティとしても，力量を持っている。例えば，個体としては，何を食べるべきか，どこで見つけられるか，冬期の消費のためどうやって蓄えるかを知っている。彼らは住み処を見つけたり，建築したりする術を知っている。子を育てる術を知っている。長距離を航行する術を知っている。捕食のリスクを減らす術も知っており（警戒，潜伏，陽動，反撃），エネルギーの

消耗から身を守ることができる。例えば，シカが危険かもしれない人間から逃げるとき，彼らは人間の視界の外に出るちょうどのところまで走り，必要以上に逃げることで体力を消耗しないのである（Thomas 2009）。また，野生動物はコミュニティとしても，少なくとも社会性を持つ種においては，力量を持っている。彼らは一緒に狩りをしたり，捕食者を逃れたり，集団の弱いものや傷ついたものをケアする術を知っている。同種の仲間の間では新しい知識が迅速に拡がる。ワタリガラスは食べ物のありかの情報を夜の止まり木で共有する（Heinrich 1999）。イギリスの家庭の玄関前階段に牛乳瓶が配達されるようになると，アオガラは牛乳瓶のホイルの突き通し方を学び，近くに住むアオガラすべてがすぐに牛乳瓶の先端のクリーム凝固層を盗み出す新技術を使えるようになる[25]。野生動物が種の垣根を越えて協力することもある——ワタリガラスとコヨーテが協力的な屍体漁り関係にたつ場合（第4章注22），あるいはハタとウツボによる協力しあっての狩りといった場合（Braithwaite 2010）。

これらおよびその他の数限りないやりかたで，野生動物は個体でも集団的にも，野生で生きる難題に直面しており，成功裏にそのニーズに対応し，リスクを最小化している。この意味において，レーガンが強調するように，野生動物を我々の保護を要する無防備な幼児と同一視してはならない[26]。野生動物のコミュニティにはあらゆる年代そしてあらゆる力量レベルの動物が含まれている。彼らは親としてコミュニティとして若者を社会化し，生存に必要とされる力量を伝える。人間の外部からの援助が有益かつ望ましい状況があるかもしれない（例えば，大規模な自然災害や，破壊的だが回避可能な病気，あるいは苦境に立っている個々の動物に対応する中で）——そうしたケースについては以下で議論する。しかし，一般的に言って，野生で暮らす中での日常的なリスク管理となると，野生動物を，彼ら自身のコミュニティにおける相互援助のために彼らが責任を負っている分業における，力量あるアクターとみなすほうが理に適っている。実際の所，我々が彼らのためにしてやるよりも，彼らのほうがはるかにうまくできる。

自らのメンバーすべてを飢えや捕食から保護できないならば，野生動物は決して主権を行使するほどの力量を持つとはいえないと答える者もいよう[27]。ある人間のコミュニティがこうした点において失敗しているなら，我々はそれを「破綻国家」と呼ぶであろうし，あるいはいずれにしても，ある程度の外国の介入を必要とする国だということになろう。しかし，生態系の文脈においては，食物連鎖および捕食者・獲物関係は「失敗」の指標ではない。むしろ，それらは，野生

第6章 野生動物の主権　　245

動物コミュニティがその中に存在するコンテクストの，決定的な特徴である。それらが，野生動物が個体としても集団としても対応しなければならない難問の骨組みを形作っているのであり，野生動物はこれらに有能に適応していることを証拠が示している[28]。

　この力量に関する議論はある種の動物たちに関してより切実である。多くの哺乳類の中には，ほとんど子を産まず，個々の親たちやより広い社会集団としてケアに多大な投資を行うものがいる。個々の幼若個体には若年期の困難を生き抜いて成体になるための真の機会がある。これを沢山の卵を産み，自分自身でやっていくようにさせる多くの両生類や爬虫類と比べてみよう。ほとんどの卵は孵化しない。多くの幼生は速やかに捕食される。多くの魚，カメ，トカゲの一生は，卵の殻から出て大きな魚や鳥，爬虫類が彼らをむさぼり食うために襲いかかるまでの，ごく短い時間である。

　「力量ある主体（competent agency）」の範囲は種によって異なってくるが，それが実際に存在するところでは認められ支持されるべきである。これが自律性を尊重する強力な論拠となる種もいれば，その論拠が相対的に弱い種もいる。しかしながら，その論拠は先に議論した誤りやすさおよび繁栄の議論により強化されるため，力量ある主体性の証拠が最小限しかないものを含め，それでも結局我々は野生動物の主権を承認すべきであろう。自然のプロセスの複雑性・相互依存性，およびそれらについての我々の理解の誤りやすさを前提とすれば，我々が野生動物を保護するために行うパターナリスティックな介入が意図せざる道理に反した効果を生じさせると仮定する理由は十分にある。このパターナリスティックな介入が大規模に行われるとしたら，まさに環境に対応して進化する能力や素質を行使する野生動物の能力を台無しにすることになるのは確かである。もし我々が野生動物を彼ら自身の自律的かつ自己規制的なコミュニティのメンバーとして承認するなら，彼らのコミュニティの形態の決定的な特徴に介入することは，彼らの独立と彼らが今そうである類の存在としてあるための能力を終わらせ，代わりに継続的な人間による介入への依存状態に置くことになるのである[29]。

　彼らの選好を評価できている限りにおいて，野生動物が人間による介入に同意することはないことに留意することが重要である[30]。野生動物とは，我々が定義するように，まさに人間との接触を避けている動物のことである。人間の作った環境で育てられている家畜動物，あるいは第**7**章で議論する，人間の開拓地を探しそこで食物の提供を受ける境界動物とは異なり，野生動物は人間と独立し

ていようとするはっきりした選好を示すのである。彼らは主権の問題については，「足で投票する」ということができるだろう。そして，彼らが我々と同じ社会に加わろうという傾向を示さない限り，彼ら自身の主権コミュニティを形成することを承認しなければならないのである。

　我々の見解では，野生動物における力量についてのこうした仮定および，人間の介入に対して示される毛嫌いは，正統な主権的権威を持つものとして承認されたいという彼らの要求を確立するに十分である[31]。

　これは，我々が出発したところに戻るラウンドアバウトのようにみえるかもしれない——すなわち，野生動物との関係では我々は単純に「彼らを放っておく」べきだというずっと昔からの動物の権利論の見解に。しかしこれまで見てきたように，動物の権利論がこうした見解について喚起してきた議論は，かなりアドホックかつ未発展なところがあり，それに対し主権の承認は，よりしっかりした規範的・概念的な基礎を与えるのである。さらに，動物の権利論は，いかにして彼らをあるがままにしておくか説明してこなかった。自律性を承認することは妥当な道徳的目的であるが，我々がそうするには法的・政治的ツールが必要である。先に注意したように，動物の権利論者には，所有権の帰属によって野生動物を保護することができると示唆してきた者がいる（Dunayer 2004, Hadley 2005）。しかし，再びまたヨーロッパ諸国による帝国主義の事例について考えてみると，このアプローチには限界があるのがわかる。ヨーロッパの帝国主義者たちは，先住民に主権を認めなかったにもかかわらず，しばしば彼らが所有権をもつことを受け入れる準備をしていた。結果として，先住民個人あるいは家族は幾許かの土地を維持することができたが，ヨーロッパ人が自分たちの法，文化，言語を押しつけたために，集団的な自律性を失ったのである[32]。同様に，野生動物が必要としているのは，個々の住み処における所有権ではなく（あるいは，だけではなく），彼らの領土における生活様式を維持する権利の保護である——つまり，彼らは主権を必要としている。

　さらにいえば，人間の場合でも動物の場合でも，主権の尊重は彼らを放っておけという命令に留まるものではない。主権を尊重することは，孤立やアウタルキー［自給自足経済］を求めることではなく，様々な形式の相互作用や援助，様々な形の介入とすら調和するのである。このことは自己統治コミュニティが相互協力および相互合意（人道的介入のルールへの合意を含む）の濃い網の目に入ることにより主権を行使するような，人間の場合には十分明らかである。しかし，野生動

物の場合においても，主権の尊重が完全な不干渉アプローチを要請すると考えるのは誤りである。すべての形式の人間の介入が自律と自己統治の価値を脅かすわけではない。反対に，ある種の積極的介入はそれらを促進しもする。生態系を侵略し壊滅しようとしている攻撃的で浸透性の新種のバクテリアを，人間の介入が止めることができるかもしれないことを想像せよ。あるいは人間の介入が，激突コースにある巨大な隕石を逸らすことで，数十億もの野生動物のいる原野地域を救うことができるかもしれないことを想像せよ。これらの場合——そして以下で論じる他の例では——人間による介入は，野生動物がその領土における生き方を維持する能力を守るものとしてみることもできるのである。

　より一般的にいうなら，主権は我々がその中でコミュニティ間に避けがたく発生する，境界線や波及効果，正当な介入の範囲といった一連の問題に取り組むことができる枠組みを提供する。この章の始めで注意したように，「彼らをあるがままに」せよという伝統的な動物の権利論の差止命令は，これらの問題についてほとんどあるいは全く導きにならない。実際のところこれらの問題は，個体の能力と利害の問題にのみ焦点を置く動物の権利論のいかなるバージョンの内部でも取り組むことができないものであると我々は信じる。領土，境界，波及効果，そして介入といった問題に，個体の普遍的な権利にのみ言及することで取り組もうとするいかなる試みも，上で我々が指摘した帯に短し襷に長し（too little-too much）のディレンマの犠牲になることは避けられない。しかしながら，主権を持ったコミュニティの間の公正な関係というより大きな枠組みの中に置かれたならば，これらの問題すべてが扱いやすくなるのである。

　いずれにしても，そのことは，人間と野生動物の関係に係わる一連の具体的問題を検討することによって，この章の残りで示そうとするものである。第5章における我々のシティズンシップ・モデル同様に，主権理論を呼び出すことでいくつかの非常に厄介な問題を解決してくれる魔法の公式が提供されるものではない。しかし，我々は，主権が，まさにこれらの問題に取り組むうえで役立つレンズを提供してくれ，それにより既存の動物の権利論やエコロジカルなアプローチから得られるよりも，より首尾一貫し説得力のある答えを提供してくれるのだということを示したい。我々は介入の問題から始め，主権のアイディアがどのように植民地化やパターナリスティックな管理に対抗する一般的な推定を正当化するのかとともに，主権を支えるような許容しうる介入の基準を提供することができるのかを探求する（第3節）。我々はそれから境界と領土の問題（第4節），およ

248

び波及効果の問題に向かう（第5節）。

第3節　積極的援助と介入

　前に見たように，動物の権利論が直面している根本的困難は，野生動物への積極的義務の問題に係わる。一方で，我々が動物たちを脆弱な自我（selves）とみなすならば，確かに彼らの苦痛は自然のプロセスによって生じた場合であっても重大な問題となり，我々はそうした苦しみを和らげたり取り除いたりするために，できることを何であれなすべきであるということになる。このことは，ヌスバウムの言葉でいえば，動物の権利論が「非常に広いやり方で，正義（the just）が自然に徐々に取って代わる」ことを目標とすべきであることを示唆する（Nussbaum 2006: 400）。他方，我々が野生動物に食物や安全な住み処を提供するために介入する義務を負っているというアイディアは，動物の権利というアイディアそのもののひとつの背理（reductio）のように見える。このディレンマに直面して，動物の権利論者は，我々は野生動物をそのあるがままに放っておくべきだという「レッセ・フェール的直観」を支持し，自律性，繁栄，誤りやすさ，そして裁量についての議論を含む，様々な議論を提示してきた。しかしながら，これらの議論はかなりアドホックな外観を呈することがしばしばであり，必ずしも明瞭あるいは一貫したやりかたで整合してくれないのである。

　さらに，あり得る介入の幅の広さを考慮してみればすぐに，我々が単一の単純なルールを得られるかもしれないという考えは——「正義を自然にとって代える」という介入主義的コミットメントであれ，「彼らを放っておく」という非介入主義的コミットメントであれ——成り立ちそうもないことがわかるのである。異なるタイプの介入の間には重要な違いがあり，ある介入の仕方はその他のものよりも容認可能に思えるかもしれず，我々は，これらの違いが意味する道徳的重要性を捕捉できるような型の動物の権利論を必要としているのである。

　人間による野生動物社会への介入すべてが彼らの自律性や生息環境を脅かすわけではない。野生動物の領土における人間活動には無害なものもある——原野の鑑賞，適度な資源採取（例えば他の動物たちのために十分な量を残して，持続可能な範囲で行う木の実，果実，キノコ，海草などの野生食物の採取）。介入には実際，確かに有益なものもあるかもしれない——例えば，選択的な伐採は閉鎖的な森の環境において明るさと空気の循環を増して生態系を豊かにし，そこで暮らす動物たちに

利益を与える。野生動物は人間との接触を避けるけれども，例えば，動物の個体が薄い氷を破ってしまったのち救出されるときや，緊急の食物や住まいを与えられるときなど，人間の活動から利益を得られることもある。

　そうした小規模の介入は無害であり，大規模な介入の中にも，前に挙げた隕石回避のように望ましいものもあるように思われる。我々は野生動物コミュニティへの介入を正当化するうえでとりわけ慎重でなければならないが，このことは全ての介入が不当だということを意味しない。不幸にも，動物の権利論の現行バージョンは，どのような形態の介入が適切なのか決定するために何ら実質的な助言を与えてくれない。野生動物のための主権理論はよりましだろうか。明らかに，主権が「彼らをあるがままにあらしめよ」の聞こえのいい言い回しでしかないなら，助けにはならないだろう。しかし，我々は主権がこれ以上のものであることを論じてきた。主権は明らかに，他とははっきりと異なる一連の道徳的目的群に根ざしているのである。主権は特定の利害（コミュニティはその領土における社会的組織の維持に正統な利害を持つ）および特定の脅威（コミュニティは彼らおよびその領土に対する外からの支配が押しつけられるという不正義に脆弱である）と結びついている。主権は，この特定の利害をそのような不正義への特定の脆弱性に対して擁護するために適切なツールなのである。

　このように見てくると，主権は単に「あるがままにさせておく」よりもはるかに内容の豊富な道徳的観念である。主権の尊重は孤立や自給自足についてのものではなく，いかなる形態の交流も，あるいは介入すら禁じるものではないのである。重要なのは，自決の価値を支持することであり，ある種の介入形態を禁じ，他の形態の援助を許容，おそらくは要請さえすることになる。

　主権を持ったコミュニティへの正当な介入と不当な介入を区別するルールは，人間の場合でも極めて論争的である。しかし，いくらかの基本的原理は特定できる。一方で，主権をもったコミュニティは，外国による侵略（征服，植民地化，資源の強奪）およびより暴力ではない形態の帝国主義（善意から出たものか否かはともかく，部外者による内的問題へのパターナリスティックな操作または介入）から保護される権利をもつ。別の言い方をすれば，主権とは，絶滅，搾取，同化など外部からの脅威に対する一種の保護である。強い力をもった外部者の歯止めを受けない力（これらの外部者の意図はどうであれ）に従うのではなく，外部者との相互作用につきコントロールされた条件の下で，自らの自己決定した道筋で発展していく余地をコミュニティに提供するものなのである。

しかしながら，国家間のすべての相互作用を禁じることが主権の目的なのではない。通商，流動性の増加，そして重要なことに，積極的援助の可能性といった観点からみれば，国家間の相互協力から得られる潜在的利益は大きい。結果として，国家が積極的に外国の積極的援助を懇請する事例も多い。相互援助の取り決めは条約によって公式化されることもあるし，あるいは，何年もの相互作用と相互援助を通じて単に固まってきたりする。そうした取り決めが主権を弱体化させることはない——反対に，それらは，国家がその市民のために主権を行使するある種のやり方なのである。

　より厄介な領域は，国家が突然外的脅威や自然災害，内部崩壊によって圧倒されてしまった場合に行われるような，懇請されたわけでもなく合意に基づいた相互の協定の一部でもない積極的介入である。これらの状況においては，苦しめられている国家がたとえ公式に援助を懇請する地位にないとしても，我々は通常，国際コミュニティには援助する義務があると考える。しかし，我々の助けを求めていない（あるいは外部の援助を求めることについて内訌が存在する場合に）他者を助けるための介入は問題含みである。積極的援助を提供するという主張は，しばしば帝国主義的な権力行為を覆い隠すために用いられてきた——イラクに対する侵略を例として，あるいは，ナチスドイツのチェコスロヴァキア，ポーランド侵攻を考えてみよう。そうした行為は，これらの国内にいるマイノリティを保護する義務が果たされないことを根拠に正当化された。他方で，国家がその市民を保護することに突然かつ破滅的に失敗したことから，国際コミュニティがツチ族を保護するためにルワンダに介入するべきであったことについては一般的に合意されている。市民の基本権を保護するために外部から軍事介入を行うことは，ほとんどの場合，介入がその国の政府の希望に反して起こることが避けがたいため，最も困難な問題となる。しかし，自然災害あるいは失敗した開発（failed development）への対応としての援助もまた，困難な面がある。アジアにおける2004年の壊滅的な津波災害への国際的対応は，援助を必要としている人々やコミュニティに歓迎され，効果的な方法で実施され，コミュニティの主権を脅かすこともなかった国際的援助の一例である。しかしながら，いわゆる援助の名のもとに行われたものの，新規市場にアクセスしたり，資源を支配したり，属国を獲得したり，あるいは債務を強要したりしたい他国から提示されたものであることが透けて見える，実質上援助とはいえない事例も数知れず存在したのである。

　人間の国際関係においてもこれらの問題は著しく複雑であり，人間・動物関係

第6章　野生動物の主権　　251

の場合に複雑さが少なくなると考えていい理由はない。しかしながら，広く共有されている基本的原理のようなものを確認することはできよう。第1に，外国の人々が災害により苦しみを受けあるいは現に苦しんでいるとき（それが人間のつくり出したものか自然の営為かを問わず），そして我々が彼らを援助できるとき，かつ我々の援助の努力が拒絶されなかったなら，そのとき我々は最大限の能力と資源の限り彼らを援助すべきであろう。第2に，そのコミュニティが再び自らの足で立ち上がることができるようなやり方——すなわち，自己決定権を持った主権国家としての力量および生存能力を支えるようなやり方で，援助すべきである。我々はその国が置かれた脆弱な状況を，国家の独立を損なったり，貸しを作ったり，弱体化させたり，自分自身の善の構想を押しつけるようなかたちで利用してはならない。これらの原則はいつも実行が容易なわけではない——援助が提供されるべきかどうかという問題だけではなく，どのように提供されるべきか，また誰によってか，という点についても複雑な面がある。すべての段階において，（自己決定するコミュニティの市民である権利を含む）援助される側の尊厳を尊重するようなやり方であっても，尊厳を損なうような形であっても，援助を行おうとすればできるのである。

　しかしながら，主権国家が大災害（例えば自然の悲劇）によって打ちのめされてしまったり，国内秩序や正統性の全面的崩壊に苦しんでいたり（「失敗国家」，ジェノサイド，など）する場合に，積極的介入がその国民の主権の尊重と両立する事例もあるのは明白だと思われる。実際，介入は，そうした国の主権を回復するのを助け，保護するものとしてみることもできる。これらの例では，援助が有効であるということを前提に，我々には援助の義務があるのである。

　我々はこれらの基本的原理は野生動物コミュニティにも適用できると信じる。例えば隕石衝突の回避は，明らかに主権を尊重するとともに回復する助けとなる介入カテゴリに当てはまるように思われる。これに対して，捕食を止めさせたり，自然の食物連鎖をコントロールするために介入したりするのは，主権を破壊し，野生動物を永続的な依存とパターナリズムの状態におとしめることによってしか達成できないであろう。既に論じたように，捕食や食物連鎖は野生動物コミュニティの自己調節の安定的構造の一部である。動物たちはこれらの条件のもとで生き延びるべく進化してきたのであり，そうする力をもっている。動物の個体はこれら自然のプロセスの中で苦しむかもしれないが，捕食と食物連鎖の存在は，主権を持ったコミュニティがいかんともし難い災禍や，能力の突発的喪失に苦しめ

られるということを示すわけではない。野生動物は互いに正義の状況におかれているわけではなく，ある個体の生存のために他の個体の死が必要であることは避けがたい。これは自然界の残念な特徴なのかもしれないが，この自然の事実を一斉に変更しようとするいかなる介入の試みも，自然を継続的な介入や管理に従属させることを要するだろう。これは不可能なだけではなく，たとえ可能だったとしても野生動物のコミュニティの主権を完全に弱体化させるであろう。捕食や食物連鎖を終わらせようとする自然への介入は，動機および効果の観点から正当化しがたい。それは，介入が要請される契機の基準（全面的カタストロフ，コミュニティの瓦解，そして／あるいは外からの援助への要請）に合致していないし，主権をもったコミュニティが生存可能で自己決定可能なコミュニティとして自らの足で起ち上がるのを助けるという介入の目的にもそぐわない。

　それゆえ，主権の尊重は，捕食あるいは自然の食物連鎖を（少なくとも，我々が現在そのような介入を想像できる限りにおいて）終わらせるための体系的な介入を禁じる。しかしながらこのことは，その他の積極的援助——野生動物コミュニティの安定性そのもの，または主権コミュニティとしての未来においても存在する能力を損なわないようなもの——については問題を未決着にしたままである。宇宙から飛来する隕石を爆破したり，漏れ出したウィルスを脆弱な生態系を侵す前に止めたりすることなど，このテストを通過する介入があることは既に検討した。これらはSFのシナリオ[33]のように聞こえるかもしれないが，人間が野生動物の主権を損なうことなしにそのコミュニティを利することのできる，もっと退屈な小規模介入を想像することはできよう[34]。ここでは規模が意味を持つ。人間個人としての私は，自然界のバランスを崩すことなく，餓えたシカを救うことができる——野生動物コミュニティの主権を傷つけることなく。しかしながら，政府が大規模なシカへの食糧供給プログラムに着手するとしたら，シカの個体数，その捕食者，プログラムがなければシカが食べている植物，それをめぐる競争者等に，それなりの帰結をもたらすことになるだろう。人間によるシステマティックで継続的な介入は，これらの帰結すべてをうまく制御することが求められるだろう。

　このことは，個人としてであれ集団としてであれ，我々は複雑なやり方で行動を熟考する必要があるということを意味している。一方で，私の個人としての行動は野生動物コミュニティの主権を傷つけそうにない。他方で，私の活動が多くの他者と同時に共同で行うものであるならば，私の活動はそうした結果を招くか

第6章　野生動物の主権　　253

もしれない。このことは私がシカに餌を与えることを禁じるわけではない。私は，例えば，かなりの数の他の人々がシカに餌を与えてはいないこと，そして私個人の行為が大きな構図の中では無害であり，人間の大規模な介入へと坂道を雪だるま式に転がってゆくものではないといった，十分信頼性のある知識をもっているかもしれない。

　しかしながら，私が単独のアクターであるのか，あるいは沢山の中の1人なのかという心配はたった1つの考慮にすぎない。ここでも誤りやすさの議論が問題になりうる。個人レベルであったとしても，私の行為が私の予見する帰結を生むのか，私が苦痛を緩和しようとした以上の害を与えてしまうことが潜在的にありうるのか。エリザベス・マーシャル・トーマス（Elizabeth Marshall Thomas）が，ニューハンプシャーの自宅でシカに餌を与えるかどうか考慮した際の思考プロセスを詳しく書いている[35]。彼女が考慮した，潜在的で意図せざる帰結には以下のようなものがある。ローカルなシカコミュニティにおける社会的関係と権力ダイナミクスを乱さないか。食糧の不均衡をもたらさないか，餌場に辿り着くまでにシカが危険や捕食者に出会うことを誘発することにならないか。シカ同士が餌場で出会い疾病の媒介をすることを促さないか。結局，彼女はできる限りの予防措置をとることにし，シカに餌を与えることにした。彼女はこう問う。

> 「様々な助言に抗って私がこの動物に餌を与えることにしたのはなぜだろうか？　それは我々が同じところに住んでいるから，そして彼らはひとりであるから，そして彼らが係累や経験，過去，欲望をもっているから，そして彼らが餓え凍えているから，彼らが秋に十分に食べものを見つけられなかったから，彼らそれぞれがただ1つの生命しかもっていなかったからである。」（Thomas 2009: 53）

要するに，彼女の行為の帰結を熟考したうえで，結局彼女は単純な共感に突き動かされたということである。これらは彼女が個人的関係を築いたシカ達である。彼らは苦しんでおり，彼らを救うべき立場にあると彼女は信じ，そしてそうしたのである。究極的には，積極的援助を提供するいかなる状況においても同様に，我々は個々の状況を精査し正しい選択を行うべく個人としての判断力を信頼するしかない。私は下調べをしっかりしただろうか。私が実際のところ彼らを害するリスクを最小限にするべく，シカに餌を与えることについての十分な知識をもっているだろうか。他者を援助し苦痛を軽減しようとする私の努力は，別の事柄に向けられるべきということはないだろうか。私の行為の悪影響について，それが

他の人の行為と相互作用を起こすことについて考慮しただろうか。

　ニューヨーク州北部のリリー池（Lily Pond）にあるビーバーの居住地における彼女の体験について書かれたホープ・ライデン（Hope Ryden）の本に，この種のディレンマの見事な記述がある（Ryden 1989）。ライデンとビーバーたちは互いの存在に徐々に慣れていったが，彼女は付き合いやすい距離からビーバーを観察するのに数か月を費やし，彼らの生息地と社会的関係について驚くべき記録を蓄積した。ライデンは科学者として，彼らの生活にとって重大な介入要因になることなしに，できるだけ自然な姿のビーバーを観察したいと望んだ。彼女はビーバーを操作するのではなく，その暮らしを観察することを望んだのである。（ビーバーが最も活動的な）夜間の数か月の観察の進捗を通じて，彼女は自然とビーバーの仲間になった。そこで危機が訪れる。それは冬の終わり，一連の出来事——春の到来の遅れ，通常よりも厚く張った氷——により，ビーバーの住まいの食糧が尽きたのである（ビーバーは氷が溶けるまで巣を出られないので，冬の始めに十分な食糧を貯蔵しなければ，餓えてしまう）。ビーバーの住まいから音が聞こえてこなくなったことで，彼らが死にかけていることがライデンにはわかった。ライデンは苦悶したが，見過ごすことはできないと思い，住み処に付いている氷を砕いて穴を開け，天候がよくなるまでの数日ビーバーを支えるのに十分な枝を運んだのである。彼女は非介入の一般原則にこだわっていたが，介入しなければならないと感じる個人的状況にあることに気付いたのである。この振る舞いは矛盾している，あるいは彼女は義務を果たさなかったという者もいるだろう。しかし，そこに矛盾はない。ライデンは，ビーバーの食物連鎖への人間の介入の普遍的義務を法制化しようとしているわけではないからである。彼女は特定のビーバーたちと，はっきり限定された関係に立っているだけである。つまり彼女はそのビーバーたちをよく知っており，彼女の行為が破滅的な波及効果を生みそうにないことを理解できている。さらに，彼女には，自分が多くの利益をそこから得てきたビーバーたちとの関係によって起動された，ケアの義務があったのである。

　多くの科学者や自然保護活動家は，野生動物——通常，「リスクにさらされた」種に属する——を援助するとき，驚くほど複雑なプロジェクトに従事している。超軽量飛行機に乗った人間の後を追わせて本来の渡りのルートを学び直させるようホオアカトキ（waldrapp ibis）を助ける努力について考えよう。トキは強靱な飛び手ではないため，しばしばコースから流される。これまでのところ，最初は渡りのルートをバンの後ろについて学んできたものも数羽いた[36]。これらの作

業に可謬性および裁量論が常に十分考慮されているかどうか——すなわち，これらの介入は本当に害より多くの善をなしているかと問うことはできよう。努力や資源をどこか別のところに振り向けるほうが良いだろうか。援助を受けている個々の動物の基本的権利（種とは反対に）が尊重されているかどうかについて関心を持つこともできる。別の言葉で言えば，種を利するために個体の権利が傷つけられていないか。これらはみな重要な問いである。しかし，これらの努力から学ぶべきものは，それらのことに注意を向けるならば，人間は自然界に対して信じられないほど創造的でデリケートな介入をする能力があるということである。そしてこれらの介入は，正しい環境下においてならば，彼らについての我々の理解および，将来において彼らを援助する我々の能力を大いに高めながら，個体としても主権を持った集団としても，動物の権利を全面的に尊重しうるということである。

　そうした介入の興味深い報告として，動物学者ジョー・ハットー（Joe Hutto）による，農場に捨てられた七面鳥の卵を救い，暖めて孵化させ，野生で生きていけるよう育てようとした決断の例が挙げられる（Hutto 1995）。ハットーは彼の決意がもたらすであろう結果に全面的に責任をもった。彼らに餌をやり保護を与えるのみならず，このプロセスにおいて，人間に慣れてしまうことなく餌を集め自分たちだけでやっていくことができる自立した生き物に成長するよう助けるために，丸１年この七面鳥たちが自分に依存することになるだろうと理解していた。彼は夜間も安全に放っておくことができる囲いとねぐらを作った。日中は七面鳥の親の役割を引き受け，若い七面鳥たちにだんだん周囲のことを教えていき，森や原野を探索し餌探しをして数え切れないほどの時間彼らと一緒にいた。１年の間，ハットーは野生の七面鳥の暮らしを送ったことになる。彼らの仲間でいること，どのように移動し，どこで餌を探し，どのように環境の変化に注意するか，ヘビ，ベリーその他の注目すべき徴候についてどのように信号を送るかを学んだ。こうして彼は，彼らが自然な七面鳥としての行動と経験を全面的に積み重ねるにまかせながら，彼らが脆弱なヒナである数か月，注意深く監視することができた。１年以内には，七面鳥たちは独り立ちして野生に戻ることができた。それに続くハットーの報告は，七面鳥の生態についての我々の理解を増すこと大であった。実際それは，真に相互に有益な関係が明らかな事例であるように思われる。七面鳥たちはさもなければ失われていたかもしれない生の機会を得た——とらわれのままの不全の生でなく，全面的な七面鳥としての生である。そしてハットーは学

び，種の障壁を越えた絆を築く機会を得たのである。

　同じような介入（卵の救援）として始まったストーリーが，全く異なる方向に向かう——成育した七面鳥が一生動物園に閉じ込められ，人間に馴らされてしまい，野生に放されたとしても長続きせず，人間の居住地に引き寄せられてしまい，そこで事故や故意の加害にあうことは避けられない——ことも想像できよう。あるいは，脆弱な数か月の間過剰に監視され，野生における暮らしに十分な準備ができなかった七面鳥たちが，やってきた最初のコヨーテやタカによっていいカモになることを想像する者もいるだろう。これらの様々な不快なシナリオは，野生動物に対する不干渉原則がなぜ一般に健全な原則とされているのかを思い起こさせる。しかし，ハットーのストーリーは，不干渉が野生動物との関係において個人に与えられた唯一の倫理的選択ではないということを思い起こさせるのである。

　自然のプロセスへの人間の介入の承認しがたさについては，動物の権利論者よりも生態系中心主義者のほうが，しばしば厳しい立場をとる。これは人間の誤りやすさへの懸念（すなわち，人間は不可避的に善よりも害を多く為す）によって強く動機づけられているが[37]，それは反感傷主義的特徴によっても動機づけられているのである。こうした生態系中心主義的思考のマチズモからすれば，自然の掟は厳しいものであり，そうでなかったらいいと願うことは弱さや怖がりである。個々の動物に対する個別の共感行為は，全体的な枠組みを変更することはできないのであり，たとえ動物や生態系に現実的な害を与えないとしても，それらは役に立たない情緒的なだらしなさの一形態にすぎないのである。そうした行為を実行しようという意欲は，自然に対する理解の欠如，あるいは自然のプロセスへの嫌悪さえ示すものなのである（Hettinger 1994）。

　この見解には多くの問題がある。始めに，自然のある種の側面（例えば動物が苦しむこと）を残念に思うことが，結局自然への嫌悪にまでいたると示唆することは誤りである（Everett 2001）。第2に，そうした見解は，人間およびその行動は自然の外部にあるという暗黙の，擁護不可能な仮定に基づいている。他の種の苦しみに対する我々の感情移入的な反応は，それ自身人間本性の一部であり，他の種にも共有されている反応である（例えば人間を助ける野生のイルカ）。第3に，それは個人の運命への冷淡さを示す。人が捕食や食物連鎖のような自然のプロセスを変更できず，よって大規模に動物の運命を変更することができないないという事実は，個々の動物に対するケア行為が無意味あるいは一貫性のないものであることを意味しない。そうした行為は餌を与えられたり，氷に落ちたあと救助さ

第6章　野生動物の主権　　257

れたりした現実の動物にとってはすべてなのである。生態系中心主義者には，自然の法則や（人間を除く）生態学的プロセスを偶像化（reify）——神聖化ですらある——するやり方のゆえに，こうした誤りにいきつく者もいる。これは，動物のコミュニティは主権を持っており，自己決定的なものとして尊重されなければならないという，ここで進めてきた理論とはかなり異なるものである。

　野生動物に主権を認めることは，単に彼らをあるがままにさせることではない。主権は野生動物の自由，自律，繁栄を保護するために決定的であり，一般的にこれは，人間が自然に介入することにとても慎重でなければならないということを意味している。しかしながら，野生動物の主権を脅かさない多くの種類の援助がある。我々は，多くの例を調査してきた——自然災害を避ける努力から，共感と援助の小規模な行為まで——野生動物コミュニティの主権を弱体化させないような。感傷からくる見当違いでつじつまの合わない行為から程遠く，これらの介入は共感(他者の苦痛への思慮深い反応として)と正義によって要請されるのである。(以下論じるように，そうした積極的介入行為は，我々が不可避的に野生動物に押しつけることになる，甚だしいリスクや波及コストを和らげることにもなる。) 野生動物の主権は，我々がなぜこれら2つの衝動を抱くのかを説明してくれる。(a) 大概の場合は自然に自らの道を行かせようとする（動物たちが人間に指図されることなく彼らの生の方向およびコミュニティの未来を決定する主体性を行使できる空間を保全する）こと。(b) それでいて時間的・規模的に限定されたやり方で，苦痛を減らしたり災害を避けたりするために，そうすることの帰結を注意深く検討したのちに，対応すること。これらの衝動は一貫性のないものではなく，むしろ，野生動物が，互いに正義の情況にない原野において，頻繁にコンフリクトを生じさせる重要な価値（一方で自律および自由，他方で苦痛の緩和）の間で注意深くバランス調整をしていることの反映なのである。

　要するに我々は，野生動物への積極的義務を熟慮するための，既存の動物の権利論のギャップおよび躊躇を回避できるような適切な枠組みを，主権が提供してくれるものと信じている。我々は，野生動物コミュニティの内部的な仕組み（すなわち，捕食や食物連鎖）に，彼らの自律性を脅かすようなやりかたや，彼らを人間による永続的かつ体系的な管理のもとに置くようなやりかたで介入すべきではない。しかしながら，それが主権への尊重（および可謬性や裁量的議論の注意深い考慮）と調和するようなら，我々は積極的援助を提供する義務を負う。これらの要請は，「常に苦痛を減らすように行為せよ」あるいは「自然には介入するな」と

いった単純な一般的定式のようなものによっては捉えられない。我々は聖なる自然の掟のようなものに敬意を払うことはない。我々は野生動物への正義の義務を負っているのである。一般的に，彼らに主権を認めることは，自然に介入するにあたり慎重になるべきだということを意味する。しかし，主権の尊重は，個別の，時間的にも規模的にも限定された，野生動物コミュニティの独立したコミュニティとして繁栄する能力を損なわないような個別の援助行為とは矛盾しない。彼らの自律性を侵害することもより大きな害をなすこともなく野生動物を援助できるとき，我々は苦しむ個体の窮状によって動かされるべきなのである。

第4節　境界と領土

　これまでのところで我々は，野生動物の主権という考え方が，伝統的な動物の権利論が唱えるスローガン「彼らを放っておけ」よりも，どれだけ広範で豊かな観念で，道徳的目的のより複雑な集合に根ざしているのかということを示そうと試みてきた。しかしながら，主権論の枠組みにそれ自体の困難がないわけではない。我々は，その道徳的目的は明瞭であるかもしれない，そうあって欲しいと考えているものの，現実にどのように作動させられるかということについてさほど明らかではない。これまで我々は，それぞれが「領土」において自らの社会組織形態を保っている別個の「諸コミュニティ」の間の相互作用を主権の規範が規制しうるやり方について，かなり粗い仕方で語ってきた。このことは我々が，主権を行使する別々のコミュニティに世界を整然と分割できるという光景を示唆する。しかし，これは決して現実の姿ではない。自然が様々な種に，それぞれ別々の領土を割り当てることはなかった。様々な野生動物種が同一の領土を占有して（そして競い合って）おり，多くの種は他の動物や人間が占有する領土を横切って長距離を移動する必要がある。それゆえ主権が，実際のところ何か意味をもつにしても，截然と分かたれたコミュニティや領土の構図と結びつけることはできない。

　この章の残りの部分では，境界，領土および波及効果の問題を含む，主権の枠組みを現実化するうえで生じる主要な困難のいくつかに取り組むことにする。

境界の性質——共有され重なりあう主権

　日々の会話において主権国家について考えるとき，我々は大きな領域を画定された国家に切り分ける，きれいなラインが引かれている伝統的な政治地図を考え

る。カナダは49度線の北にあり，アメリカ合衆国はその南にある。しかし，もちろんこれよりも事実は複雑である。国境は，自己決定を行う生得の権利を有するネイションあるいは人民を分かつ境界に，整然と対応しているわけではない。多くの国家は実際に複数ネイションからなる国家であり，主権は異なるネイションや人民によって分かちあわれ，あるいはそれらが重なりあっている。彼らのそれぞれが，主権への権利と自決権を主張している。合衆国あるいはカナダの国境の内側には，様々な種類のサブ国家ネイションが存在する——カナダにおけるケベック人，イヌイット，ファースト・ネイション（First Nations），アメリカにおけるアメリカン・インディアンの諸部族，プエルト・リコ人である。概してこれらのサブ国家的な主権の事例は，やはり領域的基礎をもっている——すなわち，部分的もしくは分有された様々な先住民族や少数民族の主権下にある土地は，地図上で指し示すことができるということである。この意味で，我々の主権概念は，祖国や伝統的領土のそれと深く結びついている。こうした意味で，「内なるネイション」の存在は，主権と領土のつながりを複雑化するが，そのつながりに取って代わりはしないのである。

　動物の事例に取り掛かると，話はもっと複雑になる。地上に住む動物の場合であれば，サブ国家の領域主権の形式を考えることができよう。ケベック，サーミ人の土地やプエルト・リコのように，これらは主権を持つ動物コミュニティの境界が，他の人民を包含するより大きな主権国家の境界の内側に含まれていたり，重なり合ったりしている事例といっていいだろう。しかし，鳥類や魚類のことを考えると，もう単純な2次元の地理的観点で有意な境界を定義することができなくなる。水中や空中の生き物は，人間による主権領域の構想にとって，しばしば二義的な生態学的次元に生息しているのである。さらに，いかなる領域の構想も，渡りの事実を把握せねばなるまい。主権の機能とは，その中でメンバーが繁栄することができる，社会組織形態を維持するためのコミュニティの能力を保護することである。我々は，これらの形態が，他の種や民族の領域を横切って渡って行くことを含んでいることを認識する必要があるだろう。

　いくつかの事例を考えてみよう。ノドジロムシクイ（Sylvia）は，サハラ砂漠の南，サヘル（Sahel）地域で越冬してからエジプトや西ヨーロッパに移動し，翌春にイギリスの森林地域へと戻ってくる。彼らの「主権領域」はどこだろうか。我々は，サヘルとイギリスという2つの主要な生息地が主要な主権的領域を構成するといえるだろうが，彼らの主権領域を享受する能力は，それらの土地と間の空路

を利用する権利に依存しているのである。これらの生息地には人間の居住地から離れているものもあるが，人間の主権領域と重複しているものも多いので，これらの区域でどのように主権が分有されているのか，注意を払う必要がある。ノドジロムシクイは，通過するにあたり我々に害をなすこともないので，2つの主要な生息地を保護することに加えて，飛行路に遮蔽物を建てたり，重要な休息地の水質や食料供給源を劣化させたりすることは禁止されるべきであろう。

　あるいは，タイセイヨウセミクジラ（nothern light whales）のことを考えてみよう。彼らは夏の生息地としてニューイングランド沖とノヴァ・スコシアの間を回遊し，フロリダやジョージア沖の出産地で越冬する。これは，東海岸の混み合ったところをいく船舶と衝突する危険に照らせば，危険度の高い回遊である。ここでもまた，領域の使用を分け合いつつ海洋動物の主権を承認する，何らかの方法が必要である。人間もムシクイやセミクジラ同様に移動する権利を持ち，生きるために旅をする。我々はこのことを，野生動物の主権領域を貫く回廊を旅する「陸上・海面旅行権」として概念化することができる。人間の旅行の場合，この通行権は制限付きの権利である。人間はこの種の権利を，横切る領域に住む者のことを考慮せずには行使できないのである。偶然にもセミクジラのケースでは，人類は事実として，致命的な船舶との衝突から彼らを保護するために，大西洋航路のルートを変更したり，クジラの群れに接近したとき船舶に警告するためのモニタリング・システムを確立したりといった重要なステップを踏んでいるのである。このように，人類は，セミクジラの生息地を横切る活動への「横からの制約（side constraint）」として，クジラの主権を尊重する義務を既に承認しているといえる。

　人間が建設する高速道路が離れた人里を繋ぐために原野を突っ切っている，数知れない事例のことを考えてみよう。これを本質的に許容不能とする必要はないが，主権をもった野生動物の領土を貫く回廊（way corridors）の権利と捉えるべきであろう。そして我々は，野生動物への加害を抑制するために，海洋における航路（ocean shipping lane）のように，高速道路を設計しなおす義務を負うべきである。我々の移動の権利を行使するために彼らの生命と移動の権利を犠牲にすることは許されない。これは我々の高速道路のあり方を，多くの点で考え直すことを意味している。野生動物が沢山棲んでいるところから遠いところに移したり，緩衝地帯や移動用回廊，トンネルを作ったり，速度制限を低め，自動車を設計しなおすといったように。

第6章　野生動物の主権　　261

主権の承認は，指定された領域および回廊や通行権の，何らかの混合を伴うことになりそうである。人間が野生動物の領土に回廊を必要とするのと全く同じように，野生動物は個体数の増加圧力や気候変動などに柔軟に対応するために，人間の集中的に居住している地域に回廊を要するのである。

これらの複雑な事例の数々に対応可能な主権の枠組みを発展させることは，そう簡単ではない。それでも人間の事例のうちに，興味深い類似例および先例が見いだせる。移牧者や遊牧民，民族的・宗教的マイノリティは，彼らの伝統的な目的地，海港，聖地，同族（co-ethnics）へのアクセスを維持するため，規定された移動ルートや通行権，緩衝地帯，さらには主権の共有を認められてきた[38]。例えば，ロマ，ベドウィン，サーミ人，そして伝統的移民パターンの中で近代国家の境界を横切ってきた数え切れない人々のような，移動生活者の状況を考えてみよう。遊牧民や国際的境界によって分断されたコミュニティの場合，メンバーシップの事実は国際的境界を横切っており，そのことを認める新たな形態のシティズンシップを発展させる努力がなされてきたのである[39]。これらの人々の，ある者は国家を持たず，ある者はある地域の市民であり，他のところでは訪問者である。さらにその上，多重シティズンシップを持つ者もいる。これは現在進行形のことであるが，人間の政治学理論は，コミュニティや領土の重層的，流動的性格を否定したり抑圧したりするのではなく，それを受け入れるようなかたちで主権やシティズンシップについて考えるための，新たな概念をゆっくりとではあるが発展させているのである。

これは明らかに，主権は一義的かつ絶対でなければならないという観念を放棄することを必要とする。人間および動物の主権は，どうしてもある程度の「並列主権（parallel sovereignty）」を内包せざるを得ない。コミュニティ，特にほとんどの動物のコミュニティは，自律的に自己規制を行うことはもちろんのこと，それを支える土地という基盤なしには生態学的に存続不可能であるため，主権が領土と結びつけられるのは重要なことである。しかし，主権は特定の領土への排他的アクセスあるいは支配の観点から定義づけられる必要はなく，むしろコミュニティが自律的・自己規制的であるために必要なアクセスとコントロールの程度や性質という観点から定義されるべきであろう[40]。

コンゴ河の南にある森林を分け合っているボノボと人間の事例を考えよう。ボノボに主権を承認するにあたり，1つのやりかたは，森林のかなりの部分を確保して，伝統的にそこに何世代も住んでおり，その生活様式がその地と結びついて

いる人々を含め，単純に人間をそこから排除することである。これは実際，いくつかの国際保全団体によって採用されてきたアプローチである。しかし，ボノボの要求を満たすためにこれらの人々から土地を取り上げるのも，1つの不正義である[41]。この問題の1つの解決法は補償——すなわち，土地を逐われた人にどこかの土地と機会を与えることである。しかし，よりましな解決法は，ボノボおよびその地域の人間コミュニティを，その地域において重層的主権を分け合うものと認めることであろう。近年，戦争のため，資源開発のため，野生動物の肉の取引（bushmeat trade）のために，ボノボは凄まじい圧力にさらされているが，もともと何世代にもわたってボノボたちと隣り合って持続的に仲良く暮らしてきた伝統的社会の例もあり，彼らにとってボノボを傷つけることはタブーである。それらの社会が土地や資源を分け合って，それぞれに独立した道を追求しながら，（人間の勢力範囲をはっきりさせないままで）平和的に共存できない理由はない。互いの関係において，主権は分有されてあるいは重層化しているのである。しかし，外部の世界との関係では，彼らの共同の主権（joint sovereignty）は外からの干渉や侵入（例えば外部の人間による侵略，植民，暴力，開発あるいは資源抽出）に対して双方を守ることができる[42]。

　もちろんコンゴ民主共和国（DRC）はその他の数え切れない動物種にとっての故郷でもあり，そのすべてが複雑な生態学的ネットワークの中でつながっている。こういうところでは，単独の種からなるコミュニティではなく，多種からなる生態系の主権コミュニティの観点から考えるべきである。ここでもまた人間の等価物を見つけることができる。多くの国では先住民や少数民族集団（national groups）が自己決定に関して固有の権利をもつという原理が採用されているが，そうした集団が効果的に自己統治を行うには小さ過ぎたり，また・あるいは，地理的に他の同様な集団とともに離散したりしている場合においては，その中では単独で地理的にまとまった存在が，異なる民族の主権を保護し促進する手段とみなされる，「複数民族による自治地域体制」を創設するのが解決法とされてきた。我々はそうした例を，メキシコ（Stephen 2008）やニカラグア（Hooker 2009），エチオピア（Vaughan 2006）にみることができる[43]。

　特定の領土を，単一主権をもった多種族コミュニティとみなすにせよ，一連の重層的主権コミュニティと考えるにせよ，要点は，その領土が対外的にはよそ者の支配や略奪行為から守られ，対内的には自らの自律的なコースを辿って，自由に進化していけることである。

第6章　野生動物の主権　　263

つまり，主権が厳密な地理的分離の観点から観念される必要はないのである。世界を動物と分かち合うことには，多様な主権的関係が含まれるだろう。厳格な領域的分離がなされる場合もあるだろう——すなわち，人間のアクセスが非常に抑制される原野エリアである。そのほかのエリアでは特定の人間コミュニティと動物コミュニティによって主権が分有されるかもしれないが，外部に対しては立ち入りが制限されるかもしれない。その他の文脈では，様々な移動パターンおよび移動回廊（travel corridors）や，その他の共同利用に対応するために，主権が多次元的に観念されるようなこともあるかもしれない。

そうしたオプションの余地を設けるためには，野生動物の主権の境界線に関する我々の構想は，過度に単純な領土の概念と結びつけられてはならない——国立公園の境界のように。それは，(a) 生態学的生存能力，(b) 領土の多次元性，(c) 人間および動物の移動という事実，そして (d) 持続可能で協調的な並列的共生（parallel co-habitations）の可能性を正当化できるような，より多層的な主権の構想を必要とするのである。

境界線を引く——領域の公平な分配

単純に地図上の線に還元するようにはいかないものの，人間や動物への主権の承認はやはり境界線の画定を必要とする。様々な野生動物や人間のコミュニティの主権がところどころ重なり合うことができるとしても，我々は何らかの方法で，動物のコミュニティや人間のコミュニティが，領域のどのピースに権利を有するのか，決定する必要がある。しかし，どこに人間コミュニティと動物コミュニティの境界線を引くべきだろうか。

これは動物の権利に関する政治理論につきつけられた，重大な挑戦である。それは部分的には，人間の場合でも政治理論につきつけられた，重大かつ未解決の難問だからである。エイブリー・コーラーズ（Avery Kolers）の言葉によれば，領域への権利の問題は現代政治哲学の「衝撃的な盲点」であり，実際のところ「最も危険な」欠落なのである（Kolers 2009: 1）。

人間の場合であっても，公平な割り当てについての，1人当たりの面積とか1国あたりの面積とか，何らかの数学的公式を考案することによってこの問題を解決することができないのは明らかである。合衆国が1平方マイルあたり81人の人口密度しか持たない（そしてオーストラリアはさらに少ない8人である）のに，シンガポールが1平方マイルあたり18,000人の人口密度を持つという事実は，1人

あたりの土地を等しくするために，シンガポールにアメリカあるいはオーストラ
リアの一部分の主権を認めるべきであるということを意味するわけではない。
我々は次のような問いを発してみても，大して得るところはない。カナダは今の
ように広大である権利があるのだろうか。ルクセンブルクはもっと広くあるべき
ではなかろうか。中国人やインド人はより少なくあるべきか，スイス人やウガン
ダ人は多くいるべきか。言い換えれば，いかなる抽象的な意味でも，我々は，主
権国家の領土はどのくらい広くあるべきか，あるいはそれぞれの国の人種・民族
・文化の人口はどれくらい多くあるべきかと問うことはしない。

　同様に，我々は，野生動物はどれくらいいるべきだろうか，そして人間はどう
だろうかとか，野生動物や人間の様々な集団にどれくらいの大きさの土地が認め
られるべきかと問うてみても，大して得るところはない。むしろ，足元の現実か
らスタートする必要があるだろう。他のことすべてが等しいのであれば，既存の
人間や動物は彼らがいるところへの権利を持ち，主権理論の根本的な仕事は，逐
い立てや征服の脅威からその権利を保護することである。

　もちろん，それ以外すべての条件が等しいことはあり得ないため，これら足元
の現実は道徳分析の出発点でしかなく，話の終わりではない。既存の居住地，使
用パターンは，疑う余地のない不正義を改善したり，あるいは現在進行中の，ま
た将来のニーズに見合うように，再考されなければならないであろう。この星の
人類の数が 1960 年以来倍以上になり，同じ期間に 1/3 減少した野生動物が以前
占有していた土地にどのように居住地を押し拡げてきたかについて，第 1 章「序」
で述べた統計を想起せよ。実際人間は，動物が占有していた土地に対する，動物
個体数の大量虐殺につながる劇的な征服に従事してきたのである。こうして，主
権を持った動物の領土の境界線のことを考えるときにはすぐさま，現在の個体数
や彼らが住んでいるところと一致するように境界線を引くべきか，不正な征服の
歴史に取り組むかどうか，という問題に直面することになるのである。

　これと同じ問題が，人間の政治理論を悩ませている。既存の国家の現在の境界
は征服，植民地化，そして・または強制的同化によって不正に画定されたもので
ある。にもかかわらず，当初不正な植民行為だったものは，時間の経過により正
統な要求になった。ヨーロッパ人による両アメリカ大陸の征服からソヴィエト連
邦によるバルト諸国の植民地化に至るまで，不正な植民地化・開拓にもともと責
任のあった世代は，ほかに故郷を知らず彼ら自身が植民占領や征服といった不正
な行為に手を染めたわけでもない，後継世代に道を譲ってきたのである。同様に，

第 6 章　野生動物の主権　　265

人間と動物の場合，我々は，人間が動物の占有していた土地に進出したことは誤りであった（誤りである）けれども，にもかかわらず，そうした植民者の子孫が新たな「足元の現実」になったのだということを認識しなければならない。正義は我々に歴史的な不正を考慮に入れることを要求するが，現存する個々人の権利を侵害することなしに時計の針を戻すことはできないのである。

　領域の政治理論が説得力をもとうとするならば，足元の現実（人々が現在住んでいる場所，および既存のコミュニティや国家の境界）から出発しなければならず，その一方で，過去や将来の正義の関心事にも注意を払わなければならない。一方で我々は，過去の行為による不正義を認識せねばならず，そしておそらくは，補償や復旧（restitution）を提供しなければならないこともある。他方では，我々は現在から始めねばならない――現在生きており特定の領域に住んでいる個体たちから――すべての将来世代への正義にコミットしなければならない。我々はまたすぐに歴史的に行われた不正義に対する埋め合わせの問題に立ち返る。まずは，野生動物のための未来志向の正義の問題について考えるとしよう。

　「足元の現実」から始めよう。人間は野生動物の生息地を劇的に侵略し，傷つけてきたが，野生動物が住む未開発の領域はそれでも依然として広大に拡がっている。これには「未踏の原野」のみならず，人類が採取の足跡を刻んではいる（林業，鉱山業，家畜放牧など）ものの最小限の居住地しかない，広大な領域がある。野生動物はこれらの領域に，事実として住んでいる。現在人間によって居住・開発されていないすべての生息地は，主権を持った動物の領域とみなされるべきであるという命題から始めよう――空，海，湖，川，そして生態学的に生存可能なその他すべての原野（「未踏の原野」であれ再緑地化された土地であれ，大きく拡がっているのであれ，小さな飛び地になっているのであれ）[44]。これらの土地は現在野生動物によって占有されており，我々にこれらの空間にいる市民達を植民地化したり退去させたりする権利はない。これは事実上，人間の居住地の拡大の限界である。主権を持った動物地帯への侵入――例えば伐採したり，家畜を放牧したり――は我々が住む場所の境界を大きく越え，無数の野生動物が住むエリアに影響を与えるものである。我々が野生動物の基本的な消極的権利を認めるならば，これらの活動は著しく縮小されるか修正されるべきである。家畜動物の放牧は大幅に減らされるだろう。伐採，採掘，野生食物の採集は，動物への加害を制限するよう変更されねばならない。しかし，これらのゾーンを野生動物の主権領域と認めることになれば，資源抽出プロセスにおける直接的加害の停止よりも，さらに

先に進むことになるだろう。人間の活動は必ずしもこれらのゾーンの内部に留まらないであろうし、そこで主権をもち、あるいは共同主権を持つ野生動物コミュニティの利益の観点から、再交渉される必要があるだろう。これらの利益は加害の防止を越えて、生態系の生存能力の保護、野生動物コミュニティの自己決定に及ぶのである。言い換えれば、主権を持った対等な者同士の相互関係を基点に再交渉されることになるであろう。

　動物の主権を承認することは、こうして人間の活動に2つの巨大な抑制を課すことになる。第1に、それは人間の居住地の拡がりに対し「ここまで、そしてこれ以上は許されない（this far and no further）」という。我々はより賢明に、より効率的に建築するということであり、我々が既に荒らしたところは再建せねばならないが、動物が占有している土地を植民地化しながら、外側に建設してゆくことはもはやできない。第2に、主権を持つ動物の領土（あるいは共有された領土）における我々の活動は、対等なもの同士の協調という観点から行われねばならないということを意味する。これは我々の動物に対する直接的暴力を止めることの、はるか先まで行くことである。それは、人間による野生動物の領土の「管理」なるものは、一方的な搾取を公正な貿易に置き換え、生態系を破壊するようなコスト外部化の慣行を持続可能で相互に利益を与えるようなものに置き換えるという、脱植民地化と同種のプロセスを辿らねばならないということを意味している[45]。

　我々は人間と野生動物の居住地の既存のパターンから始めることもできるけれども、既存の境界の一部を考え直したいと望むのは避けがたいだろう。地球の生態系ゾーンには豊かな生命を支えることができるところもある。あるいはよりはるかに不利な環境もある。既存の人間の居住地は、豊かな生態系にあるものであれ脆弱な生態系にあるものであれ、適用除外としてもいいかもしれない。いってみれば、人間がゆっくりと時間をかけて、これらのエリアから居住地の足跡を消していけるように。反対に、野生動物の集団の生命力や多様性を増すのと矛盾しないようなやり方で、人間の居住地が拡大するようなエリアがあってもいいかもしれない。例えば、現在畜産業によって利用されている、広大な領域の地位について考えてみよう。これには家畜の餌を生産するための穀物生産のみに供されている広大な土地や、多くのウシの放牧地も含まれる。いずれの慣行も野生動物の個体数や多様性を縮小させてきた。畜産業の終焉とともに、単純にこれらのエリアを野生動物に返すこともできる。あるいは、農業や資源抽出、原野でのレジャー活動（wilderness/leisure activity）などの持続可能なモデルのもとで、人間と野

生動物が共有することもできよう。例えば，生垣，保管林，および各種の無耕農業実践が，素晴らしい種の多様性を支えるだろう。実際，畜産経営の終焉は，我々が野生動物との新たな関係を交渉によって定めうる多大な領域を解放することになろう（Sapontzis 1987: 103）。

　人間の場合でも，地図上の恣意的な線引きが，民族やエスニック・コミュニティの地理的分布を反映することにも，当該コミュニティのために成長可能な基盤を提供することにも失敗して，大きな苦悩を引き起こしたことを思い起こすべきであろう。幸運にも，我々は「動物地理」，および生息地，流域，生態系，生物圏（biospheres）の性質について多くを学びつつあり，その知識を持って野生動物コミュニティの死活的境界線を理解する仕事に用いることができる[46]。主権を持った動物コミュニティのための我々の政治的境界は，主権を持った野生動物コミュニティの生存能力と安定性を保証するために，生態系に基盤を置いた境界の上に描くことができる。どの土地を「再野生化」するかについての我々の決定すなわち，どの土地を安定した共生的関係の下に分け合うか，そしてどの土地を人間の開発と管理の下に維持するかは，我々の拡大しつつある生態系理解によって情報提供を受けることができるのである[47]。

　現行の居住パターンが修正されねばならないのは，将来のニーズや生態系の持続可能性に照らしてのみならず，歴史的になされてきた不正義を埋め合わせるためでもある。確かに，野生動物に対してなされてきた，過去のすべての暴力行為あるいは生息地の破壊が不正義の行為なのではない。多くの場合，多くの場所で，人間は野生動物に対して正義の状況に置かれてきたわけではない。食糧や衣料にしたり自己防衛のために動物を殺すことなしには，人間は生き延びてこられなかったであろう。そうは言っても，これまでのところ人間は，もしそういうことがあったとしても，必要からのみ殺すように自己抑制することはまれであった[48]。人間は常に動物をスポーツのため，利便性のため，あるいは特に理由もなしに殺してきた。実際，我々の野生動物に対する犯罪歴は信じられないほどである。ほんの1種，マッコウクジラについて考えてみてもそうである。概算によれば，1700年時のマッコウクジラの個体数はおよそ150万頭であった。18，19世紀のアメリカ式捕鯨（Yankee whaling）は，クジラの個体数をおよそ1/4減らしたと推計されている。灯りや潤滑剤として使われていた鯨油が19世紀後半に石油と灯油に置き換えられるにつれ，捕鯨は減少していった[49]。しかしながら，20世紀に近代的産業捕鯨が登場すると，クジラ産業は復活し，国際捕鯨取締条

約（International Whaling Commission treaty）によって保護される世紀半ばまでには，およそ75万頭ものマッコウクジラが殺された。元の数のおよそ1/4まで減らされたのち，マッコウクジラの個体数は非常にゆっくりとしたペースで増加し始めている。

鯨油およびクジラの骨でできたコルセットは，人間にとって有用なものではあるが，決して必需品ではない。捕鯨の歴史は，人間にとっての利便性のために野生動物の個体数が放埓に破壊された明らかな事例である。かつては150万頭に近いマッコウクジラが回遊していた。今日，彼らは50万頭より少ない。将来志向の正義は，現在生きているクジラに対する我々の扱いに注目する——彼らの普遍的な基本的権利および海洋の生息地における地域社会の主権を認めることが考えられよう。しかし，人間によるマッコウクジラの歴史的大殺戮に関して，正義は何を要請するであろうか。我々はもともとの犠牲者を生き返らせたり，彼らに補償したりすることはできない。先祖が受けた待遇のために，それがなかった場合よりも現存する人々の暮らし向きがいかに悪くなっているか，特定できるような歴史的不正義の事例もある[50]。こうした場合，適切な救済として，現在生きている人々に補償することができるかもしれない。マッコウクジラの場合，しかしながら，過去の犠牲者の子孫が祖先に対する不正義によって被害を受けているかどうか，そうであるとしたらどのようにか，明らかでないのである。

このような状況のもとでは，歴史的な不正義は「新しい状況に取って代わられてきた」（Waldron 2004: 67）ようであり，我々の努力の焦点は未来志向の正義に置かれるべきであろう。そうであったとしても，我々は少なくとも，歴史的不正義の事実を，教育，記念館，集合的謝罪その他の象徴的補償によって認めなければならない強い理由があるのである。ルーカス・マイヤー（Lukas Meyer）が記すように，原状回復が不可能なところでも，

「象徴的補償行為は，我々自身のそうありたかった，現実の補償行為が可能でありさえすればしていただろうという理解を表明することを可能にする。うまくいけば，以前生きていた人々に，可能でありさえすれば現実の補償をしていただろう人間として自分自身を理解していることを，確固として表現できる。そのような不正義を繰り返すことを防ぐという強固なコミットメントを表明することもできるのである。」（Meyer 2008）

おそらく，250年間行われてきた捕鯨によってなされた加害について補償するためにできることは，今日では何もないのであるが，そうした悪を認めることは，

少なくともいま生きているクジラの主権を全面的に保証するという我々のコミットメントと義務を強化するだろう[51]。

　正義について考えるにあたっては，時間が重要である。不正義がなされた直後であれば，回復を成し遂げたり補償を提供したりできるかもしれない。長期的には状況は変化し，将来志向の正義が強い影響をもってくる。このため，なおさらそれがなされた時と場所で不正義を停止することが，喫緊のことになるのである。攻撃側や侵入者は，時間の経過および状況の変化の重要性を知っている。足元の現実を変更してしまおうとする強い誘因があり（例えば，占領地域に入植したり，民族浄化を試みたりするなど），正義の天秤が将来志向にかしぐまで，事実を固定化しようとすることになる。（よりありふれたレベルでも，我々の日常生活の中でこの種の行動をみることがある。例えば，禁止された構造物を建設してゾーニング規制に違反するとき，規制当局が例外を設けるよう圧力をかけるため，新事実を創り出すことを願ってそうしている場合である。）将来志向の正義の要請する義務の１つは，そのような既成事実をつくろうとする努力に，阻害要因を提供することである。

第5節　主権をもったコミュニティ間の協調における公正な条件

　これまでのところで我々は，動物の権利論の先行研究において広く見られるものの十分に理論化されているとはいえない，不干渉（non-interference）の前提を明確化する知的に説得力ある方法を，主権の枠組みが提供すると論じてきた。しかしながら我々は，主権は十分に理論化されてきていない，もう１つの決定的問題——はっきり言えば，波及効果のことであるが——に取り組むうえでの規範的枠組みをも提供してくれると信じている。以前注意したように，野生動物は，基本的権利に対する直接的侵害，あるいは領土に対する侵犯からくる加害にだけではなく，人間活動の影響による故意によるのではない一連の加害に対しても脆弱なのである。これには，気候変動，公害（例えば原油流出，農業排水など），資源抽出，インフラ建設（例えばダム，フェンス，道路，建物，航路）が含まれる。

　これらのリスクのうちには，我々が野生動物の生息地を侵犯するのをやめれば減少するものもあるだろうが，人間の領土を野生動物のそれから隔離するのは不可能であることを想起することが重要である。１つには，多くの野生動物が，人間の居住地を越え，あるいは貫いて長距離を渡ることである。サヘルからイギリスに渡るノドジロムシクイ（whitesloat warblers），あるいはニューイングランド

沖からフロリダまで回遊するタイセイヨウセミクジラのことをもう一度考えてみよう。動物の主権的コミュニティが，人間のコミュニティの内部に，平行して存在しているとすると，すべての領域がある意味で境界領域なのである。我々は，主権が重なり合っている地域（渡りのルート，移動回廊〔mobility corridors〕，共有された生態系，などなど）において，人間のコミュニティは，そこでの共同主権をもっている野生動物コミュニティの利害を無視するようなやり方で利益を追求する自由をもたないと論じてきた。実際のところ，人間活動が，野生動物のコミュニティに直接かつ差し迫った影響を与えたり，負傷や死といった重大なリスクを負わせたりしないような場所はほとんどないのである。

　我々は，これらのリスクがすべて一方向に向いているわけでもないことに注意すべきである。野生動物が人間活動（例えば道路でのシカとの衝突，飛行機へのバードストライク）や公衆衛生（例えば動物起源ウィルス）への脅威となることもあるし，実際に（例えばグリズリーやゾウから）直接攻撃がなされることもありうる。

　そうしたリスクは，人間と動物が地球を分け合い続ける限り避けられない。そしてそれゆえに，動物の権利論のひとつの極めて重大な課題は，これらのリスクを規制する適切な原理を定めることなのである。我々が建築物や道路，航路，公害規定（pollution codes），そのほかをデザインするときに，野生動物の利害をどのように計算にいれるべきだろうか。我々の義務は与えるリスクを「最小化する」ことか。「理に適った」リスクのみを負わせることか。あるいは野生動物のすべてのリスクを取り除くことだろうか。そして逆に，我々が野生動物から受けるリスクを減らすために正当になすことができる行動とは何か。これらは，これまた野生動物を「放っておけ」という伝統的な動物の権利論の禁則事項によって取り組まれないまま残されてきた，根本的に重大な問題である。

　目下のところ，我々はこれらの2つの問題を正反対に取り扱っている。野生動物が人間にとってリスクとなるところでは，いかに小さいものであれそのリスクを除去するためにいかなる措置，最大限に致命的な措置すらもなし得る権利があると，概して我々は考えがちである[52]。コヨーテやプレーリードッグが人間（や家畜）にとってちっぽけなリスクしか与えないときでも，そのことで我々は彼らを一斉駆除する権利が与えられたと感じる。しかし，我々の諸活動が野生動物に重大な脅威を与えているときには，我々はしばしばそれを進歩の代償と捉えて自らを免責するのである。

　対照的に主権論の枠組みは，我々がリスク配分を主権をもつコミュニティ間の

第6章　野生動物の主権　　271

正義の問題として扱うことを主張するものである。ここで我々は，人間の事例における，リスクの負荷と過失による加害に関する既存のアプローチから学ぶことができる[53]。社会生活には，国内的文脈でも国際的文脈でも，必ずリスク——明確な例を挙げれば，事故による死や負傷，疾病の伝播，器物や生活の破壊がつきまとう。自動車を時速 10 マイル以上で走らせれば，他のドライバー，歩行者，近隣の不動産所有者にとってのリスクは増加するが，それでも我々の大多数は，我々が迅速な移動を禁じられた場合の個人的自由および経済的生産性のコストを考えれば，そうしたリスクにはそれだけの価値があると考えるのである。リスクをゼロにしようと試みるなら，社会生活は麻痺するだろう。かといってすべての形態のリスク負荷が許容可能，あるいは正当なのではない。他者にリスクを負わせるにはいくつかの条件を満たさねばならず，それには以下のものを含む。

(a) 負わされるリスクは何らかの正当な利益を生み出すのに本当に必要なもので，そうした便益に比例しており，単なる怠慢や無関心の結果であってはならない。

(b) リスクとそれに付随する便益は，ともに皆で公平に分け合わなければならない——一方の文脈でリスクによって苦しめられる人々は，他方の文脈で利益を得るのであり，1 つの集団がずっとリスクの犠牲者であり続けてはならない。

(c) 可能であれば，社会は不注意による被害の犠牲者に補償する。

まず人間の場合にこれらの諸原理がどのように機能しているかについて二言三言述べてから，主権を持つ人間と野生動物コミュニティの間の相互作用における公正な条件とは何かを考えるためのガイドラインを提供できることを示そう。

　リスクを評価するにあたって我々は，第 1 に，それが真正かつ正当な利益に資するものであるか問う必要がある。高速道路のケースをもう一度考えてみよう。我々は結果として生じていた交通事故や公害とともに，道路を全面的に取り除くことができるかもしれない。しかし，このことは多大な経済的コスト，自由へのコストを伴うであろう。（そしてまた，緊急対応の可能性を劇的に減らすであろうことで，直接的な死を減らさず，むしろより多くもたらすことになるかもしれない。）そしてそれゆえに，社会として我々は高速道路について困難な選択をすることになる——そもそもそれをもつべきかどうか，高速道路システムを拡大するかそれとも鉄道網

に徐々に置き換えるか，（幅員を拡張することによって，車線を増やすことによって，速度制限を下げることによって，道路脇の木を切ることによって，自動車の安全性を改善することによって）可能な限り安全な高速道路を建設するためにどの程度投資するか，どの程度ドライバーを規制（年齢，機能障害〔impairment, distraction〕の観点から）するか，など。

これらの決定は，リスクを軽減するかもしれないが，移動の正当な利益を極度に犠牲にすることなしには，それを完全に除外することはできない。これは第1のテストをパスする——リスクは，それが必要不可欠なものであり，何らかの正当な善に比例していなければならない。しかし，話はこれで終わらない。我々は，これらの負担と利得の配分を考える必要がある。多くの人々が高速道路から利益を受けるが，苦痛を受けたり，ときには命を失ったりするものがいることも間違いない。なぜこれが不正でないといえるのだろうか。

我々がこれを不正とみなさない理由の1つは，他者の利益のために究極的な代価を支払う個人が前もって特定されないからである。それは，道を通ることを許す見返りに命を求める怒れる神あるいは怪物を宥めるために，誰かを選んで文字通り犠牲に捧げるようなものではない（リスクは発現した時に，前もってはわからない誰かに降りかかる）。むしろ，加害のリスクがあるにもかかわらず，移動によって得られる利得のために路上をドライブする（あるいはそれに同乗する）ことを，我々の（ほとんど）すべてが選択しているのである。他者の利益のために死ぬよう選ばれるのがどこかの誰かであるのに対して，運転の利益とリスクを分け合うのは我々すべてなのである。

リスクがすべての者に平等に分有されていないということは確かである。ドライブすることなしにハイウェイから経済的に利益を得る者（人の往来が増えることから利益を得る地域の商店主など）もいる。ドライブしないのにハイウェイから苦痛を受ける者（人の往来や公害が少なくなればいいと願う隠遁者など）もいる。これらの違いが我々の公正に関する感覚に反するかどうかは，社会におけるリスクの配分のありかたについてのより大きな物語に依存している。公正は，全ての個々の集合的決定から生じるリスクと利得が，社会のすべての影響を受けるメンバーに平等に分かち合われてなければならないということまでは要求しない。むしろ，全てのリスクを排除することは難しく，すべての人が多様なやり方で社会から利益を得ており，また多様なやりかたでリスクにさらされているので，リスクと利得は時間や領域をならして，だいたいにおいてイーブンであればいい（結果が平

第6章　野生動物の主権　　273

等ということでなく，リスクのレベルが分け持たれている）という，一般的な感覚に依存しているのである。おそらく，自動車から平均より多くの加害リスクにさらされている人は，彼らがどこに住み働いているかにより，職場の事故，食中毒，環境から生じる病気といったものについては平均以下のリスクにしかさらされていないのである。これらの違いが不正といわれるまでに至るのは，リスクが継続的に，同一の，社会において常に弱く，スティグマ化されているか，不利益を受けている集団に続けて降りかかり，そうしたリスクが軽んじられたり無視されたりするような場合のみである。もし我々が，例えば特定の，そう，人種集団が，主として他者を利する社会政策や経済プロセスのリスクを負担させるよう選ばれ続けていることを考えてみたなら，正義への関心が頭をもたげてくるだろう。こうしたことは，国内的に起こるかもしないし，国際的に生じるかもしれない。例えば，ミドルクラスの人々を主に利する産業が，安全でない廃棄物を貧しいマイノリティの近所に貯蔵するかもしれないし，空気や水が無力な隣国に汚染物質を運んでくれるよう，ある国が汚染源となる産業を国境付近に配置するかもしれない。

たとえ社会的リスクが，ある意味において一般的な観点から公正に分配されており，正当な公益に適っていたとしても，ケアおよび補償の義務を含むさらなる正義の要請がある。リスクが公平に分配されているという事実は，自動車事故に遭って，その結果ひどい障害を負った不運な人（またはその家族）の慰めには大してならない。このことは，不必要なリスクを避け，被害者に補償する負担を社会に負わせることになる。高速道路のリスクの見込みが，（我々が本質的にコントロール不能なリスクとみなすかもしれない）凍結や落石によるのではなく，致命的であることが再三明らかになっていた1つのヘアピンカーブに由来する場合を想起してみよう。警告を追加したり，わずかに道幅を拡げたりすることにより，状況は大きく変えられるかもしれない。このケースでは我々は，このリスクはもう理に適っていないというであろう。小さなコストによって重大なリスクが除去できる場合，リスクが公平に分配されていたとしても，そうしないことは怠慢である。リスクを限定することによってコストは増大するので，何が理に適っているかの我々の感覚も，それらのコストがほかのどこかで有効に使えるかどうかを考えると変化することになる。我々のここでの判断は，当該社会の豊かさや政策選択による相対的コストに応じて，変化するであろう。社会Aは数千のマラリア防止ネットのコストと道路改修のコストを天秤にかけるかもしれない。社会Bは目抜き通りで行うパレードのための季節のデコレーションのコストと道路修理のコ

ストを比較衡量するかもしれない。それらの社会は，道路修理に価値があるかどうかについて，異なる決定に達するだろう。

この方程式の反対の辺に位置するのは補償である。集団生活は我々全員に避けられないリスクを負わせる。（例えば）交通事故によって高い代価を払わされて死んだりケガしたりするのは我々のうちほんのわずかである。社会は事故の発生する確率を抑えるだけではなく，避けられない事故が発生した際に犠牲者に補償する責めを負っているのである。犠牲者の医療・リハビリのコストの責任を集団として引き受けたり，あるいは家族への補償をなしたりすることによって，社会はささやかながら，より公正な利得とリスクの均衡が回復するよう助けることができる。こうしたことができない社会は，社会生活におけるリスクの平等な分配を促進するという第1の条件を満たすことに失敗しているのである。

人間のケースで慣れ親しんだこれらの原理が，野生動物への我々の正義の義務を考えるうえで，有益な基礎を提供してくれる。我々が強調してきたように，人間は数多のやりかたで不注意による被害を動物に与えてきた。明白な事例としては公害がある——水質汚濁，殺虫剤の使用，大気汚染，そして急速な気候変動は，すべての動物の生命にとって破滅的である。ほとんどの動物は人間よりはるかに環境悪化に対して脆弱である。人間の居住パターンやインフラも，動物にリスクを押しつける。例えば，原子力発電冷却プラントは水棲生物を殺し，超高層ビルのガラス張りや夜間照明は数知れない渡り鳥を殺す。

しかし，我々は高速道路の事例に頼ってきたので，そのこだわりを続けよう。実際，高速道路は，野生動物に「ロードキル［轢死］」というかたちで多大な被害を与える，人間のインフラまたは活動の教科書的事例である。この問題のスケール感覚を与えるため，エリー湖を隣接する湿地（世界生物圏保護区〔World Biosphere Reserve〕の一部）から隔てる，オンタリオ州ロング・ポイント（Long Point）にある3.5キロメートルの土手道（causeway）の例を示そう。1年に100もの異なる種類の10,000体もの（ヒョウガエル，チズガメ〔map turtles〕，キツネヘビ，そして多数の小哺乳類を含む）動物が，この短い1区間で轢かれると推計されている。ロング・ポイントがとりわけひどい事例であることは認めるにしても，このことは，人間の道路が野生動物に対してなす理不尽な大虐殺について，何らかの考えを抱かせるだろう[54]。

この信じがたい大虐殺は，野生動物に対する正義の義務を損なうものだろうか。これまでに議論した原則に照らせば，答えは確かにイエスでなければならない。

第6章 野生動物の主権 275

しかし，このケースをより慎重に検討することで，この不正義の性質とそれを克服する方法を明らかにすることにしよう。明白な問題は，全体としてコストと利益が公正に配分されていないことである。人間は，道路から直接的に，そして社会的協調のリスクと利益を広く分け合うことから，部分的な利益をも得ている。しかしながら，野生動物が，高速道路や[55]より一般的に，人間社会から利益を得ることはない。我々が彼らに負わせるリスクが，彼らが我々に負わせるリスクによって相殺されることもない。我々が彼らに負わせるリスクと比較すると，野生動物が我々に負わせるリスクなど霞んでしまう。このリスクの驚くべき不均衡は，我々の正義の感覚に警鐘を鳴らすだろう。これは，1つの国家が利益とリスクの相互性なしに公害を下流や風下の近隣国に輸出するのと似ている。

この状況においてどうすれば，リスク配分と負荷における正義を貫くことができるだろうか。最も明らかな含意は，我々には，それができるところでは，野生動物に負わせる不均衡なリスクを削減する義務があるということである。これは，動物の習慣や移動様式に照らして建造物を設置したり設計したり，道路下に動物用地下道を建設したり，野生動物用回廊（wildlife corridor）を設けたり，車両に野生動物警報器を備えたりといった具合に，人間の開発実践に様々な変更を加えることを含むであろう。改良は高くつくかもしれないが，そうした変更が最初の設計および開発段階で考慮されれば，コストは最小限で済むであろう。これによって，より公正なリスク配分を実現できるとともに，他者に対しリスクを負わせることを怠慢により軽視してしまうことの罪を免れることもできる。ほとんどの人間による開発実践の場合，動物へのコストは構図に入ってこなかった[56]。これでは人間は，動物に負わせるリスクが利得によって正当化できるかどうか，慎重に評価してこなかったかのようである——これらのリスクは単に無視されてきたのであった。

しかし，これは最低限必要なことである。豊かな人間社会であれば，野生動物に対する意図せざる加害を和らげるために，人間側の開発に理に適わないコストをかけることなく，さらにいくつものステップを踏めるであろう。我々が動物と分け合っている環境を汚染することをやめ，影響を弱めるために車両や建築物を再設計し，魚を発電所から保護するために迂回路（diversions）や障壁（barriers）を建設し，小齧歯類などの動物や巣作りをしている鳥類をよりよく守るような耕作・収穫技術を再設計するためには，相当なコストがかかるかもしれない——が，そのコストは深刻なものにはならないであろう。多くの変化と同様に，移行は難

題かもしれないが，いったん新たなものの考え方が根付けば，第2の天性となるだろう。

標準的な北米の食事をヴィーガン食に切り替えることを考えてみよう。最初は食べ物に悩まされるものもいるかもしれない——お別れしたロックフォールチーズやポークチョップのことやら，新しい調理法を学ぶことやら，身体の変化やら，気になってばかりかもしれない。しかし時間が経てば，新しい食事が通常になり，食物や栄養計画・準備にほかのものより時間をかけることはなくなるだろう。社会全体でヴィーガン食への転換が完了すれば，人間の想像力は美味しいヴィーガン料理を開発することに向けられ，剥奪の感覚はすっかり消えてしまうだろう。ある種の変化を起こしたことによる人間へのコストを考慮する際には，我々はより長い期間と移行期間を区別する必要がある。移行期間においては過去の自由と機会を剥奪された感覚があり，新たな慣行の負担を強く感じるであろう。それゆえに，これに対処するために移行戦略（例えば，漸進的変化，多くの実験，補償，などなど）が必要になる。しかし，正義の状況をもたらすために何が理に適った努力か判断するにあたって，根源的な問題は（相殺できる）移行コストではなく，移行によって，長期的にみて公正で持続可能な慣行がもたらされるかどうかにあるのである。

これまでのところ我々は，相互性の方程式の一辺にのみ焦点を当ててきた。すなわち，協調から得られる利益の共有によって相殺されないリスクを，人間がどのように野生動物コミュニティに押しつけたかという側面である。野生動物は，そこですべてのリスクが均衡するような，人間と共有されたコミュニティの一部ではないために，我々が彼らに押しつけたリスクが緩和されることはなく，それは削減されねばならないのである。

では，コインの裏側に目を転じよう——野生動物が我々に与えるリスクである。人間はかつて，野生動物の多くの種から，少なからぬリスクを受けていた。我々は自然界における捕食者の多くを排除してきたが，我々はまだリスクに直面している——毒ヘビからトラ，グリズリー，ゾウ，ワニ。我々は，野生動物から人間に与えられるリスクについて，受容不可能だとみる傾向がある。しかしながら，我々が野生動物に与える多大なリスクを考えれば，反対方向でのリスクをゼロにしたいと考えるのは理に適っていない。その代わりに，主権が重なり合う領域においては，野生動物の存在からくるある程度のレベルのリスクは受容すべきであろう。これは，我々が攻撃[57]を受けたときに自分自身を守る権利をもたないと

第6章　野生動物の主権　　277

いう意味ではないが，人間のコミュニティは，重なり合う領域にいる野生動物によって与えられるすべてのリスクを排除する権利があるわけではない。それゆえ，例えば，コヨーテ，ピューマやゾウが住む野生の土地に隣接するところに住まうことを選ぶのであれば，我々自身，子ども達，そして伴侶動物へのある程度のリスクは受け入れなければならない。ゼロリスクで暮らすことができるようコヨーテを抹殺することを望むことはできない。黄昏時に田舎道をドライブすることを選ぶのであれば，シカと衝突することによる被害のリスクを受け入れなければならない。我々のリスクを引き下げるために，これらの動物を間引くことを要求すべきではない。別の言い方をすれば，我々はゼロリスクを望んではならないし，それと同時に人間コミュニティは，野生動物コミュニティに過度のリスクを負わせてはならないのである[58]。

　負荷されたリスクのレベルにおいて完全な衡平は存在しないが，彼らが我々に負わせるリスクとともに生きていくことを学ぶ一方で，我々が野生動物に押しつけるリスクを最小化することによって，不均衡を確実に減じることができる[59]。我々が動物に利益を与えることができる方法を考えることで，この非対称性を減じることもできよう。上記のとおり，人間の開発によって押しつけられたリスクの不正義は，部分的には，この開発によって野生動物が利益を受けないという事実によっている。しかしこれも既に論じたように，人間が動物に利益を与えることができる方法があるかもしれない。動物の権利論が正当にも野生動物の社会への人間の介入を戒めてきた一方で，我々はすべての積極的介入が不当なわけではないと論じてきた。破滅的なウィルスの拡大を防ぐための介入のように，野生動物コミュニティの利益と自律を保護することができるような介入もある。もう1つの例としては，劣化した生息地を改良し再活性化する再野生化プロジェクトのようなものが挙げられよう。これらの事例のように，人間が野生動物を援助できる限りにおいて，リスク負担の多大な非対称性はある程度和らげることができるだろう。(厳密な制限の下で) 野生動物を援助する我々の能力は，我々と彼らの関係における相互性を取り戻す可能性を提供してくれる。それは我々が野生動物に負わせるリスクを軽減する我々の責任を取り除くことはなく，多くの場合リスクの押しつけは避けられないままであろう。にもかかわらず，正当化可能な積極的介入は，バランスを部分的にでも正す可能性を与えてくれるのである。

　最後に，補償の問題を考えよう。我々が野生動物に負担させるリスクを減らしたとしても，意図せざる加害は避けがたく存在する。だとしたら，我々は我々の

活動による野生動物の犠牲者に，いったい何をすればいいのか。再びロング・ポイントの土手道に戻ろう。ここまでの議論が明らかにしたのは，様々な段階の意思決定において，人間はその土地の野生動物（wildlife）に対し様々な義務を負っているということである。事実，この土手道は，野生動物バリア（wildlife barriers）およびトンネルを使用して再建されるプロセスにある。このことは，人間がロング・ポイントにアクセスし続けても，他の動物を殺し続けることがないようにしてくれる[60]。しかしながら，最高にうまく設計された土手道ですら，それでもある程度の動物が傷ついたり死んだりするだろうから，リスクの不平等な負担を和らげる1つの方法として，我々は被害にあった動物の個体に対する補償の義務を負うであろう。この文脈における補償は，それが可能な場合には傷ついた動物の治療とリハビリを，そして特定可能なのであれば，親を失った子に対するケアを意味するであろう。これは決して新奇なアイディアではない。既に，多くの野生動物保護区においてこうした仕事が進められている。しかしながら，現在のところ，アニマル・レスキューはわずかな犠牲者にしか辿り着いていない。その理由の一部は，それが傷ついた動物に反応した通常より思いやりのある一握りの個人たちに依存しているからであり，我々が押しつけたリスクの結果に苦しむ動物たちをケアする義務を果たすための総合的な社会戦略にまではなっていないから，である。

　補償の義務を認めることは，多数の新たな問題を提出する。我々はどのように補償するのか詳細を考えねばならない。人間の道路やその他の活動によって傷ついた野生動物には，リハビリを経たうえで安全に野生に放されるものもいる。これは単純明快な例である。しかし，多くの場合，個体は野生に戻ることができないほど障害を負っている。一般的に，野生動物を野生から引き離し強制的に閉じ込める——ペットや動物園での見世物として——のは，常に野生動物の基本的権利の侵害であるが，障害を負った動物は特殊事例である。これらの動物が野生に戻ることはもはや不可能であり，ゆえに，保護区のようなところで適切なケアを提供する義務があるのである。そうした保護区は，障害を負った動物の利益に見合うように可能な限り——食物，住まい，ケア，移動の自由，プライバシー，仲間との交わりを提供するように——デザインされるべきであるであるのは明白である。

　難民環境における野生動物の利益を同定することは，簡単なことではない。例えば，我々が野生にできる限り近似した暮らしを再建することは，彼らの利益で

第6章　野生動物の主権　　　279

はないだろう。ここで後ろ向きになること——動物の未来にとっての利益よりも，失われた何かに過度に注目し過ぎることは危険である。彼らが野生に戻れず，人間のケアのもとに置かれるのであれば，これらの動物は，ある意味で，もはや取り戻せない以前の暮らしからの難民になるのである。この時点において我々は，彼らを我々のコミュニティの市民として歓迎する義務を負うのである。最初の場所で難民とならないなら明らかにそれが望ましいが，いったん賽が振られたら，後ろではなく前を見る必要がある。彼らを，彼ら自身の運命を追求する離れたところにある自律的なコミュニティ（あるいはネイション）のメンバーとみることから，我々のコミュニティの共同メンバーあるいは市民となり，新たに共有された運命の中で協力する存在になったとみるように，シフトする必要があるのである[61]。

　失われた生活様式を再建する試みに重点を置き過ぎると，新しい環境において動物に開かれた新たな可能性から目を閉ざすことになりかねない。野生にいる仲間達の（ダメージを受けた）サンプルとして祭り上げるべきではなく，新たな環境で特殊なニーズと利益を持つこととなった個体として相対すべきである。例えば，これらの動物の多くが人間との接触を避けようとするかもしれないが，それも彼らの選択である。その他のものは人間との接触（救助やリハビリの過程ではしばしば避けられない）に慣れるばかりか，人間との交流をうまくやるようになるかもしれない。人間や他の種との友達関係を築くものもいる。車に跳ねられて，もう歩き回ることも，狩りをすることも，縄張りを護ることもできないコヨーテは，ある意味で新たな存在に変化したのである。ついでにいえば，野生動物の保護区の文脈では，彼女は人間やウサギ・リスと仲良くなるかもしれない。彼女はアスレチックコース，あるいは車両に乗ることや，ロックンロールのビデオを観ることを好むようになるかもしれない。障害を負ったオウムは，スペイン語を学んだり，パズルを解いたりすることを楽しむようになるかもしれない。要点は，不幸にして起きた事故により，我々がこれらの動物を人間・動物混合社会において人間の世話のもとに置かざるをえなくなれば，我々は彼らを再構築された野生の幻想に捧げるのではなく，個体としての彼らに全面的に対応する必要があるということなのである。我々の動物に対する義務は，彼らが共有された社会に住むようになったそのときの利害の評価に基づくべきであり，「自然らしさ（naturalness）」や「種の模範（species norm）」のような理念——その動物のコミュニティが変化してしまったという事実を無視するような理念への傾倒に基づくべきではな

い[62]。野生動物保護区は，自然の色褪せたコピーのようなものとしてデザインされるべきではなく，唯一無二の動物たち（unique animals）が，新しい存在のあり方を，彼らがそれを選ぶなら見つけることができるような，刺激的で多様な環境としてデザインされるべきであろう[63]。

つまるところ，押しつけられるリスクや不注意による被害に対する主権のアプローチは，人間と野生動物の主権コミュニティの間の相互作用に関する公正な条件を統べる一連の原理——衡平，相互性，補償の原理——を特定することを助けてくれる。これは，例えば，動物への衝撃を減少させ，効果的な動物用回廊や緩衝領域を設けるために，自動車，道路，建物，その他のインフラを移転したり，再設計したりすべきことを意味するであろう。これらのリスクを最小化するよう最大限努力したにもかかわらず，動物たちが人間活動との接触によって不注意に傷つくのなら，我々はリハビリおよび，望めるのであれば，野生への復帰のための野生動物レスキューセンターを設置すべきである。そして我々は，野生動物の存在から起こり得るそれなりのリスクと共に生きることを学ぶ必要があるだろう。

第6節　小括

我々はこの章を，野生動物が人間の活動に対して脆弱となりうる無数の仕方について大まかに述べるところから始めた——直接的暴力，生息地破壊，不注意による加害，そして積極的介入である。動物の権利論は主として野生動物に対する直接的暴力に注目してきた。これらの権利侵害が終わらなければならないということに我々は同意するが，これは人間と野生動物の関係の複雑性を整理するための，ほんの手始めでしかない。我々は，主権アプローチが野生動物への我々の多様な義務を理解するための導きとなると論じてきた。野生動物の主権（野生動物コミュニティが自律的に自己決定した暮らしを送る権利）を承認することは，人間活動や野生に対する介入に強い抑制を置くことになる。何よりも主権は，個々人が特定の領域および自律的なコミュニティ——他者によって侵略されたり，植民地化されたり，強奪されたりされないコミュニティ——に帰属する権利を支える。こうして，野生動物の主権を承認することで，人間による野生動物の生息地の破壊に歯止めがかかるであろう。これらは居住者がいる土地であり，既存の居住者は，その領域において，彼らなりのコミュニティ生活を維持する権利を持つという認識を促すであろう。第2に主権は，平等と非搾取を基盤とするコミュニティ

第6章　野生動物の主権　　281

間の協調のための枠組みを提供する。そうすることで，主権が重なり合う領域において，あるいは「クロス・ボーダー」効果の文脈において，人間活動に重要な制約が課され，野生動物に対する不注意による加害を最小化し，我々に傷つけられた動物たちへの補償がなされるだろう。

主権はまた，野生動物に対する積極的介入を行う我々の義務を熟慮するにあたっての，適切な枠組みを提供してくれる。我々は，彼らの自律性を脅かし実際には彼らを永続的な人的管理のもとに置くようなやりかたで野生動物コミュニティの内部の働きに介入してはならない。しかしながら，ある種の形態の積極的介入は主権の尊重と矛盾しない。主権を持った動物コミュニティの生存可能性を脅かすような（そして我々が救援すべき立場にあるような）自然災害が援助の義務の引き金となりうるし，また，破壊的な侵略者（例えば，凶暴なバクテリア，巨大隕石，そして人間の侵略者はいうまでもない）から野生動物コミュニティが外的な脅威を受けることによっても，援助の義務は起動されうる。「動物世界を警備する」(Nussbaum 2006: 379) 義務は我々にはないが，野生動物たちの主権への脅威から彼らを保護する義務はある。野生動物を保護し援助する義務を，主権コミュニティのシステムにおける国家間の互酬性の一部とみることもできる。我々は野生動物の存在から，また彼らと分けあっている資源から，利益を受けている。我々は野生動物により害を受けることもあるけれども，これらの害は我々が逆に彼らに与える害に比べれば色褪せる。我々が野生動物に与える害を認識し，最小化すること，そして可能な場合は適切な積極的援助を通じてこれらの加害とのバランスをとろうとすることは，我々の義務である。

最後に，主権は，なぜ個々の援助行為を「決して自然に介入しないこと」という一般的公式によって捉えることができないかということについての，我々の直観を解明することに役立つ。我々が自然の掟のようなものに敬意を払う義務はない。我々は野生動物に正義の義務を負っているのである。概していえば，野生動物に主権を認めることは，自然に介入するにあたり非常に慎重になるべきであるということを意味する。しかし，主権を承認することは，野生動物コミュニティが独立し自己決定するコミュニティとして繁栄する能力を損なわないような，多くの個別的で規模の限られた援助行為を引き受けることと矛盾しないのである。

これらのすべてについて我々は，主権アプローチが現在動物の権利論の内部で手に入るものよりも説得力のある回答を与えてくれると信じている。それらの文献の多くにおいて，介入および不注意による加害はともに完全に看過されており，

「彼らを放っておけ」というスローガンに還元されているのである。これまでみてきたように，このスローガンは端的にいって我々の周りにある野生動物コミュニティに対する倫理的責任を整理するのに必要な役割を果たせないのである。

　第1章で記したように，他の論者達も個体の能力と利害にのみ焦点を据える動物の権利アプローチの限界を認識して，より関係主義的なアプローチに賛同するようになっている。おそらく最も詳細な例は，クレア・パーマーの近著（Palmer 2010）であろう。彼女は，異なる動物集団について人間が特定の脆弱性を生み出すにあたって果たす役割に基づいた，ある種の関係論的義務を考案している。家畜化を通じて，農業動物や伴侶動物を我々に依存しなければ生きていけない存在にしたために，我々はいまや彼らのニーズを満たす責任を負っている。野生動物の生息地を失わせて脆弱としたために，我々はそれによって与えた被害を癒す義務があるかもしれない。しかし，我々が彼らの脆弱性に因果的に関与していないとすれば，彼らに積極的な義務を負うことはない。この意味で，パーマーの「関係論的」理論は，実際上，本質的に治療的なものである。我々に責任がある害を改善する必要ゆえにのみ，我々は関係的義務を負うことになるのであり，それは理想的にはそもそも生じるべきではなかったものである。関係的義務は，関係を持たないという最良のオプションが不可能なときの次善の対応なのであり，これらの義務は本来的に治療的なのである[64]。

　これに対して，我々の根拠はより深い意味で，関係論的である。パーマーは「レッセ・フェール的直観」を，（人間が原因となる不正義がない限り）我々に野生動物に対する積極的な道徳的義務はないという理由で擁護する。我々のアプローチが野生動物の主権を擁護するのは，野生動物コミュニティの自律には多大な道徳的価値がかかっており，野生動物の主権を確立することがそれらの道徳的価値を尊重する最適な方法だからである。野生動物の主権の尊重は，家畜化された動物のシティズンシップを尊重するのと同じく，道徳的に価値ある関係を例示し，動物と関わるという我々の（積極的な）義務を，彼らの利益，選好，主体性を尊重するような形で果たすことになる。これらの積極的価値のいずれも，パーマーの関係的義務の治療の説明によっては持ちこたえられない。そこには野生動物の主権の関係（あるいは家畜動物のシティズンシップ）を支える道徳的善・道徳的目的についての説明がないのである。そして結果として，我々が実際のところ野生動物や家畜動物に何を負っているかについての彼女の説明はひどく不十分であると，我々は信じる。結局，野生動物に対する正義についての彼女の説明は，伝統的な

動物の権利論と同じように，個々の動物の基本的な消極的権利への直接的侵害を避けたり，なされてしまった場合にそれらの危害を治癒したりする必要以上のことを，ほとんど述べるところがないのである。

　パーマーの見解は，関係論的義務についての「同心円モデル」の一変種である。パーマーとともに，キャリコット（Callicott 1992）およびウェンツ（Wenz 1988）にも見受けられるこのモデルにおいて，我々の道徳的義務は我々と様々な動物集団との（感情的，空間的，および因果的）近接性によって決定される。我々は（家畜動物のような）我々の近くにいる動物には積極的義務を負っているが，我々から遠く離れたところにいる野生動物には消極的義務しか負っていない。しかし，ジャック・スワート（Jac Swart）（Swart 2005）が述べるように，これは著しくミスリーディングなものである。双方のケースで我々はケアと正義の義務を負うものの，要求される行為が異なるというほうがより正確だろう。スワート自身はこの違いを，動物の依存の性質の観点から説明している。家畜動物はその食物および住み処の面で我々との関係に依存しており，それゆえに我々は彼らに「特定の」ケアの義務を負う。野生動物は自然環境との関係に依存しているので，この文脈における我々のケアの義務は「非特定的」であり，「彼らの生息条件および環境への依存関係を維持するよう努力することに焦点を当てるものなのである」（Swart 2005: 258）。それぞれのケースにおいて，野生動物が依存しているものを得られるように保証する積極的義務が我々にはあるのである。他者へのケアの義務を果たすことが意味することの一部は，他者が依存している諸関係をケアすることであり——それは等しく野生動物にも家畜動物にも当てはまる。彼らは単に，異なるタイプの関係に依存しているのである。パーマーの議論に反して，我々の野生動物に対するケアの義務が非特定的であるという事実は，彼らのニーズに応じるとそうなるということであって，それがゆえに彼らのニーズに対応する積極的義務を我々が持たないという根拠にはならないのである。

　我々の関係論的見解は，この点で明らかにパーマーよりもスワートのそれに近い。実際，野生動物コミュニティに彼らの領土に対する主権を承認し守る義務についての我々の説明は，我々が野生動物の環境への依存を尊重する義務を負っているというスワートのアイディアを単に，より「政治的」に言い直すものと捉えることもできる。（同じく，第5章における家畜動物にシティズンシップを認める義務についての我々の説明は，我々は，我々に依存している動物に特定のケアを行う義務を負っているという，彼のアイディアのより政治的な言い換えとみることができる。）しかし，

家畜動物に対する特定のケアの義務を明確化するのにシティズンシップの政治的言語が役立つのとちょうど同じように，主権という政治的言語は，権利，所有権，領土，リスク，移動性についての根本的に政治的な問題に取り組むことを可能にし，野生動物への非特定的なケアの義務を明確化するのに役立つのである。この点で，パーマーおよびスワートはともに——そして動物の権利論における他の関係的な理論も——応用倫理学のフィールドの内部に閉じ込められたままであり，我々の法的・政治的生活を統べる政治理論とは乖離しているのである。

　言うまでもなく，主権アプローチを採用することは魔法の公式ではなく，我々のこれまでの議論は，多くの問題，少なくとも野生動物の主権をどうやって実効的に行使するかという政治的な問題を，未解決のまま残している。伝統的な人間の政治理論において，主権をもつ権威として承認される権利は，自らの主権を対外的・対内的ともに主張する能力と常に密接に結びついてきた。その領土における実効的支配を保持しているがゆえに，国家は主権国家と認められるのである。確かに，人間の場合でも，主権を実行するにはいろいろな方法がある。外部からの挑戦の観点からは，十分な軍事力を所有することで主権を主張することができるが，相互防衛および，地域的安全保障の条約（例えばNATOへの参加）を結ぶことによって，あるいはマルチ・ネイション国家（例えば，カナダの先住民たちはカナダ国家に防衛の責務を委任してきた）に上方委任したり，個々の国家の主権を共有したり「プール」したりする国際機関に参加することによってもそうすることができる。

　野生動物の主権の場合，それに匹敵する政治過程はどのようなものになるだろうか。野生動物は通常，人間の介入から自らを物理的に防御する立場にない。また，外交交渉や国際機関において自らを代表させることもできない。主権的利益を保護する責務を委任することについての集合的決定ができない。ではそうならば，動物の主権を主張したり，施行したりするための政治的メカニズムはいかなるものになるだろうか。

　答えは，動物の主権の原理に献身している人間による，何らかの形態の委任代理（proxy representation）にある。現状では，そうした委任代理のシステムがどのようなものになるのか，我々はほとんどアイディアを持っていない。第5章で指摘したように，シティズンシップのスキームの中での家畜動物の政治的代表においても，関連した問題が発生する。こうした文脈において，動物オンブズマンあるいは動物弁護人のようなものについて，様々な提案がなされてきた。「類

人猿の主権（Simian Sovereignty）」を構想した論文においてロバート・グッディンら（Goodin, Pateman, and Pateman 1997）が論じたことは，主権を持った大型類人猿のコミュニティは，人間が被信託人として振る舞う保護国の形態をとることが避けがたいと論じている。そうした被信託人（またはオンブズマン，あるいは弁護人）は，おそらくは植民地化，征服，そしてリスクの不公正な押しつけから野生動物を守るべく委任され，提案された積極的介入の影響を評価することもあるだろう[65]。

　我々はそうした制度メカニズムについて，詳細な青写真を持っているわけではない。第5章で論じたように，現段階での我々の関心は，あれやこれやの制度メカニズムの創設を推奨することよりは，制度改革を促すべく人間・動物関係の基礎を為す根本的な図式を明確にすることにあるのである。我々はまず，それがいかなるものであれ，新しい代表のスキームの目標を特定する必要がある。それは，我々がここで論じてきたように，野生動物の主権というアイディアを取り巻くような形で構築されるべきである。このスキームに含まれる効果的な代表は，国内的および国際的双方の，環境，開発，輸送，公衆衛生，などなどについての争点を含む，いくつものレベルにおける制度改革を要請するであろう。これらの制度のすべてにおいて，主権を持ったコミュニティとしての野生動物の権利が代表される必要があるのである。

原注

1)「生物と無生物の差違」を無視するこうした傾向への批判としては，Wolch 1998 および Palmer 2003a を見よ。

2) 一例として，グローバルな狩猟産業の規模について，Scully 2002 を見よ。

3) 動物の権利擁護コミュニティの内部では，意図的に加害される動物の犠牲のうち畜産動物が圧倒的多くの割合を占める事を念頭において，運動が野生動物問題（狩猟，毛皮をとるためのわな，動物園，サーカスなど）に注目し過ぎているかどうかについて論争がある。例えば，Vegan Outreach はそのウェブサイトで，「アメリカで毎年殺される動物のおよそ99% は食用である」と記している（http://www.veganoutreach.org/advocacy/path.html）。しかしながら，Vegan Outreach は意図せざる殺害には言及すらしていないことに注意せよ。アメリカでは年間100 億もの動物が殺されている。建物との衝突だけで年間1億から10億もの鳥が死んでいる（New York City Audubon Society 2007）。この数字には，自動車，電線，イエネコ，公害，生息地喪失および，数えきれないその他の我々が押しつける危険による死が含まれていない。人間が引き起こすすべての野生動物の死を推定することは不可能であるが，その合計は膨大な数に上る。ここで我々の論点は，Vegan Outreach による飼育動物の苦しみへの強調や，彼らの努力をそこに集中させようとする戦略的決定を軽視しようするものではない。人間による意図せざる動物の殺害についての，動物の権利論の欠落を明らかにするためである。

4)「野生動物管理者は動物をあるがままにしておくこと，人間という捕食者を彼らの日常から引き離しておき，これら『他のネイション』が彼ら自身の運命を彫琢することができるように，第一に配慮すべきである」（Regan 1983: 357）。

5)「いったん我々が他の種に対する『支配（dominion）』を要求する権利を放棄するなら，彼らの生活に介入する権利も全く存在しない。我々はできる限り彼らを放っておくべきである。暴君としての役割を放棄したら，ビッグ・ブラザーとしての役割を演じようともすべきではない」（Singer 1975: 251）。

6) 人類が尊重しなければならないような，殺されない消極的権利を動物が持つという事実は，動物が他の動物による脅威に直面したときに人間による援助や保護を受ける積極的権利を持っていることを，論理的に伴うわけではない。しかし，前者を認め後者を拒絶することについて論理的な矛盾は存在しないものの，前者の道徳的根拠づけは，後者の方向にむけて後押しをするように見受けられるため，動物の権利論に対する批判者たちが，この道徳的緊張が適切に取り組まれていないというのは正しい。

7) この書物の第2版において Regan はこの立場を改め，援助の義務を承認している。

「動物に権利を認める見解は，ある種の状況においては，援助をおこなう実際の義務を負わせる一応の一般的慈善義務を，一貫するかたちで承認することができる。そのような義務が The Case で論じられていないことは，そこで展開されている理論の不完全さのしるしである。後知恵でいえば，私は不正義の犠牲者に負う義務のようなもの以外の援助義務についてもっと述べていればよかったと認める」（Regan 2004: xxvii）。

8) もう1つの例として，Shelton（2004）が，カリフォルニア州のサンタクルス島の野生動物管理員による生態系管理の誤算を検討しているのを見よ。

9) Fraser は同様に，ベネズエラのあるダムに水を満たす際にできた「生態学的孤島（ecological islands）」の事例について論じている。捕食者達は洪水から逃げ去り，ホエザル（howler monkeys）やその他の小動物を残していった。しかしながら，結果は捕食者のいない天国からは程遠く，破滅的なものであった。個体数が増えた猿たちは島の植生を根こそぎにし，餓えと社会構造の破壊に苦しむことになった（Fraser 2009: ch. 2）。生態系における頂上捕食者の役割については，Ray et al. 2005 を見よ。

10) 繁栄論に対する批判として，Hadley 2006 を見よ。また，Nussbaum 2006 も，種レベルの模範の構想が，繁栄の定義にあたって，無批判に自然（あるいは種の典型）とは何であるのかを受容しなければならないことを否定している。

11) 早い事例としては，「類人猿の主権」についての論文（Goodin, Pateman, and Pateman 1997）があるが，類人猿が人類との近接性と高い認知的能力のため，特別の主権的・政治的地位を持っている，という発想と結びついている。

12) Sapontzis も参照せよ。

「多くの野生動物に関する動物解放プログラムは，これらの動物が独立し自己支配的な生き方をする可能性を再建し，保護し，拡張することへの深い尊敬と熱望を表明している。これらのプログラムは，我々の社会組織においてマイノリティや女性を『一級市民』および『正規のパートナー』にしようと意図して行われるようなプログラムとは異なっているかもしれないが，この違いもまた，動物が我々とは異なる利害をもっているという事実の帰結でしかない。野生動物は，我々の社会に歓迎されたいと思っているようにはみえない。むしろ，彼らは基本的に放っておいて欲しい，自分自身の生を追求させて欲しいと望んでいるようである」（Sapontzis 1987: 85）。

13) Nussbaum が野生動物の主権にどれほどの重きを置いているのかは明らかでない。ときどき彼

第6章 野生動物の主権　　287

女は，「すべての種が互いに協力的で相互に支え合う関係を享受するような，相互依存的な世界を徐々にもたらす」ために，人間による驚くような介入を唱道しているかのようにもみえる。彼女が知っているように，「自然はそういうものではなく，そうだったこともな」く，そして彼女が言うように，彼女のアプローチは「非常に幅広い方法で，正義なるものが自然的なるものに徐々に取って代わることを要求する」（Nussbaum 2006: 399-400）。この構図においては，主権へのいかなる尊重も見いだすことは難しい。しかしながら，ほかのところでは，彼女はそうした介入に背を向け，積極的介入は「種の自律性への適切な尊重」（2006: 374）とバランスをとらねばならないと記す。これら対立するアジェンダの間でどうやってバランスをとればいいのか，彼女は何の助言も与えない。

14) 動物とその領域を植民地化するプロセスとして開発を捉えるその他の議論および，先住民の植民地化の歴史的言説との類似性については，Palmer 2003b, Čapek 2005: 209 を見よ。

15) 脱植民地化の国際規範は，「自然から得られる富や資源を利用する人民の権利は主権に内在する」と述べており（GA Resolution 626 (VIII) 21 December 1952），そして，「天然資源に対する人民および国家の永続的主権への権利は，国家の発展と当該国家の人民の福祉のために行使されねばならない。」（1962 Resolution on Permanent Sovereignty over Natural Resources, Article 1, GA Resolution 1803 (XVII) 14 December 1962）。Eckersley が注意するように，これらの言葉遣いは，脱植民地後の国家が植民地時代に外国の企業に与えた天然資源への利権を再構築しようとした新たな「主権のゲーム」の一部分として採用されたものであるが，今日それらは野生動物や自然，そしてそれらを完全に人間の利益のために使用する権利（そして実際には義務も）に対する，人間のコミュニティの無制限の主権を与えるものと見られている（Eckersley 2004: 221-2）。合衆国における州法には同様の定式がある。例えば，オハイオ州法は，「すべての野生動物……の所有権および権原は州にあり，すべての人民の利益のために権原を保持する。」（Ohio Rev. Code Ann. § 1531.01, cited in Satz 2009: 14 n. 79）としている。

16) 野生動物のドキュメンタリーの問題は，ここでの興味深いテストケースとなるだろう。Mills 2010 がいうように，現在我々は，野生動物を，彼らの最も私的な状況（例えば，巣）でさえも，野生動物がカメラクルーに気付いたときには明らかに避けようとする場合でも，フィルムにおさめる権利を当然とみなしている。野生環境ドキュメンタリーでは，野生動物に存在を気取られないようにするために隠しカメラを巧妙に使用したことを賞賛したりする。我々がパターナリスティックな管理者（paternalistic managers）ではなく，自らが野生動物の領土への訪問者となることを考えるとしたら，こうした慣行は考え直す必要があるだろう。ヒヒとのやりとりおよび，そして彼らが彼女に「失せろ」という意思を示したことにどう対応したかが礼儀正しい関係を築く鍵となったという Smuts の説明を想起せよ（Smuts 2001: 295 および我々の第 2 章における議論をみよ）。

17) この認識は，明らかに国家に類した構造をもっていたインカのような，多くの先住民社会に関しては明白に誤っている。このことを回避するため，帝国主義の擁護者は，以前から存在する主権は（それがあるところでは）ヨーロッパの規範や価値（例えば一夫多妻がないなど）によって定義される「文明の基準」を満たす場合のみ尊敬に値すると論じたのである。ヨーロッパの帝国主義を正当化するために主権（の欠如）が援用されたやり方の概観として，Keal 2003, Anaya 2004, Pemberton 2009 を見よ。1979 年になっても，オーストラリアの最高裁はコー対コモンウェルス（*Coe v Commonwealth*）判決において，アボリジニの主権の承認について「極端にヨーロッパ中心主義的なテストに基づいて原住民は主権をもたないと裁定し，アボリジニ・ネイションはその主権が承認される前にはっきりした立法・執政・司法機関をもっていなければならなかった」とした（Cassidy 1998: 115）。

18) Alfred は，先住民族は「先住民の『主権』という用語と観念の拒否から始めることで」，植民地化を促進した思考パターンを拒絶する必要があり，代わりにその中では「絶対的権威がなく，決定の強権的な執行もなく，階層もなく，独立した支配機構もない」ような，「主権から自由な良心と正義に基づく体制」を提示していた先住民の伝統的コミュニティ生活によって導かれるべきであると論じている（Alfred 2001: 27, 34）。先住民族には，「その内部では国家が市民社会に対する権威を行使するヨーロッパ的な主権観念を拒否する」ものがいると書いた Keal 2003: 147 も参照せよ。

19) Reus-Smit 2001, Frost 1996, Philpott 2001 および Prokhovnik 2007 を見よ。それらすべてがそこに潜在し，（異なるやり方で）自律と結びついている「道徳的目的」あるいは「道徳的次元」に注目することによって主権理論を再検討する必要があると論じている。

20) Philpott によれば，両方の革命が「同様の道徳的やり方で，同様の価値——自由のために主権を要求したのである……双方の革命が人民の保護として，地域的特権のため，免責のため，自律のため，これらのすべてはより普遍的な存在からの押しつけに対する楯として，主権的権威を望んだのである」（Philpott 2001: 254）。

21) 先住民の主権についての議論として，オーストラリアについて Reynolds 1996 および Curry 2004，カナダについては Turner 2001 および Shadian 2010，アメリカについては Bruyneel 2007 および Biolsi 2005，国際的議論については Lenzerini 2006 および Wiessner 2008 を参照せよ。

22) かの有名な，ウースター対ジョージア州（*Worcester v Georgia*）事件アメリカ最高裁判決において，マーシャル判事は，「諸国民の法の決着済みの教義によれば，弱小国は強国と関係することにより保護を得ることで，その独立——自己統治の権利——を明け渡しはしない」（31 US (6 Pet.) 515 1832）と述べた。ここで我々が行ってきた議論および個々の市民の依存的主体性（dependent agency）に関する第5章の議論との類似に留意せよ。国家の従属（または相互依存）は，（Arneil の用語における）独立の反意語ではなく，その前兆なのである。

23) 主権というアイディアをこのような方法で再生するにあたり，そこにリスクが内包されていることを知っていなければならない。Pemberton がいうように，主権はコミュニティの繁栄に資するということでしばしば正当化されてきたわけであるが，その実効的目的は，あまりにもしばしばコミュニティの成員を犠牲にして，主権そのものの維持にすりかわってきたのである（Pemberton 2009: 118）。このことを前提とすれば，我々は主権という術語を放棄して，代わりに自決なり自立なりのような術語に代えた方がましだと考える者もいるかもしれない。しかし，これらの術語も濫用されがちで，最終的に唯一の処方箋は，主権の要求——人間であれ動物であれ——が基本的な道徳的目的と明示的に結びついていることを主張することであろう。我々の議論にとって重要なことは，主権への要求の背後には，そのような妥当な道徳的目的があるということ，そしてそれらが人間および動物のコミュニティ双方のために生まれているということである。そうした要求のために「主権」という単語をラベルとして使うかどうかは本質的ではないのである。

24) 多くの野生動物は（「適応的ジェネラリスト」ではなく）特定の生態系に高度に依存した「ニッチ・スペシャリスト」であるという第3章の議論を想起せよ。

25) http://www.britishbirdlovers.co.uk/articles/blue-tits-and-milk-bottle-tops.html

26) Regan 2004: xxxvi-viii および Simmons 2009: 20 の議論を参照せよ。

27) 場合によっては我々すべてを生態系破壊へと導きかねない人間コミュニティの強欲な生態学的足跡と比べて，主権を持った動物コミュニティの持続可能性を指摘しておけば，野生動物に有利になるかもしれない。分相応に生きることが適切な主権（competent sovereignty）の必要条件なのだとしたら，ロールズがいっているように，多分テストに不合格なのは動物ではなく人

間であろう。

28) Dworkin の用語法を応用するなら，食物連鎖と捕食の事実は，野生動物の主体性の「限界」ではなく「パラメター（媒介変数）」とみなされるべきである。それらは動物がうまく対応したりできなかったりする難問を定義するのである（Dworkin 1990）。そして，一般的に，野生動物はこの難問にうまく対応していることが証明されている。（これに対し，家畜は餌を与えられるために，これらの難問にとりくむ能力を減退させ，逆に人間の中での家畜としての生に役立つ能力を拡げているのである。）

29) とにかく，人間が何とかして捕食を終わらせることができるというアイディアは馬鹿げている。自然は捕食関係で満ちており，すべての生物——人間も含めて——は自然の中の現在あるがままの存在（ongoing existence）に依存している。たとえすべての人間が菜食となったとしても，依然として植物の播種と受粉，土壌の補充，水と空気の濾過，植物を食べる動物の個体数のコントロール，などなど——食物連鎖のあらゆるレベルにおける捕食を含むプロセス——を可能にする自然のプロセスに完全に依存しているのである。

30) 人間の場合，しばしば正当な介入の必要条件として考えられているのは同意の存在である（例として Luban 1980）。実際，Ignatieff 2000 は，その土地の住民の同意は正当な介入の「第1のそして主要な」条件であると述べる——「国民が我々の助けを求めていなければならない」。すべての理論家が，同意が必要条件だといっているわけではない——例えば，Caney 2005: 230 および Orend 2006: 95 を見よ——彼らは，同意の存在が介入の全般的な論拠を強化するし，同意がない状況での介入には特に厳格な正当化の負担を負わねばならないという。

31) 大型類人猿の主権の擁護にあたり，Goodin は，彼らは「毎日の基本財に基づいて生活を営む完璧な能力をもち」，「独力で自律的存在を作り上げる完全な能力をもつ」と主張している（Goodin, Pateman, and Pateman 1997: 836）。

32) Pemberton 2009: 140 は，帝国主義者は彼らに対しヨーロッパの主権を押しつけたにもかかわらず，しばしば先住民の所有権を認めたことを指摘している。

33) 実際，「スタートレック」のファンなら，『新スタートレック（*Star Trek: The Next Generation*）』において同様のシナリオが研究されていたのを憶えているだろう。「Pen Pals」（シーズン2の第15話）において，ドレマ第4惑星人は地殻変動によって滅びようとしていた。エンタープライズの乗員は，まだ接触遭遇および惑星連邦への統合の準備ができていないとみなされる惑星の自律的な進化に介入してはいけないという彼らの「至高指令」について議論した。そして最終的に彼らは惑星を救うための，軽微な技術的修正を用いた1回限りの介入を決めた。それから彼らは，ドレマ人自らが決定した発展コースを継続できるように，介入についてのドレマ人の記憶を消去したのである。

34) Fink 2005: 14 は，トナカイの鼻孔で育ち，次第に窒息させて緩慢で苦痛に満ちた死をもたらす幼虫のケースを議論している。人間がこの虫を殺したり，トナカイにそうならないための予防接種をする方法を編み出したりする可能性は非常に高いと思われる。そして，そのような介入が慎重に行われれば，生態系に無視してもいい程度の影響しか与えずに済ますこともできそうである。シカがその病気で死ぬことは減少するだろうし，病死を埋め合わせるための増殖率は低下方向に調整される必要があるかもしれない（自然に，あるいはさらなる人間の介入により）が，この介入は人間が体系的にトナカイの生命を管理したり，彼らが自律的なコミュニティとしてやっていく自由や力量を脅かしたりすることもないように見受けられる。これは，野生動物の主権を蝕むのではなく，支持するような，ありうる介入の一例のようにみえる。もう1つは，フロリダ沖に棲むウミガメに関するケースである。時折悪天候のためにウミガメが耐えられないほど海水温が低下してしまうことがある。こうなるとカメは低温ショックを受け，冬眠状態

になって海面に浮き上がり，ひいては死んでしまう。2010 年 1 月にも深刻な寒気が発生した。このとき何百匹もの低温ショック状態にあるカメが人間によって引き上げられ，寒気が去るまで温水中に留め置かれ，のち無事海に帰された。この天候の異常さを考えると，人間の援助がウミガメの自律性やより広い生態的コミュニティを傷つけたとは判断できない。このことは，たとえウミガメの個体数が人間の行為の影響により劇的に縮小してきたという事実と独立には正当化されないとしても，真であろう。

35) 親からはぐれたワタリガラスを拾ってのちリリースするか，傷ついた 1 羽を助けてリリースするか，注意深く熟慮した事例について，Haupt 2009: ch. 6 を参照せよ。

36) 渡り中のトキを支援した努力についての 'Survival of Dumbest' と題されたおどけた記事を見よ（Warner 2008）。2010 年の渡りについては，Morelle 2010 を参照。ホオアカトキ（waldrapp ibis）プログラムについての記事の概観のためには，http://www.waldrappteam.at/waldrappteam/m/news.asp?YearNr=2010&lnr=2&pnr=1［Not Found］を見よ。

37) 誤りやすさの議論には，弱い形式と強い形式がある。弱い形式は，自然の複雑さと人間の知識の限界を与件として，人間の介入は物事を台無しにするよう運命づけられているというものである。強い形式は，自然は「当然のこととして」正しいことをなすのであり，それゆえにいかなる人間の介入も問題があるというものである。James Lovelock の「ガイア・テーゼ」（Lovelock 1979）の影響のもと，自然の生態系を，本質的に一貫性があり全体論的にまた不可避的に生命を支持する機能をもつ全体システムの一部とみなす傾向が存在する。一般的に，このシステムにおいて人間が介入するときはよくない介入であり——生命や生物多様性に対し破壊的なものとなる。近年，Peter Ward（Ward 2009）がガイア・テーゼを批判して，自然は人間の干渉がなければ効果的に自己規制をなしえないし，生命を支持する傾向があるわけでもないと論じている。Ward はまた，自然はときに恐ろしく悪い方向に転ぶことがあり，生態系の破局的な崩壊をもたらすという。（彼は大絶滅事象のほとんどは，手に負えなくなったバクテリアや植物といった生物系により引き起こされたのだと主張している。）そしてまた，破局を防ぎ，生命を振興するために，人間が自らを方程式に書き加えることで自然の針路を変更してもよい場合があるという。

38)「母国」や国際市場から切り離されたマイノリティを保護する意図で設けられた第 1 次世界大戦後の少数民族に関する諸条約における，これらの規定のいくつかについての議論につき，Henders 2010 を参照のこと。

39) ルーマニアおよびスロヴァキアにおけるハンガリー系マイノリティの「曖昧な」シティズンシップについては Fowler 2004 を，アフリカにおける移動民族については Aukot 2009 を参照せよ。

40) Iris Young は，人間の場合，自己決定は絶対あるいは排他的なものとして理解すべきではなく，関係論的に——かなりの相互作用や相互依存がある条件においても他者に支配されない権利（Young 2000）として理解されるべきだと論じている。そしてまた，我々は動物主権についても同様に論じたい。

41) 先住民族の権利の擁護者達は，西洋における保全努力は彼ら先住民の権利を無視しており，実際彼らを「居留地難民（conservation refugees）」にしてしまっているとながらく不満をもってきた（Dowie 2009, また Fraser 2009: 110 も参照せよ）。

42) 先住民族と協働して行うボノボ保護プロジェクトについては，ボノボ保全イニシアティブのウェブサイト（www.bonobo.org/projectsnew.htm）を参照。ボノボを傷つけることに関する伝統的タブーの崩壊について，Tashiro 1995 を見よ。ボノボ殺害を禁じる伝統的タブーを維持する先住民族に近いところに住んでいる公園外（non-park）エリアのボノボ個体数が，先住民を排除しているにもかかわらず侵入者によってボノボが殺されることがある公園として確立された

第 6 章　野生動物の主権　　291

地域と比べ，かえって多いことに関して，Thompson et al. 2008 を参照。我々はここで，合同・平行型の主権がどのようになるのかの概要を見ることができよう。他の場合では，Fraser が，ネパールのチットワン国立公園における，森から利益（腐葉土，牧草，植物の葉，ハーブ，果実，薪を集める）を得たいと望む現地の人々を密猟警備の仕事に雇用することで巻き込んでいこうとする努力について論じている（Fraser 2009: 245）。Vaillant 2010 はロシア東部のプリモーリエ（Primorye）地域における先住民族とアムールトラの伝統的共存戦略について論じている。Joyce Poole に指導された動物保護団体である Elephant Voices のウェブサイトも参照せよ。Elephant Voices は，ゾウを助けるためには，ゾウを人間から隔離しようとするのではなく，人間とゾウの関係を育てることが必要であるとの前提にたって仕事をしている（http://www.elephantvoices.org/）。

43) 特に複雑なマルチ・エスニック状況における自治地域の特に複雑な事例として，エチオピアの南部諸民族州（Southern Nations', Nationalities' and People's Regional State）についての Vaughan 2006 の議論をみよ。

44) 動物たちと人間が伝統的に持続可能な関係性をもって分け合っている搾取なき生息地についてはどうか。（アマゾンにおける原住民文化や，野生動物と人間活動の間に安定した共生的関係がある長期的な資源開発ゾーンを想起せよ。）これらの複雑性のいくつかの例については，この章の後の方で取り扱う。開発ゾーンに生じた同様の共生的関係（持続可能な農地など）については，境界動物の章において取り扱う。

45) 読者の中には，第3のチェックが必要だと考える者もいるだろう。つまり，人間の人口増への制約である。もし人口増が続くとなれば，我々は2つのチェックに従えそうにない。しかしながら，人口と土地・資源利用との関係は複雑なものである。一方で，より賢明かつ効率的で，より持続可能かつ正当な資源利用を目指す人間の能力を軽視すべきではない。また，それぞれの社会は市民の総数と生活水準について彼ら自らのトレードオフを選ぶことができる。我々は，増えていく人間が特定の生活水準を維持することができるように，動物たちが彼らの領土を放棄することを要求したり期待したりすることはできない。しかし，人間の社会は，生活水準の低下を受け入れるならば，動物の領土を奪うことなしに数を増やすことができるかもしれない。「理想的な」人口目標を取り決めてそれに基づいて領土を割り当てるのではなしに，我々は既存の人間や動物の公平な領土要求を確保し，正義の制約内で人間の諸社会が人口を調節するべきであろう。

46) 動物の私有財産権を認めることがなぜ実現可能であるかを説明するために彼が援用する，動物の土地使用の予測可能性と安定性についての議論について，Hadley 2005 を参照せよ。我々の見解では，そうした事実は動物に主権を認めることにもうまく適用できる。

47) ここで関連する要因としては，生態域には他よりはるかに大きな動物の生の豊かさと多様性を支えるものがあるという事実および，多くの動物はニッチ・スペシャリストであり，新たな環境へ容易に適応する能力を欠いている（一方で人間は，その科学技術的ノウハウのおかげで，居住し繁栄することのできるゾーンの広さという観点から非常に多才である）という事実が含まれる。

48) Fraser が記したように，「必要量しか収穫しない無害な人間社会など存在しなかった」（Fraser 2009: 117）。Redford 1999 も参照せよ。

49) 近年我々は，石油利用および内燃機関の発明がもたらした環境への影響を悔やむようになっている。自動車は敵である。しかしながら，そのおかげで殺人的な搾取を免れた動物の数について考えることは，有用な中和手段になる——クジラのことばかり考えるだけではなく。第4章で論じたように，ウマはおそらく最大の受益者である。このことは，気候変動からロードキル

292

まで，自動車が与えた動物へのネガティブなインパクトを消し去りはしないが，科学技術時代以前を美化するのではなく，解決法を求めて将来に目を向けることを思い起こさせてくれる。

50) 過去の奴隷制のために現在のアフリカ系アメリカ人が苦しめられている現在進行形の損失を計算する試みとして，Robinson 2000 を見よ。

51) これに関連した，人間の不正義による野生動物の被害に対する補償的正義についての議論として，Regan 2004: xl および Palmer 2010: 55, 110 を見よ。

52) これには，我々自身が動物たちをより危険にさせることに直接の責任がある数限りない状況が含まれる。Bradshaw 2009 は，人間によるゾウへの暴力がいかにゾウ社会の崩壊を引き起こし，人間への重大な脅威となる心理的に傷ついたはぐれゾウを生み出しているか調査している。Vaillant 2010 は，ハンターによって何度も嫌がらせを受けて計画的な復讐に乗り出した，あるアムールトラの珍しい事例について論じている。

53) 有益な議論として，Sunstein 2002, Wolff 2006 をみよ。

54) Long Point Causeway Improvement Project (http://longpointcauseway.com)。土手道の改善は，近年において轢死数を著しく減少させてはいる。

55) ロードキルによって従来の状況よりも容易に食物を得られるために，ハイウェイ側に住み処を構えるワタリガラスやその他の屍食動物のような，いくつかの興味深い例外もある。

56) 第5章でみたように，現存する開発実践には，動物へのインパクトを検討するものはあったとしてもまれである。Wolch 1998 および Palmer 2003a をみよ。興味深い例外はコロラド州のVail にある I-70 の，悪名高い区間に作られる野生動物用陸橋のための国際デザイン・コンペ (International Wildlife Crossing Infrastructure Design Competition) である。このハイウェイの区間は，恐るべき数の野生動物の（そして数としてははるかに少ないが人間からも）命を奪う。このイニシアティブは，動物への配慮ではなく，人命と自動車事故にかかる保険コストの上昇によって促された。とはいえ，このイニシアティブは我々が動物に負わせるリスクを減らすうえで，デザインが一連の設定に対応可能なように意図されているので，非常に重要なものでありうる。効果的で生態学的に理に適っていて，コスト，柔軟性，そして，（カナダの Banff にあるもののような）既存の野生動物用陸橋モデルを特徴づける労働集約的工事を改善しつつ，効果的かつ生態学的に理に適った動物用陸橋をデザインするという難問に対応するために，数百ものデザイナーや建築家が応えたのである。上位5つのデザインはオンラインで見ることができる。http://www.arc-competition.com/welcome.php [Not Found]．New York City Audubon Society 2007 は，鳥の衝突を減らすための都市の建築物を設計するにあたっての素晴らしい手引きを作成している。また，Jackson Hole (Wyoming) Wildlife Foundation は，送電線に接触する鳥を減らすためにデザインされた送電線にぶら下げる「蛍光鳴子 (firefly flapper)」についての情報を提供している (http://www.jhwildlife.org/)。

57) 第2章で記したように，道徳哲学者の中には，自衛における「潔白な攻撃者」を殺害することの正当性を否定する修正主義者の一団が存在するが，我々はそうしたケースでは自衛の権利があるという主流派の見解をとっておく（第2章注 32 をみよ）。

58) 我々は野生のリスクに関して別種の偽善に留意すべきであろう。先進国——そこでは危険な動物はあらかた一掃されている——における動物愛好者達は，生息地保全や種の保全の名目で発展途上国に住む人々がポスターにでてくるようなトラやゾウのような動物によるリスクとともに生活することを期待する。一方で，ドイツやオーストリアの人々は，1頭のツキノワグマ Bruno がイタリア・アルプスから彷徨い降りてくると，あるかどうかも定かでないリスクに狂乱状態になった。Bruno はバイエルン州環境省の承認のもと猟師によって射殺された (Fraser 2009: 86-8)。西洋の資金による（あるいは西洋によって押しつけられた）保全プログラムにお

ける，こうした西洋的な態度の偽善については，Wolch 1998: 235, Eckersley 2004: 222, Garner 2005a: 121 を参照のこと。

59) 我々がここで擁護している立場は，野生動物に関連することでは人間がゼロリスクを求めることに反対する Val Plumwood のような生態系中心主義者のそれとは重要な点で異なっていることに留意すべきである。Plumwood の見解は，人間が捕食者・被食者関係を含む自然のプロセスの一部であることを受け入れるべきであるというものであって，食べられるリスクを受け入れる限りにおいて，我々は他の動物を食してよいというものである（Plumwood 2000, 2004）。これに対して我々のいう相互性の概念は，「自然」とは何であるかを受け入れるというアイディアに基づいているわけではなく，主権をもったコミュニティ間の公正な関係という概念に基づいているのである。公正なリスクマネジメントと同様に重要なことは，誰が当該領域における主権を持っているかによって変わってくる。人間は動物が主権を持っている領域に立ち入ったり，我々自身へのリスクを減らすための侵略的措置——例えば，領域を囲ったり動物に追跡装置を取り付けたりといった——をとる権利を持たない。動物が主権をもつ領域に我々が踏み込むのであれば，リスクを受け入れなければならない。しかし，人間が主権を持つエリアでは，我々は例えば障壁を用いたり，危険な野生動物を移動させたりしてリスクを減らす権利を持つのである。

60) そのようなある特定の場所における動物の生活の密度を与件として，まず，そこが舗装道路に適した場所なのかどうか問うてみてもよいであろう。人間活動のコストはあまりにも多くの動物に重過ぎるリスク——それほど重要ではない人間活動（ツーリズム）のためには許容されないリスク——を負わせるであろうから，おそらく，この（特定の）生態系は，単純に人間立ち入り禁止（あるいは低影響）区域とすべきであろう。しかし，このケースにおいては，人間がその 3.5 キロメートルの道のりを走ることが本当に不可欠だと仮定しよう。

61) MacLeod 2011 には，カナダのノヴァ・スコシアにおける Hope for Wild Society によって救出された沢山の野生動物の履歴が収録されている。救われた動物の選択肢がリハビリかリリースしかない限りにおいて，人間との接触はできる限り制限されている。しかしながら，もしスタッフがその動物のケガが野生における生存を不可能にすると決定すれば，動物に新たな社会の可能性——レスキューセンターのスタッフ，永続的にそこに住むこととなった他の動物たち，一般の訪問者を含む多種からなる社会——を紹介するために，治療は人間との集中的な接触へと劇的にシフトすることになる。

62) Nussbaum の動物の権利に対するアプローチの中核にあるのは，動物を種の基準に応じるように扱うべきであるというアイディアである（Nussbaum 2006）。我々は既に第 4 章第 5 節においてこうした立場に対して異議を申し立てた。人間・動物混合コミュニティに障害を負った野生動物が加わることの 1 つの含意は，彼らの食餌に責任が生じることであるが，そのことはもちろん，生来肉食の動物に関してどうすべきかという難問を提起する。我々は既に第 4 章第 5 節においてイエネコに関して議論したが，ここでも同様の原理が当てはまるのである。

63) ここで記述された難民と，そして伝統的なサーカスや動物園の多様なコントラストを考えてみよう。動物園やサーカスは人間の目的のために設計されている。動物たちは野生状態から誘拐され，とらわれの身で飼育されており，そこで人間の訪問者のために様々な仕方で演技することを訓練されるのである。多くの動物園の場合，疑似「自然」環境で展示される。サーカスでは，スタントを演じるよう強制・訓練される。最も先進的な動物園においても，誘拐・移送・捕獲下の飼育・監禁，および身体的に健全な動物の管理は，最も基本的な権利の多大な侵害である。上で議論した障害を持った被保護動物の議論には，サーカスや動物園の存在を正当化するようなものは何もない。保護動物収容所は，もはや野生で生きられない動物をケアするために，そ

して，個体としての彼らの利益を最大限理解したうえでケアするためにのみ存在しなければならない。監禁状態と虐待に対するサーカス，動物，水族館にいる動物たちによる抵抗の魅力的な説明として，Hribal 2010 を参照せよ。

64) Paul Taylor（1986）は同じように野生動物に対する我々の義務を承認する治療理論（remedial theory）を提示している。我々は野生動物を傷つけるべきでないし，彼らの暮らしに干渉すべきでもない。しかし，我々がそうするときには，彼らに補償するべきであり，我々が作り出した依存状態を引き受けるべきなのである。

65) 大型類人猿プロジェクト（Great Ape Project）によれば，我々には，「国連とともに非自律的な人類の領域に対する保護者として振る舞ってきた，国連信託統治地域（United Nations Trust Territories）として知られるかなりの歴史的経験がある。人間以外の動物の最初の独立領域を防衛し，人間とそれ以外の動物の混合する領域を規制するにあたっての役割が委任されるべきは，まさにこのような国際機関である」（Cavalieri and Singer 1993: 311）。また Singer and Cavalieri 2002: 290, Eckersley 2004: 289 n. 14 も参照せよ。

第 6 章　野生動物の主権　　295

第**7**章

デニズンとしての境界動物

　これに先立つ 2 つの章において，我々は家畜動物を対象としたシティズンシップの枠組みと野生動物を対象とした主権の枠組みについて述べてきた。一般的な想定では，この 2 つのグループの動物でおおよそのところ，この分野を論じ尽くしている。動物は我々の中に生きるように選び出された家畜動物であるか，人間の活動や計画から独立に，人間との接触を避け，森，空，海の野生下で生きる野生動物のいずれかである。

　この家畜動物／野生動物という二項対立は，我々の居住空間において，都市の中心部でさえ暮らしている膨大な数の野生動物を無視するものである。少し名前を挙げるだけでも，リス，アライグマ，ラット，ムクドリ，ツバメ，カモメ，ハヤブサ，ネズミがいる。シカ，コヨーテ，キツネ，スカンク，そして数限りないその他の郊外で生きる動物を付け加えるならば，我々がここで数少ない変則的な種を扱っているのではなく，家畜動物ではないが，人間との生活に適応してきた多様な種を扱っていることが明らかになる。野生動物は我々の中に生きており，常にそうしてきたのである。

　我々はこのグループを，野生動物ではなく家畜動物でもない，中間的な地位を指し示すため，境界動物（liminal animal）と呼ぶことにする。境界動物の中には，人間が彼らの伝統的生息地に侵入してきたり，あるいはそれを取り囲んだりして，人間の居住地にできる限り上手く適応する以外の選択肢しか残さなかったために，我々の中に生きているものもいる。しかし，他の事例においては，野生動物は，

296

伝統的な原野の生息地と比較して，より多くの食料源，住み処，そして捕食者からの保護を提供してくれるような，人間の居住エリアを能動的に探し求めている。後述するように，境界動物が我々の中で暮らすようになるまでには，実際のところ，多くの異なる道筋が存在するのである。

　ある意味で，境界動物の状況は成功物語と見ることができる。野生動物の数が減少する一方で，多くの境界動物の数は増え，人間の居住地への適応において顕著な成功を示してきたのである。しかし，このことは，少なくとも動物の権利の観点から，人間と境界動物の関係におけるすべてが申し分ないということを意味するものではない。逆に，境界動物は広範な虐待や不正義にさらされており，我々が彼らに対する特有の関係的義務を認識できないままでいることによる影響を被っている。既に記したように，1つの問題は，これらの動物が我々の日常の世界観において視野に入ってこないことである。自然と人間文明を二項対立的に捉える我々のやり方からすると，都市空間は，野生的なるものや自然なるものの対極にあるものとして定義される。したがって，我々が，少なくとも我々の社会をいかに設計し，統治するかを考えたり話したりするときには，境界動物の姿は目に入らない。例えば，都市の設計において，人間の決定が境界動物に及ぼす影響に配慮することは，あったとしてもまれでしかなく，そして，都市計画者がこのような問題を考慮するようトレーニングを受けることも滅多にない[1]。結果として，境界動物は，しばしば，我々の建築物，道路，電線，フェンス，汚染，狂暴なペットなどによる加害の，不慮の犠牲者となる。境界動物は，種としては人間との生活におけるこれらの危険に適応してきたかもしれないが，多くの個体は陰惨で不必要な死を遂げているのである。

　境界動物の不可視性は，無関心や怠慢を招くだけではない。一層悪いことに，しばしば，境界動物の存在そのものが脱・正統化されることになる。我々は野生動物は原野で生きるべきだと決めてかかっているので，しばしば境界動物は，人間の領域に誤って侵入し，そこに存在する権利を持たない，異邦人や侵入者としてスティグマ化されてしまう。結果として，人間との衝突が生じたときにはいつでも，我々は，大規模なわなや別の場所への移し替え，ないし集団的な駆除事業（銃殺,毒殺）に訴えてまで，彼らを除去する資格があると感じる。境界動物は,我々の空間に帰属しないので，我々は，「ペスト（害獣）」と呼ばれることもある境界動物を，民族浄化の動物版によって一掃する資格があると感じてしまうのである[2]。

したがって，境界動物がおかれた状況は，非常に逆説的なものとなっている。広い進化的な観点からみれば，境界動物は，人間が支配するようになった世界で生存しかつ繁栄する新たな方法を見いだした，動物種の中でも最も成功したものたちである。しかし，法的・道徳的観点からみれば，動物の中で最も評価されたり保護されたりしていないものである。我々の家畜動物や野生動物への虐待がどんなものであれ，家畜動物と野生動物は，これらの動物が存在するところにいる権利があるという，少なくとも不承不承の承認がある。しかし，境界動物——我々のそばに生きている野生動物——という観念そのものが，多くの人々にとって非正統的であり，人間空間についての我々の構想を侮辱するものだと考えられているのである[3]。結果として，我々による民族浄化の周期的な噴出から彼らを保護しようという声が上がることはなく，何らかの保護を提供する法律もほとんどない[4]。動物と都市生活が両立できないことの極端な表現として，悲しくも典型的なものとして，きわめつけの都市生活者であるフラン・リーボウィッツ（Fran Liebowitz）による一節を検討してみよう。

> 「私は動物が好きではない。どんな種類の動物も。動物のことを考えることすら好きではない。動物は私の友人ではない。私の家では歓迎されない。私の心の中に占める場所もない。私のリスト外である。2つの例外を除いて，私は動物が好きではないというのがより正確かもしれない。第1には過去形であるが，私が動物をとても気に入っている点は，素晴らしくカリカリのスペアリブやバス・ウィージャンズ製のペニーローファーの形式においてである。第2には，戸外に，森の中のような外で，より好ましくは南米のジャングルの中で。結局，それだけがフェアである。私はそこに行かない。なぜ動物はここまで来なければならないのか？」（Philo and Wilbert 2000: 6 において引用）

我々の見解では，境界動物が人間の居住地域に属していないという考えには根本的に欠陥がある。1つには，それは全く非現実的である。後述するように，別の場所への大規模な移し替えや駆除事業は無益である。それは上手くいかないばかりか，多くの場合，事態を一層悪化させる。しかし，より重要なことには，そうしたことは道徳的に擁護不可能だということである。境界動物はどこか別の場所に属する，異邦人や不法侵入者ではない。ほとんどの事例では，境界動物は他に生きる場所を持たない。都市領域が彼らの本拠地であり，生息地なのである。

　したがって，我々は，境界動物の存在の正当性を認め，境界動物と共存する方法を見つけださなければならない。実際，いかなる説得力ある動物の権利論であれ，その中心的任務の1つは，この共存のガイドラインを発展させることである。

しかし，動物の権利論は今日までのところ，境界動物についてほとんど何も語ってこなかった。動物の権利の理論家たちは，家畜動物か野生動物かという広く行き渡っている二項対立を反映して，人間から解放されねばならない家畜動物と，彼ら自身の生活を営むよう放っておかれるべき野生動物について語ってきたが，境界動物については語ってこなかったのである。

実際，境界動物のカテゴリそれ自体が，人間の世界と野生動物の世界の自然な地理的分離を前提とする，多くの動物の権利論者がもつ空想に適合しにくい。例えば，フランシオーン（Francione）によれば，家畜化の問題の1つは，この「自然」な地理的分離に違背し，動物を，彼らが「帰属していない」「我々の世界で身動きできなく」することにつながることである（Francione 2007: 4）[5]。暗黙の想定では，動物にとって適切あるいは自然な場所は野生であり，人間のコミュニティに動物が存在しているのは，捕獲，家畜化，そして飼育といった，正当ならざる人間活動の結果としてのみありうるものだというわけである。動物と人間の自然な分離というこの構図は，境界動物を不可視の存在にしてしまう。

動物の権利論者が境界動物の事例を完全に無視してきたわけではない。動物の権利論者が，すべての動物に生命への不可侵の権利があり，したがって，人間は自衛の場合を除いて動物を殺すことはできないと言うとき，彼らはしばしば，このことは家畜動物であれ，野生動物であれ，境界動物であれ，すべての感覚ある動物に当てはまる普遍的権利であることを強調する[6]。しかしこれは，動物の権利論による不可侵の基本的権利への，基礎的なコミットメントを反復しているだけで，境界動物に対する我々の義務がもつ特有の性質や，この義務が野生動物や家畜動物への我々の義務とどのように異なるのかについて，何も述べるところがないのである。後者の問いについての議論は存在しないか，脚注や挿入的な参照事項に追いやられている。例えば，デュネイヤー（Dunayer）は，ついでにではあるが，境界動物の存在を認めており，境界動物は人間と動物の望ましい分離の例外であることをほのめかしている。しかし彼女は，直接の介入や不可侵の権利の侵害に反対する伝統的な動物の権利の主張を超えて境界動物について何を語るべきかについては，確信をもたないように見える。

「最終的に解放された後，事実上，すべての人間ではない存在（nonhuman）は自由に生き，『家畜化』されることはないだろう。人間ではない存在は，自由に生きるとしても，人間から完全に孤立して生きることはできない。ガンは『我々の』池を訪れる。リスは我々

の庭にやって来る。ハトは我々の建物にとまる。我々は森でクマに，海岸でカニに出くわす。人間ではない存在がどこにいるとしても，人間から保護される必要がある。彼らは人間の介入を防ぐ法的権利を必要とするのである。」(Dunayer 2004: 141, 強調を付加)

　これは，伝統的な動物の権利論の限界をはっきりと露呈する一節である。境界動物が「人間から完全に孤立しえない」と言うのは，甚だしく控え目な表現であり，人間の近くで生きることを選んだだけでなく，人間が築いた環境で見たところ種として繁栄している動物によって突きつけられた，動物の権利論の理論的問題が暴露されているのである。そして境界動物が「人間の介入を阻止する法的権利」を必要としていると言うことは，論点のはぐらかしである。ハト，リス，イエツバメに対する「人間の介入」とみなされるのは何であろうか。ハトが建築物にとまるのを防ぐために網をとりつけることや，ネズミがそこから地下室に入る穴を封じることは介入だろうか。小鳥が板ガラスの窓に向かって飛んでくるのを防ぐために，タカのシルエットをとりつけることは介入。公園でイヌや子どもがリスを追いかけるままにまかせることは介入か。境界動物への我々の義務がいかなるものであれ，それは非介入の原理によっては把握されないだろう。我々がフェンスを立てたり，家を建てたり，公園を設置したりするときはいつでも，ときには境界動物を利する方法で，またあるときには境界動物を害する方法で，我々は境界動物の活動に介入しているのである。

　第6章で見たように，動物の権利論者は伝統的に，原野にいる動物への適切な対応は「彼らを放っておく」ことであると言ってきたし，デュネイヤーは，同様の非介入の原理が境界動物にも適用できることを明らかに期待している。しかしこの観念は，境界動物の事例ではほとんど意味をなさない。野生動物の事例においては，「彼らを放っておく」とは，我々が野生動物の生息地をめぐる主権を尊重し，野生動物の領土に侵入したり，彼らの領土を植民地化したりすることを控えるべきであるということの簡略表現である。しかし，境界動物の場合，彼らの生息地とは我々の都市であり，まさに我々の裏庭や家屋なのである。要するに，主権をもった人間のコミュニティが不可避的にかつ正統に自治を行使するのと，同じ物理的空間なのである。人間社会の統治は，我々のそばに居を構える境界動物の活動に，あらゆる種類の介入を不可避的に生み出すだろう。そして，動物の権利理論の任務は，この影響をどのように考慮するのか明らかにすることである。

　境界動物の利益を包摂しようと試みる1つの方法は，彼らにシティズンシップ

を拡張することだろう。境界動物が我々のそばに生き続けるならば，主権の行使を共有する我々の同胞市民として境界動物を考えるべきかもしれない。つまるところ，このことは家畜動物との関係において，我々が推奨していることである。しかし，第5章において記したように，家畜動物にシティズンシップを拡張するという可能性は，まさに家畜動物の家畜化という事実に基づいている。家畜化は，シティズンシップの関係の前提条件をなす，人間と動物の間の協力，コミュニケーション，信頼の可能性を前提とし，また，この可能性を一層発展させるものである。シティズンシップは，相互的関与，規律を学習的する行動，そして社会化を可能にする，一定のレベルの社会性を前提とする。シティズンシップは，物理的に近接し，社会的に有意な相互作用を行う能力を要求する。人間と家畜動物は，シティズンシップの関係に向けて社会化されなければならず，このことは信頼と協力を必要とするのである。

　対照的に，境界動物は家畜化されておらず，それゆえ人間を信頼せず，［人間との］直接の接触を避けるのが普通である。我々は，境界動物をより社交的かつ協調的に変えようとすることもできるかもしれない。実際，我々は，時間をかけて，境界動物を家畜化するよう企てることもできるだろう。しかし，こうしたことは，監禁，家族の別離，管理された繁殖，食餌その他の習慣的行為の徹底的な変更，そしてその他にも家畜動物に歴史的家畜化のプロセスの一部として課されてきたような基本的自由の侵害，といったことによってのみ達成できることである。我々は，イエツバメとタカの片方ないし両方をかごに入れることなしには，イエツバメをタカから守ることはできないだろう。我々は，食料供給と繁殖率の体系的な管理を引き受けることなしには，リスを食料不足から守ることはできないだろうし，彼らを監禁することなしに，リスを自動車やアライグマやイタチから保護することもできないだろう。

　したがって，私たちは，境界動物を，彼ら自身の領域の主権者としても，我々の領域における同胞市民としても見ることはできない。我々は，我々のコミュニティから境界動物を「解放する」ことができない。単に「彼らを放っておく」こともできない。我々は，境界動物との関係について考える全く新しい方法を必要としているのである。

　我々は，この関係を概念化する最善の方法は，<u>デニズンシップ</u>の観点から見ることであると論じたい。境界動物は，人間のコミュニティに共に住む仲間であるが，市民ではない。境界動物は，ここに，我々のそばに帰属するが，我々の一員

第7章　デニズンとしての境界動物　　301

ではない。デニズンシップという観念によって，シティズンシップとも対外的主権とも根本的に異なる，この独特な地位を捉えることができる。シティズンシップ同様，デニズンシップは正義の規範によって規律されるべき関係であるが，シティズンシップより緩い種類の関係であり，親密性や協調性は薄く，それゆえ，限定された権利と責任の組み合わせによって特徴づけられるのである[7]。デニズンシップの枠組みの公平さを決定するのは，主に，これらの権利と責任が限定される原理である。この権利と責任が，デニズンを恒久的に従属的カースト集団に追いやるように定義されるならば，デニズンシップは，容易に搾取と抑圧の源になりうる。しかし，この権利と責任が，より相互的な方法で限定され，［それが］デニズン自身の特有の利害により良く配慮するためになされるとき，デニズンシップは正義に適う関係の達成手段として役立ちうるのである。

　この章における我々の目的は，デニズンシップのモデルがどのようなものとなるか，そして，それがどのような種類の権利と責任を含むのか，どのような権利と責任が断念されるのかについて，概略を述べることである。その過程で我々は，人間のデニズンシップの様々な事例を利用する。彼らは特定の社会の居住者で，そこに留まることを望んでおり，それでいてシティズンシップの一般的な枠組みの完全な参加者になることはない。境界動物が，社会化，互酬性，および規範順守の特有の形式を伴う我々の協力的なシティズンシップの社会プロジェクトを，無理強いされることなく我々のそばで生きることを願うのとちょうど同じように，近代的なシティズンシップの実践に編入されることに抵抗しつつも，我々と共に生きることを願う人間集団もいる。このような集団の歴史的な事例は沢山あり，西洋社会は，多くの場合，シティズンシップの要求と両立しない文化的ないし宗教的生活様式を維持するために，実際，幅広い範囲の人々がシティズンシップから「適用除外」されることを許容し続けているのである。

　我々は，周囲の社会との関係における境界領域，すなわち，完全なシティズンシップの資格を持たず，また，完全なシティズンシップに関心も持たずにコミュニティの内部に居住する人間の例をいくつか，第3章において既にほのめかしておいた。このような人々には，ある種の難民，季節ごとの移民労働者，不法移民，そしてアーミッシュ（Amish）のような孤立主義的コミュニティが含まれる。境界動物の場合と同様に，これらの人間のデニズン集団のいくつかは，帰属がなく，それゆえせいぜいが無視され，最悪の場合搾取されたり，我々の中に居住する権利を否定されたりする，異邦人や不法侵入者としてスティグマ化されている

ものがある。しかし，他の事例では，社会はこのような集団特有の希望をより良く反映し，配慮することができるデニズンシップのモデルを発展させてきたのである。

　我々は，これらの人間のデニズンシップの事例が，境界動物のためのデニズンシップの適切な条件に光を当て，この地位に伴ういう利益と不正義の特徴的な組み合わせを我々が同定することを助けてくれると信じる。残念なことに，これらの人間のデニズンシップの事例は，政治哲学の業績においてあまり研究されていない。我々は人間の事例において，何がデニズンシップの公正な条件を構成するかについて，よく発展した理論を持たない。それゆえ，この章における我々の議論は，家畜動物のシティズンシップや野生動物の主権との関係よりも，より暫定的な思いつきにとどまる。しかし，人間の場合であっても，我々がデニズンシップの理論を必要としていることは疑いがない。我々の仲間の居住者のすべてが我々の同胞市民になることができるわけでも，なりたいわけでもないのである。いったん我々が，人間のデニズンシップの地位について理解する必要があることを認めるならば，それが動物のデニズンシップにもまた関連性を有していることが，すぐわかるだろう。

　ある意味では，この類推は既によく知られたものである。境界動物の種は，疾病の持ち込み，不潔な習慣，手に負えない行為によって我々を脅かす「侵略的移入種」としてしばしば嘲りを受けてきた[8]。'How Pigeons Became Rats'［ハトがどのようにラットになったか］(Jerolmack 2008) という魅力的な記事において，コリン・ジェロルマック (Colin Jerolmack) は，アメリカにおけるツバメとハトに向けられた態度の変化をチャートに表し，「害鳥」に向けて表現された言葉と態度が移民，ホームレス，同性愛者のようなスティグマ化された人間集団に向けられたものとどれほどよく似ているかを示している[9]。望まれない動物は，望まれない人間と同一視されることによって（逆もまた然り）スティグマ化されているのである。

　我々のプロジェクトは，これとは正反対の方向に機能する。我々は，恐れられ，見下された人間集団になぞらえることによって，境界動物を遠ざけようとしているのではない。むしろ，我々は，人間の中の外れ者 (human outliers) に正義を拡張するいくつかの戦略――包摂と共存の戦略――を採用し，それを境界動物のための正義について考えるために援用することを望んでいる。我々は，隠喩としての人間の境界性 (liminality) に関心があるのではなく，社会における一層広い範

囲の多様性に配慮し，逸脱者，よそ者，二級市民，望まれない者，危険な者であるとみなされた人々を，政体との正義に適う関係の中に導くために，デニズンシップのモデルを使用できる，現実の方法に関心をもっているのである。

第1節　境界動物の多様性

　我々のデニズンシップの構想を展開する前に，我々は，幾分広く複雑な集団を構成する境界動物について，もう少し話しておく必要がある。日常的な議論において，我々は，我々のそばに生きる家畜化されていない動物を，本当はどこか別のところに属し，機に乗じて人間の居住地を利用しようとする不法侵入者か，その存在そのものが我々に衝突や不都合を生じさせる害獣と考える傾向がある。しかし，現実には，人間と動物双方の様々な形式の主体作用の結果として，野生動物が我々の中で生きるに至る多様な径路があり，それは対立的にも有益にもなりうる相互依存と相互作用の多様な形式をもたらすのである。境界動物のカテゴリには，我々が締め出すよう試みるラットのようないわゆる害獣が含まれるが，同様に，我々が積極的に歓迎する小鳥もいる。そして，人間たちの間に対立的で矛盾した衝動を生じさせる多くの種を含んでいるのである。ハトに餌をやる居住者もいるが，その隣人がハトに毒を与えることもある。境界動物に対する人間の態度は，しばしば激しいものとなり，単純であったり，一貫性があったりすることは滅多にない。多くの人々にとって，境界動物は，都市環境に大いなる美と利益を加味するものであるが，他の人々にとって，境界動物は，自然が超克され，あるいは少なくともしっかりと規制されている，人間文明のオアシスとしての都市という彼らのイメージと食い違うものである。

　それでは，これら境界動物とは，どのような動物だろうか。前述したように，我々は，境界動物を真の野生動物（人間の居住地を避ける，そして・あるいは，人間の居住地への適応ができない動物）や家畜化された動物の双方から区別している。これが厳密な生物学的分類ではないことを強調しておくことが重要である。同一の種や関連する種のメンバーをこれら3つのすべてのカテゴリに見いだすことができる。例えば，原野には真のノウサギがいると同時に，都会の公園には境界動物のウサギが住み，家畜化されたウサギもいる。さらに，動物がこの連続線上で移行することも可能である。したがって，この点で，動物の違いに応じて相互依存，作用，関係の異なる程度や発展度合いが異なるような，ヒト・動物関係のマトリ

ックスが存在するのである。

それにもかかわらず，境界動物の状況は，ある固有の——そして増大しつつある——ヒト・動物関係の形式を確かに反映している。このヒト・動物関係は，（家畜化されていない）野生動物による，人間環境への適応に関する特定の形式によって特徴づけられる。境界動物とは，人間の直接的な世話を受けることはないものの，人間の中での生活に適応した動物なのである。

我々は，都市と郊外の接触領域に存在するすべての野生動物が，少なくとも我々がこの術語を用いているような意味において，境界動物であるわけではないことを銘記しておくべきであろう。第6章において議論したように，多くの真の野生動物が，都市や郊外の領域で過ごしている。一時的に方角が分からなくなり，野生下の領域からさまよい出て，庭のプールから救出されなければならなくなったムースや，嵐のために飛行ルートから徹底的に吹き飛ばされ，オンタリオ湖コミュニティの岸辺に打ち寄せられたアンティポデスアホウドリ（antipodal albatross）について考えてみよう[10]。数えきれないほどの野生動物が，一定の期間，人間が開発した領域の付近を通る渡りのルートを辿っている。その他の多くの動物は，人間の開発によって生息地を植民地化され，小さな孤立地域となった生息地で生存するよう試みる，国内で居住地を追われた難民のようになってきた。

これらの動物は，機に乗じて人間の居住地の領域で生きるよう求めているわけではなく，この共存から特に利益を受けているわけでもない。むしろ，これらの動物は，偶然にせよ，もしくは，人間の人口増加が容赦ない速度で進んだためにせよ，人間との接触を強いられてきたのである。典型的には，これらの動物は，接触を乗り切るよう奮闘しているが，うまくいっていない[11]。我々が第6章において論じたように，これらの動物は，主権をもった野生動物の領域の市民とみなされるべきであり，人間は彼らに対して，ネイションが他のネイションに対して負う義務を負っている。それは，①領域の境界線の尊重（例えば，侵入や植民地化の停止），②コスト波及（例えば，境界を越えた汚染ないしロードキル）の抑制，③主要な国際的回廊（例えば，渡りのルート）における主権の共有，④訪問者の基本的権利の尊重，そして⑤難民に支援を差し伸べること，である。言い換えれば，我々の義務は，野生動物との不可避の接触による有害なコストを抑制する一方，野生動物がコミュニティとして存在することを可能たらしめることなのである。

しかしながら，この章における我々の焦点は，人間と接触するにしても一時的にすぎない真の野生動物ではなく，我々の間に居住する境界動物である。境界動

物の目を引く特徴は，進化的な観点からは，彼らが人間の近くに生きる機会を見つけ出し，これを有効に使うことによって生き延び——住み処や食料，捕食者からの安全を求めて，あるいは単に我々が最善の水源と微気候（microclimate）を作り上げたため——多くの事例で，繁栄することに成功してきたことである[12]。境界動物は，人間の居住地を避けたり，そこから逃げたりするのではなく，あるいはそれによって滅ぼされるわけでもなく，人間の居住地に引きつけられ，適応したものたちである。このことが，家畜動物と真の野生動物の双方から境界動物を区別する，依存と脆弱さの諸形式へと帰着したのである。野生動物が，直接的危害，不注意による危害，生息地喪失といった点で，人間活動に非常に脆弱であることを想起されたい。もし人間が明日地表から消えてしまうとしたら，野生動物の生存への脅威は大いに減ることになるので，ほとんどの野生動物にとって圧倒的な福音であるだろう[13]。例えば，野生種と境界的な種の双方を含むイギリスの哺乳類についてのある研究から，気候変動，生息地破壊，故意の殺害，汚染や農薬，ロードキルのような人間が生み出すリスクと比較して，捕食，生存競争，その他人間とは無関係の他の要素は，野生動物の個体数にほとんど影響を与えないことがわかった。この研究は，個体の死亡率ではなく，全体的な個体数のトレンドに着目しているが，人間が生じさせる多くのリスクは，明らかに個体にとって直接的な危害を伴っていた。そして，死亡率が種集団全体に重大なリスクを引き起こしているならば，危害を受けている個体数は実際のところ非常に大きいに違いない（Harris et al. 1995）。ほとんどの野生動物にとって，野生での暮らしは，人間の近くでの暮らしよりも安全なのである。

　ほとんどの家畜動物にとって，人間から独立した生という選択肢は極めて限られている。時が経てば，快適な状況の下では，多くの家畜動物種が自立した暮らしに種として再び適応できるかもしれないが，もし人間が一夜にして消滅してしまったならば，ほとんどの家畜動物の個体にとっての帰結は大惨事であるだろう。家畜動物は，餌を与え，保護し，住み処を与え，家畜化のプロセスから生じる医療に対処することについて，人間に全面的にかつ特定的に依存している。人間なしでは，多くの家畜は速やかに飢餓，野ざらしによる体調悪化，捕食，そして疾病に屈してしまうだろう。

　境界動物は，人間コミュニティとの関係で，異なるニッチ（生態的地位）を占めている。定義により，境界動物は，人間活動に起因する環境における変化に適応し，この意味において，境界動物は人間を必要とし，もしくは，少なくとも人

間から利益を得ているのである。しかし，境界動物が人間の居住地とそれが彼らに提供してくれる資源に依存している一方，この依存は非特定的になる傾向がある。家畜動物とは異なり，境界動物は世話のために特定の人間に頼ることはない。むしろ，境界動物の依存は，より一般的なものである。すなわち，大文字で書かれた人間居住地への依存である。この文脈の中で，境界動物は概ね自力でやりくりしており，このあと議論するいくつかの例外はあるものの，個別の人間からは独立して生活している。他方，人間との近さ，そして，空間と資源をめぐる避けがたい紛争のため，境界動物は，頻繁に殺処分や他の暴力的な管理作業の対象となったり，不注意による危害の犠牲者になったりもする。したがって，人間が一夜にして消えていなくなったとしても，境界動物にとっての帰結は大いに異なりうるだろう。より良い条件に移動するものもいるだろう。人間社会の名残に頼って生き，新しい生態的現実に徐々に適応するものもいるだろう。そして，我々と共に絶滅するものもいるだろう。

　居住，適応，依存のこのようなパターンや，なぜ彼らにとってデニズンシップが適切な応答であるのか，より良く理解するためには，境界動物におけるタイプの違いを区別することが有益である。境界動物には，機会主義者（コヨーテやシジュウカラガンのような，高度な適応能力をもち，動き回ることができる動物で，都市生活がもたらす機会に引きつけられたもの），人間活動の特定のあり方に依存しており柔軟性に欠けるニッチ・スペシャリスト，野生化した家畜動物とその子孫，そして，逃亡したり，持ち込まれたりした外来種が含まれる。我々は，各事例において，これらの動物集団は，ともかくどこか別の場所に属しているよそ者としてではなく，ここに帰属しているものとみなさねばならず，それゆえ，追放プログラムは不正であり，実際のところ，無益でもあると論じる。しかし，シティズンシップも意味のある選択肢ではない。なぜなら，シティズンシップは，家畜化のプロセスを通してのみ生じる信頼と協力の能力を前提とし，このプロセスを境界動物に押しつけることは不正であり，そしておそらくは無益でもあるだろうからである。したがって，我々私たちが必要としているのは，デニズンシップに基礎を置いた，我々と境界動物の関係を概念化する新しい方法なのである。

機会主義者（Opportunists）

　機会主義者は非常に適応能力の高い種で，人間が築いた環境で生き延びる術をよく知っており，そして実際に成功して，そのプロセスにおいて領域や数を拡大

している。彼らは，野生動物の集団としてのみならず，都市に住む集団としても存在している。例えば，野生のコヨーテと都市のコヨーテがいる。渡りをする野生のシジュウカラガンと郊外に定住するシジュウカラガンがいる。機会主義的動物には，ハイイロリス，アライグマ，マガモ，カモメ，カラス，コウモリ，シカ，キツネ，タカ，その他多くが含まれる。これらの動物には，生まれつき適応的ジェネラリスト（adaptive generalists）の傾向があり，環境が変化するにつれて，食餌，住み処の形態，営巣の実践を変更しつつ，新しく生じたニッチに移行することができる。マガモは，アシの茂った湿地に巣を作る必要はない。地域のビール店の前にある日陰の庭や，心地よい都市の住居のバルコニーに居を定めることができる。コウモリは，ありふれた洞穴より，橋梁ジョイントの割れ目の方がより快適な温度や密着といった特性を提供してくれることを見いだすかもしれない。ハヤブサは，高い建物を断崖の岩肌の代わりにすることができる。アライグマは，朽ちた切り株ではなく，古い納屋に住むことができる。カラスは，高速道路沿いに居を定めることで，野生で屍肉・ゴミあさりをするよりも，ロードキルに遭った動物をより楽に食べて生きることができる。

　こうした柔軟性により，これらの機会主義者が野生的環境で繁栄するための能力を種として保持しつつ，人間が開発した領域で繁栄することが可能になっている。ほとんどの動物種は，時間さえ与えられるならば，生態的状況の変化に適応することができる。しかし，より熟練している種がいることが明らかになってきた。そこには段階的な違いがあり，機会主義者たちは，特に人間の居住地への適応となると，幅広い環境および急速な変化のペースに対して格別な柔軟性を示してきた種である。

　機会主義的な種たちは，我々の中に生きることを「選択して」きたとみなされるため，そして，同種のものには野生で暮らし続けているものがいるため，我々には，彼らが存在することから生じる積極的義務や責任などないのは当然だとされることがときどきある。彼らが我々の中で生きているのは，おそらく，野生での暮らしよりも，都会での暮らしの便益とリスクの混合のほうが比較して好ましいためである。そして，彼らがこの便益とリスクの混合がもはや有利でないとみなすならば，彼らは野生に戻ることができるのである。例えば，クレア・パーマー（Clare Palmer）は，我々には機会主義的な境界動物に対する関係的義務がないことを論じるために，この種の理由づけに訴える。彼らは，「人間が支配する空間とは，そういうもの」であるからやって来たのだ，と（Palmer 2003a: 72）[14]。

しかし，この議論では，種のレベルから個体のレベルへの論理展開が性急すぎる。機会主義者たちは種としては，よく動き回り，適応能力が高い。しかし，個体としては，野生と境界的状況を行ったり来たりする選択肢を持ちえないかもしれないことを強調しておくことが重要である。野生動物は，郊外や都市における機会を探求するよう，競争によって促されることがある。しかし，多くの場合，都会にいる機会主義者は，かつて移入してきた動物や，彼らの生息地に人間の居住地が拡大してきたことで避難してきた動物の子孫である。現場の事実は時が経てば変化する。利用可能な生息地からの回廊に沿って都市に移動するキツネを想像してみよう。そのすぐ後に，開発のためその回廊が失われる。今やキツネは，原野に戻る選択肢を失ってしまった。多くの境界動物は，物理的障壁あるいは隣接する領域からの同種の個体数増加圧力によって選択肢が失われ，都市や郊外のこの種の孤立した陸の孤島に棲むことに落ち着いたものである。そして，移動してきたキツネの子孫は，移動について同じ制約に直面している。したがって，私たちは，種のレベルでの選択肢と個体にとっての選択肢の相違を心に留めておかなければならない。個体のレベルでは，機会主義者を，野生に戻る現実的な選択肢を欠いた我々のコミュニティの恒久的なメンバーとして見ることが，辻褄が合うことも多いのである。我々は，単に，野生にガンやコヨーテのうまくいっている集団が存在するからというだけで，我々とともにに生きている，ガンやコヨーテの特定の個体群が別の場所に移されても生きていけるのは当然だと考えることはできないのである。

　機会主義者は，非特定的な意味において，人間に依存する傾向がある。彼らは人間の居住地［で生じるもの］に寄生して生きているが，誰か特定の人間（たち）との関係に特に依存するとは限らず，人間活動の変化に適応できることもたびたびである[15]。ある家主が，ゴミを適切に保管すると決意しても（あるいは，ポーチにペットフードのボウルを置きっぱなしにするのをやめたり，煙突に金網を取り付けるよう決意したとしても），通りを向こうにいけば，ここよりも少しだらしない習慣を持つ別の家主が常にいる。もしくは，雑食で，住み処の条件についても細かいことにこだわらない動物たちにとっては，地域の大型のゴミ収集容器，青空市場，レストランの路地裏，路上に捨てられたゴミ，暖房用スチームの排出口，廃墟，物置小屋など，数えきれないほどの機会があるのである。

　多くの機会主義者は有害な種（例えば，定住性のガン）や潜在的脅威（例えば，コヨーテ）とみなされ，その数を制限するための駆除事業の対象である。そして後

述するように，このような種の新しいメンバーが，我々の中に居を定めることを思い留まらせようとしたり，妨げたりするために企てられる，正当な（致死的でない）努力はありうる。しかし，ほとんどではないにしても，機会主義者の境界動物はここに帰属している。彼らは野生から都市に移動し，そして・あるいは，生息地や人口分布の変化のために，野生に戻る選択肢を失った，最初の機会主義者の子孫である。ここが今や彼らの持つ唯一の家なのである。

　機会主義者という大きなカテゴリの中で，シナントロープ（synanthropic species）［共ヒト性の種］の下位集団は言及に値する（DeStefano 2010: 75）。機会主義者の他の種とは異なり，この種は，ほぼ人間の居住地でしか見られない。［機会主義者の］中でも，ムクドリ，イエツバメ，ドブネズミ，ハツカネズミが例に含まれる。他の機会主義者とは異なり，この種が，人間の居住地の文脈外で繁栄することができるかは明らかではない。我々は，キツネやオジロジカの野生集団と境界集団の双方を容易に同定できるが，このことはイエツバメ（house sparrows）やドブネズミ（Norway rats）には当てはまらないのである。しかしながら，2つのグループが共有しているのは，高い柔軟性である。ツバメは様々な食料で生きることができる。齧歯動物は腐葉質に巣を作るが，建築物の絶縁材や古いウールの毛布でもほぼ同じようにできるのである。

　他の機会主義者と同様に，シナントロープも，我々が招待したか，積極的に支援するか，もしくはコミュニティの一部として望んでいるかとは関わりなく，我々のそばに生きている。多くの人間は，これらの動物がいることに極めてわずかしか利益を見出さず，彼らを抑圧と管理の苛酷な［駆除］事業の対象とする。しかし，他の機会主義者よりも一層，我々は，シナントロープが我々の中に帰属することを受け入れなければならないのである。彼らは，野生で生きる選択肢を持たないゆえに，追放はほぼ確実に死という結果をもたらすのである。

ニッチ・スペシャリスト（Niche Specialists）

　これまでのところ我々は，よく動き回り，柔軟で，驚くほど多様な文脈に適応したり，繁栄したりできる種について考察してきた。ニッチ・スペシャリストは，はるかに柔軟性に欠け，ゆえに環境の変化にはるかに脆弱である。ニッチ・スペシャリストは，人間活動の長期にわたって続く形式に適応しており，人間がそうした役割を維持することに依存しきっている。例えば，伝統的農業の慣行が，数世代にわたり安定的だった地域では，こうした慣行によって作られた特定のニッ

チに適応してきた種がいる。イングランドにおける生垣がこの古典的な例であり、農業作物、雑草、昆虫、小齧歯類などを食す、驚くほど多様な動物に生息地を提供している。（柔軟性がある機会主義者の）キツネのような種には、生垣に柔軟性なく依存しているわけではないものもいる。彼らは野生の環境でも都会の環境でも同様に繁栄することができる。しかしながら、ヨーロッパヤマネのような他の種は、生垣によって作り出された特定のニッチに依存するようになっており、もし生垣がなくなるならば、彼らもまたいなくなってしまうだろう[16]。言い換えれば、ニッチ・スペシャリストは、新しい領域にただちに移転したり、急速な変化に適応したりできないのである。

　ウズラクイナはニッチ・スペシャリストのもう1つの印象的な例である。この鳥は、イギリスにおける伝統的な農業実践の拡大と共に繁栄した。そして、キャスリン・ジェイミー（Kathleen Jamie）が描写するように、

> 「死神は、機械化された草刈機の形でウズラクイナを迎えに来た。大鎌の時代には、アシは背が高く、1年の終わりに刈られ、ゆっくり動く大荷車に積み上げられ、ウズラクイナがその中で隠れたり、繁殖したりする長い草があった。草地が刈られる前に、ヒナには羽毛を生やし、鎌の刃から逃れるための時間がたっぷりあった。しかしながら、機械化とサイレージのための早期の刈入れへの移行とともに、ウズラクイナ、卵、羽毛が生えたばかりのヒナ鳥、そしてすべては十把一絡げに殺されてしまった。」（Jamie 2005: 90）

ウズラクイナは絶滅の危機に瀕しており、草刈を機械化するには小さすぎる［ほどの島ばかりの］ヘブリディーズ諸島の、いくつかの野原でのみ生存している。一般的に、伝統的な農業実践から機械化された単式農法（monocropping）への急速な移行は、幅広い種類のニッチ・スペシャリストにとって破壊的であった。彼らの生息地は人間の手が加わらない原野ではないが、それにもかかわらず、必須の生息地である。そして、人間によるこの生息地の変容は、自然のままの原野への侵略と同様に動物にとって破壊的なのである。

　急速な変化がもたらすニッチ・スペシャリストへの破壊的効果は、種レベルおよび個体レベルの双方で懸念を生じさせる。環境の急速な変化は、個体数増加の抑制（そして結果的に生じる絶滅と多様性喪失の可能性）のみならず、各個体の苦しみももたらす。もし生垣が切り開かれてしまうならば、そこに生きているヨーロッパヤマネはどこにも行く場所がなく、おそらく死んでしまうだろう。ウズラク

イナが巣作りしている野原に草刈機が導入されるならば，この鳥は殺されてしまうだろう。

ニッチ・スペシャリストは，人間が構築した環境における変化，特に急速な変化に脆弱である。高度に適応能力があり侵略的な種とは異なり，ニッチ・スペシャリストが人間の駆除事業の故意の対象になることは滅多にない。しかしながら，ニッチ・スペシャリストは，不慮の加害や境界的生態系における彼らの脆弱性に関する人間の無頓着からくる行為に特に脆弱である。ほとんどの場合，我々は，人間の活動の変化が生み出すこれらの動物への影響に，良かれ悪しかれ，全く気付いていないのである。

移入外来種（Introduced Exotics）[17]

移入外来種の古典的な事例には，動物園に送られるために捕えられた動物や外来種のペットが放されたり，逃げたりしたものや，オーストラリアのウサギやオオヒキガエル，フロリダのエヴァグレーズ湿原のニシキヘビ，ミシシッピー川のコイやグアムのブラウンスネークのように，計画的に放された種が含まれる。これら放された種には，野生動物として生きているものがいる。しかし，残りの種は，耕作地や郊外など，人間によって手を加えられた環境に引きつけられ，そこで自然に戻った境界動物種として繁栄している。これらの種の中には，自分自身の土地に好みの種を備えようとする猟師や，外来の捕食者を持ち込むことによって害獣を抑制しようとする農民などによって，故意に持ち込まれてきたものがいる。他のものたちは，輸送の最中や飼い主が飼い主としての世話に疲れたときなど，［人間の］注意不足ゆえに，また，人間の移動や大量輸送の副産物として，持ち込まれてきたのである。

外来種は，多くの場合環境的に最悪の出来事と考えられているが，外来種の解放の効果は，実際のところ極めて多様である。例えば，（エクアドルやペルーで捕らえられた野鳥の子孫である）サンフランシスコのオナガアカボウシインコは，地元の生態系にいかなる明確な否定的効果も及ぼさず，新しい場所での生活に適応してきた[18]。別の南米のオウム——オキナインコ——は，コネチカットやアメリカ東海岸沿いの別の場所に境界的群生地を築いている。この場合も，地元の生態系や土着の鳥は，この新しい移住者が加わったことによって，何も悪くならなかったようだ[19]。しかし，双方の事例において，あたかもこれらの鳥が存在していることそれ自体が物事の自然の秩序を蝕むかのように，「異邦人」や「よそ者」

の侵入者の駆除を求める声がある[20]。いわゆる侵入種への恐怖は，非常に大げさになることがある。結局，新しい種の移入による変化を含む生態系の変化は，生態系の生命力の一部である。そこで重要なのは，種の多様性や生態系の生命力に真に破壊的かつ不可逆的影響を持つ変化と，有益な変化あるいは中立的な変化とを区別することができるということである。

移入種は，生態系一般を掘り崩すことはなくとも，近縁の土着種を打ち負かしてその個体数を抑制しかねない場合もある[21]。このことは，トウブハイイロリスに当てはまるようである。ハイイロリスは，導入されるとアカリスにとって代わる傾向があるが，一般的な生態系の活力や生物多様性に劇的な影響を及ぼすことはない。ハイイロリスはアカリスよりも適応能力があり，疾病に対して抵抗力があるため，アカリスの個体数を徐々に抑制してしまうのである。ハイイロリスを駆除するための毒殺や射殺などの暴力的な［駆除］事業が，特に，姿を消しつつあるアカリスにセンチメンタルな愛着があるイギリスにおいて着手された。これは，ビアトリクス・ポター（Beatrix Potter）の『りすのナトキンのおはなし（'Squirrel Nutkin'）』でアカリスが有名なことが理由の一部であった（BBC 2006）。多くの批判者が指摘してきたように，これらの駆除事業は，多くの場合，侵入種が土着のアカリスを攻撃しているとか，土着のアカリスを病気に感染させるとか，もしくは，土着の動植物相に対して破壊的であるという神話に依拠していることが多い[22]。

生物学者は，移入種の多くは無害であるか，もしくは移入種が近接種と交配するならば，遺伝子プールの多様性に対して積極的な効果さえ持つと述べて，侵入種に対するヒステリーの一部に疑問を呈し始めている（Vellend et al. 2007）。確かに，新しい環境に持ち込まれた種の振る舞いをどう予測するかについて科学者がより多くのことを知るにつれて，生物学者の中には，気候変動によって孤立させられる可能性がある種を救う方法として，計画的移入を支持するものも現れた（Goldenberg 2010）。

移入，とりわけ捕食者の移入の惨憺たる歴史は，特に近代世界におけるこのような移入の範囲と速度を所与とすれば，我々を種の計画的移入について慎重にさせるだろう。ある動物が捕食者のいない新しい環境に持ち込まれ，土着の動物が移入に対応しない時，移入外来種が生態系の生命力を脅かすほど繁栄してしまう由々しき可能性がある。例えばオオヒキガエルは，マングローブの沼から沿岸の砂丘，耕作地域まで，オーストラリアの環境に適応し，これらすべての地域で生

物多様性を低下させていると非難されている。オオヒキガエルは水たまりの中で繁殖可能で，多様な動植物，ゴミ，ドッグフード，腐肉を食料にできる都市領域でもまた繁栄しているのである[23]。（しかしながら，オオヒキガエルの事例でさえ，時間が経過して，土着の種が毒にやられることなくオオヒキガエルを捕食する方法を学ぶにつれて，生態系が再び安定化に向かうことに留意するべきである。）

　したがって我々は，もちろん外来種の計画的移入を推奨することはない。それどころか，人間がこれらの動物を捕え，根本的に新しい環境に持ち込むとき，これらの動物を捕えておくにせよ，徹底的に新しい環境に解放するにせよ，人間はこれらの動物の基本的権利を侵害しているのである。さらに，もし移入種が捕食者で，彼らが放された領域における主権を持っている動物が移入種に対する保護を受けないならば，我々は主権を持つ動物の権利を侵害しているのである。したがって我々は，それが可能な場合であっても，外来種の移送や持ち込みを禁じるようとすべきである。しかし，ここでもまた我々は，この問題を一掃することは望めない。1つには，すべての移入が計画的なものではないことに留意することが重要である。不注意な人間活動のため，あるいは動物の密航を仲介してしまうことを通じて，起こることもある。そして，いったん移入が起こったなら，駆除事業は受容可能な対応ではない。我々は，これらの適応した外来種が人間と土着の種の双方に対して引き起こす難問に取り組むための，別の方法を探し出す必要がある。

野生化した動物（Feral Animals）

　我々は，人間の直接の管理から逃れた家畜動物とその子孫について言及するために，「野生化（feral）」という言葉を用いる。すぐに思い当たるのは，逃亡したり，棄てられたりしたネコやイヌのことだろう。しかし，とりわけ野生化した畜産動物（ブタ，ウマ，畜牛，ヤギ，バッファロー，ラクダを含む）が数百万もの数にのぼるオーストラリアがそうであるように，多数の野生化した畜産動物も巨大な個体数がいるのである[24]。

　野生化した動物の第1世代は，ほとんど例外なく人間の不正義による直接の被害者である。飼い主である人間が動物を棄てたか，動物が逃げてしまうほど扱いがひどかったかの，いずれかである。とりわけ気候が穏やかではない領域にいる，多くの野生化した動物は，自分自身では生存することができない。これらの動物については，野ざらし，飢餓，疾病，捕食，事故，科学者による捕獲と生体解剖，

動物管理官による捕獲と安楽死など，多くの悲惨な末路が想像される。一見した
ところ，人はこの残忍な状況を見て，正義は野生化した動物を，もともとの家畜
の状態（すなわち，我々の見解では一国内におけるシティズンシップの状態）に戻すこ
とを要求すると考えるかもしれない。このことはとりわけ，逃げたり棄てられた
りしたばかりで，生理的ないし心理的にも生きていくための準備ができていない
個体など，多くの野生化した動物にとっての正解となりそうである。しかしなが
ら我々は，このことがすべての野生化した動物に当てはまると決めてかかるべき
ではない。野生化した個体が定着し，新しい環境に適応し始めたならば，野生化
した個体がうまく境界種になったということである。人間との密接な関係に戻る
ことや，人間と動物が混在する社会におけるシティズンシップの中でのトレード
オフを受け入れることは，彼らの利益にならないかもしれない。

　オーストラリアの北部準州に人里から離れて暮らす野生化した動物の子孫のよ
うに，真に「再野生化（rewilded）」した動物もいる。ハトのようなその他の野生
化した家畜動物は，人間の居住地にいるが家畜化していないものと全く同じよう
に生き，もっぱら人間の居住地と共生して繁栄している。ハトは適応的ジェネラ
リスト（adaptive generalists）であり，様々な種子，昆虫，屍肉やゴミを食料とし
て成長し，家畜化されていないカワラバトの仲間が好む岩の表面の代わりに，建
築物の梁をねぐらにすることができる。一般的に，ハトは相対的に柔軟で，非特
定的な意味で人間に依存している。しかしながら，このことが常に当てはまるわ
けではない。ロンドンのトラファルガー広場で生活しているハトの群れは興味深
い例である（Palmer 2003a）。人間の規則的な餌やりに対応して，ハトの数は増え
ていった。もし人間の直接の餌やりがなくなってしまったら，近隣の地域はハト
の数の面で既に飽和状態に達しているため，トラファルガー広場のハトは飢え死
にしてしまうだろう。言い換えるならば，この特定のハトの群れ（そして，セント・
マークス広場や別の場所の同様の群れ）のおかれた状況は，実際には極めて危うい。
これらのハトの人間への依存はかなり柔軟性が低く，かつ特定的である。

　ほとんどの野生化したペットは，ネコやイヌのように人間の居住地の近くを離
れない傾向がある。そこでは屍肉やゴミなどを食べたり，より小さな動物を捕食
したり，廃墟化した建築物に住みついたりするなど，他の非常に適応能力のある
動物のように生きることができる。彼らは適応的ジェネラリストとして，人間に
柔軟にかつ非特定的に依存する傾向がある。しかしながら，トラファルガー広場
のハトのように，より特定的かつ柔軟ではない依存関係を構築する個体もい

第 7 章　デニズンとしての境界動物　　315

る[25]。例えば野生化したイヌやネコは，しばしば（住居の主，運動場の管理人，食品雑貨店やレストランのオーナーといった）残飯を食料としてくれたり，水の入ったボウルを出してくれたりする人間と特定的な関係を作り上げるのである。

イングランドのハル市（city of Hull）の野生化したネコについての研究は，人間の餌やり，住み処，接触に対する依存のレベルについて，人間と野生化したネコの興味深く多様な関係を見出した（Griffiths, Poulter, and Sibley 2000）。ハル市の人気のない地域に，いくつものネコの群れが人間との接触を避けて暮らしていた。人家やビジネス街のそば，または大きな公共の建築物の地下などのように，人間と近接したところで暮らすものもいた。こうした群れは，これらのネコに食料，水，住み処を提供していた人間にはよく知られていて，ネコと人間の間にはかなりの交流があった。いくつかのネコの群れの個体数は，捕獲・去勢・解放（catch-neuter-release）プログラムによって管理されていた。すべての野生化したペットは難儀していて，人間による救済を必要としているというステロタイプとは逆に，多くのネコが極めて健康かつ自立した暮らしを送っているようであった。

古い寺院の廃墟から成る大都市の1ブロックにネコの保護区域が設立されているローマ市には，より公式化された取り決めが存在している。この地域は通りから数フィート南にあり，フェンスで覆われているが，このフェンスにはネコが望めば出入りできるよう，抜け穴が開いている。保護区域のボランティアがネコに食料，住み処，医療ケアを提供し，ワクチン接種や去勢プログラムも実施している。訪問者は自由にネコと時間を過ごすことができ，時には引き取りの斡旋がなされることもある[26]。

フロリダ州キーウェスト（Key West）の野生化したニワトリは，もう1つの興味深い事例を提供している。これらは，かつてキーウェストの住人によって，鶏卵，鶏肉，闘鶏のために飼育されていが，逃げたり，棄てられたりしたものの子孫である。病気になったり，負傷したりした動物を見張っている人間に時折援助を受けつつ，野生化した動物として繁栄しているようである。彼らは，サソリや他の厄介な虫の数を抑制していると評判で，キーウェストの生活に独特で色彩豊かな側面を加えている。もちろん，すべての人がよく思っているわけではなく，騒々しさ，薄汚さのため白眼視されてもいる。何年にもわたって，これらのニワトリを駆除する試みがなされてきたが，今では，市内で保護される地位を得ており，住民たちは，平和的共存のための戦略を協議し続けている。

野生化した家畜動物は，その数が多すぎるとみなされれば，抑制の対象となる

ことが多い。世界中の都市で殺処分事業が実施されているが，殺処分事業はより論争を呼ぶものになりつつある。ますます多くの人が，伝統的な暴力的で（効果の薄い）戦略に頼るのではなく，境界動物と共存する道を探そうとする人々の数が増えており，パレルモからブカレスト，モスクワまで，野生化したイヌにどのように対応すべきかについて議論が拡大しているのである[27]。害獣として［駆除の］対象になることに加えて，野生化した動物は，多くの場合，外来種がそうされるのと同じ理由で嘲笑されてきた。すなわち，野生化した動物は，とりわけ都市の境界を越えて郊外に分散するときには，ただいるだけで自然の生態系を汚染する生態学的よそ者だとみなされているのである。そして，外来種の事例におけるように，この認識は，多くの場合，かなり誇張されている。実際には，野生化した動物の生態系への影響は，事例によって非常に異なっている（King 2009）。

　最後になるが，かつての家畜動物市民（もしくはその子孫）として，野生化した動物は，家畜動物について，そして動物と私たちの関係の条件を確立することにおいて，動物がより大きな主体性と独立性を行使するような，人間と家畜動物の間のありうべき将来の関係について理解するための，独特の窓を提供してくれるかもしれないのである。

第2節　デニズンシップ・モデルの必要性

　要するに，境界動物は，様々な異なる理由に基づいて我々の中に生きるようになり，より大きな人間社会との幅広い相互作用を見せるものである。これらの境界動物の多様な集団は，重要な点において異なっているが，典型的な場合，次の2つの主要な特徴を共有している。①個体として帰属する場所を他に持たず，それゆえ，我々がこれらの動物を排除することは正当ではない。②シティズンシップ・モデルの資格を持たず，また，［それを与えることは］適切でもない。このような条件のもとで，我々は，境界動物をシティズンシップの要求から免除しながら，その居住を保障するような，ヒト・動物関係の新たなモデルを必要としているのである。我々はデニズンシップの理念によって，この目標を捉えることができると信じている。

　確かに，これらの一般化の双方について，いくつかの潜在的な例外が存在する。すべての境界動物がいずれかに帰属するものと受け入れられる必要があるわけではない。移動性の機会主義的動物の場合，我々には，移入を規制する一見して明

白な権利がある。結局，後述するように，我々は人間の場合でもこうしたことを行っているのである。国家間の理に適った正義の条件の下で，国家は，人間の移入民の受け入れを規制する一見して明白な権利を持つ。あるカナダの市民が，移住してスウェーデンの市民になりたいという強い願望を持つことがあるかもしれない。しかし，スウェーデンは，国際法や協定に従ってこのプロセスを規制し，究極的に，その是非を判断する権利を持っている。このカナダ人は無国籍でも，国際的な不正義の犠牲者でもなければ，難民でもない。彼女は，彼女がシティズンシップをもつことができる国を選ぶことを可能にするような，無制限な移動の権利は持っていないのである。

　野生下にいる境界動物がそこに留まる選択肢を持っている場合，彼らは，このカナダ市民のように，無国籍者でも，難民でも，国際的な不正義の犠牲者でもない。もしそうであるとしても，人間のコミュニティは，このような境界動物を引き寄せるインセンティブを創り出したり，自由な立ち入りに対する障壁を取り除いたり，永住するデニズンとして歓迎したりする義務を負ってはいない。その反対に，人間のコミュニティは，境界動物が流入する数を制限するために，障壁を設けたり，負のインセンティブを作り出したりすることができるのである。例えば，我々は，密航者を防ぐために，国際的な渡航や海運の監視を劇的に増やすことができる。我々は，人口稠密な人間生活の中心と間近に接している野生地域からの移入を思いとどまらせる，物理的障壁を使用することができる。我々は，動物が人間コミュニティへ移入しようとするインセンティブを減じることができる。（例えば，我々は，シジュウカラガンに魅力的な微環境である，池の側のケンタッキー・ブルーグラスの広い芝生を整備することを止めることができる。）もしくは，我々は（爆音器，イヌをリードにつながなくて良い公園など），境界動物が舞い降りたり住み着いたりすることを妨げる積極的な負のインセンティブを使用することもできるのである。

　しかしながら，人間の場合そうであるように，移入を防ぐために障壁や負のインセンティブを使用する人間コミュニティの権利を支持するこの一般的な想定は，様々な制約条件に服している。第1に，管理方法は，すべての個人・個体の不可侵の基本的権利を尊重しなければならない。我々は，我々の領土に立ち入ろうとしている人間や動物の移住者を射殺することはできない。そのうえ，境界動物が，（例えば，国境管理を回避することに成功して）いったん人間コミュニティに居を構えたならば，話は変わって来る。野生から移住してきたばかりの動物を野生に安

全に戻すことができる事例もあるだろう。けれども，多くの動物にとって，いったん新しい環境に移住したならば，引き返す選択肢はない。前述したように，機会主義的な種や導入された外来種が野生集団として繁栄している事実は，その個体群が野生に戻る選択肢を持っていることを意味しない。時が経てば，機会主義的な動物はコミュニティに組み込まれるようになり，捕獲したり移し替えたりして野生下に戻すことなどによって，根絶するコスト——例えば，家族の離散，見ず知らずの望ましくもない環境への解放——は重くなりがちである。捕獲されたり，解放されたりした動物の多くが，捕食者や同種の競争的地位にある動物に対処するための準備ができていないことで，そして，同種族の支援ネットワークから外れていることから，あるいは，未知の状況で食料や住み処を探し当てることができないことから，死に絶えるだろう。

　したがって，大部分において，移動性の適応能力が高い動物の場合においてさえ，我々は，境界動物が異邦人ではなく，ここに帰属することを認識しなければならない。境界動物がいったんここに存在し，定住化するならば，私たちはその存在の正当性を受け入れ，排除ではなく共存のためのアプローチを採用しなければならない。

　しかし，我々が境界動物を我々のコミュニティの永住者として認識したならば，我々は，家畜動物と同じように，彼らにもシティズンシップを提供しなくていいのだろうか。仮に私たちが境界動物に彼らの選好を問うことができるならば，境界動物は完全なシティズンシップによる利益のために契約すると声高に要求しないだろうか（「無料の医療ケア！」「セントラル・ヒーティング！」などと）。彼らにデニズンとしての地位しか与えないことを，正当化するものは何であろうか。

　前述したように，シティズンシップは家畜化のために飼育されてきた種に属するいくつかの野生化した動物には，実際のところ，実現可能であろう。しかし，ほとんどの境界動物にとって，シティズンシップは実現可能でも望ましくもない。我々は，シティズンシップのことを無条件の善や利益として考えがちであるが，シティズンシップには責任もまた伴うことを思い起こすことが重要である。これには，同じ市民としての市民性と互酬性の規範を内面化するよう社会化される責任が含まれるのである。シティズンシップに伴う協力に基づくプロジェクトへの参加を強いられることのコストが，非常に高くつくような集団もいる。後述するように，このことは人間の場合でも当てはまるが，境界動物の場合は一層明らかなのである。

第7章　デニズンとしての境界動物　　319

ほとんどの境界動物が，その野生動物の仲間と同様に，人間との接触を避ける傾向があることに留意することが重要である。（このことは野生化した家畜動物にはあまり当てはまらない。もっとも，時が経って，野生化した家畜動物の集団ができあがるにつれて，野生化した家畜動物も人間を避けがちになる。このことが，人間との接触の危険に対する痛みを伴って，学習された対応であることは疑いない。）境界動物の個体には飼いならせるものもいるが，一般的には，リス，コヨーテ，カラス，その他の境界動物は警戒したり，避けたりといった行動を見せる。境界動物は，付随的な機会を伴う人間環境に生きるコストの１つとして我々を黙認するが，我々との交際や我々の協力を求めることはない。別の言い方をすれば，境界動物は人間環境から利益を受けるが，人間との接触それ自体から利益を受けるのではない（この一般法則にも，確かに個別の例外はあるが）。境界動物は，家畜動物の特徴である社交性をもたない。したがって，我々は，ブタやネコにとっては可能である，相互的関与，規則学習的行動，社会化といった，［家畜動物と］同種のプロセスに境界動物を従事させることは（普通は）できない。

　我々は，このような境界動物がより社交的で協力的になるように変化させることを試みることもできるだろう。つまり，境界動物を家畜化するよう試みうる。しかし，前述したように，このことは，長期の監禁，家族の離散，繁殖の管理および，家畜動物に歴史的な家畜化のプロセスの一部として課された，それ以外の基本的自由の侵害によってのみ達成可能なことであるだろう。境界動物は，我々のそばで生きているが，家畜化されていないので，社会組織，生殖，子育てについて独自の自律的メカニズムを維持している。標準的なシティズンシップの権利と責任に従うよう境界動物を導くことは，このような自律的メカニズムを人間の管理に置き換えることを要求し，境界動物の自由と自律性を劇的に切り詰めてしまう（監禁，食餌・交尾・交際その他の慣習的行為の管理など）。

　このことは，我々が境界動物の福利を保護し，促進する積極的義務を持たないということではない。逆に，後述するように，いかなるデニズンシップの擁護可能なモデルも，そのような義務を含んでいるだろう。しかし，我々は，境界動物の生のすべての領域に体系的かつ強制的に介入し，他の重要な利益を危険にさらすことなしには，シティズンシップに基づく完全な保護を［境界動物に］拡張することはできないのである。

　結局のところ，我々は，境界動物をシティズンシップの義務の一部から解放すると同時に，境界動物に対する包括的な積極的義務の一部から人間を解放する，

デニズンシップの地位の一定の形式を提供することが，境界動物の暮らし向きを
より良くすると論じるだろう。これは明らかに議論の余地のある個人的意見
（judgement call）である。我々は境界動物に，限定された利益と責任を伴うデニ
ズンシップの一定の形式よりもシティズンシップを好むか否か，尋ねることはで
きない。この点で，境界動物に対するデニズンシップは，我々が次節で論じる，
デニズンシップの限定された権利と責任のパッケージが交渉のプロセスから生じ
ている人間の事例とは異なる。動物の事例では，我々ができる最善のことは，(a)
境界動物が人間を避ける傾向のような，行為による合図に応答すること，(b)これ
らの動物にとって，移動，食料の選択，繁殖の自由への厳しい制限というコスト
の下に安全と食料を得るというような，正規のシティズンシップのトレードオフ
が何を意味するか，そして，このトレードオフが彼らの利益になるか否かを想像
すること 28)，(c)環境に伴う多くのリスクを切り抜ける，機会主義的な境界動物
の基本的な能力を尊重すること 29) である。人間が機会主義的な境界動物のため
にこのようなリスクを管理しようとすれば，この能力を徐々に弱らせてしまうだ
ろう。我々の見解では，このような考慮すべてが，デニズンシップ・モデルに有
利に働くことは明らかである。

　したがって，境界動物の圧倒的大部分にとっては，排除もシティズンシップも
現実的な選択肢ではない。野生化した動物には，国内的なシティズンシップとそ
の利益を得る資格を持ちうる（そしてそれから利益を得られる）ものがおり，我々は，
新たに到来する機会主義的動物や外来種を排除するよう試みることができる。し
かし，大部分の境界動物はここに定住し，国内的なシティズンシップを定義づけ
る親密な信頼と協力の形式を伴うことなく，居住を保障する法的政治的地位を与
えられなければならない。要するに，彼らはデニズンシップを必要としているの
である。

　しかし，このようなデニズンシップの地位の公正な条件とは何だろうか。デニ
ズンシップは，シティズンシップの権利や責任の一部の免除・限定と居住の保障
を結びつけている。しかし，どの権利や責任が撤回され，どの権利や責任が維持
されるべきなのだろうか。デニズンシップは，シティズンシップの信頼と協力の
ような親密な関係を伴っていないが，それでもなお，物理的空間の共有や相互的
影響の密接なつながりを伴った関係性の１つである。単刀直入にいえば，人間は
境界動物の生を惨めなものにもでき，逆もまた然りである。すると，我々は互い
に何を負っているのだろうか。この独特な関係にとって公正な条件となるのは何

第7章　デニズンとしての境界動物　　321

なのだろうか。

前述したように，動物の権利論の文献において，このような問いは滅多に提起されてこなかったし，ましてや取り組まれることもなかった。しかしながら，我々は，人間のデニズンシップのいくつかの関連する事例について考察することで，何か学ぶことができるかもしれない。

第3節　人間の政治コミュニティにおけるデニズンシップ

前述したように，公共の言説と動物の権利論の双方において，境界動物についての言及が見られないのは，我々が動物を2つの箱に納める傾向を持つことに起因している。人間社会の一部として飼育されてきた家畜動物と，どこか別のところに属している野生動物である。境界動物は，頑強にこれらのカテゴリに収まることを拒む。境界動物は，我々の社会の一部ではなく，その外部にいるわけでもない。全面的に［我々の社会の］中にいることも，全面的に外にいるのでもないのである。この複雑な状況への1つの応答が，デニズンシップなのである。

我々は，人間の事例でも同様の力学が作用していることを見ることができる。我々は，人間についても2つの箱に収めようとする傾向をもっている。我々の一員である市民か，どこか別のところに属する外国人である。国際的な世界秩序も伝統的な政治理論も，共に，人間は別々の政治コミュニティにきちんと割り当てられているというよく知られた構図をもって動いている。地球上の人は誰でも，理念的には，ただ1つだけの政治コミュニティのメンバーである。このことは国際条約に反映されており，国際条約は，一方では，いかなる人も無国籍であってはならないと規定し，他方では，二重国籍は阻止されるべきであると断言している[30]。ジェームズ・スコット（James Scott）が示しているように，近代国家はその人民が「識別可能である（legible）」ことを好む。誰もが自分自身の場所にいて，1つの場所が誰にでもある（Scott 1998）。この想像の世界で，国家の境界内の人民は，すべて当該国家の完全な市民であり，残りのすべての人々は固く排除され，どんな国家であれ，彼らが「真に」帰属する国家の境界内に安全に留め置かれる。

しかし，境界動物のように人間も，これらの標準化された，国家を中心に設計されたカテゴリに収まることを頑なに拒否してきた。国家の領域内に居住し，そこに居続けることを望むが，完全なシティズンシップには十分に適応できなかったり，関心を示さなかったりする個人が常に存在してきたし，将来的にも存在す

るだろう。このような個人は，我々の一員となることなく，そして我々の協力的なシティズンシップの枠組みに完全に参加することなく，我々の中で生きることを望んでいる。このような事例への応答において，デニズンシップの様々な形式が設計されてきた。デニズンは，周囲の社会と緩やかな結びつきしか持たないものの，居住権を享受している。デニズンは，シティズンシップの標準的な権利の一部を持たず，それと引き換えに，シティズンシップに伴う標準的な責任の一部を免除されている。

　我々は，現代国家の中で生じてきた2種類のデニズンシップについて考察する。①適用除外型デニズンシップ，そして②移住者のデニズンシップである。

適用除外型デニズンシップ（Opt-Out Denizenship）

　デニズンシップの1つのカテゴリは，完全なシティズンシップの諸側面から離脱したいという個人や集団の意向に由来する。近代的民主国家は，参加，協力，帰属といった一定の社会的エートスに基づいている。政府は，人民による人民のためのもので，人民は協働による社会的プロジェクトに関与すると想定される。このプロジェクトに同意することができず，また将来的にも同意することがなく，このプロジェクトから免除してもらいたいと考える個人や集団がいることは避けようがない。例えば彼らは，シティズンシップをもつことに伴う標準的な責任の一部を引き受けることに抵抗するかもしれない。ことによると，この責任が自分自身の良心や宗教に基づく要求と衝突するとみなすためである。もしそうであるならば，この個人や集団は，彼ら自身の適用除外の地位の形式について交渉して，それによってシティズンシップの権利と責任の双方から免除されることを求めるだろう。

　よく知られた例の1つは，米国におけるアーミッシュ（Amish）である。アーミッシュは，極めて伝統主義的かつ孤立主義的な民族的・宗教的教派（ethnoreligious sect）であり，彼らが俗物的で堕落しているとみなす，より大きな社会や国家制度との接触を最低限にしようとしている。結果的に，アーミッシュはシティズンシップの責任を果たせという要求に抵抗している。アーミッシュは，陪審員を務めたり，軍務に就いたりすることを望まず，公的年金スキームの保険料を拠出することも欲さず，子弟が近代的シティズンシップの実践やエートスを身につけるよう教育されることも希望しない。しかしその代わりに，アーミッシュはシティズンシップによってもたらされる権利の多くをも放棄している。アー

第7章　デニズンとしての境界動物　　323

ミッシュは投票せず，公職に立候補することもなく，アーミッシュの内部における紛争を解決するために公的な裁判所を利用することもなく，公的福祉や年金スキームの恩恵を受けけることもないのである。

　ジェフ・スピナー（Jeff Spinner）は，アーミッシュに言及し，「部分的シティズンシップ（partial citizenship）」の一形式を実践しているとしている（Spinner 1994）が，スピナー自身が記すように，アーミッシュが免除を求めているのは，「シティズンシップ」の観念そのものである。市民の地位やそれに付随する徳性，実践，社会化の諸形式は，アーミッシュの生活様式の一部ではない。この点で，アーミッシュはデニズンシップの一形式を求めていると記述する方がより正確かもしれない。彼らは我々の中で生きることを望んでいるが，それは，我々の同胞市民としてではないのである。

　我々はこれを適用除外型デニズンシップと呼ぶことにする。[シティズンシップの権利や義務の]適用除外は，1つの問題についての除外から包括的な除外まで，一時的なものから恒久的なものまで，法的制裁を受けるものから違法行為や異議の表明まで，幅広い形式を採りうる。例えば，平和主義的にもとづく良心的兵役拒否者の事例では，離脱はより一般的にシティズンシップの地位を拒否するわけではなく，その唯一特定の側面でしか行われない。ここでは，必要な時には武力をもってその国を防衛する義務という側面である。この事例では，シティズンシップの一環として異議申立てをすることの一形式と描写することがより正確かもしれない。これに対し，アーミッシュの事例では，離脱は幅広い問題について生じる。それは，強制的な年金保険料の拠出から子弟の義務教育修了年限まで，より大きな社会の制度と影響からの隔離を要求する伝統的な宗教的生活様式を維持するとの名目で，国家と交渉されてきたのである。ここでは，適用除外の対象となるのはシティズンシップそのものである。その他の事例は，[この2つの事例の]中間のどこかに位置する。ヨーロッパにおけるロマのコミュニティには，あまり成功しなかったが，標準的な近代的シティズンシップと容易には調和しない，彼らの移動型の生活様式に適合する帰属の代替的な形式について交渉しようと試みてきたものがいる。

　特定の法を破ったり，（例えば，投票拒否や闇経済への参加，あるいは隠遁者・浮浪者になるなどして）政治的経済的参加の領域のシティズンシップの責任を拒否したりすることで，シティズンシップから離脱する個人もいる。この種のシティズンシップへの異議申立ては個人としてもありうるし，家庭での教育，物々交換経済，

政治的解放，国家による給付を受け入れることの拒否などをめぐって自らを代替的コミュニティとして組織するときのように，より共同的な形式や組織的な形式もありうる。

　要するに，イデオロギー的なものであれ，宗教的なものであれ，文化的なものであれ，様々な理由に基づいて，単純に近代国家におけるシティズンシップの社会的プロジェクトに参加することができない，もしくは，それを望まない人々がいる。シティズンシップの複雑さ，要求，変化の速度，道徳的妥協ゆえに。そして，そうした人々は，近代国家のシティズンシップの社会的プロジェクトから離脱することを好み，その代わりにデニズンシップの代替的形式のために交渉するのである。

　健全な民主的コミュニティは，正義や安定性の欠如というリスクを冒すことなく，この要望に配慮することができるだろうか。このような適用除外型デニズンシップの公正な条件はどのようなものになるだろうか。前述したように，あらゆるデニズンシップの地位の公正さは，権利と責任の相互性に依存している。個人や集団がシティズンシップの責任からの免除を求めれば求めるほど，彼らはシティズンシップの権利の幾許かをなしで済ませることを厭うべきではないのである。個人や集団があるシティズンシップの責任からの免除を求めるとしても，それに対応する利益を相対的に削減したり，代替的コミュニティ・サービスの提供によって，相互性を保ったりすることができる。例えば，良心的兵役拒否者は，軍務の代わりに開発をめぐる業務に就かなければならないだろう。税の免除を交渉しているコミュニティは，対応する給付の削減を受け入れる必要があるだろう。メンバーが公的熟議のエートスに従って社会化されることを望まない集団は，その熟議の形成に加わることができると期待すべきではない[31]。

　このような相互的に弱められた帰属の形式は，我々にとって本質的に不公正であったり，理に適わなかったりするようには見えない。もっとも，デニズンシップへのすべての要求に等しく説得力があるわけではなく，デニズンシップの条件がどのように取り決められるかについてかなりの裁量の余地がありそうではある。一方で，適用除外型のデニズンシップの便宜を図るための強い理由が存在する場合がありうる。主張者が，［シティズンシップの権利や義務の］適用の除外は単なる好みや文化的慣行ではなく，良心の問題であり，良心の自由によって要請されるものであると，説得力をもった主張を行うことができる場合である。他方で，適用除外型デニズンシップのすべての形式が，フリーライドの要素を伴う。近代国

家におけるシティズンシップの社会的プロジェクトから離脱しようとする者は，それにもかかわらず，そうした社会的プロジェクトの存在に依存している。もし米国が，アーミッシュを地元の隣人や外国による基本的な法的権利や所有権の侵害から保護しなければ，アーミッシュはペンシルヴァニア州やウィスコンシン州で伝統的な生活様式を維持することができないだろう。適用除外を受ける者は，このような意味で，彼らが完全に貢献しているわけではない法的枠組みと政治的安定に，ただ乗りしているのである。

　我々がこれらの競合する考慮をどのように評価するかは，(a)人数，(b)別の場所への退出の選択肢（exit option），(c)個別のメンバーの脆弱性，を含む多くの要素に依存しそうである。人数について，スピナーは，民主的な社会は少数のフリーライダーを問題なく許容できるが，そうした集団の数が徐々に増えて，適用除外の選択肢を可能なものにしている政治的枠組みを提供する社会の能力を脅かすようであれば，より自制的になる必要があるかもしれないと論じている。我々が適用除外型デニズンシップの便宜を図らなければならないと感じるか否かは，その集団の選択肢の利用可能性にも依存しているかもしれない。米国が，共通の信仰を持った人々を移民として歓迎する新たなアーミッシュ国家と国境を接するならば，このことは，米国が，自らの国境の内部においてアーミッシュのデニズンシップに配慮する義務を減じるかもしれない。3番目の考慮は，シティズンシップから離脱する個人や集団が，その地位によって非常に脆弱になりうることである。彼らは怠け者や落伍者としてスティグマ化されるかもしれない。彼らは最終的に孤立し，搾取に対して脆弱になってしまう。最も重要なことには，知的障害者，子ども，動物といった，離脱したコミュニティにおける脆弱なメンバーが，このような人々を保護する使命を帯びた国家法や公的機関の隙間からこぼれ落ちてしまうかもしれない。国家は，能力を備えた成人が適用除外型デニズンシップに伴うリスクを自発的にとることを許容できるが，このような集団の脆弱なメンバーの基本的権利が保護されることを確保する責任を持ち続けるのである。能力を備えた成人には自分自身のシティズンシップの権利と責任を自由に放棄することができるかもしれないが，彼らが，子ども，知的障害者，あるいは家畜動物の権利を一方的に放棄することはできないのである。

　これらの様々な要素をどのように比較検討するかを決めることは容易ではない。国家は，適用除外型デニズンシップの様々な形式を交渉することに驚くほど積極的姿勢を見せてきたが，それは，極めて偶発的かつ不規則なやり方であり，未解

決の難問を伴ってきた。適用除外型デニズンシップは，近代的で，市場志向，個人主義的な自由民主主義社会に十分に適合しない個人や集団に配慮するための，魅力的な選択肢かもしれない。この形式のデニズンシップにとっての難問は，不公正な負担を創出したり，個人の権利を侵害したり，不寛容を生じさせたりすることなく，いかにそれに配慮するかを明らかにすることである。

移住者のデニズンシップ（Migrant Denizenship）

デニズンシップの2番目の形式は，国境を越えた移動に結びついている。この事例では，移住者は近代的シティズンシップのエートスそのものに対する宗教的ないし文化的な異議はないが，移住者が現在居住している国における市民としての役割を果たすことを望んでいないかもしれない。移住者は，外国に長期に居住しているとしても，自分自身を出身国のシティズンシップのプロジェクトの参加者とみなし続けているかもしれない。それゆえに，どこか別のところでのシティズンシップではなく，デニズンシップのみを求めるのである。このようなことが当てはまる場合，我々は移住者のデニズンシップについて語ることができる。

我々はここで，この点について，非常に特定されたタイプの事例について語っていることを強調しておくことが重要である。国際的な渡航のすべての形式がデニズンシップをもたらすわけではない。我々のデニズンシップという語の使用においては，デニズンであるためには，移住者はただ一時的な外国からの訪問者以上の者でなければならない。旅行したり，ビジネスを行ったり，勉強したりする間，一時的に滞在する他国の市民は，訪問者であって，デニズンではない。しかし，デニズンは，完全なシティズンシップの期待と約束の下に募集されてきた伝統的な移民ともまた異なる。デニズンは，この2つの集団の間に属するものなのである。長期の居住者であるが，市民ではない。

現代世界は，このようなデニズンである移住者で溢れている。ある人々は，職を求めて外国の領土に許可なく渡航した不法移民である。他の人々は，国家が承認した移住労働者で，シティズンシップをもつようになるということを予定せず，一定の種類の職に就くために，季節ごとや半永住を原則として国家によって招かれている[32]。これらの移住労働者は，年季の終わりや退職時に，自分自身がシティズンシップを持つ国に戻ることが期待されている。アラブ首長国連邦，クウェート，サウジアラビアのような一部の国々では，移住労働者が経済の基幹となっている。ヨーロッパや北米のような他の地域では，移住労働者は，本国生まれ

の市民が望ましくないと考える労働市場のより小さなニッチを埋め合わせる傾向がある（果物や野菜の収穫，と畜場での労働，掃除洗濯や他の家事など）。例えば，メキシコの労働者は摘果や野菜の収穫の仕事をするためにカナダにやって来て，晩秋には自分自身が完全なシティズンシップを持つメキシコの家族とコミュニティに戻る。カリブ諸島やフィリピンの女性は，未成年や高齢者に対する半熟練のケア労働者としてカナダで数年間働き，故郷に戻る。

　これらの事例のうちあるものについては，長期の移住者が市民ではなく，デニズンであり続ける事実は不正義をなしている。意図や目的全ての面から見て，居住している国こそが，移住者が現在帰属するところである。それは，彼らが住居と家族を築き，彼らの暮らしが根付いている場所である。このような事例では，移住者はおそらく完全なシティズンシップを求めるであろうし，正義はシティズンシップが移住者に提供されることを要請する。そのような事例でシティズンシップを否定することは，単にそれ自体がそれだけで不公正であるばかりではなく，他の不正義をも恒久化させることが多い。世界中にいるデニズンたちは搾取を受けるかなりの恐れに直面している。貧困国から来た死にもの狂いの人々は，極めて苛酷な生活環境や労働環境であっても受け入れることを厭わないことが多く，シティズンシップをもたないことは，この個人が名目上は持っている法的権利を，それがどのようなものであれ行使できないことを意味する。

　こうした理由で多くの論者が，移民労働者を可能な限り早急にかつ可能な限り簡単に市民にするか，移民労働者を受け入れるプログラムを完全になくすべきことを目標とすべきだと論じてきた（Lenard and Straehle [2012]）。労働市場のギャップを埋めることを目指している国々は，移民労働者ではなく，永住を目的とした移民を受け入れるべきであり，そうすれば，すべての労働者は完全なシティズンシップの傘下に保護されることになるだろう。

　しかしながら，我々は，移住者のデニズンシップが常にまたは本質的に搾取であるとか，シティズンシップ［の付与］が常に解決になると仮定すべきではない。一部の移住者は，現在の居住国で家庭を築きたいと願っているわけではなく，現在の居住国に社会的に根を深く張ることや現在の居住国の協力的なシティズンシップの体系に参加することも望まないだろう。移住者の生のプロジェクトの焦点は祖国にあり続けているのかもしれない。オットネッリとトッレージ（Ottonelli and Torresi [2012]）が示すように，季節労働者や一時的労働者も完全に合理的で合法的な「一時的移住計画」を持ちうる。これらの移住者の活動の中心は祖国に

328

あり，彼らは，家を建てたり家族や親族を支援したり，ビジネスを始めたりというような，故郷での目的を達成するために，単純にお金を稼いだり，専門的技能を得たりすることを願っている。永住したり，家族を住み慣れた土地から引き離したり，過去の生活を棄てたりすることは願っていない。反対に，これらの移住者は，故郷での生活や家族と結びついた目標を達成するために，移住労働に従事したいと思っているのである。（もしくは，若い時分の渡航の事例では，身を固める前に，長期的な渡航と海外での生活の経験を欲し，自分自身の渡航費用を賄うために海外で働くことを求めているかもしれない。）

　これらの事例では，移民労働者たちは，おそらく国家のシティズンシップのプロジェクトに早急に移住者を統合しようと設計された政策に関心を持たないだろう。移住者が一時的な移住計画しか持たない場合，彼らはホスト国におけるシティズンシップの規範を修得することへの関心や意向をほとんど持たないかもしれず，そうするよう移住者に強制する努力をひどく嫌うかもしれない。移住者にとって，ホスト国の政治制度や国語を学ぶことに時間やリソースを費やすのは合理的ではなかろう（メキシコからカナダに来た季節労働者は，英語やフランス語を学ぶのに必要な時間を費やそうと思わないだろう）。要するに移住者は，我々の中で長期的にまたは季節ごとに生活することを望んでいるが，我々の一員になることを望んでいるわけではない。彼らなりのやり方で，理由は異なるものの，移住労働者もまた，シティズンシップの適用を免除されることを望んでいるのである。

　このような事例は，公正さを保障するための卓越した手段としてのシティズンシップに依拠している，正義についての伝統的な自由主義的理論に難問を突きつける。移住者は不正義に対して非常に脆弱である。しかし，シティズンシップを移住者に押しつけることは，（移住者がシティズンシップの権利を有効に行使するために必要な時間とリソースを投資しないであろうことを所与とするならば）実効性のないものになるか，そして／あるいは，（もし国家が移住者に地元の言語を学び，当該国家の政治制度について知識を得るために時間と資源を投じることを強要するならば）不公正なものになるかの，どちらかであるだろう。シティズンシップを修得することを移住者に無理強いするいかなる試みも，「コストをもたらす。このコストは，移住者によって部分的に共有されねばならず，移住者は，元来考えていた自分自身の人生設計と計画から関連する資源を転用することを強いられることになる」（Ottonelli and Torresi［2012］）。結果として，このような移住者は「民主主義の地図上に位置づけることが難しい」のである（Carens 2008a）。

すると，我々は移住者をどのように不正義から守るべきなのか。我々は，非常に頻繁に世界中で起こっているように，移住者を適応させようとする努力が従属とカースト的ヒエラルヒーの関係へと堕さないようどうやって保証するのか。この文脈では，正義は，移住者が祖国と結びついた人生の目標を自由に追求できるようにさせておく一方，移住者を搾取から保護するデニズンシップの一形式を要求することは間違いない[33]。デニズンシップは，［ホスト社会と移住者という］両方の当事者の正当な利益に適合しているので，シティズンシップよりも弱いものの，不正であったり抑圧的であったりするのではない，ホスト社会との独特の関係を提供するのである。

　もちろん，デニズンシップの地位の条件の詳細がどうであるかに依存するところは大きい。前述したように，デニズンシップが公正であるためには，シティズンシップの権利と責任の両方の均衡がとれ，相互的な方法で限定されること，そして，一方がもう一方に一方通行的に押しつけるのではなく，両方の当事者の正当な利害に応えるためになされることが必要である。シティズンシップの完全な負担を課しつつ，権利だけ削減してはならない。それは二級市民のシティズンシップである[34]。むしろ，公正なデニズンシップは，［シティズンシップとは］異なっており，いくらか弱いが，にもかかわらず相互的な，より大きな政治的コミュニティとの関係について取り決めることを伴う。関係を持っている双方の側が，相手方に対してシティズンシップよりも弱い要求を行使するのである。

　例えば，私たちは，（医療ケア給付，職場の安全・技能教育訓練・補償，家族のための訪問者ビザへのアクセスなど）社会権の領域で，移住労働者にホスト国の法による完全な保護を拡張しうるだろう。他方で，完全なシティズンシップに基づく利益（永住権，家族の移民の身元引き受けの権利，選挙権，あるいは公職に就く権利）や責任（税負担，軍務，陪審員の義務，公用語の習得など）へのアクセスを否定しうる。

　この文脈で，移住者のデニズンシップは，国家間の分業を伴うことが多い。例えば，季節労働者との関係では，受け入れ国は，季節労働中の生活の領域で，平等の保護と地位（当該国家のシティズンシップを持つ労働者のための，同一賃金，法的保護，技能教育訓練，保健・安全性の規定など）を延長する。他方，送り出し国は，（祖国での労働生活，家族の生活の支援と給付，政治参加，退職給付など）生活の他の領域でシティズンシップの主要な媒体であり続ける。このモデルでは，移住者は，「寄る辺のない二級市民であるとはみなされない。」むしろ，「ホスト社会の内部で完全に包摂されることによってではなく，移住者の特別な位置が承認されたり，ホ

330

スト社会への条件つきかつ一時的な関係が公的に認識されたりすることによって，地位の平等が確保される人々とみなされる」のである (Ottonelli and Torresi [2012])。

　我々は，デニズンシップのモデルに伴うリスクを過小評価したいわけではない。季節労働に従事するコミュニティとの結びつきを欠いていたり，政治プロセスにおいて権力を持っていなかったり，言語の障壁があったり，教育や権利についての知識を欠いていたりするため，技能の程度が低い移住労働者は常に搾取に対して脆弱である。この脆弱性はある程度は，ビジネスを目的とした渡航者，旅行者，留学生を含むすべての渡航者が共有するものである。しかし，移住労働者は，あまりカネを持っていないことが多く，選択肢も少なく，孤立した場所で肉体的にきつく危険な仕事に従事する傾向があるため，特に脆弱である。技能の程度が高い外国人労働者は，多くの選択肢と交渉力を持ち，教育のレベルも高いため，さほど脆弱ではない。もしかすると，この脆弱性は移住労働者の権利が完全に伝達され，尊重されるよう保障する，実効的な国内的あるいは国際的監視機関を確立することを通して緩和されうるかもしれない[35]。

　これまでのところ我々は，労働の許可を得ている移住労働者に対するデニズンシップに焦点を当ててきた。最初の入国についての問題が提起されるため，労働の許可を得ていない移住者や不法移住者の場合はより複雑になる。不法移住者が一時的な移住計画しか持っていない限り，我々は，一定の条件の下では，移住者のデニズンシップのようなものが適切な地位であると信じる。しかし，この条件を特定することは簡単ではない。

　不法移住に関連して，リベラルな民主主義の最善の実践について考察するならば，我々は現在機能している原理を2つ同定することができる。第1に，国家は許可なしの入国を防ぐ正当な権利を有する。もちろん，国家は，不法移住者を射殺することはできず，あるいはそれ以外のやり方で彼らの基本的権利を侵害することもできない。しかし，ビザの要求，国境警備，入国を防ぐ障壁を設け，入国しようとする不法移住者を特定し，退去させる取り締まりを行うことはできる。そもそも不法入国の誘因として作用する社会的条件を変更することもできる。例えば，不法移住者を雇用する企業を罰したり，不法移住者に，運転免許などの一定の利益へのアクセスを禁じたりすることで，不法移住者としての生活の魅力を減らすことができるのである。

　しかしながら，不法移住者が一定の期間，追跡と国外退去を逃れることができた場合には，2番目の原理が作動する。遅かれ早かれ，不法移住者は，不法居住

者の権利に類似した，道徳的な「滞在の権利」を獲得する。無断居住者の権利同様，この道徳的な「滞在の権利」は，国家が長期の不法移住者に提供する定期的アムネスティ（恩赦）に反映されている。（Carens 2008b, 2010）移住者はコミュニティに非合法的に立ち入ったかもしれないが，時が経ち，移住者がコミュニティに巻き込まれるにつれて，移住者をコミュニティから引き離す道徳的コストはあまりにも高いものになるのである。

　いくつかの事例では，このコミュニティへの巻き込みによって，居住国が事実上唯一の故郷となるほどである。移住者は家庭を築き，祖国に戻ったならば，異邦人のように感じるかもしれない。もしそうであるならば，恩赦により完全なシティズンシップがもたらされるべきである。しかし，別の事例では，不法移住者は祖国に密接な結びつきを維持していて，そもそも不法移住を行ったのは，自分自身の故郷と結びついた人生の目標を追求するためであった。このような事例では，労働の許可を得ている正規の移民労働者と同様に，デニズンシップこそが正義に適う解決法になりうる。

　要するに，国家は不法移住者を入国させないようにするために，障壁や負のインセンティブを使用しうるが，いったん彼らが入国してしまったならば，時と共に見積もりは変わり始め，新しい現場の事実に配慮することが要求される[36]。いくつかの事例では，これらの配慮は完全なシティズンシップの形式をとるべきであるが，他の事例ではデニズンシップがより適切である。

　すると，許可を得た移住労働者および不法移住者の双方にとって，移住者のデニズンシップの地位がありうる結論であろう。移住者のデニズンシップは，関係におけるどちらの側からも望まれないかもしれない完全なシティズンシップへのコミットメントを要求することなく，居住権（およびその他の適切な社会権）の保護を提供することができる。

　我々が示したように，移住者のデニズンシップのこれらの形式は，差違に対する公正な配慮が従属とスティグマ化の関係に転化してしまうリスクを孕んでいる。デニズンである移住者が，異なった人生のプロジェクトと他の社会との紐帯を持った道徳的に対等な人々としてではなく，価値のない異邦人や非合法的な侵入者とみなされたり，扱われたりするかもしれず，デニズンシップがもたらす関係の潜在的相互性を損なってしまうのである。このリスクは特に不法移住者と関連があるが，許可を得た移住者にとってもそうである。こうした侵蝕が生じるか否かは，その大部分が，ホスト国が移民政策について誠実に振る舞っているかどうか

332

にかかっている。現実には，多くの国家が見かけ倒しかつ偽善的な移住労働者政策を実施している。合法的移住は売り込みにくいけれども，移住労働者は経済にとって不可欠であるので，多くの国家は不法移住について見て見ぬふりをしている。移住者の入国を許可するが，彼らに法的地位を与えることを拒むことで，国家は，デニズンシップのあらゆる権利と利益を提供する責任を回避し，産業は賃金を下方に押しやる圧力から利益を得ているのである。

　より一般的には，国家は多くの場合，移住に反対する公的立場をとり，移住を経済，民主的な自己決定，そして／あるいは文化的安定性への過度の負担として表現するが，その一方で，利益を享受しつつそのコストを支払わないようにするため，不法移住を秘密裏に黙認する。明白な不正義に加えて，この種の二枚舌的な国家の政策的立場が，移住者に対する市民の態度に悪影響を与えている。移民の必要性や彼らから得られる利益についての公的沈黙は，移住者を，コミュニティに貢献するメンバーではなく，法を破り，社会に負担をかけ，そして／あるいは社会契約を脅かす者とする偏った見方を結果としてもたらす。このような条件の下では，移住者のデニズンシップは確かに脆くて弱い地位である。しかし，国家が移住の問題に誠実に善意をもって取り組むところでは，デニズンシップは正義に適う関係の安定した枠組みを提供することができる。

　我々は，近代の自由民主主義的な社会におけるデニズンシップの2つの基本的形式について考察してきた。デニズンシップは，国境を越えた移住および，シティズンシップの支配的実践からの離脱の様々な形式の両方から生じうる。我々の見解では，ロールズ（Rawls）が「多元性の事実」と呼んだ，自由の条件の下で不可避的に生じる人間の文化，行動，実践の多様性を所与とするならば，デニズンシップのこのような形式が存在することは不可避である。我々が先に言及したように，人間は，彼らを厳密で排他的なカテゴリに当てはめようとする国家や政治哲学者の努力に頑なに抵抗する。すべての人が，完全なシティズンシップか完全な排除かという選択を積極的に受け入れられるわけではないし，受け入れようとすることもない。「内か外か」という選択を迫られて，正当な理由をもって，デニズンシップという第3の選択肢を求めて交渉することを好む人々もいるのである。

　しかしながら，多元性の事実を所与とするならば，デニズンシップの地位の存在は避けられず，そしてそれは公正さと相互性の根本的基準を遵守しうるとしても，デニズンシップの地位は，本質的に搾取に傾きがちでもある。歴史的記録は，

相変わらず完全なシティズンシップが道徳的平等の最も信頼できる保護者であり，デニズンシップのいかなる承認も，従属的関係への劣化を防ぐよう強力な防護策を講じる必要があることを示している。何が正確にこの防護策であるかは，関連する文献においてあまり理論化されていないが，我々は3つの問題群を同定しうるだろう。

1. 居住の保障　　移住者のデニズンシップの事例では，合法的であれ，非合法的であれ，個人がどのようにしてコミュニティにやって来て，居を構えることになったかにかかわらず，居住の権利および政治的コミュニティに編入される権利は，時間の経過と共に，そして別の場所に居住できる機会が減るにつれて，増加するのである。永住者を追放することはできず，市民としてであれ，デニズンとしてであれ，安定的な居住が認められなければならない。

2. デニズンシップの相互性　　デニズンに対する完全なシティズンシップの権利へのアクセスの制限は，以下の条件を前提とするときにのみ正当化可能である。(a)デニズンは，ある外国における完全なシティズンシップから利益を受けることができる，一時的な居住者であり，そして／あるいは，(b)デニズンシップの地位は，利益と能力についての相互的に有益な配慮を意味しており，帰属と協力の弱められた形式を相互に望んでいることを反映している。言い換えれば，シティズンシップの利益と負担を相互的に削減しており，これらのことが搾取の階層的関係ではなく，利益に対する公正な配慮を表している。

3. スティグマへの防止策　　国家は，デニズンが彼らの代替的地位によって，脆弱にされないことを保障する特別な責任を有する。デニズンシップの地位がスティグマやカースト的階層の源泉となることを防止するため，防止策がとられなければならない。デニズンは，政治コミュニティと［市民とは］異なる方法で関係しているが，彼らが劣っているゆえに，価値がないが故にそうなっているわけではないため，その内在的な道徳的地位とその貢献のゆえに，やはり尊重されなければならない。これらの防止策は，堅固な反差別法制，および完全で平等な法の保護，そしてデニズンがコミュニティにおいて果たしている役割についての公的討論における偽善や悪意の回避などの措置を含む。

これらおよびその他の防衛策が実施されているところでは，デニズンシップはおそらく，道徳的平等性と公正という根本的な価値を保持しつつ，人間集団とコミュニティのもつ多様性に配慮するための適切な役割を果たすことができるだろう。

第4節　動物のデニズンシップの条件を定義する

　人間のデニズンシップについての以上の議論は，境界動物の事例を明らかにすることができるだろうか。我々はそうだと信じており，その理由の一部は，人間のデニズンが直面するのと同様の，排除と不可視の力学の多くに境界動物が直面しているためである。ちょうど近代国家がすべての人間を厳密で排他的なシティズンシップのカテゴリに入れ，個人に完全な市民であるか完全な外国人であることを期待するように，社会もまた，すべての動物を，完全に野生であるか，完全に家畜化されているか，いずれかの場所に置きたがるのである。境界動物はこの日常的な構図において不可視のものとされており，継続的にどういうわけか，「場違い」と見られ続けている。我々は境界動物が果たしてどこに帰属しているのかについて全く定かでないのに，事実上，境界動物は本当はどこか別のところに属している異邦人や外国人のようなものとみなされている。そのため，人間の異邦人のように，境界動物は排除の憂き目に遭っている。この場合，人間とは異なり，排除は負のインセンティブ，障壁，国外退去の形式ではなく，暴力と殺処分といった極端な形式をとるのであるが。

　根底にあるロジックは，人間の場合も動物の場合も，ここに居住しようと望む者は誰でも，「内か外か」を選ばなければならないということのようである。完全なシティズンシップか排除か。そして，ちょうどこの強制的な選択が人間関係の多様性に取り組むのに不十分なように，動物の場合でもそれは不適切なのである。実際，多くの点で，動物の場合はより一層不適切である。人間のデニズンの場合も，国外退去か完全なシティズンシップかという強制的な選択は厳しいが，双方の選択肢に見込みがあることもある。人間のデニズンは，重大（かつ不公正）な負担とコストを負うことになるものの，出身国への帰還や完全なシティズンシップのどちらかに適応できるかもしれない。これに対し，動物の場合，いずれの選択肢も見込みがないことが多い。「内か外か」という選択は，実際には，追放か家畜化か，の選択である。人間の居住領域を離れることを強いられるか，その

第7章　デニズンとしての境界動物　　335

動物を人間の家畜化された伴侶にするために必要な，ある種の監禁としつけに耐えることを強いられるか，である。我々が見てきたように，いずれの選択肢も境界動物の現実への対応としては不適切である。むしろ，我々は境界動物がここに帰属するが，我々の支配の下ではなく，家畜動物のそれとは異なる地位をもつことを受け入れることが必要である。境界動物は，事実上，デニズンシップの一形式を必要としているのである。

　しかし，このような動物のデニズンシップの公正な条件とは何であろうか。我々が人間の事例で議論した公正なデニズンシップの三原理は，動物の事例にも光を当てることができるだろうか。我々は，そう信じている。我々は，境界動物のすべての異なるタイプとの関係で，この三原理が何を含意するかについて体系的な議論を展開することはできない。前述したように，境界動物は脆弱性と適応能力において，異なっている。生垣に棲むヨーロッパヤマネのデニズンシップは，都市に住むハトにとってのデニズンシップとは明らかに異なる形式をとるのである。しかしながら，我々は，これらの原理のそれぞれについて2，3述べておきたいことがある。

① <u>居住の保障</u>　　人間と動物の双方の事例において，デニズンシップの核心的な特性は居住権である。居住権とは，本当はどこか別のところに帰属している異邦人や外国人としてではなく，ここに我々と同じところに帰属している居住者として扱われる権利である。機会主義者や外来種の最初の立ち入りや繁殖を思い留まらせたり，妨げたりするための努力は正当になすことができる一方で，時間の経過により，彼らは居住権を獲得することになるのである。（合法的であるか違法であるか，望まれてか望まれてではなかったかなど）個体がコミュニティにどのように居を構えることになったかとは関係なく，彼らの居住の権利は，時と共に，そして別の場所に居住する機会が減るにつれて増す。

② <u>相互性の公正な条件</u>　　　人間と動物の双方の事例において，デニズンシップは，完全なシティズンシップのそれよりも弱い関係を持ちたいという集団の希望に配慮するため，権利と責任の相互的な縮減を伴う。しかしながら，動物のデニズンシップは人間のデニズンシップよりも一層弱い形式の相互作用や相互義務を特に伴うだろう。デニズンシップが完全なシティズンシップのいくつかの側面から免除されることを伴うならば，人間のデニ

ズンシップと比較して，境界動物の事例における免除の程度は一層大きくなるだろう。

このことは，捕食との関係で最も明白かもしれない。人間のデニズンシップの事例では，我々は，他者によるデニズンからの略奪，および飢餓や野ざらしになることによるデニズンの死を容認しない。国家はデニズンを含むすべての人間の居住者をこれらの生存への基本的脅威から保護する義務を有する。デニズンシップの地位は，このような保護を放棄することを伴わない。対照的に，デニズンである境界動物は，依然として捕食者と被食者との関係に服するだろう。そして，動物デニズンには捕食者（タカ）もいて，被食者（イエツバメ）もいる。そしてその他には，捕食者であると同時に被食者でもある（野生化したネコは鳥を食する一方，コヨーテに時折食べられてしまう）動物もいる。

　何がこの相違を説明するのだろうか。解答は，再び，そこに含まれている自由と自律性へのある種の脅威の種類のうちにある。一般的にいって，我々は，自由選択や自由移動の強固な権利を尊重しつつもなお，デニズンである人間を殺害や飢餓の脅威から保護することができる。しかし，自由と自律性への劇的な制約によってしか人間の生命の保護が可能でない場合には，我々は生命や安全へのリスクを受け入れる傾向があることは言及する価値がある。例えば，我々は，それが手遅れにならずに疾病を把握する唯一の方法であったとしても，定期的な健康チェックのために人々に報告を強制することはない。同様に，我々はそうすることによってすべての幼児が十分な愛と栄養を与えられることを保証するかもしれなくても，すべての家庭に監視カメラを取り付けたりしない。人間社会は，常に安全と自由や自律性の間で均衡をとっていて，この点で，社会が異なれば，異なるトレードオフをすることも正当である。境界動物の生は，我々が人間の事例では許容できないとみなすレベルのリスクを伴っている。しかしながら，これらのリスクを減らそうとすれば，我々が同様に許容できないと考えるであろうレベルの強制と監禁を伴うだろう。なぜなら，自由とリスクについての見積もりは，境界動物にとって［人間とは］異なる形で機能し，結果として生じる権利と責任のパッケージもまた異なるだろうからである。

　デニズンシップという弱い形式は，混在したコミュニティにおける境界動物と人間の間の互恵的な取り決めとして，境界動物にとって適切なものである。この利益と義務が限定されている相互的取り決めは，完全なシティズンシップに服従

第7章　デニズンとしての境界動物　　337

させるために必要な自由の劇的な減少から境界動物を解放し，それと同時に，完全なシティズンシップがもたらす利益と保護の提供という観点では，人間コミュニティの責任を軽減するものである。我々は，この立場を次のような前提のもとに擁護してきた。境界動物は(a)人間を避ける傾向があり，(b)監禁その他の自由への厳しい制約よりは捕食のリスクを好み，(c)自分自身の環境のリスクをやりすごすかなりの能力を有しており，それは，自由（およびリスク）の発揮を要する能力である。

　しかしながら，いかなる特定の境界動物にとっても，この方程式を劇的に変化させるよう状況が変わることがある。結局，境界動物にも，人間の伴侶を求め，信頼と相互理解の関係をある程度発展させるものがいる。このような場合，我々は，その動物の行為をデニズンシップよりもシティズンシップを支持したものと見ることができるだろう。あるいは，独力では生きていくことができないであろうが，我々なら安全に手助けすることができるかもしれない，親を失ったアライグマや負傷したリスの事例を考えてみよう。これらの動物にとって，シティズンシップのトレードオフは極めて魅力的に見えるだろう。なぜなら，これらの動物の状況では，デニズンシップは単に大きなリスクを伴っているだけでなく，即座の確実な死をもたらすであろうから。我々が動物を回復させ，境界動物のデニズンシップに戻すことができることもあるかもしれないが，他の事例では，限定的な自由という観点でのトレードオフを伴いつつも，正規の市民として人間と動物が混在するコミュニティへの統合を追求することがより適切かもしれない。この議論は，我々が第6章で行った，負傷した野生動物に対する我々の義務についての議論と相似をなしている[37]。

　我々は，人間との親密な関係を必要としたり，それを望んだりする非典型的な境界動物の個体の状況に耳を傾けねばならないが，このことは，我々がこのような個体の増加を奨励すべきであるということではない。例えば，餌を与えたり，境界動物と仲良くするための他の試みをしたりすることによって，境界動物との親密な関係を促進しようとすることに対して，人間は非常に慎重であるべきだろう。多くの人間と動物の間の衝突が，これらの介入から生じるためである。個体数の増加と人間への慣れは，動物が厄介者や脅威とみなされることにつながり，その結果は動物にとっていつもろくでもないことになる。例えば，人間やペットを攻撃する「問題児の」コヨーテは，ほぼ常に人間に餌をもらっていた経験を持っている（Adams and Lindsey 2010）。クマ，シカ，ガンを餌付けすることは，動

物を利する積極的介入のようにも見える（このことがしばしば問題なのかもしれない）が，波及効果について綿密な理解なしに行われるべきではないのである。

　次に，境界動物のデニズンシップは，人間のデニズンシップよりもはるかに緩やかな関係であり，通常，著しく弱いかたちの協力と義務からなっている。境界動物は我々の中に居住し，その存在は正当なものとして受け入れられなければならない。しかし，我々にはシティズンシップを実践させるように境界動物を社会化する権利はなく，境界動物は協力的なシティズンシップの完全な利益への要求をもたない。

　しかしながら，シティズンシップと同様に，デニズンシップは進化する関係であり，その将来的発展は予測できないことを強調しておくことも価値がある。人間が，境界動物が我々の中に生活することを認め，虐待や無関心ではなく，正義の関係を確立するプロセスが始まったならば，これらの動物の我々に対する行動も不可避的に変化するだろう。一方で，例えば，境界動物は，人間をあまり警戒しないようになり，時が経てば，我々が現時点で想像することができるよりも相互的なシティズンシップの形式の［生じる］機会が到来するかもしれない。他方で，警戒心の緩和は大きな衝突ももたらしうる。例えば，コヨーテが幼児や小型の家畜動物にもたらすかもしれないリスクのレベルを考えれば，彼らの人間に対する警戒心を減じてしまう形でコヨーテと触れ合うことは無謀であるだろう[38]。同様に，人間や家畜動物に真に疾病の脅威を与える様々な種類の境界動物がいる。そして人間と家畜動物の警戒心の減少が，境界動物のリスクを増やしてしまったかもしれない多くの事例がある。例えば，人畜無害な飼い犬に慣れて育ったシマリスは，野生化した猟犬に遭遇したならば，乱暴に思い知らされることになるだろう。親密な関係が無分別であるように見える多くの事例においては，我々は，親密な関係を促進しなくとも，境界動物を正義に適った仕方で扱うことができる。すなわち，我々は，境界動物の基本的な消極的権利を尊重し，我々が不注意にも彼らに負わせてしまうリスクを減らすことができるのである。

　我々は，境界動物との関係についての可能性と限界について，心を広くもっておかねばならない。個体としても，そして種のレベルでも，境界動物は，どのように人間と触れ合うか，そして相互性の可能性の点で，大きく異なっている。一般的にいって，紛争を生じさせる可能性のことを考えて，我々は，境界動物を市民からなるコミュニティに統合することには限界を設けるべきだと論じてきた。これらの動物を正義に適う方法で遇することは，彼らと仲良くしたり，相互的な

第7章　デニズンとしての境界動物　　339

関係の範囲や深さを増したりすることを含意しないのである。しかしながら，我々には，これらの関係が時と共にどのように進展し，そしてデニズンシップからシティズンシップに近いものへ進む軌道に乗る境界動物がいるかどうかについて，予測がつかない。

　予見可能な未来においては，デニズンシップのモデルは，信頼と親密な協力ではなく，警戒と最低限の交流という前提のもとに機能すべきである。しかしながら，このような関係性の弱い形式であっても，そこには重要な積極的義務を伴っている。境界動物のデニズンシップは，人間のデニズンシップよりも弱いが，伝統的な動物の権利論の命令である「彼らを放っておく」以上のものである。人間は，境界動物の基本的権利を尊重するのみならず，我々がどのように都市や建築物を設計するか，そして，どのように自らの行動を律するかについての決定において，境界動物の利害を考慮しなければならないのである。

　このことの１つの側面は，第6章において既に議論されているが，リスクの公正な分担に関わる。現時点では，我々は，飛行機のエンジンに吸い込まれたり，自動車事故を引き起こしたり，絶縁体に覆われた電線を噛んだりといった，境界動物が我々にもたらすあらゆるリスクに過敏である。もしくは，我々は特に疾病の場合には，脅威をひどく誇張する[39]。その一方で，我々は，自動車，変圧器，高層建築や電線，窓ガラス，庭のプール，農薬やその他諸々の，我々が境界動物に負わせている数限りないリスクのことは無視しているのである。第6章において議論したように，我々が動物に課すリスクを完全に無視する一方，動物が人間に課すリスクについてはいかなるリスクも許容しないというのは不公正である。公正は，市民とデニズンの間のリスクと利益の均衡をとることを求める。リスクの公正な共有は，都市や郊外の開発に重大な含意を持つだろう。まず，立地，高さ，窓の配置をめぐる建築規制の変更が含まれる。窓の配置をめぐる建築規則の変更は，鳥への影響を限定するためである。また，境界動物が車道を避けることができるような都市における動物回廊の創設，警告装置や障壁の使用，動物が人間よりも低い許容量しかもたない農薬その他の毒薬の使用をめぐる規則の改定などが含まれる。

　人間環境の変化の速度に関連する配慮もある。境界動物，特にニッチ・スペシャリストは，土地の使用や農作業法の変更のような，環境の変化に極端に脆弱である。このことは，変更が必要であるか，そして，どのようにしたら最善の方法で変更することができるかを決める際に，我々がこれらの動物に配慮せねばなら

340

ないことを意味している。時には，脆弱な動物が適応したり，別の場所に移動したりする機会を持つことができるように，徐々に変更することで十分であるだろう。チャペク（Čapek 2005）は，牧草地や草食動物と結びついた境界動物の種である，ショウジョウサギ（cattle egrets）に関連した衝撃的な事件について記述している。アーカンソー州コンウエイ（Conway）の小さな森は，8,000対のショウジョウサギの営巣地だった。短い営巣の期間に，この森が開発のためにブルドーザーで掘り起こされてしまい，大量のショウジョウサギが殺された。もしこの計画が2週間後であったならば，ショウジョウサギは営巣を終え，大虐殺は容易に避けられたかもしれない。開発業者は，ショウジョウサギがそこにいたことを知らなかったと主張した。この状況では，人間とショウジョウサギの利害に本質的な対立は存在しなかった。ショウジョウサギは，物理的にも，倫理的にも単に視野に入っていなかったのである。

　境界動物への人間の積極的義務には，それと対応して，我々が境界動物に課しうる様々な責任が存在する。共有領域における，いかなる現実的な共存枠組みにも，相互的な抑制と配慮が必要である。例えば，家畜動物の場合のように，境界動物が共有する政治コミュニティにおける他者への義務として，自分自身の繁殖を規制することはできない。人間は，境界動物の性的活動において，「誰が，何を，どこで，いつ」なすのかにまで介入する必要はないが，共存を可能にするためには，受胎調節のためのワクチン，個体の分散および捕食者や競争的地位にある種の再出現を許容するための生息条件を整備するなどの方法を通じて，境界動物の全体的な数を調整しなければならないだろう。同様に，ほとんどの境界動物は，他者の私的財産に対する権利に照らして移動を自制することができない。これは，人間が，コミュニティのすべてのメンバーの権利を守るためのコントロールを実施しうるもう1つの領域である。このことは，フェンス，網，その他の障壁の，動物に致死的でないような使用を含む。言い換えるならば，デニズンである境界動物への人間コミュニティの強固な責任は，境界動物の総数および共有空間の利用をめぐってコントロールを実施する強固な権利によって制限されるのである。

　人間の場合，個人の権利は，それと対応して，他者の権利を尊重する義務を伴っている。誰かの家に許可なく侵入し，その人にリスクや迷惑を課すことは，彼らの基本的権利を尊重する義務の明白な侵害であるだろう。とりわけ，人間は理性的な振るまいとは何か，そして他者の権利を尊重することから外れた行為を自制する必要の理解を内面化することができるので，このような問題を避けること

ができる。しかしながら，ネズミや他の適応能力の高い動物の家宅侵入者の場合，我々は，リスクや迷惑をもたらしていることを理解せず，そして合理的な配慮についても理解する能力をもたない相手を扱っているのである。この点では，動物は，それ自体の安全と共に我々の安全のためにも，時折監視され，コントロールされねばならない，子どもや知的能力に限界のある人々と同じである。境界動物が，人間との関係で自らの行動を規制することに責任を持ちえないことを与件とすると，安全性についての懸念や審美的考慮，その他についての人間の関心の正当性を承認し，これと動物に負わせるリスクを均衡させるような合理的配慮の枠組みを課すことは，人間に委ねられているのである。理想的な解決策は，そうした配慮によって動物の暮らし向きが悪くならないようなものだろう。もっとも，そうしたことは常に達成できるわけではないかもしれない。

　我々は既に，境界動物のアクセスを抑制し，全体的な個体数を減少させるための多くの戦略について議論してきた。フェンス，物理的障壁，そして，家を防虫加工する方策は明確なステップである。騒音システム，不快だが無害な薬物，放し飼いのイヌのような負のインセンティブも効果的である。例えば，最近，ゴルファーがペットのイヌを連れ歩くことを奨励するゴルフコースがある。放し飼いのイヌがいると，グリーンにガンが舞い降りなくなる。イヌにリードをつけなくても良い公園を，シカが草を食むと台無しになってしまう家庭菜園や公園の隣など，境界動物が来てほしくないと人間が考えるエリアに計画することもできるだろう。同様に，都市の公園は，コブハクチョウの集団が居を構えるよう促すかもしれない。ガンを寄せ付けないことに関して，ハクチョウが実際に有効であるかについては議論があるが，ハクチョウは高度な縄張り意識をもっている[40]。

　それでもなお衝突が生じるのは避けられまい。障壁の設置や食料・ゴミの慎重な保管を励行すれば，ドブネズミを家や戸棚に近づけないようにできるかもしれないが，既に齧歯類の集団が住み着いている古い家屋を買ったならば，どうすればいいのだろうか。わなを作り，動物を別の場所に移動させる以外には，選択肢がないかもしれない。このことは，動物にとって緊張を強いるだろうが，危害を最小化する方法を工夫することができるかもしれない。例えば，動物を安全な離れに移し，自分自身で凌げるようになるまで，食料と水を徐々に減らしつつ提供することができるだろう。

　境界動物の個体数を管理する最も効果的な方法は，食料源と営巣の場所を限定し，個体の分散，競争，捕食などの，自然の個体数管理システムが出現するよう

に，十分に大きな生息地ネットワークと回廊を提供することである。個体数は資源に対応して増えており，人間は，わざわざ境界動物のために食料と営巣の場所を提供することで，道を逸れているようにも見える。食料やゴミの不注意な保管は，問題の主要な源泉である。公園や庭園の植物の不用意な選択も［動物を引きつける］磁石となる。故意の餌やりももちろん主要な役割を果たす。公教育における，境界動物を「害獣」にする状況を作り出すうえで人間の活動が果たしている役割を強調するキャンペーンは，非常に効果的でありうる。我々は，コヨーテへの餌やりや親密な接触を避けるよう奨励するバンクーバー市の「コヨーテとの共生」キャンペーンについて既に議論した。カナダ動物愛護連合（the Animal Alliance of Canada）は，シジュウカラガンが食料を得たり，営巣したり，安全を確保したりする機会を減らす方法で都市，郊外，農村の景観を設計し直すことによって，人間とガンの間の衝突を減らすという素晴らしい手引きを作成した（Doncaster and Keller 2000）[41]。

　もう1つ非常に効果的な運動は，ノッティンガム，バーゼル，その他のヨーロッパの都市でハトの数を著しく減少させてきた（Blechman 2006: ch. 8）。スイスの生物学者によって考案されたこのキャンペーンは，基本的に3つの長期戦略からなっている。第1に，ハトのための安全で衛生的な屋根裏が，町中に設置される。ボランティアが定期的に屋根裏を清掃し，新鮮な食料と水を供給する。つまり，ハトは昔の鳩小屋によく似た安全な場所を提供されるのである。第2の戦略は，この屋根裏以外の場所でハトに餌をやることをやめるよう人々にを教育することである。ハトに餌をやりたいハト好きは，指定された屋根裏で行うことができる。公衆に対する教育がこの戦略の最も難しい部分であり，多くの場合，指定された餌やりの場所以外で故意にハトに餌をやり続ける少数の人間への重い処罰が必要となる。戦略の最後の部分は，繁殖の管理である。屋根裏を管理するボランティアは，一定の割合のハトの卵を偽物と置き換え，繁殖率を抑制する。このプログラムは，ハトの数と住み処をうまく限定しており，これが採用されている場所では人間とハトの間の緊張緩和がもたらされている。このことは，射殺，毒殺，わな，ハト除けの針山といった残忍かつ効果が薄く，結果として，他の都市でのハトの数の増加を招いてきた伝統的駆除事業とは際立った対照をなしている（Blechman 2006: 142-3）。

　ハトのための屋根裏という計画的な生息地の選定は，境界動物との共存の一般的戦略を暗示している。撲滅や追放というネガティブ・キャンペーンよりも，我々

第7章　デニズンとしての境界動物　　343

は，共存の精神で，生息地を選定し，個体数を管理するポジティブなキャンペーンを採用すべきである。例えば，郊外の野生化したネコは，小鳥に死に至る脅威を与える。ある試算によれば，ネコによる捕食のために，米国では毎年1億羽の鳥が死んでいる（Adams and Lindsey 2010: 141）。しかしながら，境界動物であるコヨーテがいる地域では，コヨーテがいない地域よりも多くの小鳥が存在するのである（Fraser 2009: 2）。コヨーテが郊外の林や原野の区画をパトロールするところでは，飼いネコも野生化したネコも出歩くことを恐れて，結果として，鳥は捕食を免れている。つまり，コヨーテは，ネコの立ち入り禁止区域を作り出す障壁として作用しており，そこは鳥の事実上のサンクチュアリとなっているのである。これらの様々な事実をもとに，我々は，どのようにすれば，小鳥，コヨーテ，野生化したネコの利益を最善に尊重することができるだろうか。1つの解決策は，ローマにおけるネコのサンクチュアリのように，都市の人口稠密な地域にネコの聖域と餌場を作り出すことである。ネコは，食料，コヨーテからの安全などの様々な利益に引きつけられ，ネコのリスクに遭遇する鳥が著しく減少し，コヨーテのリスクに遭遇するネコも減少するという最終的な効果が得られるだろう。

　一般的に，我々が提唱している種類の境界動物の数と移動の管理の戦略——障壁，負のインセンティブ，食料供給の限定，生息地への回廊や安全な領域の設置——は，まさに伝統的な方法よりもはるかに効果的であることが数えきれない研究で示されてきたものである。動物の殺処分や別の場所への移し替えは，しばしば増えた動物により結局埋められることになる隙間を空けるだけに終わる。一般的に，食料，住み処，営巣の機会，死をもたらす危険の存在などとの関係で，動物の個体数は自己調整的である。人間が食料や住み処の機会を増やせば，それに従って，動物の個体数も増えるだろう。人間がそうした機会を減らせば，動物の個体数も減るのである。［食料や住み処などの］機会は変わらなくても，間引きや不注意の死亡などによって人間が危険を増やせば，欠員を埋めるために，自然の繁殖率が上がる。例えば，境界動物のアメリカグマは，おそらくは，（その多くはロードキルで）子グマが死んでしまう割合が高いため，野生のアメリカグマよりも一度に多くの子グマを産む[42]。人間が危険を減らせば，殺される動物は少なくなり，繁殖率も鈍化するだろう[43]。要するに，「それを造れば，彼らがやってくる（build it and they will come）」という状況である。我々が機会を提供すれば，境界動物はその機会を活用する。我々が全体的な機会を制限すれば，我々は境界動物の合計数を限定することになる。我々は機会を計画的に決めることもできる

344

ので，平和的共存を導くように境界動物の存在を管理することができる。

　これらの事例において，我々にはデニズンシップの公正な枠組みのアウトラインが見え始めている。それは，安定的な居住の原理と責任や義務についての，弱いが相互的な枠組みを基礎として組み立てられ，合理的な配慮とリスク最小化の規範を含むものである。

③　スティグマへの防衛策　　人間の事例で記したように，デニズンシップのリスクの1つは，デニズンがスティグマ化されたり，孤立したり，脆弱になったりすることである。デニズンシップは，劣っていることや逸脱している徴表とみなされるべきではないが，デニズンは完全な市民よりも，敵愾心やゼノフォビア（外国人嫌い）にもつながる，この種のスティグマに対して自分自身を守ることが難しい。このことは，移住者のデニズン，適用除外型デニズン，境界動物のデニズンら，歴史的に単に異なっているというだけではなく，パリア（社会の除け者）として扱われてきたすべての者に影響を与える脅威である。

　　社会は，デニズンシップが序列化と偏見に堕さないように，絶えず警戒を怠らないようにせねばならない。ここで，誰もが想像できるいくつかの防護策がある。デニズンの法的保護は単に紙の上に存在するだけではなく，法の完全かつ平等な保護によって支えられることが重要なことであろう。例えば，道路や建築物を設計する際に境界動物に対する害を減らすための規制は，自動車事故，建設・耕作機械などによる過失致死についての法と同様に，厳格に執行されるべきである。我々は，このような法執行の象徴的重要性と実質的重要性について，既に第5章において議論してきた。

　しかし，等しく重要な防護策は，透明性や一貫性へのコミットメントと，人間と動物の間の衝突を作り出すうえでの我々自身の役割についての誠実な認識に関わっている。人間の移住者の事例と同様に，境界動物への我々の対応は非常に一貫性がなく，多くの場合，境界動物が我々のコミュニティで果たす役割と境界動物を引きつけるうえで我々が果たす役割についての誤認に基づいている。我々は，小鳥のために餌箱を設置するが，それは小鳥を捕食する猛禽類は言うまでもなく，小鳥の食料を盗み出すリス，アライグマ，クマ，シカを呼び寄せてしまう。そうしておいて，我々はこれらの侵入者について不満を口にするのである。我々がゴ

ミや戸外においたペットフードのボウルに不注意であるため，齧歯類からアライグマ，コヨーテまで，多くの動物を引きつける。我々は，池やウォーターフィーチャー（庭に作る池や小川）に隣接して刈り込まれたケンタッキー・ブルーグラスの大きな芝生を作り，シジュウカラガンにとって完璧な生息地を作り出してしまう。ある家ではシカ用の餌箱を設置し，一方，その隣家の居住者が，チューリップや装飾用の低木を守るために，電気柵や人間の形をした案山子を置いていることは珍しいことではない。時には，1つの家族が，バード・ウォッチングを楽しむために餌箱を設置しながら，鳥を捕食する飼いネコを放し飼いしており，［鳥を引き寄せ，死を招いてしまう］磁石として機能する，木が映る窓が並んでいたりする。そして，もちろん，人間の活動は，外来種と野生化した動物集団の存在につき，圧倒的な責任がある。

　現状では，人間の境界動物への対応には，透明性と一貫性が完全に欠けている。人間の移住の場合と同様に，このことは，部分的には，これらのデニズン［の存在］の望ましさについて見解が分かれていること，我々のコミュニティと居住空間を共有することになるこれらの者たちの性質と習慣についてほとんど知らないこと，デニズンが提起する危険についての誤った恐怖，逆に我々がデニズンに負わせるリスクが全く見えていないことによっている。我々には，境界動物を，彼らの問題のある属性（ツバメはうるさく音を立て，リスは鳥の粒餌を盗み，ハトは公園のベンチを汚す）の観点から見る傾向がある。その一方で，我々が，その同じ動物から利益を受けていること（人間のゴミを食べてくれたり，新しい木の種をまいてくれたり，昆虫を食べてくれたり，植物の受粉をしてくれたり，捕食を通じて他の境界動物の数を抑制してくれたりすること）は無視している。

　さらに，人間の文脈におけるのと同様に，非倫理的な政治家やビジネスマンたちは，多くの場合，共生の利益や可能性について民衆を教育するよりも，自分自身の利益のためにその無知や恐怖につけこむことを好みがちである[44]。たとえいかなるものであろうと，境界動物への態度については，人によって相違があるのが常であろう。これらの動物を歓迎し，これらの動物と共に生活する機会を求め，これらの動物がコミュニティの生活にもたらす多様性，美しさ，その他の利益を楽しむ人もいる。他の人々は，せいぜい黙認する以上にはならない。透明性，注意深い計画，公教育が，このような幅のある態度に配慮する手助けになりうる。

　人間の事柄における同種の問題について考えよう。オンタリオ州の人々は，夏にコテージが立ち並ぶ田舎に大勢で出向く。ある人々にとっての理想は，水鳥が

鳴き声を上げたり，セミがミンミン鳴いたりするのを耳にすることができる静か
な湖だという。別の人々にとっては，ジェットスキー，モーターボート，その他
の水上スポーツなどの活動で溢れた湖が理想だろう。この2つの理想は両立不可
能であり，湖水地方に一定の衝突をもたらす。しかしながら，協定やモーターボー
トの使用を禁止する条例によって，静かな自然を愛する者をある湖に向け，水
上スポーツ愛好家を別の湖に向けることによって，部分的に解決可能である。我々
は，都市計画にも同様の精神でアプローチすることができるだろう。一部のコミ
ュニティでは，境界動物の数を限定するために，障壁と餌やり禁止の規則を用い
る一方，別の領域では，境界動物と境界動物との共存を楽しむ人たちを歓迎する。
我々は，人間の創意工夫を過小評価するべきではなかろう。それによって，人間
と動物両方の市民とデニズンに配慮するような都市の生態系を創り出すことがで
きるだろう。例えば，イギリスのリーズ市（Leeds）は，野生生物にやさしい都
市空間を設計するコンペティションを毎年開催している。最近の優勝作には，大
都市の中心地で，コウモリ，鳥，蝶に配慮することを意図しつつ，同時に，人間
の居住者にも同時に魅力的な，動物「高層建築」（animal 'high-rise'）がある[45]。

第5節　小括

　デニズンである境界動物の権利を承認することは，境界動物が都市や家々を乗
っ取るのを，人間が指をくわえて見ていなければならないことを意味するわけで
はない[46]。それは我々が，既にコミュニティの居住者として存在する動物の正
当性を承認し，動物の権利と共に我々自身の権利をも承認する共存の戦略を考案
しなければならないということを意味しているのである。我々が，適応能力が高
い動物は我々の町における不法な異邦人であり，捕えられ，追放されなければな
らないという考えのもとに動くならば，失敗するだろう。そうした動物は再び戻
ってくるか，他の動物がそれに代わるだけだろう。動物は，人間の居住地におけ
る生の事実であり，功を奏す戦略は，追放ではなく共存を前提とするものだろう。
幸いなことに，デニズンのための正義の要求は，功を奏す共存戦略と十分に両立
可能なのである。
　ゴルフコースでのイヌの同伴のシナリオについて考えてみよう。ラウンドを
嬉々として走り回り，ガンがゴルフコースに舞い降りてグリーンを汚さないよう
促す。我々は，このシナリオを見て，恒久的な解決を見いだし損なったしるしと

みなすこともできる。もしくは，我々は，ガン［の存在］が避けられないことを承認し，受け入れ可能な「暫定協定（modus vivendi）」を達成する，成功裏の共存戦略であるとみなすこともできる。撲滅は，倫理的にも，実践的にも選択肢になりえない。我々は，一方で，資源を減らしたり，障壁，競争的地位にある動物，捕食者を使用したりすることで，適応能力のある種にとっての都市の魅力を少し減らし，他方で，それを植民地化することをやめて，原野の魅力を増すことは，人間にとって完璧に合理的なことであると論じてきた。実際，これは，境界動物にとってのリスクの見積もりを変更し，野生下で生きるよりも都市で生きる方が，生活が明白に改善されることがないようにする戦略である。しかし，これだけでは，境界動物を都市で生活させないようにするために決して十分ではないだろう。都市生活は，単に乱雑すぎ，複雑すぎるがゆえに，境界動物から都市生活を効果的に守ることは決してできないのである。加えて，誰がそうしたいと望むのだろうか。境界動物には害獣になるものもいるが，境界動物は，都市生活に歓迎すべき多様性や利益を提供しもする。動物と人間の間の数少ない重大な衝突を解決するという名目で，我々が自分自身を自然界から切り離してしまうならば，それはとんでもないこと（そして無益なこと）であろう。我々が動物の存在を受け入れ，配慮し，都市が動物にとって独自の王国の一種であることを承認する方向に向かえば向かうほど（たとえ動物を決して完全には歓迎しない人々はいるとしても），我々は創造的な共存戦略を発見するための準備が整ったことになるだろう。

　境界動物と我々の相違の程度とその結果生じる相互性の限界は，予見可能な未来において，これらの動物のほとんどが市民ではなく，デニズンであり続けるであろうことを意味している。境界動物は，我々の中で生きている。我々は，境界動物の基本的権利を尊重したうえで，境界動物に対して様々な積極的責務を拡張しなければならない。このことは，我々が人工的環境を発展させる仕方において，彼らの利害に対して合理的な調整をはかること，彼らの基本的自由や自律を脅かすことなく出来るのであれば，積極的に援助したりすることを含む。同時に，人間が，境界動物の個体数の増加を制限したり，彼らの移動やアクセスを管理したりすることは正当である。

　したがって，一方で，境界動物は政治コミュニティの居住者であり，その利害が配慮されなければならない。他方で，境界動物は並行平面（parallel plane）に棲んでいるということに重要な意味がある。境界動物が棲む並行平面とは，空間的にも時間的にも異なり，人間と家畜動物が混在するコミュニティよりも主権を

もった動物コミュニティにおいて機能しているものにはるかに近いメカニズム（例えば自然法則）で機能している都市である。

　結果として生じる地位は複雑なもので，道徳的曖昧さを免れない。それは家畜動物のシティズンシップや野生動物の主権のいずれかのような外観上の明白さを提示しない。対照的に，デニズンシップは混淆的な地位であり，明白で固定的な参照点をわずかしか持たない。結果として，デニズンシップは，従属や怠慢の隠れ蓑として誤用されることに対して，確かに脆弱である。しかし，我々の見解では，他に選択肢はないのである。境界動物にとってのデニズンシップの価値は，つまるところ，家畜動物にとってのシティズンシップや野生動物にとっての主権と同じである。道徳的平等性，自律性，個体としておよび集団としての繁栄という価値である。しかし，これらの目的をいかにして達成しうるかは，人間の政治的コミュニティとそれらの動物の関係の性質次第である。莫大な数の境界動物にとって，これらの価値は，人間［が生活する］環境における永住者であるが，我々から独立していたいという欲求と能力を保持した居住者としての彼らの地位を承認することを通じてのみ達成できるのである。野生動物が主権をもつ領域に境界動物を移転させる試みは，人間とのシティズンシップを共にする協力的な図式の中に彼らを統合しようとするのと同様に，それらの価値を脅かすことになるであろう。境界動物が必要とし，また，与えられるにふさわしいのは，デニズンシップなのである。

原注

1) 都市地理学者は，人間と居住地を共有する莫大な数の家畜化されていない動物の不可視性について疑問を提起し始めた。Jennifer Wolch は「人間・動物政治共同体（zoopolis）」——すべての範囲の動物の社会集団，および彼らと我々の関係の倫理的重要性，そして自然と対立するものとして定義される人間文化ないし文明の観念へ挑戦する必要性［の３点］を認める，人間の都市についての新しい種類の理論化——を訴えてきた（Wolch 1998）。Adams and Lindsey 2010，DeStefano 2010，Michelfelder 2003，Palmer 2003a, 2010，Philo and Wilbert 2000 も見よ。
2) 人間の居住地の領域において，境界動物を人間の利益に従属させる資格があるというこの感覚は，多くの場合完全に思慮が足りないものであるが，これを擁護する試みとして，Franklin 2005: 113 を見よ。
3) Jerolmack は，ハトの事例でこの漸進的な脱正統化を追跡している。彼が記すように，「ハトは，今や，『ホームレス』種である。過去 100 年間，ハト（そして他の諸動物）に対して立ち入り禁止として定義し直される空間が増え続けた。その結果，人間の住む地域のうちに，ハトにとって正統であると考えられる場所はもうどこにもないようだ」（Jerolmack 2008: 89）。
4) 例えば，渡り鳥を保護する法は，ハトや留鳥であるシジュウカラガンのような境界動物である

鳥集団には適用されない。動物虐待防止法もまた適用されない。境界動物は絶滅危惧種でも野生の生態系の一部でもないため，環境保護グループでさえ境界動物に対する駆除事業に滅多に反対しないのは衝撃的なことである。

5) 人間社会における動物の存在は，「強制的参加」の結果でのみありうること，そして，動物の権利論の最終的な目標は「社会内部における」動物を保護することではなく，「人間ではない存在が自分自身の社会を形成しつつ，自然環境で自由に生きることを許容されるべきである」ことを示唆する同様の言明について，Dunayer 2004: 17 を見よ。

6) 動物の権利論者が，動物は生命を奪われない基本的権利を持っていると言うと，批判者は，これは「害獣」にも同様に拡張されるのか，もしくは，人間と害獣が回避不可能な対立状態に陥ったら，例外が設けられるべきなのか，頻繁に問う。一般的な動物の権利の見解は，人間の事例と同様に，人間は自衛の状況および他の極限的状況でのみ動物の生命を奪うことができるというものである。これらの権利は，単にある動物を人間が害獣とみなすからというだけでは消滅しない。我々は厄介な人間を殺害することはできず，動物についても同様に，我々は，対立を避けたり鎮めたりするための，より極端でない手段を探さねばならない。例えば，住宅に住むことを好む毒ヘビのように，我々自身を大きな危険にさらすことなしに生活空間を共有することができないため，間違いなく我々が正義の情況におかれることがないような境界動物も存在する。もし障壁，別の場所への移し替え，隔離・検疫，感染コントロールや他の手段が我々の安全にとって不適切であるならば，我々は自分自身を守るために，致死的なものを含む極端な手段をとることが正当化されるだろう。しかし，後述するように，そのような手段は，我々が動物への我々自身の致死的影響を劇的に制限する，より大きな文脈においてのみ正当化可能である。言い換えるならば，我々としては，動物にもたらす暴力や破壊行為を無頓着に無視する一方，動物を人間の生命に全く危険を与えないような水準に維持することはできない。そうでないならば，我々は対立が生じることを防ぐよう試みなければならず（例えば，注意深くゴミや食物を保管することによって，ないし，動物が住居に入らないようにする建築規則を採用することによって），もしくは，それが上手くいかないときには，望まれない動物に対処するために，致死的ではない手段を使用しなければならない。これには，別の場所への移し替え，忌避剤の使用，受胎調節，競争関係にある種を引きつけること，もしくは生きかつ生かす方法を学ぶことを含むだろう。我々はこの問題に，また戻ってくる。

7) 境界動物と人間の間に信頼が欠如しているからといって，正義の原理が適用できないことを意味するわけではないと，強調しておきたい。この点で我々は，正義は信頼を前提とし，それゆえ家畜化に先立って動物に対する正義の義務はないとする，Silvers and Francis とは異なる（Silvers and Francis 2005: 72 n. 99）。信頼はシティズンシップの関係の前提条件であるが，正義の留保なき前提条件ではない。

8) Michelfelder が記すように，境界動物は，「多くの場合，場違いの生き物や歓迎されない訪問者，すなわち，地元の言語を話さず，将来的にも話すようにならないであろう不法滞在者にどこか似ているものとみなされる。この点で最適の語は『厄介者』や『害獣』である，境界動物が人間の安全性や健康に直接かつ緊急の脅威を与えない場合でさえ。……そして，不法外国人や犯罪者の扱いと一致して，迷惑であるとみなされる都市の野生生物集団のメンバーは，多くの場合，政府当局によって取り押さえられ，『大いなる外部空間』へ戻される」（Michelfelder 2003: 82, cf. Elder, Wolch, and Emel 1998: 82）のである。

9) 汚名を着せるプロセスは，いくつもの方向で進む。動物は，誹謗の的となる人間集団との連想によって汚名を着せられる。その一方，人間と動物は，ドブネズミのような，望ましくないと広く考えられている動物との連想によって，汚名を着せられる。動物に向けられた否定的な態

度を人間の外集団の非人間化と結びつける心理学的メカニズムについて，Costello and Hodson 2010 を見よ。

10) オンタリオ州ナパニー（Napanee）のサンディ・パインズ野生動物保護施設（Sandy Pines Wildlife Refuge）にて世話をされたアホウドリの解説について，http://www.sandypineswildlife. org を見よ。数か月間の世話と南方の海への解放を目的とした計画的リハビリの後，アホウドリは不治の病になり，安楽死させられた。

11) 時間の経過と共に，野生動物から境界動物に転じ，実際に接触を乗り切る境界動物もいる。例えば，カリフォルニア州のサン・ホアキン・キット・キツネ（San Joaquin kit fox）は，人間の開発によって生息地が植民地化された野生動物として第一歩を踏み出し，その後，境界的な種として，状況は不安定ではあるが，適応し，生存することができている。

12) 例えば，ニューヨーク市は，多様な境界動物が，周囲の郡よりもはるかに豊かに溢れた生態的ホットスポットである。近代的な主要都市の中央に残る川，島，湿地帯の資源豊かな合流点という，人間がもともとそこに惹きつけられたのと同じ理由で，動物もこの地域に惹きつけられていることを考えるならば，このことは理解可能である。（Sullivan 2010）

13) ありうる例外は，生存を促進し個体数を増やすために，現に人間の管理下にある絶滅危惧種の野生動物集団だろう。しかしながら，このような場合においてさえ，種への主要な脅威は人間と人間の活動になりがちである。

14) Palmer はこの点について，野生化した動物や外来種のような，都市での存在が私たちの責任によって生じている他の境界動物と，機会主義者を区別している。

15) 人間が境界動物を援助し，世話のパターンを確立することで，動物の側の期待や特定の種類の依存関係へとつながるときのように，例外を想像することもできる。こうした場合，人間が家畜動物を自分たちの世話のもとに置く場合のように，人間は境界動物に対してコミュニティのすべての人間のメンバーによって共有されている一般的な責任を超えた，個人的責任を引き受けているのである。

16) ヨーロッパヤマネは，管理された生垣を特徴づける，密接に絡み合った枝によって作られた一段高い回廊に適応している。http://www.suffolk.gov.uk/NR/rdonlyres/CF03E9EF-F3B4-4D9D-95FF-C82A7CE62ABF/0/dormouse.pdf［Not Found］を見よ。

17) 我々が使用しているカテゴリは包括的なものではないことに注意せよ。例えば，機会主義者であり，シナントロープ（共ヒト性の種）で，かつ野生化した動物でもある種が，移入外来種として生きる新しい環境に持ち込まれてきたこともある。

18) これらは，後に映画化された，Mark Bittner の著作 *The Wild Parrots of Telegraph Hill*（Bittner 2005）［マーク・ビトナー『都会の野生オウム観察記──お見合い・リハビリ・個体識別』（築地書館，2015 年）]）によって有名になった鳥である。

19) コネチカット・オーデュボン協会（Connecticut Audubon Society）のウェブサイトの好意的な記事を見よ。http://www.ctaudubon.org/conserv/nature/parowl.htm［Not Found］

20) モンクインコの事例では，この訴えは，モンクインコが水力発電の柱や設備に巨大で共同体的な巣を作るという事実によって多大な不都合に直面した公益事業の企業によって進められている。撲滅の努力は，外的侵入者の危険の観点から擁護されているが，実際には，コストと不都合によって動機づけられている。

21) 新しい移入種によって引き起こされる実際の絶滅は，かなり稀である。Zimmer 2008 を見よ。

22) ハイイロリスの擁護については http://www.grey-squirrel.org.uk を見よ。反ハイイロリス・キャンペーンについては http://www.europeansquirrelinitiative.org/index.html を見よ。

23) http://www.nt.gov.au/nreta/wildlife/animals/caanrtoads/index.html［Not Found］

24) オーストラリア政府に対して提出された，野生化した動物をめぐる，上院の動物福祉に関する特別委員会の報告については以下を見よ。http://www.aph.gov.au/SENATE/committee/history/animalwelfare_ctte/culling_feral_animals_nt/01ch1.pdf
［→ http://www.aph.gov.au/binaries/senate/committee/history/animalwelfare_ctte/culling_feral_animals_nt/01ch1.pdf］

25) 他の境界動物の集団が，個別の人間に対して，より特定的な依存関係を発展させることもできることに留意すべきである。このことは，人間が一時的ないし長期的な住み処や食料を提供するがゆえにのみ生き延びることができる，弱小な動物，負傷している動物，親のない動物については特に当てはまる。

26) トッレ・アルヘンティーナ・ローマ・ネコ保護区域（Torre Argentina Roman Cat Sanctuary）のウェブサイト（http://www.romancats.com/index_eng.php ）を見よ。

27) モスクワの野生化したイヌについての魅力的な見方について，Eva Hornung の小説, *Dog Boy*［犬少年］を見よ（Hornung 2009）。

28) 家畜動物も同様の制約に直面している。しかしながら，家畜動物は既に人間と交わり，何を必要としたり，何を望んだりしているかについて我々に伝えることに既に大いに適応している。第5章で我々が論じたように，このことは共存が単に家畜動物に押しつけるのではなく，ある程度交渉可能であることを意味している。家畜動物は，単に人間の管理に服することとは反対に，自由と機会を促進するような方法で，シティズンシップの関係へと社会化されることができる。多くの境界動物は人間を避け，人間を信用せず，このことが相互的なシティズンシップに必要なコミュニケーションと関係性の可能性を制約してしまう。したがって，当初，自由を同様に制約するように見えたものは，境界動物および家畜動物の自律や幸福への影響の観点からみてみるなら，実際には非常に異なっているのである。

29) このことは，主権をもった野生動物コミュニティにおける人間の干渉に対して制約を認めることを支持するのとおおよそ同一の考慮であることに注意せよ。

30) 1930 年のハーグ条約は二重国籍の阻止を明示的に求めた。この立場は，ヨーロッパ法では，近年になってやっと改められた。

31) Spinner が論じるには，アーミッシュは公的参加の権利と責任の双方を拒否することで一貫しているのに対し，いくつかのハシド派ユダヤ教徒のコミュニティは，投票などによって公的決定を形成する完全な権利を保持する一方，他集団のメンバーと共に市民としての協力についての徳性や実践について学ぶ義務には抵抗している。Spinner は，この後者のアプローチは，相互性のテストに合格しないと論じている（Spinner 1994）。

32) 移住労働者のプログラムには，完全なシティズンシップへの道程の諸段階として機能しうるものもある。カナダの住み込みのケア労働者のプログラムは，そのような例の1つである。私たちのここでの注目点は，シティズンシップではなく，デニズンシップをもたらす移住労働者に関するプログラムにある。

33) このことは，国家が移住労働者のプログラムを創設する正義の義務を持つと主張することとは異なる。国家は，一時的移住者ではなく，シティズンシップの権利を持つ永住を目的とした居住者のみを認める移民政策を選択しうる。むしろ，私たちの要点は，移住労働者プログラムが，シティズンシップをもたらさないとしても，一時的移住者プログラムでやって来る移住者特有の利益に対応したデニズンシップの公正な枠組みを支持する限り，必然的に不正ではないということである。

34) 権利と責任が非対称的な場合，我々は，Cairns（2000）が（1970 年代までのカナダにおける先住民の，二級市民的地位を描写するために彼が使っている用語である）「シティズンシップ・

マイナス（citizenship minus)」と呼ぶものや，Cohen（2009）が「セミ・シティズンシップ（semi citizenship）」（彼女が障害を持つ人々や，重罪人，および子どものような人々のおかれていた歴史的な地位をさすために用いている用語）と呼ぶものを手にすることになる。我々が使用しているようなデニズンシップにしても，そうした不公正な形式の地位を伴いうるが，必然的にそうであるわけではない。代わりに，それは，完全なシティズンシップが含意するものよりも弱い種類の関係を発展させるための相互的な決定を表現しうるだろう。

35) 実際，国連は，1990 年に「すべての移住労働者とその家族の権利の保護に関する国際条約（International Convention on the Protection of the Rights of All Migrant Workers and Members of Their Families)」を採択した。この条約は，国連の一委員会によってモニターされる。しかし，この条約は実質的な要求が非常に弱く，また施行メカニズムにおいて一層弱い。なぜなら，特に，移住の最終目的地となる国家の中でも主要な国々が条約に署名・批准していないためである。

36) これらの 2 つの原理は時折，矛盾した働きをみせる。長期滞在する不法移住者に恩赦を与えることは，新しい不法移住者が流入して一時的な困難に耐えるインセンティブを与えることで，障壁や負のインセンティブの有効性を減殺しているとも考えられる。しかし，代替案はない。両方の原理とも道徳的に説得力を有しているからである。

37) 我々は野生動物コミュニティの主権を尊重すべきである一方で，負傷した野生動物の個体に遭遇した場合には，彼らの状況が根本的に変化したことに対応すべきであることを想起せよ。治療と野生への復帰が可能であるならば，それが好ましいが，もしそうでないならば，動物は，自由の劇的な限定を伴っていたとしても，放置され，結果的に死んでしまうよりも，人間と動物から成るコミュニティの市民となることから利益を受けうるかもしれない。この点についてのさらなる議論については，第 6 章を見よ。

38) カナダのバンクーバーにおける，都市コヨーテの管理プログラムという成功例に関する議論については，Adams and Lindsey 2010: 228-35 を見よ。「コヨーテとの共存」プログラムは，餌を与えたり，ペットフードを戸外に放置するなどの，コヨーテが人に慣れてしまうインセンティブを減らし，負のインセンティブを能動的に促進するための大衆教育に焦点を当てている。例えば，コヨーテを見かけた成人は，コヨーテが警戒的な距離を保つようにするため，コヨーテを追い払ったり，コヨーテに向かって大きな声を上げたり，騒音を立てる道具を使用することが奨励されている。このプログラムのウェブサイトは，次のとおりである。http://www.stanleyparkecology.ca/programs/conservation/urbanWildlife/coyotes/

　［米国イリノイ州の］クック郡コヨーテ・プロジェクトは，人間とコヨーテのうまくいった共存戦略の，もう 1 つの卓越した教材である。このプロジェクトのウェブサイトは，次のとおりである。http://urbancoyoteresearch.com/　コヨーテと人間の共存は，両当事者が敬意をもった距離をとることを要する。この点で我々は，コヨーテの間引きに賞金を与えることを支持する者が，コヨーテを殺すことがコヨーテに人間と尊重すべき距離をとることを教えるために必要であるとしばしば主張することに留意すべきである。これは誤った考えである。死んだコヨーテは，新たに学んだ回避行動をとることができないばかりか，この知識を自分自身の子どもたちに伝える機会も持たない。さらに，コヨーテの間引きは，コヨーテの個体数の全体的な減少を結果としてもたらさないがゆえに，この戦略は自滅的である（Wolch et al. 2002)。

39) 例えば，ハトから人間へ疾病が感染した報告事例はないにもかかわらず，「不潔な」ハトの危険についての作り話は続いている。手で触れたり，換気されていない空間で息を吸い込んだりした場合には，ハトの糞は免疫に無防備な人間にある程度のリスクをもたらすが，その危険は，ネコやイヌのような他の動物よりもとりたてて大きいわけではない（Blechman 2006: ch. 8)。

40) コブハクチョウは，イギリスやヨーロッパ，アジアの一部では土着の種で，北米では移入種である。北米では，コブハクチョウが危険な侵入者であるか，生態系において北米の土着のハクチョウと同じ役割を果たす無害な移住者であるかについて論争が持ち上がっている。様々な視点について，以下のウェブサイトを見よ。http://www.savemuteswans.org/, http://www.allaboutbirds.org/guide/Mute_Swan/lifehistory

41) カナダ動物愛護連合は，シカやコヨーテのような他の境界動物との衝突についても有益な助言を行っている。次のウェブサイトにて入手可能である。http://www.animalalliance.ca/

42) Adams and Lindsey 2010: 161. 他方，野生のリス集団は，都市の同系統のリスよりも早く性的成熟期に達する。これは，おそらく都市のリスの子どもの生存率が高いためである。

43) 我々は，どのように動物集団が個体数を調整するかについて，まだ多くを学ばなければならない。一見すると，一部の種にとって，このような調整は完全に外的なものであるように思われる。例えば，境界動物であるオジロジカの個体数は，捕食者によってコントロールされなければ，地域におけるオジロジカの環境収容力（carrying capacity）を超過するだろう。すなわち，彼らは食料供給を上回って増え，飢えのために死んでしまう。Fraser は，捕食者がいなくなった島でのサルの個体数過剰がもたらした同様の現象（Fraser 2009：26）および，野生生物公園に閉じ込められたゾウが彼らの環境を食べ尽くしてしまった事例について論じている。しかしながら，草食動物の環境収容力の問題は，文字通りの島であれ，フェンスで覆われた公園であれ，郊外の飛び地であれ，生態学的な「島」に閉じ込められてしまったことの結果であるように見える。草食動物集団をより大きな領域に結びつける回廊があったなら，動物は移動によって個体数を調整するようである（Fraser 2009）。

44) Blechman は，ハトが西ナイル熱と鳥インフルエンザのいずれの疾病も運搬しないにもかかわらず，西ナイル熱ウィルスと鳥インフルエンザの大流行期に，ハト由来の疫病を抑制するという企業が，恐怖に起因する大量の注文を受けていかにぼろもうけしたかについて議論している（Blechman 2006: ch. 8）。

45) http://www.metrofieldguide.com/?p=74 を見よ。

46) この点で，我々は，境界動物の位置づけについて，我々のモデルと一部の著者のより情熱的な記述を区別できるだろう。例えば，Wolch は「動物と自然をケアする倫理，実践，政治の出現を許容するために，私たちは，都市を再び自然化し，動物を都市に，そして，都市の魅力を取り戻すプロセスへと招き戻さなければならない。私は，この自然を取り戻し，再び魅了する都市を『人間・動物政治共同体（zoopolis）』と呼ぶ」（Wolch 1998: 124）という。我々の著書の題名が示すように，我々は Wolch の考えから着想を得ているが，人間には「動物を招き戻す」義務があるとは主張しないだろう。我々は，潜在的な機会主義的動物を招き入れないために，合理的な方法をとることができる。同様に，Michelfelder は次のように言う。「都市環境に生息し，住み処を見つけた」境界動物は，「人間ではないが，私たちの隣人である。結果的に，私たちはそれに応じて彼らに対応し，彼らを隣人として扱う道徳的義務がある。基本的原理として，このようなコミュニティをより結束力が固いものにすることに役立つ行動は，このようなコミュニティを分裂させる行動よりも道徳的に好ましいと言えるだろう」(Michelfelder 2003: 86)。我々は，境界動物が我々の隣人や共同の居住者とみなされるべき必要があることには賛同するが，最終的な目標は，境界動物と共により「結束力の強い」コミュニティを作ることではない，と主張してきた。これは，家畜動物をめぐる我々の最終的な目標であるべきであり，家畜動物と信頼と協力の関係を強化し，人間と動物が混在するコミュニティでメンバーシップの共有という理想を築くことを目指さなければならない。しかし，境界動物との関係における最終的な目標は，用心深さと不信感に基づく関係を保つことと矛盾しない（そうした関係を必要とするこ

ともある），より緩やかで，結束力の強くない関係である。我々は，デニズンシップの観念が，この共同メンバーシップなき共同居住という弁証法を捉えることができると信じている。

第8章

結論

　我々は本書を，動物の権利保護運動が政治的にも知的にも袋小路に行き着いてしまっていること，それらを乗り越えるために貢献したいと願っていることに言及するところから始めた。これに先立つ各章では，知的な側面に焦点を絞り，人間と動物の相互作用に関わる差し迫った問題が，専ら動物の内在的な道徳的地位に注目する伝統的な動物の権利論のパースペクティブ内部からでは，なぜ解決できないのか示してきた。我々が論じてきたのは，これらの問題に取り組むためには，動物たちを政治制度および国家主権，領土，植民地，移民，メンバーシップといった実践と関連づける様々な仕方に注意を払うことが必要だということである。こうしたより関係論的・政治的なアプローチこそが，動物の権利論に潜む盲点を明るみに出す助けになり，よく知られたパラドクスや曖昧な点のいくつかを鮮明に示してくれるのである。

　この終章においては，相当に手強い，政治的な行き詰まりに戻りたい。序章において我々は，動物の権利保護運動が過去1世紀にわたり，いくつかの散発的な闘いに勝利を収めてきた一方で，大局的にみれば戦いに敗れてきたことを示した。動物に対するとてつもない規模の搾取が地球を覆い続けており，動物を使用するにあたっての最も残酷な形態を改革するうえで時折みられた「勝利」も，人間による体系的な動物虐待のへりの部分をちょっと囓っただけにすぎないのである。

　動物の運命に関心をもつ者であれば，誰にとっても，この政治的隘路を克服する道を見いだすことが優先事項である。新しく拡張された動物の権利論を発展さ

せることは，知的に刺激的かつやりがいのある営為であるかもしれないが，現実世界における運動や論争にとって重要な変化をもたらせるだろうか。

　我々は，短時間で劇的な変化が生じるという見通しをもてるほど楽観的にはなれない。もちろん，よりよい道徳的議論を明確に述べるだけで世の中をいくらかでも変えることができるという幻想も抱いていない。人間は動物を搾取することで社会——文化および経済——を築いてきたし，多くの人間がそれらの慣行を何らかのかたちで長続きさせることに，既得権を有しているのである。自己利益と受け継がれた期待に真っ向から逆らうとき，道徳的議論はおそろしいほどに無力である。我々のほとんどは道徳的な聖人ではない。それが相対的にわずかなコストしかかからなければ，我々は道徳的確信に基づいて行動したいと考えるが，現行の生活水準や暮らし向きを諦めねばならないときにはそうではない。人々はキツネ狩りを禁止したいと思うかもしれないが，動物の肉や皮革を諦めることにはとりわけ熱心になれないし，ましてや野生動物の生息地の植民地化を止め，ネコやウシにシティズンシップを拡大し，ハトやコヨーテとの共生を受け入れるに至っては。人々に道徳的聖人たれと要求するいかなる理論も，政治的に無力となる運命にあり，そしてそうならないことを期待することは浅はかであろう。

　しかしながら，我々はこれが話のすべてだとは信じない。実際，動物の搾取に対する我々の耽溺は，我々を害しているし，殺そうとしているとすら論じることができるだろう。肉中心の食事は野菜中心の食事より不健康であり，その肉を生産するために必要な農業プロセスは，運輸交通に匹敵するほどの，地球温暖化の主要因となっている[1]。人間による野生動物の領土の植民地化は，この惑星の肺を，土壌の生命力を，天候システムの安定性を，新鮮な水の供給を，破壊しつつある。我々が動物の搾取やその生息地の破壊への依存を減らさなければ，人類がこの惑星の上で生き延びることができないということは単純な事実である。

　実際，動物搾取のシステムは，道徳的感性の変化がなかったとしても自壊することが避けられないと評する者もいる。ジム・モータヴァッリ（Jim Motavalli）——彼は人々に肉を諦めるように説得することは「勝ち目のない提案（losing proposition）」であると考えている——が言うように，「単に『そうすることが正しいから』という理由で，我々が肉を食べるのを止めることはないだろう」。しかし，それにもかかわらず，同じくモータヴァッリが言うように，「我々は，肉食を止めるよう強いられるだろう」。国連によるある研究は，2025年までに80億人もの肉食を賄うために必要な水や土地が失われ，わずかな人にのみ可能な贅

第8章　結論　　357

沢としてのものを除き，肉食はなくなるだろうということを示している[2]。モータヴァッリは，ゆくゆくは動物の肉を食べることを拒絶する倫理へのシフトが生じるだろうが，これは食肉産業による環境破壊に先立ってではなく，その後で起こると予測している。この見解によれば，動物の権利の道徳理論に関わることは，動物搾取を持続させる力に対して無力だからではなく，動物搾取の土台を蝕む長期的な力を前提すれば不要なことであるため，無意味だということになるのである。

　奴隷制の廃止についての学者の論争に，この議論との興味深い響き合いがみられる。奴隷制は，黒人の権利についての人々の道徳的感性を変えることに成功した，奴隷廃止論者の運動の結果として終わったのだとする論者がいる。また，奴隷制は次第に経済的に非効率だということがわかり，自然に崩壊したのだとする論者もいる。人間の奴隷制の場合，ほとんどの観察者は，道徳的アジテーションと経済的因子双方が重要であり，実際それらの要因はつながっているということに同意するであろう。変化する道徳的感性が，奴隷制を廃止するための潜在的な自己利益追求的な理由を明確化するよう人々に促したのであり，変化する経済的自己利益が，人々をして以前の道徳的コミットメントを考え直すよう促したのである。

　道徳的確信と自己利益の認識の複合的で予測し難いこの相互作用は，最近の社会科学の文献で繰り返し説かれている，おなじみのものである。人々は自己利益を，部分的には自分が誰であるかという感覚および，世界においていかなる種類の関係性を重んじるかといったことに基づいて確認するため，理想と利益は不連続かつ水も漏らさぬようなカテゴリではないということは広く受け入れられているのである。極端な例を挙げれば，人肉食の禁止は彼らの自己利益にとって「負担」あるいは「犠牲」であると論じる者はいまい。人々は，彼ら自身がそのような振る舞いに関わりたいと望むような人間だと考えたくないため，自分自身が人肉を食すことに自己利益をもっていると考えないのである。同様に我々は，いつか人間が自らをそうした振る舞いに関わりたい類の人間であると思いたくないがために，動物の肉を食べることの禁止を重荷であるとか犠牲だとかとはみなくなることを，望むことができよう。こうして，道徳的感性の変化は，我々の自己についての感覚，そして自己利益の感覚を再定義するのである。

　実際，我々が何者か，何を評価するかという感覚は，狭い利己的な関心あるいは明確な道徳的コミットメント以上のものによって形作られる。我々の道徳的想

像力は，慎重な思考や内省，そして共感的な関係を通じて拡大しうるが，科学的・創造的な衝動——探索したい，学びたい，美しさやつながり，価値を創造したいという欲望——によっても拡大されるのである。我々は，動物のための正義の実現にむけたプロジェクトに，こうした拡張された人間精神を引き込む必要があるのである。

　今日において動物の権利論が要求していることのほとんどは，多くの人々にとって巨大な犠牲とであると考えられていることは間違いなかろう。我々が進展させようとしている道徳理論と，人々が認知している利益や自己の構想（self-conception）とのギャップは巨大である。しかしそれは，予測不可能なやり方で，おそらく考えられているよりももっと速く，変化しうる。我々の動物搾取および植民地化のシステムがもつ環境的・経済的コストがますます明らかになるにつれ，人間・動物関係のこれまでとは違うビジョンを明確にする助けになる新たな概念的枠組みを開発することが，いっそう急を要することになるだろう。

　我々は，本書がこの任務に貢献することを望んでいる。それが提起する長期のビジョンおよび推奨される短期の戦略，双方の観点からそう望んでいる。長期的ビジョンの観点からみれば，我々のアプローチは，伝統的な動物の権利論が提示するよりも，人間・動物関係の未来について前向きな構図を提示している。いままでのところ，動物の権利論は主に一式の消極的禁止——動物を殺してはならない，利用してはならない，飼ってはならない——に注目してきた。この過程において動物の権利論は，人間・動物関係について厳格かつ極度に単純化された構想を抱いている——飼育動物は消滅するべきであり，野生動物は放っておかれるべきである。要するに，人間・動物関係などというものはあってはならないのである。我々が論じてきたのは，こうしたビジョンが経験的に成功の見込みがない——人間も動物も，密封された独自の環境に分離することはできない——だけでなく，そういうビジョンをもつことが政治的なハンディキャップでもあるということである。

　ほとんどの人間は，動物と関係を取り結ぶことによって——観察し，ともに出かけ，世話をし，愛し愛されて——動物を理解し，ケアするようになる。動物の運命のため最大限の世話をする人間は，だいたいは伴侶や仕事仲間，あるいは野生動物観察者，自然保護活動家，生態系復元家として，動物との関係に携わるようになったものである。政治的袋小路を抜け出すには，こうしたエネルギーやモチベーションを当てにすることが必要である。しかし，動物の権利論の根底にあ

第 8 章　結論　　359

るメッセージは，人間は動物との関係を取り結ぶうえで頼りにできないというこ
とである。我々が彼らを搾取したり害したりすることは避けがたく，それゆえに
我々は我々自身を遮断せねばならない。これは，動物愛好者を動物の正義のため
に闘うよう奮い立たせてくれそうなメッセージではない[3]。

　我々の長期的ビジョンは，人間と動物の関係を断ち切ってしまうのではなく，
そうした関係性の全面的な可能性を探求し承認しようとするものである。これは，
動物を，基本的権利を承認された個々の主体としてだけでなく，相互依存，相互
性，責任の関係性の中にともに織り込まれたコミュニティ——我々と彼ら双方か
らなる——のメンバーとして認めることを伴う。このビジョンは，我々の動物へ
の義務とは彼らを放っておくことだという，古典的な動物の権利論の立場よりは
るかに要求水準が高い。しかし，それははるかに建設的かつ創造的なビジョン
——人間・動物関係は共感的で，公正で，喜びに満ち，相互に高めあうようなも
の——でもある。いかなる動物の権利論であっても，動物の搾取・植民地化とい
った悪しき手段から得られる利得を放棄することを人間に要請するであろう。し
かし，動物の権利論が政治的に有効たりえるのなら，正義が我々に要請する犠牲
のみならず，正義が可能にしてくれる価値ある新たな関係をも示してくれるだろ
う。

　そしてこのことは，翻ってより短期的な戦略とも密接な関係をもつ。我々の長
期的目標が搾取を廃止することのみならず，新しい正義の関係を築くことにある
のであれば，短期的見通しでさえも，最初に思われたほど寒々としたものではな
い。動物搾取や植民地化の全体的な規模はグローバルに拡大しつつあるが，人間
が動物と関係する新たなやりかたを見いだそうとする数限りない実験が，世界中
で行われてもいる。これらの実験のいくつかについてはこの本の中で論じてきた
が，それらのうち，2，3だけ言及しておこう。

- ジャイプールからノッティンガムにいたるまでの所々で，（給餌・繁殖コント
  ロール計画を伴った）指定されたハト小屋がドバトの数を管理している。そし
  て，それにより，耐え難い大虐殺を止めるよう，懐疑的な人々を徐々に説得
  しつつある。ハト小屋のデザインにアーティストを参加させて，種族間の平
  和的共存のみならず，パブリック・アートおよび参加の場所に変えている都
  市もある。
- イギリスのリーズ市では，動物の生息場所となる高い住み処——垂直な緑の

塔で，鳥，コウモリ，その他の市中心部に住む野生動物を受け入れるようデザインされたもの——を建てる提案を検討している。

- オンタリオ州東部の野生動物収容所は，苦境にある動物を，餓えたフクロウから，親とはぐれたリス，車にはねられて甲羅を割られたカメまで，救助している。すべてが入念な治療を受ける——人前にさらされることを制限しつつ——全面的な機能回復と野生への復帰の成功を願いつつ。

- あるカリフォルニアの保護施設は，ニワトリを救助している。そこでは，夜行性の捕食者や鳥インフルエンザへの曝露から彼らを守るために特別にデザインされた囲い場を含む，住まい，栄養摂取，そして医療的ニーズへのケアが提供される。ニワトリたちには，広範囲な移動の自由と様々なアクティビティに愛着を持ち携わる機会が与えられる。ニワトリが殺されることはない。自然な暮らしを営むことができる——卵を産まなくなったあともしばしば長い年月を。保護施設のオーナーは卵の幾許かを集めて販売している。

- ますます多くの人々が，飼いイヌ・飼いネコを正規の「家族の一員」と表現し，これらの家族のために，人間の市民が当然受けるべきものとして得られるのと同様の，最高の医療ケア，緊急時サービス，公共空間へのアクセスを求めるようになっている。

- 世界中の自然保護活動家は，野生の回廊および生存可能な生息地を保護し，再建できるようなやりかたで人間の開発を変えるよう，動物の移動パターンについて拡大しつつある知識を用いている。航路は変更されつつある。野生動物用陸橋も建設されつつある。緑の空間が再生され，つなぎ合わされつつある。

本書で論じられてきた，これらのそして数え切れない他の事例において，人間が，動物との新たなそして倫理的な関係を築くよう試みていることをみることができる。これらの関係は人道的取り扱いというアイディアを超越している。さらには，非介入および基本的な消極的権利の尊重というアイディアもはるかに越えている。少なくとも暗黙のうちに，それらは人間・動物関係のより包括的な構想を具体化している。その構想は，我々は避けがたく動物との複雑な関係に巻き込まれており，彼らに広範囲に及ぶ積極的な義務を負っているということを認めるものである。

　我々の見解では，これらの実験は，将来の人間・動物の政治共同体（zoopolis）の構成要素と捉えることができるもので，我々の目標の一部は，これらを意味あ

第 8 章　結論　　361

るものとすることができるような，理論的枠組みを提供することであった。それ
ぞれの実験が，それぞれなりに，新たな正義の関係は可能であり，維持可能であ
ることを示しているのである。人間は，痛ましいほどに動物搾取・植民地化から
得られる利得を諦めようとしないし，そのことは予見可能な未来においては変わ
ることがなさそうである。しかし，これらの不正な手段で得た利得には多大な不
安が伴い，新たな可能性を追い求めるために多大な創造的エネルギーが注ぎ込ま
れ，これらの実験から多大な知識の落ち穂拾いが行われている。しかし，こうし
たことのほとんどは，そうした試みがもつ道徳的価値の意味づけのための理論的
ツールを欠く動物の権利に関する既存の主流派哲学の中では，見えないものとな
っている。そのため，それらを，工場畜産および他の直接的な形態の動物搾取を
廃棄するという主要な動物の権利プロジェクトから脱線したものとして捉えたり，
あるいは動物の使用を止めさせ，動物たちを「放っておく」ことができないため
に，実際はそれらを手に負えないものとして非難したりするのである。

　道徳的論議が，それだけで深く強固な文化的前提および，自己利益の強力な力
を乗り越えることを望むのは高望み過ぎるだろうが，道徳的論議は，少なくとも
我々の社会において，既に利用されているものであれそうでないものであれ，現
に存在している道徳的資源を特定し，強化する役目を果たすべきであろう。これ
らの動物の権利のための道徳的資源には，伴侶動物と親密な絆を築いている一般
の人々や，野生動物保護団体の献身的なメンバー，そして生息地保全・回復のた
めに活動しているエコロジストも含まれている。彼ら個人は自分自身を動物の権
利の支持者だと特にみなしてはいないし，毎日の生活において動物搾取の慣行を
一貫して拒否しているヴィーガンもほとんどいない。それにもかかわらず，まさ
に動物の権利——主権的領土の権利，共生の公平な条件への権利，シティズン
シップへの権利——のために，実際に彼らは重要な働き方をしてくれているのであ
る。動物の権利運動は，これらすべての動物のために闘う同盟者を包括すること
のできる，動物の権利の拡張された構想を抱く必要があるのである。

　我々は，人間の創造的で，科学的で，親和的なエネルギーの巨大な井戸からう
まく汲み上げつつ，人々をして動物への正義のプロジェクトに発奮せしめる必要
がある。我々が「スタートレック」そしてその種族間接触，共生，協調の倫理の
大ファンであることは，今やもう秘密でも何でもないだろう。この倫理は次のよ
うに要約できる。新たな「生命の形態」との出会いは，警戒，好奇心，そして尊
敬によって支配されるべきである。連邦との接触から得られる利益に未だ準備が

できておらず，あるいはそれを望まない種族は，妨害されずに自らの軌道に沿って発展するべきである。異種族間の「第一次接触」は，連邦の政治的コミュニティへの加盟の望ましさを調査するための，銀河間旅行の先端において起こる。そして，この決定的な第一次接触は，獲得可能な最高の科学と，可能な限りのコミュニケーションを促進するための洗練された技術的資源を用意され，害を与えることを最重要の禁則事項と厳命された，連邦の最も有能な外交官に任されている。USS エンタープライズは，シェイクスピア（あるいはスタートレックに出てくるスポックやデータ）を生み出したり，人語，あるいは人間的・道徳的反省を提供したりすることができない多くの種と出会うが，すべての種族に対して，彼ら自身に特有な適応的知性・意識への同様の尊敬の倫理をもってアプローチされるのである。

　ここ地球における種族間の接触の現実に対して，これ以上に鮮やかな対照をなすものを想像することは難しいかもしれない。しかし，ちょっとだけ想像してみよう。別の銀河にゾウやらクジラやらオウムやらに似ている動物がみつかるとしたら，どんなにワクワクすることだろう。その不思議な生物について学び，そのユニークさを賞賛し，可能な限り友好的に交流できるとしたら，誰が資源を惜しむだろうか。この種族を殺したり，奴隷化したり，生きるのに必要な資源を奪ったりすることを考えたら，どんなにぞっとするだろうか，想像してみよう。しかしながら，これはまさに，地球という惑星を分け合っている，ユニークで不思議な動物に対して我々がしていることなのである。我々は，新たな視点による，中立的な領域における——我々の概して悲劇的な歴史すべての文脈から離れた——新鮮な出会いをまぎれもなく特徴づける尊敬と畏敬をもって，彼らを理解することができないようである。

　我々は，本書が，動物を「たかが動物」を超えるものとして，あるいは絶滅危惧種の置き換え可能なメンバーを超えるものとして，あるいは受動的に苦しむ犠牲者を越えるものとして考慮するための，新鮮なレンズのセットを提示できていれば，と望んでいる。我々は社会的（ただ生態学的なというだけでなく）な関係の網の目に埋め込まれた複雑な個別アクターとして，そして，政治的動物すなわち市民，自己決定するコミュニティの主権者としての動物の代替像を提示した。こうした視点が新たな始まりの基盤を提供する——第一次接触をもう一度最初からやり直すために。幸運にも，ほとんどの動物コミュニティは，人間による虐待的扱いについての詳細で何世代にもわたる記録を保ってはいない。このことは，記

第 8 章　結論　　363

憶がしばしば長く苦く残り，未来志向の正義への展望の邪魔をする，人間に対する不正義の文脈よりも，いくらか容易に新しいページを開くことができることを意味する。我々が動物の事例についてそうした障害に直面することはない。それは我々の肩にかかっているのである。

原注

1) UN 2006 を参照せよ。この国連報告書の算定のいくつかに対する批判としては，Fairlie 2010 を参照せよ。

2) Jim Motevalli, 'Meat: The Slavery of our Time: How the Coming Vegetarian Revolution will arrive by Force', Foreign Policy, http://experts.foreignpolicy.com/posts/2009/06/03/meat_the _slavery_of_our_time [Not Found]

3) 「他の種族への『支配』を要求する権利をいったん放棄したら，我々には彼らに干渉する権利は全くない。我々はできる限り彼らを放っておくべきである。暴君の役割を放棄したら，我々は，ビッグ・ブラザーを演じようともすべきではない」(Singer 1975: 251) との，Singer の主張を想起せよ。これが我々の道徳的想像力の限界なのだろうか——我々が動物と関係する可能なあり方は，暴君あるいはビッグ・ブラザーとしての関係だけなのだろうか。

文献一覧

Adams, Clark and Kieran Lindsey (2010) *Urban Wildlife Management*, 2nd edn (Boca Raton, FL: CRC Press).

Alfred, Taiake (2001) 'From Sovereignty to Freedom: Toward an Indigenous Political Discourse', *Indigenous Affairs* 3: 22-34.

— (2005) 'Sovereignty', in Joanne Barker (ed.) *Sovereignty Matters: Locations of Contestation and Possibility in Indigenous Strategies for Self-Determination* (Lincoln: University of Nebraska Press), 33-50.

Alger, Janet and Steven Alger (2005) 'The Dynamics of Friendship Between Dogs and Cats In the Same Household'. Paper presented for the Annual Meeting of the American Sociological Association, Philadelphia, PA, 13-16 August 2005.

Anaya, S. J. (2004) *Indigenous Peoples in International Law*, 2nd edn (Oxford: Oxford University Press.

An-Na'im, Abdullahi (1990) 'Islam, Islamic Law and the Dilemma of Cultural Legitimacy for Universal Human Rights', in Claude Welch and Virginia Leary (eds) *Asian Perspectives on Human Rights* (Boulder, CO: Westview), 31-54.

Appiah, Anthony Kwame (2006) *Cosmopolitanism: Ethics in a World of Strangers* (New York: W.W. Norton).

Armstrong, Susan and Richard Botzler (eds) (2008) *The Animal Ethics Reader*, 2nd edn (London: Routledge).

Arneil, Barbara (2009) 'Disability, Self Image, and Modern Political Theory', *Political Theory* 37/2: 218-42.

Aukot, Ekuru (2009) 'Am I Stateless Because I am a Nomad?', *Forced Migration Review* 32: 18.

Barry, John (1999) *Rethinking Green Politics* (London: Sage).

Baubock, Rainer (1994) *Transnational Citizenship: Membership and Rights in Transnational Migration* (Aldershot: Elgar).

— (2009) 'Global Justice, Freedom of Movement, and Democratic Citizenship', *European Journal of Sociology* 50/1: 1-31.

Baxter, Brian (2005) *A Theory of Ecological Justice* (London: Routledge).

BBC News (2006) 'Jamie "must back squirrel-eating"' BBC News online, 23 March. Available at http://news.bbc.co.uk/2/hi/4835690.stm

Beckett, Angharad (2006) *Citizenship and Vulnerability: Disability and Issues of Social and Political Engagement* (Basingstoke: Palgrave Macmillan).

Bekoff, Marc (2007) *The Emotional Lives of Animals: A Leading Scientist Explores Animal Joy, Sorrow, and Empathy - and Why They Matter* (Novato, CA: New World Library). [マーク・ベコフ (高橋洋訳)『動物たちの心の科学——仲間に尽くすイヌ, 喪に服すゾウ, フェアプレイ精神を貫くコヨーテ』青土社, 2014 年]

Bekoff, Marc and Jessica Pierce (2009) *Wild Justice: The Moral Lives of Animals* (Chicago: University of Chicago Press).

Benatar, David（2006）*Better Never to Have Been: The Harm of Coming into Existence*（Oxford: Oxford University Press）.

Bentham, Jeremy（2002）'Anarchical Fallacies, Being an Examination of the Declarations of Rights Issued During the French Revolution', in Philip Schofield, Catherine Pease-Watkin, and Cyprian Blamires（eds）*The Collected Works of Jeremy Bentham: Rights, Representation, and Reform: Nonsense upon Stilts and Other Writings on the French Revolution*（Oxford: Oxford University Press; first published 1843）.

Benton, Ted（1993）*Natural Relations: Ecology, Animal Rights, and Social Justice*（London: Verso）.

Best, Steven and Jason Miller（2009）'Pacifism or Animals: Which Do You Love More?', *North American Animal Liberation Press Office Newsletter* April 2009, 7-14. Available at www. animalliberationpressoffice.org/pdf/2009-04_newsletter_vol1.pdf
　　［→ http://www.animalliberationfront.com/Philosophy/Pacifism-printer.htm］

Bickerton, Christopher, Philip Cunliffe, and Alexander Gourevitch（2007）'Introduction: The Unholy Alliance against Sovereignty', in their *Politics without Sovereignty: A Critique of Contemporary International Relations*（London: University College London Press）, 1-19.

Biolsi, Thomas（2005）'Imagined Geographies: Sovereignty, Indigenous Space, and American Indian Struggle', *American Ethnologist* 32/2: 239-59.

Bielefeldt, Heiner（2000）"Western' versus 'Islamic' Human Rights Conceptions?', *Political Theory* 28/1: 90-121.

Bittner, Mark（2005）*The Wild Parrots of Telegraph Hill: A Love Story ... with Wings*（New York: Three Rivers Press）.［マーク・ビトナー（小林正佳訳）都会の野生オウム観察記——お見合い・リハビリ・個体識別』築地書館, 2015 年］

Blechman, Andrew D.（2006）*Pigeons: The Fascinating Saga of the World's Most Revered and Reviled Bird*（New York: Grove Press）.

Bonnett, Laura（2003）'Citizenship and People with Disabilities: The Invisible Frontier', in Janine Brodie and Linda Trimble（eds）*Reinventing Canada: Politics of the 21st Century*（Toronto: Pearson）, 151-63.

Boonin, David（2003）'Robbing PETA to Spay Paul: Do Animal Rights Include Reproductive Rights?', *Between the Species* 13/3: 1-8.

Bradshaw, G. A.（2009）*Elephants on the Edge: What Animals Teach Us about Humanity*（New Haven: Yale University Press）.

Braithwaite, Victoria（2010）*Do Fish Feel Pain?*（Oxford: Oxford University Press）.

Brown, Rita Mae（2009）*Animal Magnetism: My Life with Creatures Great and Small*（New York: Ballantine Books）.

Bruyneel, Kevin（2007）*The Third Space of Sovereignty: The Postcolonial Politics of U.S. Indigenous Relations*（Minneapolis: University of Minnesota Press）.

Bryant, John（1990）*Fettered Kingdoms*（Winchester: Fox Press）.

Buchanan, Allen（2003）'The Making and Unmaking of Boundaries: What Liberalism has to Say', in Allen Buchanan and Margaret Moore（eds）*States, Nations and Borders: The Ethics of Making and Unmaking Boundaries*（Cambridge: Cambridge University Press）, 231-61.

Budiansky, Stephen（1999）*The Covenant of the Wild: Why Animals Chose Domestication*（New Haven: Yale University Press; first published by William Morrow 1992）.

Bunton, Molly (2010) 'My Humane-ifesto'. Available at http://fiascofarm.com/Humane-ifesto.htm

Burgess-Jackson, Keith (1998) 'Doing Right by our Animal Companions', *Journal of Ethics* 2: 159-85.

Cairns, Alan (2000) *Citizens Plus: Aboriginal Peoples and the Canadian State* (Vancouver: University of British Columbia).

Callicott, J. Baird (1980) 'Animal Liberation: A Triangular Affair', *Environmental Ethics* 2: 311-28.

— (1992) 'Animal Liberation and Environmental Ethics: Back Together Again', in Eugene C. Hargrove (ed.) *The Animal Rights/Environmental Ethics Debate* (Albany, NY: State University of New York Press), 249-62.

— (1999) 'Holistic Environmental Ethics and the Problem of Ecofascism', in *Beyond the Land Ethic: More Essays in Environmental Philosophy* (Albany, NY: State University of New York Press), 59-76.

Calore, Gary (1999) 'Evolutionary Covenants: Domestication, Wildlife and Animal Rights', in P. N. Cohn (ed.) *Ethics and Wildlife* (Lewiston, NY: Mellen Press), 219-63.

Caney, Simon (2005) Justice Beyond Borders: *A Global Political Theory* (Oxford: Oxford University Press).

Čapek, Stella (2005) 'Of Time, Space, and Birds: Cattle Egrets and the Place of the Wild', in Ann Herda-Rapp and Theresa L. Goedeke (eds) *Mad about Wildlife: Looking at Social Conflict over Wildlife* (Leiden: Brill), 195-222.

Carens, Joseph (2008a) 'Live-in Domestics, Seasonal Workers, and Others Hard to Locate on the Map of Democracy', *Journal of Political Philosophy* 16/4: 419-45.

— (2008b) 'The Rights of Irregular Migrants', *Ethics and International Affairs* 22: 163-86.

— (2010) *Immigrants and the Right to Stay* (Boston: MIT Press).

Carey, Allison (2009) *On the Margins of Citizenship: Intellectual Disability and Civil Rights in Twentieth-Century America* (Philadelphia: Temple University Press).

Carlson, Licia (2009) 'Philosophers of Intellectual Disability: A Taxonomy', *Metaphilosophy* 40/3-4: 552-67.

Casal, Paula (2003) 'Is Multiculturalism Bad for Animals?', *Journal of Political Philosophy* 11/1: 1-22.

Cassidy, Julie (1998) 'Sovereignty of Aboriginal Peoples', *Indiana International and Comparative Law Review* 9: 65-119.

Cavalieri, Paola (2001) *The Animal Question: Why Nonhuman Animals Deserve Human Rights* (Oxford: Oxford University Press).

— (2006) 'Whales as persons', in M. Kaiser and M. Lien (eds) *Ethics and the politics of food* (Wageningen: Wageningen Academic Publishers).

— (2007) 'The Murder of Johnny', The Guardian, 5 October 2007. Available at http://www.guardian.co.uk/commentisfree/2007/oct/05/comment.animalwelfare [→ https://www.theguardian.com/commentisfree/2007/oct/05/comment.animalwelfare]

— (2009a) *The Death of the Animal: A Dialogue* (New York: Columbia University Press).

— (2009b) 'The Ruses of Reason: Strategies of Exclusion', *Logos Journal* (www.logosjournal.com [→ http://logosjournal.com/]) .

— and Peter Singer (eds) (1993) *The Great Ape Project: Equality Beyond Humanity* (London:

Fourth Estate).

Clark, Stephen R. L. (1984) *The Moral Status of Animals* (Oxford: Oxford University Press).

Clement, Grace (2003) 'The Ethic of Care and the Problem of Wild Animals', *Between the Species*, 13/3: 9-21.

Clifford, Stacy (2009) 'Disabling Democracy: How Disability Reconfigures Deliberative Democratic Norms', American Political Science Association 2009 Toronto Meeting Paper. Available at http://ssrn.com/abstract=1451092

Cline, Cheryl (2005) 'Beyond Ethics: Animals, Law and Politics' (PhD Thesis, University of Toronto).

Clutton-Brock, Janet (1987) *A Natural History of Domesticated Animals* (Cambridge: Cambridge University Press).

Cohen, Carl and Tom Regan (2001) *The Animal Rights Debate* (Lanham, MD: Rowman & Littlefield).

Cohen, Elizabeth F. (2009) *Semi-Citizenship in Democratic Politics* (Cambridge: Cambridge University Press).

Costello, Kimberly and Gordon Hodson (2010) 'Exploring the roots of dehumanization: The role of animal-human similarity in promoting immigrant humanization', *Group Processes and Intergroup Relations* 13/1: 3-22.

Crompton, Tom (2010) *Common Cause: The Case for Working with Our Cultural Values* (World Wildlife Fund-United Kingdom). Available at http://assets.wwf.org.uk/downloads/common_cause_report.pdf

Curry, Steven (2004) *Indigenous Sovereignty and the Democratic Project* (Aldershot: Ashgate).

DeGrazia, David (1996) *Taking Animals Seriously: Mental Life and Moral Status* (Cambridge: Cambridge University Press).

— (2002) *Animal Rights: A Very Short Introduction* (Oxford: Oxford University Press).[デヴィッド・ドゥグラツィア（戸田清訳・解説）『1冊でわかる 動物の権利』岩波書店，2003年]

Denison, Jaime (2010) 'Between the Moment and Eternity: How Schillerian Play Can Establish Animals as Moral Agents', *Between the Species* 13/10: 60-72.

DeStefano, Stephen (2010) *Coyote at the Kitchen Door: Living with Wildlife in Suburbia* (Cambridge, MA: Harvard University Press).

de Waal, Frans (2009) *The Age of Empathy: Nature's Lessons for a Kinder Society* (Toronto: McClelland & Stewart).［フランス・ドゥ・ヴァール（柴田裕之訳＝西田利貞解説）共感の時代へ——動物行動学が教えてくれること』紀伊國屋書店，2010年]

Diamond, Cora (2004) 'Eating Meat and Eating People', in Cass Sunstein and Martha Nussbaum (eds) *Animal Rights: Current Debates and New Directions* (Oxford: Oxford University Press), 93-107.［コーラ・ダイアモンド（横大道聡訳）「肉食と人食」キャス・R・サンスティン＝マーサ・C・ヌスバウム（安部圭介＝山本龍彦＝大林啓吾監訳）『動物の権利』尚学社，2013年]

Dobson, Andrew (1996) 'Representative Democracy and the Environment', in W. Lafferty and J. Meadowcroft (eds) *Democracy and the Environment: Problems and Prospects* (Cheltenham: Elgar), 124-39.

Dombrowski, Daniel (1997) *Babies and Beasts: The Argument from Marginal Cases* (Champaign: University of Illinois Press).

Doncaster, Deborah and Jeff Keller (2000) *Habitat Modification & Canada Geese: Techniques for Mitigating Human/Goose Conflicts in Urban & Suburban Environments*. Animal Alliance of Canada, Toronto. Available at http://www.animalalliance.ca.

Donovan, Josephine (2006) 'Feminism and the Treatment of Animals: From Care to Dialogue', *Signs* 2: 305-29.

— (2007) 'Animal Rights and Feminist Theory', in Josephine Donovan and Carol J. Adams (eds) *The Feminist Care Tradition in Animal Ethics* (New York: Columbia University Press), 58-86.

— and Carol J. Adams (eds) (2007) *The Feminist Care Tradition in Animal Ethics* (New York: Colombia University Press).

Dowie, Mark (2009) *Conservation Refugees: The Hundred-Year Conflict between Global Conservation and Native Peoples* (Cambridge, MA: MIT Press).

Dunayer, Joan (2004) *Speciesism* (Derwood, MD; Ryce Publishing).

Dworkin, Ronald (1984) 'Rights as Trumps', in Jeremy Waldron (ed.) *Theories of Rights* (Oxford: Oxford University Press), 153-67.

— (1990) 'Foundations of Liberal Equality', in Grethe B. Peterson (ed.) *The Tanner Lectures on Human Values*, vol. 11 (Salt Lake City, UT: University of Utah Press), 1-119.

Eckersley, Robyn (1999) 'The Discourse Ethic and the Problem of Representing Nature', *Environmental Politics* 8/2: 24-49.

— (2004) *The Green State: Rethinking Democracy and Sovereignty* (Cambridge, MA: MIT Press). [ロビン・エッカースレイ (松野弘監訳)『緑の国家——民主主義と主権の再考』岩波書店, 2010 年]

Elder, Glenn, Jennifer Wolch, and Jody Emel (1998) 'La Practique Sauvage: Race, Place and the Human-Animal Divide', in Jennifer Wolch and Jody Emel (eds) *Animal Geographies: Place, Politics and Identity in the Nature-Culture Borderlands* (London: Verso), 72-90.

Everett, Jennifer (2001) 'Environmental Ethics, Animal Welfarism, and the Problem of Predation: A Bambi Lover's Respect for Nature', *Ethics and the Environment* 6/1: 42-67.

Fairlie, Simon (2010) *Meat: A Benign Extravagance* (East Meon, UK; Permanent Publications).

Feuerstein, N. and J. Terkel (2008) 'Interrelationship of Dogs (*canis familiaris*) and Cats (*felis catus L.*) Living under the Same Roof', *Applied Animal Behaviour Science* 113/1: 150-65.

Fink, Charles K. (2005) 'The Predation Argument', *Between the Species* 5: 1-16.

Fowler, Brigid (2004) 'Fuzzing Citizenship, Nationalising Political Space: A Framework for Interpreting the Hungarian "Status Law" as a New Form of Kin-State Policy in Central and Eastern Europe', in Z. Kántor, B. Majtényi, O. Ieda, B. Vizi, and I. Halász (eds) *The Hungarian Status Law: Nation Building and/or Minority Protection* (Sapporo: Slavic Research Council), 177-238.

Fox, Michael A. (1988a) *The Case for Animal Experimentation: An Evolutionary and Ethical Perspective* (Berkeley: University of California Press).

— (1988b) 'Animal Research Reconsidered', *New Age Journal* (January/February): 14-21.

— (1999) *Deep Vegetarianism* (Philadelphia: Temple University Press).

Francione, Gary L. (1999) 'Wildlife and Animal Rights', in P. N. Cohn (ed.) *Ethics and Wildlife* (Lewiston, NY: Mellen Press), 65-81.

— (2000) *Introduction to Animal Rights: Your Child or the Dog?* (Philadelphia: Temple University Press).

— (2007) 'Animal Rights and Domesticated Nonhumans' (blog). Available at http://www.abolitionistapproach.com/animal-rights-and-domesticated-nonhumans/

— (2008) *Animals as Persons: Essays on the Abolition of Animal Exploitation* (New York: Columbia University Press).

— and Robert Garner (2010) *The Animal Rights Debate: Abolition or Regulation?* (New York: Columbia University Press).

Francis, L. P. and Anita Silvers (2007) 'Liberalism and Individually Scripted ideas of the Good: Meeting the Challenge of Dependent Agency', *Social Theory and Practice* 33/2: 311-34.

Franklin, Julian H. (2005) *Animal Rights and Moral Philosophy* (New York: Columbia University Press).

Fraser, Caroline (2009) *Rewilding the World: Dispatches form the Conservation Revolution* (New York: Metropolitan Books).

Frey, Raymond (1983) *Rights, Killing and Suffering* (Oxford: Oxford University Press).

Frost, Mervyn (1996) *Ethics in International Relations: A Constitutive Theory* (Cambridge: Cambridge University Press).

Frowe, Helen (2008) 'Equating Innocent Threats and Bystanders', *Journal of Applied Philosophy* 25/4: 277-90.

Fusfeld, Leila (2007) 'Sterilization in an Animal Rights Paradigm', *Journal of Animal Law and Ethics* 2: 255-62.

Garner, Robert (1998) *Political Animals: Animal Protection Politics in Britain and the United States* (Basingstoke: Macmillan).

— (2005a) *The Political Theory of Animal Rights* (Manchester: Manchester University Press).

— (2005b) *Animal Ethics* (Cambridge: Polity Press).

Goldenberg, Suzanne (2010) 'In Search of a Home away from Home', *The Guardian Weekly*, 12 March 2010: 28-9.

Goodin, Robert (1985) *Protecting the Vulnerable: A Reanalysis of Our Social Responsibilities* (Chicago: University of Chicago Press).

— (1996) 'Enfranchising the Earth, and its Alternatives', *Political Studies* 44: 835-49.

Goodin, R., C. Pateman, and R. Pateman (1997) 'Simian Sovereignty', *Political Theory* 25/6: 821-49.

Griffiths, Huw, Ingrid Poulter, and David Sibley (2000) 'Feral Cats in the City', in Chris Philo and Chris Wilbert (eds) *Animal Spaces, Beastly Places: New Geographies of Human-Animal Relations* (London: Routledge), 56-70.

Hadley, John (2005) 'Nonhuman Animal Property: Reconciling Environmentalism and Animal Rights', *Journal of Social Philosophy* 36/3: 305-15.

— (2006) 'The Duty to Aid Nonhuman Animals in Dire Need', *Journal of Applied Philosophy* 23/4: 445-51.

— (2009a) 'Animal Rights and Self-Defense Theory', *Journal of Value Inquiry* 43: 165-77.

— (2009b) '"We Cannot Experience Abstractions": Moral Responsibility for "Eternal Treblinka"', *Southerly* 69/1: 213-23.

— and Siobhan O'Sullivan (2009) 'World Poverty, Animal Minds and the Ethics of Veterinary Expenditure', *Environmental Values* 18: 361-78.

Hailwood, Simon (2004) *How to be a Green Liberal: Nature, Value and Liberal Philosophy* (Montreal: McGill-Queen's University Press).

Hall, Lee (2006) *Capers in the Churchyard: Animal rights advocacy in the age of terror* (Darien, CT: Nectar Bat Press).

— and Anthony Jon Waters (2000) 'From Property to Persons: The Case of Evelyn Hart', *Seton Hall Constitutional Law Journal* 11/1: 1-68.

Hanrahan, Rebecca (2007) 'Dog Duty', *Society and Animals* 15: 379-99.

Hargrove, Eugene (ed.) (1992) *The Animal Rights/Environmental Ethics Debate: The Environmental Perspective* (Albany, NY: State University of New York Press).

Harris S., P. Morris, S. Wray, and D. Yalden (1995) *A review of British mammals: population estimates and conservation status of British mammals other than cetaceans* (Peterborough, UK: Joint Nature Conservation Committee).

Hartley, Christie (2009) 'Justice for the Disabled: A Contractualist Approach', *Journal of Social Philosophy* 40/1: 17-36.

Haupt, Lyanda Lynn (2009) *Crow Planet: Essential Wisdom from the Urban Wilderness* (New York: Little, Brown and Company).

Heinrich, Bernd (1999) *Mind of the Raven: Investigations and Adventures with Wolf-birds.* (New York: HarperCollins).

Henders, Susan (2010) 'Internationalized Minority Territorial Autonomy and World Order: The Early Post-World War I Era Arrangements' (paper presented at EDG workshop on International Approaches to the Governance of Ethnic Diversity, Queen's University, September).

Hettinger, Ned (1994) 'Valuing Predation in Rolston's Environmental Ethics: Bambi Lovers versus Tree Huggers', *Environmental Ethics* 16/1: 3-20.

Hooker, Juliet (2009) *Race and the Politics of Solidarity* (Oxford: Oxford University Press).

Horigan, Steven (1988) *Nature and Culture in Western Discourses* (London: Routledge).

Hornung, Eva (2009) *Dog Boy* (Toronto: Harper Collins).

Horowitz, Alexandra (2009) *Inside of a Dog: What Dogs See, Smell and Know* (New York: Scribner).

Horta, Oscar (2010) 'The Ethics of the Ecology of Fear against the Nonspecieist Paradigm: A Shift in the Aims of Intervention in Nature', *Between the Species* 13/10: 163-87.

Hribal, Jason (2006) 'Jessie, a Working Dog', *Counterpunch*, 11 November 2006. Available at www.counterpunch.org/hribal11112006.html [→ http://www.counterpunch.org/2006/11/11/jesse-a-working-dog/]

— (2007) 'Animals, Agency, and Class: Writing the History of Animals from Below', *Human Ecology Review* 14/1: 101-12.

— (2010) *Fear of the Animal Planet: The Hidden History of Animal Resistance* (Oakland, CA: Counter Punch Press and AK Press).

Hutto, Joe (1995) *Illumination in the Flatwoods: A season with the wild turkey* (Guilford, CT: Lyons Press).

Ignatieff, Michael (2000) The Rights Revolution (Toronto: Anansi). [マイケル・イグナティエフ (金田耕一訳)『ライツ・レヴォリューション──権利社会をどう生きるか』風行社, 2008 年]

International Fund for Animal Welfare (2008) *Falling Behind: An International Comparison of*

Canada's Animal Cruelty Legislation. Available at

http://www.ifaw.org/Publications/Program_Publications/Regional_National_Efforts/North_
America/Canada/asset_upload_file751_15788.pdf

［→ http://www.ifaw.org/sites/default/files/Falling%20behind%202008%20an%20
international%20comparison%20of%20Canadas%20animal%20cruelty%20legislation.pdf］

Irvine, Leslie（2004）'A Model of Animal Selfhood: Expanding Interactionist Possibilities', *Symbolic Interaction* 27/1: 3-21.

— （2009）*Filling the Ark: Animal Welfare in Disasters*（Philadelphia: Temple University Press）.

Isin, Engin and Bryan Turner（eds）（2003）*Handbook of Citizenship Studies*（Thousand Oaks, CA: Sage）.

Jackson, Peter（2009）'Can animals live in high-rise blocks?', BBC news online, 7 June. Available at http://news.bbc.co.uk/2/hi/uk_news/magazine/8079079.stm

Jamie, Kathleen（2005）*Findings*（London: Sort of Books）.

Jamieson, Dale（1998）'Animal Liberation is an Environmental Ethic', *Environmental Values* 7: 41-57.

Jerolmack, Colin（2008）'How Pigeons Became Rats: The Cultural-Spatial Logic of Problem Animals', *Social Problems* 55/1: 72-94.

Jones, Owain（2000）'（Un）ethical geographies of human-non-human relations: encounters, collectives and spaces', in Chris Philo and Chris Wilbert（eds）*Animal Spaces, Beastly Places: New Geographies of Human-Animal Relations*（London: Routledge）, 268-91.

Jones, Pattrice（2008）'Strategic Analysis of Animal Welfare Legislation: A Guide for the Perplexed'（Eastern Shore Sanctuary & Education Center, Strategic Analysis Report, August 2008, Springfield Vermont）. Available at

http://pattricejones.info/blog/wpcontent/uploads/perplexed.pdf

［→ http://animalliberationfront.com/Philosophy/AWperplexed.pdf］

Kaufman, Whitley（2010）'Self-defense, Innocent Aggressors, and the Duty of Martyrdom', *Pacific Philosophical Quarterly* 91: 78-96.

Kavka, Gregory（1982）'The Paradox of Future Individuals', *Philosophy and Public Affairs* 11/2: 93-112.

Keal, Paul（2003）*European Conquest and the Rights of Indigenous Peoples*（Cambridge: Cambridge University Press）.

King, Roger J. H.（2009）'Feral Animals and the Restoration of Nature', *Between the Species* 9: 1-27.

Kittay, Eva Feder（1998）*Love's Labor: Essays on Women, Equality and Dependency*（New York: Routledge）.

— （2001）'When Caring is Just and Justice is Caring: Justice and Mental Retardation', *Public Culture* 13/3: 557-79.［エヴァ・フェダー・キテイ（岡野八代＝牟田和恵訳）『愛の労働あるいは依存とケアの正義論』白澤社, 2010 年］

— （2005a）'At the Margins of Moral Personhood', *Ethics* 116/1: 100-31.

— （2005b）'Equality, Dignity and Disability', in Mary Ann Lyons and Fionnuala Waldron（eds）*Perspectives on Equality: The Second Seamus Heaney Lectures*（Dublin: Liffey Press）, 95-122.

Kittay, Eva Feder, Bruce Jennings, and Angela Wasunna（2005）'Dependency, Difference and the

Global Ethic of Longterm Care', *Journal of Political Philosophy* 13/4: 443-69.

Kolers, Avery (2009) *Land, Conflict, and Justice: A Political Theory of Territory* (Cambridge: Cambridge University Press).

Kymlicka, Will (1995) *Multicultural Citizenship* (Oxford: Oxford University Press). [ウィル・キムリッカ（角田猛之＝山崎康仕＝石山文彦監訳）『多文化時代の市民権——マイノリティの権利と自由主義』晃洋書房，1998 年]

— (2001a) 'Territorial Boundaries: A Liberal Egalitarian Perspective', in David Miller and Sohail Hashmi (eds) *Boundaries and Justice: Diverse Ethical Perspectives* (Princeton: Princeton University Press), 249-75.

— (2001b) *Politics in the Vernacular: Nationalism, Multiculturalism and Citizenship* (Oxford: Oxford University Press). [ウィル・キムリッカ（岡﨑晴輝＝施光恒＝竹島博之監訳）『土着語の政治——ナショナリズム・多文化主義・シティズンシップ』法政大学出版局，2012 年]

— (2002) *Contemporary Political Philosophy*, 2nd edn (Oxford University Press, Oxford). [W. キムリッカ（千葉眞他訳）『新版 現代政治理論』日本経済評論社，2005 年)

— and Wayne Norman (1994) 'Return of the Citizen: A Survey of Recent Work on Citizenship Theory', *Ethics* 104/2: 352-81.

Latour, Bruno (1993) *We Have Never Been Modern* (Cambridge, MA: Harvard University Press). [ブルーノ・ラトゥール（川村久美子訳）『虚構の「近代」——科学人類学は警告する』新評論，2008 年]

— (2004) *Politics of Nature* (Cambridge, MA: Harvard University Press).

Lee, Teresa Man Ling (2006) 'Multicultural Citizenship: The Case of the Disabled', in Dianne Pothier and Richard Devlin (eds) *Critical Disability Theory* (Vancouver: University of British Columbia Press), 87-105.

Lekan, Todd (2004) 'Integrating Justice and Care in Animal Ethics', *Journal of Applied Philosophy* 21/2: 183-95.

Lenard, Patti and Christine Straehle (forthcoming [2012]) 'Temporary Labour Migration, Global Redistribution and Democratic Justice', *Politics, Philosophy and Economics* [1/2: 206-239].

Lenzerini, Frederico (2006) 'Sovereignty Revisited: International Law and Parallel Sovereignty of Indigenous Peoples', *Texas International Law Journal* 42: 155-89.

Loughlin, Martin (2003) 'Ten Tenets of Sovereignty', in Neil Walker (ed.) *Sovereignty in Transition* (London: Hart), 55-86.

Lovelock, James (1979) Gaia: *A New Look at Life on Earth* (Oxford: Oxford University Press).

Luban, David (1980) 'Just War and Human Rights', *Philosophy and Public Affairs* 9/2: 160-81.

Luke, Brian (2007) 'Justice, Caring and Animal Liberation', in Josephine Donovan and Carol Adams (eds) *The Feminist Care Tradition in Ethics* (New York: Columbia University Press), 125-52.

Lund, Vonne and Anna S. Olsson (2006) 'Animal Agriculture: Symbiosis, Culture, or Ethical Conflict?', *Journal of Agricultural and Environmental Ethics* 19: 47-56.

Mackenzie, Catriona and Natalie Stoljar (eds) (2000) *Relational Autonomy: Feminist Perspectives on Autonomy, Agency and the Social Self* (Oxford: Oxford University Press).

MacKinnon, Catherine (1987) *Feminism Unmodified* (Cambridge, MA: Harvard University Press). [キャサリン・A・マッキノン（奥田暁子＝加藤春恵子＝鈴木みどり＝山崎美佳子訳）『フェミニズムと表現の自由』明石書店，1993 年]

MacLeod, Ray (2011) *Hope for Wildlife: True Stories of Animal Rescue* (Halifax, NS: Nimbus

Publishing).

McMahan, Jeff (1994) 'Self-Defense and the Problem of the Innocent Attacker', *Ethics* 104/2: 252-90.

— (2002) *The Ethics of Killing: Problems at the Margins of Life* (Oxford: Oxford University Press).

— (2008) 'Eating Animals the Nice Way', *Daedalus* 137/1: 66-76.

— (2009) 'Self-Defense Against Morally Innocent Threats', and 'Reply to Commentators', in Paul H. Robinson, Kimberly Ferzan, and Stephen Garvey (eds) *Criminal Law Conversations* (New York: Oxford University Press), 385-94.

— (2010) 'The Meat Eaters', *The New York Times* 'Opinionator', 19 September 2010. Available at http://opinionator.blogs.nytimes.com/2010/09/19/the-meat-eaters/

Masson, Jeffrey Moussaieff (2003) *The Pig Who Sang to the Moon: The Emotional World of Farm Animals* (New York: Ballantine).

— (2010) *The Dog Who Couldn't Stop Loving: How Dogs Have Captured Our Hearts for Thousands of Years* (New York: HarperCollins).

Meyer, Lukas (2008) 'Intergenerational Justice', *Stanford Encyclopedia of Philosophy* online. First published April 3/02. Revised 26 February 2008.

Michelfelder, Diane (2003) 'Valuing Wildlife Populations in Urban Environments', *Journal of Social Philosophy* 34/1: 79-90.

Midgley, Mary (1983) *Animals and Why They Matter* (Athens: University of Georgia Press).

Miller, David (2005) 'Immigration', in Andrew Cohen and Christopher Wellman (eds) *Contemporary Debates in Applied Ethics* (Oxford: Blackwell).

— (2007) *National Responsibility and Global Justice* (Oxford: Oxford University Press).

— (2010) 'Why Immigration Controls are Not Coercive: A Reply to Arash Abizadeh', *Political Theory* 38/1: 111-20.

— (2012) 'Territorial Rights: Concept and Justification', *Political Studies*, 60: 252-268.

Mills, Brett (2010) 'Television Wildlife Documentaries and Animals' Right to Privacy', *Continuum: Journal of Media and Cultural Studies* 24/2: 193-202.

Morelle, Rebecca (2010) 'Follow that microlight: Birds learn to migrate', BBC online 27 October 2010. Available at http://www.bbc.co.uk/news/science-environment-11574073

Murdoch, Iris (1970) 'The Sovereignty of Good Over Other Concepts', in *The Sovereignty of Good* (London: Routledge & Kegan Paul), 77-104.

Myers, Olin E. Jr. (2003) 'No Longer the Lonely Species: A Post-Mead Perspective on Animals and Sociology', *International Journal of Sociology and Social Policy* 23/3: 46-68.

New York City Audubon Society (2007) Bird-Safe Building Guidelines. Available at: http://www.nycaudubon.org/home/BirdSafeBuildingGuidelines.pdf [→ http://www.nycaudubon.org/pdf/BirdSafeBuildingGuidelines.pdf]

Nobis, Nathan (2004) 'Carl Cohen's 'Kind' Arguments *For* Animal Rights and *Against* Human Rights', *Journal of Applied Philosophy* 21/1: 43-59.

Norton, Bryan (1991) *Toward Unity among Environmentalists* (Oxford: Oxford University Press).

Nozick, Robert (1974) *Anarchy, State and Utopia* (New York: Basic Books).

Nussbaum, Martha (2006) *Frontiers of Justice: Disability, Nationality, Species Membership*

(Cambridge, MA: Harvard University Press). [マーサ・C・ヌスバウム（神島裕子訳）『正義のフロンティア——障碍者・外国人・動物という境界を越えて』法政大学出版局，2012 年]

Oh, Minjoo and Jeffrey Jackson (2011) 'Animal Rights vs Cultural Rights: Exploring the Dog Meat Debate in South Korea from a World Polity Perspective', *Journal of Intercultural Studies* 32/1: 31-56.

Okin, Susan Moller (1979) *Women in Western Political Thought* (Princeton: Princeton University Press).

— (1999) *Is Multiculturalism Bad for Women?* (Princeton: Princeton University Press).

Orend, Brian (2006) *The Morality of War* (Peterborough, ON: Broadview).

Orford, H. J. L. (1999) 'Why the Cullers Got it Wrong', in Priscilla Cohn (ed.) *Ethics and Wildlife* (Lewiston, NY: Mellen Press), 159-68.

Otsuka, Michael (1994) 'Killing the Innocent in Self-Defense', *Philosophy and Public Affairs* 23/1: 74-94.

Otto, Diane (1995) 'A Question of Law or Politics? Indigenous Claims to Sovereignty in Australia', *Syracuse Journal of International Law* 21: 65-103.

Ottonelli, Valeria and Tiziana Torresi (forthcoming [2012]) 'Inclusivist Egalitarian Liberalism and Temporary Migration: A Dilemma', *Journal of Political Philosophy* [2012: 202-224].

Overall, Christine (forthcoming [2012]) *Why Have Children? The Ethical Debate* (Cambridge, MA: MIT Press).

Pallotta, Nicole R. (2008) 'Origin of Adult Animal Rights Lifestyle in Childhood Responsiveness to Animal Suffering', *Society and Animals* 16: 149-70.

Palmer, Clare (1995) 'Animal Liberation, Environmental Ethics and Domestication', OCEES Research Papers, Oxford Centre for the Environment, Ethics & Society, Mansfield College, Oxford.

— (2003a) 'Placing Animals in Urban Environmental Ethics', *Journal of Social Philosophy* 34/1: 64-78.

— (2003b) 'Colonization, urbanization, and animals', *Philosophy & Geography* 6/1: 47-58.

— (2006) 'Killing Animals in Animal Shelters', in The Animal Studies Group (ed.) *Killing Animals* (Champaign: University of Illinois Press), 170-87.

— (2010) *Animal Ethics in Context* (New York: Columbia University Press).

— (ed.) (2008) *Animal Rights* (Farnham: Ashgate).

Patterson, Charles (2002) *Eternal Treblinka: Our Treatment of Animals and the Holocaust* (New York: Lantern Books). [チャールズ・パターソン（戸田清訳）『永遠の絶滅収容所——動物虐待とホロコースト』緑風出版，2007 年]

Pemberton, Jo-Anne (2009) *Sovereignty: Interpretations* (Basingstoke: Palgrave Macmillan).

Pepperberg, Irene M. (2008) *Alex & Me* (New York: HarperCollins).

Peterson, Dale (2010) *The Moral Lives of Animals* (New York: Bloomsbury Press).

Philo, Chris and Chris Wilbert (eds) (2000) *Animal Spaces, Beastly Places: New Geographies of Human-Animal Relations* (London: Routledge).

Philpott, Daniel (2001) *Revolutions in Sovereignty: How Ideas Shaped Modern International Relations* (Princeton: Princeton University Press).

Pitcher, George (1996) *The Dogs Who Came To Stay* (London: HarperCollins). [ジョージ・ピッチャー（宮

崎槙訳）『哲学教授の愛犬ノート——人生の大事なことは犬から学んだ』二見書房，1996 年〕

Plumwood, Val (2000) 'Surviving a Crocodile Attack' Utne Reader online, July-August 2000. Available at http://www.utne.com/2000-07-01/being-prey.aspx?page=1

— (2004) 'Animals and Ecology: Toward a Better Integration', in Steve Sapontzis (ed.) *Food For Thought: The Debate over Eating Meat* (Amherst, NY: Prometheus), 344-58.

Poole, Joyce (1998) 'An Exploration of a Commonality between Ourselves and Elephants', *Etica & Animali* 9: 85-110.

— (2001) 'Keynote address at Elephant Managers Association 22nd Annual Conference', Orlando, Florida (November. 9-12, 2001). Available at http://www.elephants.com/j_poole.php

Porter, Pete (2008) 'Mourning the Decline of Human Responsibility', *Society and Animals* 16: 98-101.

Potter, Cheryl (n.d.) 'Providing Humanely Produced Eggs'. Available at http://www.blackhenfarm.com/index.html

Preece, Rod (1999) *Animals and Nature: Cultural Myths, Cultural Realities* (Vancouver: University of British Columbia Press).

Prince, Michael (2009) *Absent Citizens: Disability Politics and Policy in Canada* (Toronto: University of Toronto Press).

Prokhovnik, Raia (2007) *Sovereignties: Contemporary Theory and Practice* (Basingstoke: Palgrave Macmillan).

Rawls, John (1971) *A Theory of Justice* (Oxford: Oxford University Press).

Ray, Justina C., Kent Redford, Robert Steneck, and Joel Berger (eds) (2005) *Large Carnivores and the Conservation of Biodiversity* (Washington DC: Island Press).

Raz, Joseph (1984) 'The Nature of Rights', *Mind* 93: 194-214.

Redford, Kent (1999) 'The Ecologically Noble Savage', *Cultural Survival Quarterly* 15: 46-8.

Regan, Tom (1983) *The Case for Animal Rights* (Berkeley: University of California Press).

— (2001) *Defending Animal Rights* (Champaign: University of Illinois Press).

— (2003) *Animal Rights, Human Wrongs: An Introduction to Moral Philosophy* (Lanham, MD: Rowman & Littlefield).

— (2004) *The Case for Animal Rights*, 2nd edn (Berkeley: University of California Press).

Reid, Mark D. (2010) 'Moral Agency in Mammalia', *Between the Species* 13/10: 1-24.

Reinders, J. S. (2002) 'The good life for citizens with intellectual disability', *Journal of Intellectual Disability* 46/1: 1-5.

Reus-Smit, Christian (2001) 'Human Rights and the Social Construction of Sovereignty', *Review of International Studies* 27: 519-38.

Reynolds, Henry (1996) *Aboriginal Sovereignty: Reflections on Race, State and Nation* (St Leonards, New South Wales: Allen and Unwin).

Rioux, Marcia and Fraser Valentine (2006) 'Does Theory Matter? Exploring the Nexus between Disability, Human Rights and Public Policy', in Dianne Pothier and Richard Devlin (eds) *Critical Disability Theory* (Vancouver: University of British Columbia Press), 47-69.

Ritter, Erika (2009) *The Dog by the Cradle, The Serpent Beneath: Some Paradoxes of Human-Animal Relationships* (Toronto: Key Porter).

Robinson, Randall (2000) *The Debt: What America Owes to Blacks* (New York: Dutton).

Rollin, Bernard (2006) *Animal Rights and Human Morality*, 3rd edn (Amherst, NY: Prometheus Books).

Rolston, Holmes (1988) *Environmental Ethics: Duties to and Values in the Natural World* (Philadelphia: Temple University Press).

— (1999) 'Respect for Life: Counting what Singer Finds of No Account', in Dale Jamieson (ed.) *Singer and His Critics* (Oxford: Blackwell), 247-68.

Rowlands, Mark (1997) 'Contractarianism and Animal Rights', *Journal of Applied Philosophy* 14/3: 235-47.

— (1998) *Animal Rights: A Philosophical Defence* (New York: St. Martin's Press).

— (2008) *The Philosopher and the Wolf: Lessons from the Wild on Love, Death and Happiness* (London: Granta Books). [マーク・ローランズ（今泉みね子訳）『哲学者とオオカミ——愛・死・幸福についてのレッスン』白水社, 2010 年]

Ryan, Thomas (2006) 'Social Work, Independent Realities and the Circle of Moral Considerability: Respect for Humans, Animals and the Natural World' (PhD, Department of Human Services, Edith Cowan University, Australia). Available at http://ro.ecu.edu.au/cgi/viewcontent.cgi?article=1097&context=theses

Ryden, Hope (1979) *God's Dog: A Celebration of the North American Coyote* (New York: Viking Press).

— (1989) *Lily Pond: Four years with a Family of Beavers* (New York: Lyons & Burford).

Sagoff, Mark (1984) 'Animal Liberation and Environmental Ethics: Bad Marriage, Quick Divorce', *Osgoode Hall Law Journal* 22/2: 297-307.

Sanders, Clinton R. (1993) 'Understanding Dogs: Caretakers' Attributions of Mindedness in Canine-Human Relationships', *Journal of Contemporary Ethnography* 22/2: 205-26.

— and Arnold Arluke (1993) 'If Lions Could Speak: Investigating the Animal-Human Relationship and the Perspectives of Non-Human Others', *Sociological Quarterly* 34/3: 377-90.

Sapontzis, Steve (1987) *Morals, Reason, and Animals* (Philadelphia: Temple University Press).

— (ed.) (2004) *Food for Thought: The Debate over Eating Meat* (Amherst, NY: Prometheus Books).

Satz, Ani (2006) 'Would Rosa Parks Wear Fur? Toward a nondiscrimination approach to animal welfare', *Journal of Animal Law and Ethics* 1: 139-59.

— (2009) 'Animals as Vulnerable Subjects: Beyond Interest-Convergence, Hierarchy, and Property', *Animal Law* 16/2: 1-50.

Schlossberg, David (2007) *Defining Environmental Justice: Theories, Movements, and Nature* (Oxford: Oxford University Press).

Scott, James (1998) *Seeing Like a State: How Certain Schemes to Improve the Human Condition Have Failed* (New Haven: Yale University Press).

Scruton, Roger (2004) 'The Conscientious Carnivore', in Steven Sapontzis (ed.) *Food For Thought: The Debate over Eating Meat* (Amherst, NY: Prometheus), 81-91.

Scully, Matthew (2002) *Dominion: The Power of Man, the Suffering of Animals, and the Call to Mercy* (New York: St Martin's Press).

Serpell, James (1996) *In the Company of Animals: A Study of Human-Animal Relationships* (Cambridge: Cambridge University Press).

Shadian, Jessica (2010) 'From States to Polities: Reconceptualising Sovereignty through Inuit Governance', *European Journal of International Relations* 16/3: 485-510.

Shelton, Jo-Ann (2004) 'Killing Animals That Don't Fit In: Moral Dimensions of Habitat Restoration', *Between the Species* 13/4: 1-19.

Shepard, Paul (1997) *The Others: How Animals Made us Human* (Washington DC: Island Press).

Shue, Henry (1980) *Basic Rights: Subsistance, Affluence, and U.S. Foreign Policy* (Princeton: Princeton University Press).

Silvers, Anita and L. P. Francis (2005) 'Justice through Trust: Disability and the 'Outlier Problem' in Social Contract Theory', *Ethics* 116: 40-76.

— and Leslie Pickering Francis (2009) 'Thinking about the Good: Reconfiguring Liberal Metaphysics (or not) for People with Cognitive Disabilities', *Metaphilosophy* 40/3: 475-98.

Simmons, Aaron (2009) 'Animals, Predators, the Right to Life, and the Duty to Save Lives', *Ethics And The Environment* 14/1: 15-27.

Singer, Peter (1975) *Animal liberation* (New York: Random House).［ピーター・シンガー（戸田清訳）『動物の解放』技術と人間, 1988 年］

— (1990) *Animal Liberation*, 2nd edn (London: Cape).

— (1993) *Practical Ethics*, 2nd edn (Cambridge: Cambridge University Press).［ピーター・シンガー（山内友三郎＝堺崎智監訳）『実践の倫理［新版］』昭和堂, 1999 年］

— (1999) 'A Response', in Dale Jamieson (ed.) *Singer and His Critics* (Oxford: Blackwell), 325-33.

— (2003) 'Animal Liberation at 30', *New York Review of Books* 50/8.［ピーター・シンガー「動物解放の 30 年」ピーター・シンガー（戸田清訳）『動物の解放［改訂版］』人文書院, 2011 年, 付録1。ただし 2009 年刊行の原著には当該付録は収録されていない。］

— and Paola Cavalieri (2002) 'Apes, Persons and Bioethics', in Biruté Galdikas et al. (eds) *All Apes Great and Small, vol. 1: African Apes* (New York: Springer), 283-91.

Slicer, Deborah (1991) 'Your Daughter or Your Dog? A Feminist Assessment of the Animal Research Issue', *Hypatia* 6/1: 108-24.

Smith, Graham (2003) *Deliberative Democracy and the Environment* (London: Routledge).

Smith, Martin Cruz (2010) *Three Stations* (New York: Simon and Schuster).

Smith, Mick (2009) 'Against Ecological Sovereignty: Agamben, politics and globalization', *Environmental Politics* 18/1: 99-116.

Smuts, Barbara (1999) 'Reflections', in J. M. Coetzee, *The Lives of Animals*, ed. Amy Gutmann (Princeton: Princeton University Press), 107-20.

— (2001) 'Encounters with Animal Minds', *Journal of Consciousness Studies* 8/5-7: 293-309.

— (2006) 'Between Species: Science and Subjectivity' *Configurations* 14/1: 115-26.

Somerville, Margaret (2010) 'Are Animals People?', *The Mark*, 25 January 2010. Available at http://www.themarknews.com/articles/868-are-animals-people ［Not Found］

Sorenson, John (2010) *About Canada: Animal Rights* (Black Point, Nova Scotia: Fernwood Publishing).

Spinner, Jeff (1994) *The Boundaries of Citizenship: Race, Ethnicity, and Nationality in the Liberal State* (Baltimore, MD: Johns Hopkins University Press).

Steiner, Gary (2008) *Animals and the Moral Community: Mental Life, Moral Status, and Kinship*

(New York: Columbia University Press).

Stephen, Lynn (2008) 'Redefined Nationalism in Building a Movement for Indigenous Autonomy in Southern Mexico', *Journal of Latin American Anthropology* 3/1: 72-101.

Sullivan, Robert (2010) 'The Concrete Jungle', New York Magazine (online), 12 September 2010. Available at http://nymag.com/news/features/68087

Sunstein, Cass (2002) *Risk and Reason* (Cambridge: Cambridge University Press).

— and Martha Nussbaum (eds) (2004) *Animal Rights: Current Debates and New Directions* (Oxford: Oxford University Press). [キャス・R・サンスティン＝マーサ・C・ヌスバウム編（安部圭介＝山本龍彦＝大林啓吾監訳）『動物の権利』尚学社，2013年]

Swart, J. (2005) 'Care for the Wild: An Integrative View on Wild and Domesticated Animals', *Environmental Values* 14: 251-63.

Tan, Kok-Chor (2004) *Justice Without Borders: Cosmopolitanism, Nationalism, and Patriotism* (Cambridge: Cambridge University Press).

Tashiro, Yasuko (1995) 'Economic Difficulties in Zaire and the Disappearing Taboo against Hunting Bonobos in the Wamba Area' *Pan Africa News* 2/2 (October 1995) . Available at http://mahale. web.infoseek.co.jp/PAN/2_2/tashiro.html [→ http://mahale.main.jp/PAN/2_2/tashiro.html]

Taylor, Angus (1999) *Magpies, Monkeys, and Morals: What Philosophers Say about Animal Liberation* (Peterborough, ON: Broadview Press).

— (2010) 'Review of Wesley J. Smith's *A Rat is a Pig is a Dog is a Boy: The Human Cost of the Animal Rights Movement* ', *Between the Species* 10: 223-36.

Taylor, Charles (1999) 'Conditions of an Unforced Consensus on Human Rights', in Joanne Bauer and Daniel A. Bell (eds) *The East Asian Challenge for Human Rights* (Cambridge: Cambridge University Press), 124-45.

Taylor, Paul (1986) *Respect for Nature: A Theory of Environmental Ethics* (Princeton: Princeton University Press).

Thomas, Elizabeth Marshall (1993) *The Hidden Life of Dogs* (Boston: Houghton Mifflin) . [エリザベス・M・トーマス（深町眞理子訳）『犬たちの隠された生活』草思社，2011年]

— (2009) *The Hidden Life of Deer: Lessons from the Natural World* (New York: HarperCollins).

Thompson, Dennis (1999) 'Democratic Theory and Global Society', *Journal of Political Philosophy* 7: 111-25.

Thompson, Jo Myers, M. N. Lubaba, and Richard Bovundja Kabanda (2008) 'Traditional Land-use Practices for Bonobo Conservation', in Takeshi Furuichi and Jo Myers Thompson (eds) *The Bonobos: Behavior, Ecology, and Conservation* (New York: Springer), 227-45.

Titchkovsky, Tania (2003) 'Governing Embodiment: Technologies of Constituting Citizens with Disabilities', *Canadian Journal of Sociology* 28/4: 517-42.

Tobias, Michael and Jane Morrison (2006) *Donkey: The Mystique of Equus Asinus* (San Francisco: Council Oak Books).

Trut, Lyudmila (1999) 'Early Canid Domestication: The Farm-Fox Experiment', *American Scientist* 87: 160-9.

Tuan, Yi-Fu (1984) *Dominance and Affection: The Making of Pets* (New Haven: Yale University Press).

Turner, Dale (2001) 'Vision: Towards an Understanding of Aboriginal Sovereignty', in Wayne

Norman and Ronald Beiner (eds) *Canadian Political Philosophy: Contemporary Reflections* (Oxford: Oxford University Press).

United Nations (2006) *Livestock's Long Shadow: Environmental Issues and Options* (Rome: Food and Agriculture Organization).

Vaillant, John (2010) *The Tiger: A True Story of Vengeance and Survival* (New York: Alfred A. Knopf).

Valpy, Michael 'The Sea Hunt as a Matter of Morals', *Globe and Mail*, 8 February 2010, p. A6.

Varner, Gary (1998) *In Nature's Interests? Interests, Animal Rights, and Environmental Ethics* (Oxford: Oxford University Press).

Vaughan, Sarah (2006) 'Responses to Ethnic Federalism in Ethiopia's Southern Region', in David Turton (ed.) *Ethnic Federalism* (London: James Currey), 181-207.

Vellend, Mark, Luke Harmon, Julie Lockwood, et al. (2007) 'Effects of Exotic species on Evolutionary Diversification', *Trends in Ecology and Evolution* 22/9: 481-88.

Vorhaus, John (2005) 'Citizenship, Competence and Profound Disability', *Journal of Philosophy of Education* 39/3: 461-75.

— (2006) 'Respecting Profoundly Disabled Learners', *Journal of Philosophy of Education* 40/3: 331-28.

— (2007) 'Disability, Dependency and Indebtedness?', *Journal of Philosophy of Education* 41/1: 29-44.

Waldron, Jeremy (2004) 'Redressing Historic Injustice', in Lukas Meyer (ed.) *Justice in Time: Responding to Historical Injustice* (Baden-Baden: Nomos), 55-77.

Ward, Peter (2009) *The Medea Hypothesis: Is Life on Earth Ultimately Self-Destructive?* (Princeton: Princeton University Press).

Warner, Bernhard (2008) 'Survival of the Dumbest' The Guardian online, 14 April 2008. Available at http://www.guardian.co.uk/environment/2008/apr/14/endangeredspecies

Wenz, Peter (1988) *Environmental Justice* (Albany: State University of New York Press).

White, Thomas (2007) *In Defense of Dolphins: The New Moral Frontier* (Oxford: Blackwell).

Wiessner, Siegfried (2008) 'Indigenous Sovereignty: A Reassessment in Light of the UN Declaration on the Rights of Indigenous People', *Vanderbilt Journal of Transnational Law* 41: 1141-76.

Wise, Steven (2000) *Rattling the Cage: Toward Legal Rights to Animals* (Cambridge, MA: Perseus Books).

— (2004) 'Animal Rights, One Step at a Time', in Martha Nussbaum and Cass Sunstein (eds) Animal Rights: Current Debates and New Directions (Oxford: Oxford University Press), 19-50. ［スティーヴン・M・ワイズ（横大道聡訳）『動物の権利，一歩ずつ着実に』キャス・R・サンスティン＝マーサ・C・ヌスバウム編（安部圭介＝山本龍彦＝大林啓吾監訳）『動物の権利』尚学社，2013 年］

Wolch, Jennifer (1998) 'Zoöpolis', in Jennifer Wolch and Jody Emel (eds) *Animal Geographies: Places, Politics, and Identity in the Nature-Culture Borderlands* (London: Verso), 119-38.

— (2002) 'Anima urbis', *Progress in Human Geography* 26/6: 721-42.

—, Stephanie Pincetl, and Laura Pulido (2002) 'Urban Nature and the Nature of Urbanism', in Michael J. Dear (ed.) *From Chicago to L.A.: Making Sense of Urban Theory* (Thousand Oaks, CA: Sage), 369-402.

Wolff, Jonathan (2006) 'Risk, Fear, Blame, Shame and the Regulation of Public Safety', *Economics and Philosophy*, 22: 409-27.

— (2009) 'Disadvantage, Risk and the Social Determinants of Health', *Public Health Ethics* 2/3: 214-23.

Wong, Sophia Isako (2009) 'Duties of Justice to Citizens with Cognitive Disabilities', *Metaphilosophy* 40/3-4: 382-401.

Wood, Lisa J. et al. (2007) 'More Than a Furry Companion: The Ripple Effect of Companion Animals on Neighborhood Interactions and Sense of Community', *Society and Animals* 15: 43-56.

Young, Iris Marion (2000) *Inclusion and Democracy* (Oxford: Oxford University Press).

Young, Rosamund (2003) *The Secret Life of Cows: Animal Sentience at Work* (Preston UK: Farming Books).

Young, Stephen M. (2006) 'On the Status of Vermin', *Between the Species* 13/6: 1-27.

Zamir, Tzachi (2007) *Ethics and the Beast: A Speciesist Argument for Animal Liberation* (Princeton: Princeton University Press).

Zimmer, Carl (2008) 'Friendly Invaders' *The New York Times*, 8 September 2008. Available at http://www.nytimes.com/2008/09/09/science/09inva.html?pagewanted=1&_r=4&ref=science

人名・団体名索引

Arneil, Barbara（バーバラ・アルニール）　86, 88, 100, 140, 155, 161, 289

Bekoff, Marc（マーク・ベコフ）　70, 167-169, 178, 214

Bentham, Jeremy（ジェレミー・ベンサム）　30

Budiansky, Stephen（スティーヴン・ブディアンスキー）　120-121, 144

Burgess-Jackson, Keith（キース・バージェス＝ジャクソン）　16-17, 25, 121-122, 145, 212

Callicott, J. Baird（J. ベアード・キャリコット）　17, 50, 112, 142-144, 225, 228, 284

Calore, Gary（ギャリー・カローレ）　94, 97-98

Casal, Paula（ポーラ・カサル）　62-63

Cavalieri, Paola（パオラ・キャヴァリエリ）　24, 31, 36, 39, 62, 69, 71, 186, 295

Clark, Stephen（スティーヴン・クラーク）　71

de Waal, Frans（フランス・ドゥ・ヴァール）　167, 214

DeGrazia, David（デヴィッド・ドゥグラツィア）　69, 127, 129-134, 145

Dunayer, Joan（ジョーン・デュネイヤー）　10-11, 23, 36, 71-72, 111, 122, 143-144, 216, 225, 247, 299-300

Dworkin, Ronald（ロナルド・ドゥオーキン）　30, 290

Eckersley, Robyn（ロビン・エッカースレイ）　209, 288, 294-295

Everett, Jennifer（ジェニファー・エヴェレット）　231-232, 257

Fox, Michael A.（マイケル A. フォックス）　71, 74

Francione, Gary（ギャリー・フランシオーン）　5, 10, 22-25, 36-37, 44-45, 69, 111-114, 117, 122, 125, 142-143, 224, 227-228, 299

Francis, Leslie Pickering（レスリー・ピッカリング・フランシス）　71, 87-88, 100, 139-140, 152 -155, 162, 213, 350

Goodin, Robert（ロバート・グッディン）　72, 210, 286-287, 290

Gould, Stephen Jay（スティーヴン・ジェイ・グールド）　121

Habermas, Jurgen（ユルゲン・ハーバーマス）　83-84, 87, 100, 212

Hadley, John（ジョン・ハドレー）　23, 197, 225, 237, 247, 287, 292

Hutto, Joe（ジョー・ハットー）　256-257

Kittay, Eva Feder（エヴァ・フェダー・キテイ）　69-71, 118-119, 144, 153, 213

Latour, Bruno（ブルーノ・ラトゥール）　101

Loughlin, Martin（マーティン・ラフリン）　239

MacKinnon, Catherine（キャサリン・マッキノン）　184

Masson, Jeffrey（ジェフリー・マッソン）　25, 170, 173, 214

McMahan, Jeff（ジェフ・マクマハン）　31, 61, 73, 145, 231

Motavalli, Jim（ジム・モータヴァッリ）　357-358

Murdoch, Iris（アイリス・マードック）　52-55

Nozick, Robert（ロバート・ノージック）　31

Nussbaum, Martha（マーサ・ヌスバウム）　46, 56, 61, 69, 127, 134-139, 145-146, 195, 213, 217, 225, 231, 233-234, 249, 282, 287-288, 294

Okin, Susan Moller（スーザン・モラー・オーキン）　63, 118

Orford, H. J. L.（H. J. L. オーフォード）　229-230

Palmer, Clare（クレア・パーマー）　16-17, 25, 38, 46, 73, 141-143, 145, 215, 224, 228, 231, 283 -286, 288, 293, 308, 315, 349, 351

Pateman, Carole（キャロル・ペイトマン） 286-287, 290

Pateman, Roy（ロイ・ペイトマン） 286-287, 290

Patterson, Charles（チャールズ・パターソン） 4, 22

Pemberton, Jo-Anne（ジョアンヌ・ペンバートン） 239, 241-243, 288-290

PETA［動物の倫理的扱いを求める人々の会］ 7-8, 143

Philpott, Daniel（ダニエル・フィルポット） 241, 289

Plumwood, Val（ヴァル・プラムウッド） 17, 294

Prince, Michael（マイケル・プリンス） 86, 151, 213

Rawls, John（ジョン・ロールズ） 30-31, 57-58, 83-84, 87, 100, 150, 212, 289, 333

Raz, Joseph（ジョセフ・ラズ） 70

Regan, Tom（トム・レーガン） 25, 36, 42, 45-46, 69, 143, 145, 223-225, 227, 232-234, 245, 287,
    289, 293

Rollin, Bernard（バーナード・ローリン） 212, 214

Ryden, Hope（ホープ・ライデン） 144, 255

Sapontzis, Steve（スティーヴ・サポンツィス） 24, 36, 46, 73, 126-127, 214, 225, 228, 231, 268, 287

Scott, James（ジェームズ・スコット） 322

Sewell, Anna（アンナ・シュウエル） 141

Shepard, Paul（ポール・シェパード） 13, 112

Silvers, Anita（アニータ・シルヴァーズ） 71, 87-88, 100, 139-140, 152-155, 162, 213, 350

Singer, Peter（ピーター・シンガー） 4, 23-24, 39, 46, 68-69, 224, 231, 287, 295, 364

Smuts, Barbara（バーバラ・スマッツ） 37, 45, 54-55, 158-159, 161, 171, 173, 288

Somerville, Margaret（マーガレット・サマーヴィル） 43, 51, 71

Spinner, Jeff（ジェフ・スピナー） 324, 352

Steiner, Gary（ギャリー・シュタイナー） 36-37, 69

Swart, Jac（ジャック・スワート） 284-285

Thomas, Elizabeth Marshall（エリザベス・マーシャル・トーマス） 159-160, 171-172, 203, 245, 254

Vegan Outreach（ヴィーガン・アウトリーチ） 72, 286

Vorhaus, John（ジョン・ヴォーハウス） 71, 87, 152-153, 209, 213

Warren, Karen（カレン・ウォーレン） 53-54

Wenz, Peter（ピーター・ウェンツ） 225, 228, 284

Wolch, Jennifer（ジェニファー・ウォルチ） 67, 73-74, 99, 164-165, 215, 236, 286, 293-294, 349
    -350, 353-354

Wrangham, Richard（リチャード・ランガム） 121, 144

Young, Rosamund（ロザムンド・ヤング） 160-161, 170, 173, 204

Zamir, Tzachi（ツァチ・ザミール） 24, 61, 127, 129, 140, 145, 189, 212

王立動物虐待防止協会（RSPCA） 3

カナダ動物愛護連合 343, 354

国際地球科学情報ネットワークセンター 93

ダンシングスター・サンクチュアリ 173

フィアスコ・ファーム（テネシー州） 217

ブラック・ヘン・ファーム（カリフォルニア） 217

野生生物保存協会 93

事項索引

EU　62, 240, 242
SID（重度知的障害）　152-154, 156, 162, 177, 213

あ 行

アーミッシュ　302, 323-324, 326, 352
アオガラ　245
遊び　121, 165, 168-171, 176, 178, 193, 214
アニマル・サンクチュアリ　172
アホウドリ　305, 351
アメリカ合衆国（／米国）　4, 6, 24, 74, 78, 82, 113, 125, 164, 180, 213, 218, 227-228, 260, 265, 286, 289, 303, 312
誤りやすさ（の議論）　229-231, 246, 249, 245, 257, 291
アライグマ　97, 122, 296, 301, 308, 338, 345-346
安楽死　198, 315, 351
医学実験　7, 29-31, 40, 60, 73
閾値アプローチ　110-111, 126-134, 140, 149, 175, 211-212
イギリス　3, 24, 186, 213, 245, 260, 270, 306, 311, 313, 347, 354, 360
生垣　160, 268, 311, 336, 351
移住　237, 312, 318-319
移住者のデニズンシップ　327-328, 330-333
異種間関係　146
異種間コミュニケーション　54, 73
異種間コミュニティ　140, 146
依存　9, 12-13, 16-17, 20, 75, 87-92, 94-98, 100, 107-108, 111-112, 114, 116-122, 125, 130, 132, 136, 141, 143-144, 149
依存的（行為）主体性　87-90, 100, 151-153, 155, 157, 160-161, 173, 209, 213, 220, 244, 289
移動　178-185
移動の自由　178-183, 185, 261, 279, 318, 361
意図せざる加害（／殺害）（→「人間活動の波及的加害」も見よ）　234, 246, 254, 276, 278, 286
移入外来種　307, 312-314, 317, 319, 351
移民　18-20, 74, 77, 88, 128, 131-133, 146, 148,

188, 236, 262, 302, 326-330, 332-333, 352, 356
医療ケア　133, 146, 149, 173, 189, 193, 197, 211, 217, 316, 330, 361
イルカ　39-40, 100, 141, 166, 214, 257
イングランド　311, 316
インコ　183, 215, 218, 312, 351
インフォームド・コンセント　197, 213
ヴィーガニズム／ヴィーガン　7, 74, 205, 208, 219, 277, 362
ウェストファリア条約　241
ウシ　9, 25, 62, 71, 130-131, 133, 141, 160-162, 170, 173, 192-194, 214-215, 217, 267, 314, 357
ウズラクイナ　311
ウマ　3, 45, 99, 130, 133, 138, 141-142, 165, 173, 176-177, 194, 196, 214-215, 217, 292, 314
エコファシズム／エコファシスト　50, 72
オウム　280, 312, 363
大型類人猿　24, 39-40, 100, 286, 290
大型類人猿プロジェクト（Great Ape Project）　24, 295
オオカミ　71, 93, 117, 121, 123, 136, 144, 167-169, 197, 201, 217, 226, 230
オーストラリア　146, 236, 264-265, 288-289, 312-314, 352
オーストリア　217, 293
オカヴァンゴ・デルタ　230

か 行

ガイア・テーゼ　291
介入　15-16, 24, 66, 91, 95, 98-99, 115, 122-123, 136, 146, 149, 177, 197, 199-201, 203, 221, 224-236, 238-239, 245-259, 278, 281-282, 285-288, 290-291, 299-300, 320, 338-339, 341
外来種　12, 210, 230, 307, 312, 314, 317, 319, 321, 336, 346
改良主義　5, 22, 111
カエル　275, 312-314
家畜化されていない（動物）　12, 21, 98, 152,

212, 220, 304-305, 315, 320, 349

家畜動物　10-11, 24-25, 32, 34, 67, 85, 88-92,
94-97, 99-100, 105-146, 147-219, 220, 222,
238, 244, 246, 266, 283-285, 296, 298-299,
301, 303, 306-307, 314-317, 319-320, 322,
326, 336, 339, 341, 348-349, 351-352, 354

カナダ　22, 93, 213, 218, 238, 260, 265, 285,
289, 293-294, 318, 328-329, 352-353

カナダガン　92

カメ　246, 275, 290-291, 361

カモ　9, 12, 122, 257, 308

カラス　96, 137, 212, 308, 320

感覚性　36

関係的義務　9-12, 145, 283, 297, 308

関係論的アプローチ　32, 222, 225-226, 283
-284, 291, 356

間主観性　43, 46, 51-52, 54-55, 214

危害（／加害）　17, 23, 30, 48-49, 57-58, 61, 68
-69, 74, 122, 125, 129-131, 133, 149, 182, 184
-185, 187, 208, 216, 221-224, 228, 234, 241,
257, 261, 266-267, 269-270, 272-274, 276,
281-282, 284, 286, 297, 306-307, 312, 342

機会主義的動物（／機会主義者）　12, 20, 122
-124, 307-311, 317, 319, 321, 336, 351, 354

キツネ　12, 173, 296, 308-311, 351, 357

牛乳　192-194, 208

境界　12, 18, 19, 31, 36, 70, 78-80, 89, 92, 100,
139, 141, 152, 175, 179, 196, 200, 207-208,
226, 238, 248, 259-271, 302-303, 305-306,
312, 315, 317, 322, 351

境界動物　20-21, 32, 34, 73, 92, 94-95, 97-98,
149, 187, 212, 216, 220, 246, 292, 296-355

共生的関係　25, 68, 126, 145, 268, 292

共通善（→公共善もみよ）　73, 141, 191, 244

緊急避難　57, 60

金魚　99, 165, 183, 215, 218

クジラ　39, 62, 261, 268-271, 292, 363

（家畜動物の）訓練　149, 175, 194-196, 211, 217

鶏卵業　7, 130, 192-194, 208, 217, 316

原住民　240, 288, 292

権利の意思説　70

権利の選択説　70

行為主体性　83-90, 95, 99, 101

郊外　98, 172, 212, 296, 305, 308-309, 312, 317,
340, 343-344, 354

公共空間　77, 149, 163-165, 178, 180-182, 216,

361

公共善（／共通善）　73, 76-77, 80, 84-85, 141,
147, 191, 244

（被）後見（人）　7, 86, 135, 148-149, 174, 213,
237-238

後見モデル　10, 87, 149, 182, 212, 214, 237-238

工場畜産　4, 6, 60, 109, 116, 141, 362

公平性　106, 167-168

コウモリ　12, 45, 308, 347, 361

功利主義　17, 23-24, 30-33, 68-69, 71, 218

国際的正義　222, 236

国際法　81-82, 236-237, 240, 318

国際連合（／国連）　4, 82, 242, 357, 364

　　1962 Resolution on Permanent Sovereignty
over Natural Resources, Article1, GA
Resolution 1803(XVII) 14 December 1962
［天然資源に対する恒久主権に関する総会
決議（1803）（1962 年）］　288

　　Livestock's Long Shadow（2006）　4

　　国連信託統治地域　295

　　児童の権利に関する条約（1990 年）　41

　　障害者の権利に関する条約（2006 年）　41

　　すべての移住労働者とその家族の権利の保護
に関する国際条約　353

　　世界人権宣言　63, 200

コスモポリタニズム／コスモポリタン　78-79,
100, 179, 240

個体数増加　262, 309, 311, 338, 348

国家無き社会　240-241

子ども　19-20, 22, 33, 40, 42, 63, 66, 70, 84, 86,
88, 109, 112, 115, 117-119, 128, 131, 133,
139, 151, 164, 175, 177, 179, 181, 188, 195
-196, 199-200, 202, 206, 215-216, 218, 278,
300, 326, 342, 353

小鳥　173, 300, 304, 344-345

コミュニケーション　54-55, 73, 87, 119, 137
-138, 141, 150, 153, 213, 301, 352, 363

コヨーテ　12, 92, 99, 144, 168-169, 187, 245,
257, 271, 278, 280, 296, 307-309, 320, 337
-339, 343-344, 346, 353-354, 357

コンゴ民主共和国（DRC）　263

さ 行

サーカス　3, 165-166, 223, 286, 294-295

サーミ　124, 260, 262

災害　15, 110, 142, 187, 216, 221, 234, 245, 251

事項索引　　385

-252, 258, 282

（再）野生化　12, 98, 101, 145, 173, 183, 204,
　215, 221, 268, 278, 307, 314-317, 319-321,
　327, 337, 339, 344, 346, 351-352

裁量　227-229, 231, 249, 256, 258, 325

サギ　230, 341

サヘル砂漠　260, 270

サムソー島　190

サル　45, 167-168, 287, 354

参政権　89, 209

自衛　293, 299, 350

シカ　12, 45, 49, 99, 123, 144, 173, 217, 221,
　230, 232, 245, 253-254, 271, 278, 290, 296,
　306, 308, 310, 338, 342, 345-346, 354

自決／自己決定　19, 22, 79, 86, 188, 235, 239,
　250, 252-253, 258, 260, 263, 267, 281-282,
　289, 291, 333, 363

自己家畜化　121, 144

自己性　35, 37-41, 43-48, 50-52, 55-56, 69, 72,
　78, 80

自己利益　133, 357-358, 362

自然の価値　47-48, 50

死体（／屍体／死骸）　144, 162, 204, 206-207,
　217, 219, 245

七面鳥　114, 173, 256-257

シティズンシップ理論　18-19, 21, 75-101, 105,
　149, 152, 155, 166, 175, 184-185, 209, 211
　-212, 222, 235

シナントロープ種　310, 351

社会化　40, 133, 139, 146, 149, 175-178, 180,
　183, 186-187, 195, 211, 215, 239, 245, 301
　-302, 319-320, 324-325, 339, 352

社会契約　153, 162, 333

社会的協力　153-156, 166, 169, 201

社会的協力の信頼モデル　153-154, 162

社会的排除　180-181

宗教　8, 37-38, 62-64, 66-67, 70, 72, 82, 176,
　207, 262, 302, 323-325

重度知的障害　→ SID

主観的善　87, 244

主権／主権者　17, 19-21, 32, 73, 75-76, 78, 80
　-85, 89-93, 97, 147, 218, 220-223, 225-226,
　233-248, 250-253, 256, 258-272, 277, 281
　-292, 294, 296, 300-303, 314, 348-349, 352
　-353, 356, 362-363

主権理論　234-250, 265, 289

種差別　36, 43, 46, 51

種の模範　134-141, 146, 175, 286

商業化　191-192, 194

食餌・給餌　74, 96, 109, 110, 193, 197, 201, 204
　-206, 208-209, 217, 294, 301, 308, 320, 360

食肉生産　4, 205

植物　35, 48-51, 53, 92, 101, 144, 160-161, 190,
　222, 290-292, 313-314, 343, 346

植民地化　17, 20, 22, 235-236, 238-240, 248,
　250, 265-267, 281, 286, 288-289, 300, 305,
　348, 351, 356-357, 359-360, 362

所有権　225-226, 237, 247, 285, 288, 290, 326

自律　21, 41, 69, 86, 117-118, 143, 155, 160-
　161, 177, 232-234, 239-243, 246-249, 258
　-259, 278, 282-283, 288-289, 291, 320, 337,
　348-349

進化　24-25, 64, 72, 99, 101, 120-123, 141, 170,
　205, 214, 216, 230, 246, 252, 290, 298, 306

人格性　18, 24, 35, 38-44, 46-47, 51, 69, 71-72,
　77-80, 161, 173

人権　3, 5, 7, 18-19, 23, 30-31, 35-37, 40-44,
　47, 50, 57, 59, 62-67, 72, 74, 77-79, 84, 148,
　219, 236

人口増加　4, 292, 305

人造肉　206-208, 219

身体障害者　181, 213

人道的処遇の神話　108-109

人民主権　76, 81-83

スイス　210, 219

スタートレック　70, 72, 290, 362-363

スペイン　24, 62

正義　3, 5, 9, 14, 16, 21-22, 29, 34-36, 47-48,
　50-51, 57-62, 67, 71-74, 87, 90-92, 94-96, 99
　-100, 105-106, 110-111, 113-116, 122, 125
　-128, 132, 134-136, 139-140, 148, 153, 155,
　166, 174, 195, 205-206, 212, 217, 222, 236,
　240, 249, 253, 258-259, 266, 268-270, 272,
　274-277, 282-284, 288-289, 292-293, 302
　-304, 315, 318, 325, 328-330, 332-333, 339,
　347, 350, 352, 359-360, 362, 364

政治参加　21, 81, 83, 161-162, 164-165, 330

政治的代表　209-210, 285

脆弱性　37, 47, 52, 55, 75, 94, 99, 112, 117-118,
　204, 218, 220, 243, 250, 283, 312, 326, 331,
　336

生息地（の）喪失／破壊　6, 15, 22, 94, 97, 220

-225, 234, 268, 270, 281, 283, 286, 296, 305
-306, 309-310, 357

生態系　6-7, 12, 15, 29, 48-51, 73, 123, 173,
180, 202, 210, 217, 220-223, 225, 230-231,
248-249, 253, 257, 263, 267-268, 271, 287,
289-291, 294, 312-314, 317, 347, 350, 359

生態系中心主義者（→動物の生息地もみよ）　6,
14-16, 47-52, 72, 222, 257-258, 294

生態系中心主義的アプローチ　5-8, 14-16, 20,
48, 50, 73, 222, 257

正当防衛　57, 60, 69, 73

積極的義務　12-14, 19, 24-25, 68, 136, 224,
228, 234-235, 249, 258, 284, 308, 320, 340
-341, 361

（環境）設計　9, 261, 276, 281, 293-294, 340,
343

セラピーアニマル　130, 194, 196

潜在能力アプローチ　42, 134-137, 139, 145,
217

ゾウ　39, 166, 215, 271, 277-278, 292-293, 354,
363

相互依存　13, 16-17, 20, 75, 87, 90-92, 94-95,
99, 132, 154-156, 213, 231, 246, 288-289,
291, 304, 360

相互作用論　72

相互性　10, 21, 277-278, 281, 294, 332-334,
336, 339, 348, 352, 360

ソーシャルワーカー　216, 219

訴訟事件
　　Superintendent of Belchertown v Saikewicz
　　（アメリカ合衆国, 1977 年）　71
　　ウースター対ジョージア州（アメリカ合衆国,
　　1832 年）　289
　　コー対コモンウェルス（オーストラリア,
　　1979 年）　288

尊厳　42-43, 56, 71, 77-78, 109, 116-121, 125,
135, 181, 191, 206, 208, 219, 252

尊重，および尊重の概念　205-207

た　行

退出　189, 192, 326

他者性　52-53

脱植民地化　241, 267, 288, 305

多文化主義　63

畜産動物　13, 24, 109, 116, 160, 162, 178, 197,
286, 314

（重度）知的障害者　20, 33, 41, 69, 87, 115, 118,
152, 154, 192, 213, 218, 326

提案 2 州民投票（カリフォルニア）　3, 5, 8

帝国主義　62, 240-241, 243, 247, 250-251, 288,
290

適応的選好　195

適用除外型デニズンシップ　323-327

デニズンシップ　20-21, 32, 73, 212, 301-304,
307, 317, 320-327, 330-340, 345, 349, 352
-353, 355

闘牛　62

同心円モデル　228, 284

道徳的議論の無力　357

道徳的主体性　40, 43, 70-71, 214

道徳的序列／ヒエラルヒー／秩序　6, 8, 50, 71

道徳的地位　35, 42, 44, 46-52, 56, 62, 73, 187,
221, 226, 334, 356

道徳的帝国主義　62, 67

道徳的反省　363

動物園　3, 68, 90, 98, 129-130, 165-166, 218,
220, 223, 225, 231-232, 257, 279, 286, 294,
312

動物企業テロリズム法（2006 年, アメリカ合衆国）
24-25

動物搾取　4-8, 10-11, 13, 20, 51, 57, 65, 109,
132, 357-360, 362

動物実験（→医学実験もみよ）　10, 24, 29, 45, 60
-61, 68, 111, 126, 197, 221

動物の権利理論（ART）　7-21, 23-25, 29, 31, 34
-38, 40, 42, 47-50, 52, 56, 65-69, 71, 74-75,
80, 85, 89-96, 101, 105-106, 108-110, 112
-115, 117-118, 124, 126-127, 133, 140, 142,
148, 175, 188, 199, 209-211, 218, 221-227,
229, 231-234, 247-250, 257-259, 270-271,
278, 281-282, 284-287, 298-300, 322, 340,
350, 359-360

動物の生息地　4, 7, 9, 15-16, 22, 29, 34, 49-50,
73, 93-94, 223, 225-226, 230-231, 233-234,
236-238, 243, 255, 260-261, 266, 268-269,
278, 292-293, 297-298, 300, 306, 309, 311,
343-344, 346, 351, 357, 361-362

動物の普遍的な基本的（／消極的）権利（→不可
侵の権利もみよ）　9, 11, 17-20, 25, 29, 35, 46,
57, 68, 75, 147, 149, 248, 269

動物福祉　3-4, 6, 62, 111, 210, 352

動物由来製品　188

事項索引　　387

動物擁護運動　3-5, 8, 14, 20-24, 62
動物労働　58, 105-106, 126, 128, 130, 141-142, 165, 175, 194-196, 211
トキ　255, 291
都市計画　211, 215-216, 297, 347
閉じ込め（／監禁）　3-4, 7, 9, 24, 30, 57-58, 68-69, 105, 115-116, 122, 124-126, 133, 144, 162, 178-179, 181-183, 185, 192, 196, 199, 215-216, 218, 227, 257, 279, 285, 301, 320, 336-338, 354
ドブネズミ　12, 96-97, 122, 310, 342
奴隷制　22, 113, 124-126, 143, 293, 358

な 行

ナショナル・アイデンティティ　79
ナチス　180, 235, 251
ニッチ・スペシャリスト　96-97, 120, 289, 292, 307, 310-312, 340
ニワトリ　130, 133, 138, 162, 183, 192-193, 197, 204, 206, 208, 211, 215, 217, 219, 316, 361
人間活動の波及的加害　221, 248-249, 259, 270
人間中心主義　47, 51-52, 69, 73
人間・動物関係の空間的次元　98-99
人間・動物政治共同体　349, 354, 361
人間例外主義　71
ネオテニー化　117-118, 120-122
ネコ　55, 74, 110, 122-123, 141-143, 170-173, 176, 184, 186-187, 193, 197, 204-209, 211, 215-216, 219, 286, 294, 314-316, 320, 337, 344, 346, 352-353, 357, 361
ネパール　98, 101, 292
根をもったコスモポリタニズム　100

は 行

ハイウェイ（／高速道路）　215, 261, 272-276, 293, 308
廃止・根絶論　68, 110-118, 120, 122, 124-127, 133, 140, 143, 149, 175, 184, 199, 202, 211, 215, 219
ハツカネズミ　12, 99, 310
ハト　98, 101, 300, 303, 315, 336, 343, 346, 349, 353-354, 357, 360
ハヤブサ　52, 296, 308
カトリーナ［ハリケーン］　142, 187
ハル（市）　316

繁栄　36, 48, 98, 122, 130, 134-140, 146, 183, 209, 217, 223, 225, 231-234, 241-244, 246, 249, 258-260, 282, 287, 289, 292, 298, 300, 306, 308, 310-316, 319, 349
繁殖　4, 7, 9-10, 13, 20, 49, 95, 101, 107-108, 110-111, 113-117, 121-126, 133, 144, 149, 168, 190, 192, 194, 202-204, 216-217, 301, 311, 320-321, 336, 341, 343-344, 360
反テロ法　24
伴侶動物　10, 13, 17, 25, 74, 98, 108, 110, 112, 116, 142, 145-146, 160, 162, 165, 172, 197-198, 204-205, 207, 211-212, 214, 228, 278, 283, 362
ビーバー　255
非介入　10, 224, 231, 249, 255, 300, 361
ヒツジ　115, 137, 160, 189-194, 204, 216-217
ヒヒ　31-32, 54-55, 288
ファーム・サンクチュアリ　116, 137, 190-191, 193, 216
不可侵の権利　7, 20, 29-34, 36-39, 41-44, 46-48, 50-52, 56-57, 59-60, 67-70, 72-73, 299
福祉主義　5-8, 16, 23-24, 134, 210
ブタ　25, 29, 74, 138, 162, 170, 193, 215, 217, 314, 320
不法移民（／移住者）　20, 302, 327, 331-333, 353
フランス　163, 184
フリーライド　325-326
文化的多様性　63, 205
ペット　7, 12, 14, 24, 68, 90, 98-99, 105, 109-110, 112, 114, 129-130, 133, 137, 139, 141-143, 183, 197, 205, 211, 215-216, 221, 279, 297, 312, 315-316, 338, 342
ベネズエラ　287
保護国　242, 286
補償　263, 266, 269-270, 272, 274-275, 277-279, 281-282, 289, 295, 330
捕食（者／動物）　15, 49, 99, 101, 119, 123, 146, 183, 187, 189, 196, 200-201, 205, 208, 221, 223, 225-227, 229-234, 244-246, 252-254, 257-258, 277, 287, 290, 294, 297, 306, 312-315, 319, 337-338, 341-342, 344-346, 354348, 354, 361
補助犬　163-164, 194, 196
ボノボ　121, 262-263, 291
ホロコースト　22

ま 行

間引き　15, 29, 49, 278, 344, 353
ムシクイ　260-261, 270
無主地　236-237, 286
無生物　35, 73
メンバーシップ　80, 84, 101, 106, 127, 129, 132,
　145-146, 188, 262, 354-356

や 行

野生動物　4, 11-13, 15-16, 20-22, 24, 29, 32,
　34, 59, 67, 73, 89-94, 96-100, 119, 123, 141,
　146, 149, 178, 187, 197, 200, 207, 215-217,
　220-229, 231-240, 243-250, 252-253, 255,
　257-259, 261-271, 275-290, 292-300, 303
　-306, 308-309, 312, 320, 322, 338, 349, 351
　-353, 357, 359, 361
野生動物ドキュメンタリー　288
野生動物保護区　93-94, 237, 279-281
ヤマネ　311, 336, 351
優生学　42, 72, 143, 163

ら 行

酪農業　130
リーズ（市）　347, 360
利益説　70
力量ある主体　246

リス　9, 12, 31, 55, 92, 97, 122, 171, 176, 183,
　187, 212, 280, 296, 299-301, 308, 313, 320,
　338-339, 345-346, 351, 354, 361
リスク（配分）　58-59, 221, 224, 227-228, 230,
　232-233, 244-245, 254-255, 258, 270-279,
　281, 285-286, 289, 293-294, 306, 308, 321,
　325-326, 331-332, 337-342, 344-346, 348,
　353
利用　6, 8, 23-24, 29-30, 33, 37-38, 40, 66-67,
　69, 71, 105, 109, 111, 124, 126-131, 141, 145,
　174, 188-194, 207-208, 216-217, 219, 252,
　359
良心的兵役拒否者　324-325
類人猿　24, 39-40, 100, 286-287, 290
歴史的不正義　9, 92, 113, 266, 268-270
ロードキル　275, 292-293, 305-306, 308, 344
ローマ　316, 344, 352
ロシア　144, 214, 292
ロバ　137, 141, 173, 194, 196
ロマ　235, 262, 324

わ 行

渡り　97, 99, 255, 260, 271, 291, 305, 308
ワタリガラス　144, 245, 291, 293
渡り鳥　12, 275, 349
ワニ　230, 277

訳者あとがき

1. 本書翻訳の意図

人間は，身近な動物たちに対して，あるいは，同じ地球上に生きるすべての動物に対して，どのような責任と義務を負い，どのようなルールに従って行動すべきなのか。これは難問だが，考える価値のある問題であり，既に世界中の人々が，様々な立場から，真剣に考え始めている問題でもある。

例えば，この20年間に，「人と動物の共生への配慮」を基本原則のひとつとするわが国の「動物の愛護及び管理に関する法律」が，急速かつ高度に発達してきたことも，このような全人類的な営みの一コマとして，捉えなおすことができる。

動物保護管理の問題は，法律，経済，政治，行政，文化，思想，倫理，教育，歴史，宗教，科学，環境，公衆衛生といった様々な問題領域と複雑に交錯し，しかも，現代では，ほとんどの問題が，国境を越えた多角的な利害にかかわる。

この問題に対するアプローチの仕方も，論者や手法によりきわめて多様でありうるので，議論に参加する人たちは，自分と違う立場，違うアプローチに対し，「開かれた姿勢」をもつようお互いに努力しなければならない。そのような努力のないところには，対話どころか対立しか生まれない。これはじつに「しんどい」ことである。

思うに，こういった複雑な問題については，近未来に望みうる到達点は，せいぜいのところ，「対立の契機を常に孕んだ崩れやすい平衡状態」でしかありえないと割り切るべきであろう。そして，到達点がそういうものだとわかっていても，それでもなお，その時その時の「はかない平衡状態」の析出を目指し，いつ果てるともしれない無限の共同作業を，それぞれの立場の主張を通じて続けていく覚悟が必要になる。

そのような対話のフォーラムでは，そこに参加する人たちが，「人間と動物の関係のより良き姿を構築する」という大きな目標を共有する論敵に対して，逆説的な言い方であるが一種の連帯感を共有し合い続けなければならない，といってもいいだろう。

様々な考え方が，それぞれの理想の結論に一足飛びには辿り着けないもどかし

さの中，押し合いへし合いしているうちに，議論は，螺旋状に，ゆっくりと，「より良い合意の高み」へと登って行くものだからである。

　私たちは，本書がそのような知的営みに資すると考え，世に送ることにした。原著は，下記の著作である。

Sue Donaldson and Will Kymlicka, *Zoopolis: A Political Theory of Animal Rights*
（Oxford University Press, 2011）

　なお，本書は，著者たちの母国にて，2013 年カナダ哲学会の著作賞（The Canadian Philosophical Association 2013 Biennial Book Prize）を受賞し，ドイツ語，フランス語，スペイン語，ポーランド語，トルコ語に翻訳されている（またはされつつある）。

2. 著者ドナルドソンとキムリッカの紹介

　本書は，スー・ドナルドソンと，ウィル・キムリッカの共著である。

　スー・ドナルドソンは，クィーンズ大学，トロント大学で学んだ後，オタワのカールトン大学で修士号を取得している。本書のほかにヴィーガン食についての著作など，2 冊の著書を持つ著述家である。

　一方，ウィル・キムリッカは，英語圏の法哲学・政治哲学を牽引する代表的理論家である。カナダのクィーンズ大学で哲学と政治学を学び，1987 年にオクスフォード大学で，ジェラルド・コーエン（Gerald Cohen）の指導のもと，哲学の博士号を取得している。1998 年から母校であるクィーンズ大学の哲学部で教鞭をとると共に，ブダペストにある中央ヨーロッパ大学の客員教授も務め，こちらでも定期的に集中講義などを担当している。キムリッカに会いたいならば，最も遭遇しやすいのはトロント・ピアソン国際空港の待合所であるという冗談があるくらい，多忙で世界中を飛び回っている理論家である。キムリッカの経歴の詳細については，彼自身のウェブサイト（http://post.queensu.ca/~kymlicka/）を参照されたい。

　本書以外のキムリッカの主要著作は次のようなものがある。

Multicultural Odysseys: Navigating the New International Politics of Diversity, Oxford University Press, 2007.

訳者あとがき　　391

Contemporary Political Philosophy: An Introduction（second edition），Oxford University Press, 2002.（千葉眞他訳『新版 現代政治理論』日本経済評論社，2005）

Politics in the Vernacular: Nationalism, Multiculturalism and Citizenship，Oxford University Press, 2001.（岡﨑晴輝他訳『土着語の政治──ナショナリズム・多文化主義・シティズンシップ』法政大学出版局，2012）

Finding Our Way: Rethinking Ethnocultural Relations in Canada，Oxford University Press, 1998.

States, Nations and Cultures: Spinoza Lectures，Van Gorcum Publishers, Amsterdam, 1997.

Multicultural Citizenship: A Liberal Theory of Minority Rights，Oxford University Press, 1995. Reprinted in paperback 1996.（角田猛之他訳『多文化時代の市民権──マイノリティの権利と自由主義』晃洋書房，1998）

Contemporary Political Philosophy: An Introduction（first edition），Oxford University Press, 1990. International Student Edition, 1994.（岡﨑晴輝他訳『現代政治理論』日本経済評論社，2002）

Liberalism, Community and Culture，Oxford University Press, 1989. Reprinted in paperback 1991.

ごらんのとおり，既にわが国に翻訳出版されている著作もかなりあり，政治哲学，法哲学，多文化主義，シティズンシップ理論といった領域で世界的に著名なキムリッカが，日本でも注目度の高い理論家であることがわかる。

3. 本書の「動物の権利」論の内容と位置づけ

　キムリッカは，千葉眞・岡﨑晴輝訳『新版 現代政治理論』（原著は 2002 年）の冒頭で，改訂を経た新版でなお論じ残した重要問題について，次のように述べている。

　「1990 年代に提起された重要な新しい問題は，これらの問題にとどまらない。とりわけ，私が残念に思うのは，自然環境と動物にたいするわれわれの道徳的責務に関する論争──これはますます激しさを増してきているが──と取り組む新しい章を設けられなかったことである。というのも，この論争は，政治道徳および政治共同体に関する本書の基本的な諸前提の核心に関連するものだからである。」（「新版への序文」ⅴ頁）

本書は，この序文にいう残された課題を，キムリッカが，ドナルドソンととも
に検討し，その9年後に世に問うたものだといえる。（ちなみに，2人は夫婦である。）

　著者たちは，従来の「動物の権利」論の基本的主張を受け入れつつも，その政
治的な行き詰まり（現実の社会制度に反映されず，動物愛好者にすら支持されない状況）
を打開すべく，従来の動物の権利論の中に，「シティズンシップ（市民権）」，「デ
ニズンシップ（居留権）」，「主権」といった政治学的概念を導入し，その構造を精
緻化し，権利のカタログを拡張する。

　本書の重要な新機軸は，以下の3点に整理できる。

⑴　従来，「家畜動物」と「野生動物」とに二分されがちであった動物の中に，「境
　　界動物」と名付けた一群の動物たち（人間の生活空間を利用して生きている動
　　物，ハトやネズミなど）を加えた動物の三分法を採用していること。

⑵　従来から主張されてきた絶対的な動物の権利（「～されない権利」という消極
　　的な権利）の上に，それに付加される関係に基づく権利（「～してもらえる権
　　利」という積極的な権利）を構想していること。

⑶　⑵でいう関係主義的な権利は，人間およびそのコミュニティ同士の関係
　　を分析・整理する政治学的概念である「シティズンシップ」「デニズンシ
　　ップ」「主権」を応用することでよく理解できるものだとしていること。
　　つまり，家畜動物にはシティズンシップを，境界動物にはデニズンシップ
　　を，野生動物には主権を，それぞれ承認し，それらの原理に従うかたちで
　　動物の権利（裏返せば人間の義務）を論じていること。

　著者たちは，従来の動物の権利論が家畜動物（イヌやネコなどの伴侶動物もここ
に含まれる）の全廃論に至りがちなことを批判し，むしろ，家畜動物はすべて，
政治共同体の中で人間同様の「市民」（シティズン）として扱うべきだと主張する。
「人と動物から成り立つ政治共同体」（タイトルの「ゾーオポリス（Zoopolis）」という
造語はそういう含意で使われている）を想定した場合，すべての動物がもつ普遍的
な「動物の権利」（例えば「拷問を受けない権利」など）に加えて，所属する政治共
同体あるいは人間社会との相対的な関係に応じて，家畜動物にだけ与えられる（そ
して例えば野生動物には与えられない）「市民権」があるというのである。そこには
市民が他の市民に対して負う義務も伴う。

　その「市民権」の内容を論じるための柱として，著者たちが挙げる論点は，

訳者あとがき　　393

(1) 基本的社会化（社会の一員としての基本資質を家畜動物も持つ必要があるか）

(2) 移動の自由と公共空間の共有（家畜動物はどこまで自由に移動し公共空間を利用できるか）

(3) 保護の義務（人間は家畜動物をどう保護するか）

(4) 動物由来製品の利用（人間は家畜動物由来製品をどう利用できるか）

(5) 動物労働の利用（人間は家畜動物の労働をどう利用できるか）

(6) 医療ケア（人間は家畜動物の医療ケアにどのような義務を負うか）

(7) 性と生殖（人間は家畜動物の性と生殖にどこまで介入できるか）

(8) 捕食・食餌（家畜動物が他動物を捕食したりすることを許すべきか，家畜動物に餌として他の動物を与えていいか）

(9) 政治的代表（家畜動物の政治的代表性をどうやって確保するか）

といったアジェンダである。

　著者たちは，上記それぞれの項目を検討し，具体的な意見を述べているが，その詳細については，実際に本書（第5章）を読んでいただきたい。

　訳者の私たちには，著者たちの見解を紹介して他の立場を論破しようとする意図はない。正直に言えば，本書の理想的・仮想的な「人と動物の政治共同体の家畜市民権」という発想には，近い将来の実現可能性を感じさせるアイディアも一部含まれている一方，少なくとも現在の人間社会での実現が困難な議論も多く含まれていると，むしろ感じている。

　ただ，それでもなお，私たちは，この著作の構想を紹介する意義は十分あると考えている。

　まず，本書の議論の知的廉直性は好感のもてるものであり，その議論はわかりやすい。著者たちは，かりに（感覚のある）動物に広く共有される基本的権利をみとめ，かつ，その土台の上に，さらに人と動物の政治共同体での関係に応じた権利を家畜動物・境界動物・野生動物という3類型の動物群にそれぞれ与えるなら，論理的に行き着くところはいったいどこになるのかを考え抜き，人間社会において既に広く受け入れられている原理との比較検討も交えつつ，その結論を平明な言葉と豊富な具体例を使って示している。それゆえ，どのような立場であれ，動物保護管理の問題に理念的あるいは現実的に関心をもつ多くの人にとっ

て，本書は一読に値するだろう。

　つぎに，著者たちの理論には，工場畜産や動物実験の「廃止」に多くの紙幅を割く従来の動物の権利論と違う特徴がある。本書もまた，動物の権利論の系譜につらなるものであるゆえ，それらに対しては，やはり厳しい立場をとる。しかし，その一方で，現実に存在している動物，特に家畜動物の権利については，人間社会の現実をふまえた議論を展開している。いとおしい伴侶動物を含む家畜動物に，同じ共同体の市民として接するとしたら，その接し方はどうあるべきか。本書は，動物の権利論の立場から，それについて考える材料をふんだんに与えてくれる。

　そのほか，ここでは詳細を繰り返さないが，「家畜動物」以外，すなわち，人間と隔絶した世界に住む「野生動物」や，人間の生活環境を自ら利用している「境界動物」についても，同書は興味深い議論を沢山展開している。

　ところで，現代の世界の動物保護管理法は日本を含め，「動物の権利（アニマル・ライツ）」論に基づくものではなく，「動物の福祉（アニマル・ウェルフェア）」論に立脚している。そのことからすると，いまだ現実社会の法が採用しているとはいえない「動物の権利」論を，こともあろうに，拡張までする著者たちの議論を紹介するのは，いわば「浮世離れもはなはだしい」という批判があるかもしれない。

　それに対する私たちの答えはこうである。

　基礎理論は，一種の理想型（理念型）を追求するものなので，いつの時代も，それ自体は多かれ少なかれ「浮世離れ」したものになる。そういった強力な理想，高度な理念であるからこそ，それは私たちを現実から引きはがし，ふだん私たちがそこに埋没している現実世界の行く末を，離れたところから考え直す可能性を与えてくれる。

　例えば，著者たちの挙げた，「家畜動物の市民権」をめぐる上述の９つのアジェンダをもう一度眺めてみよう。おそらくは，最後の「政治的代表」という課題を除けば，ほとんどすべての課題が，「動物福祉論」の立場からも，喫緊で重要な課題として認識されている問題ばかりのはずである。

　動物福祉論が支配する21世紀初頭の動物保護管理とその法の将来を考えるうえでも，著者たちのいう「拡張された動物の権利論」をあえて参照するのは，動物福祉論者やそれ以外の立場の者にとっても，決して意味のないことではない。念のため言えば，それらを「参照」することは，それらに「帰依」することではなく，この２つは全く違う営みである。

訳者あとがき　　395

4. 政治哲学としてのゾーオポリス──多文化主義と動物の権利の関係

　キムリッカは，これまで法哲学者・政治哲学者としては，特に文化的多様性やマイノリティ集団の権利の尊重を求める多文化主義の理論家として知られてきた。キムリッカの多文化主義論の主な特徴は，リベラリズムの枠内で多文化主義の擁護を試みていることである。

　例えば，オクスフォード大学での博士論文を改稿した著作である *Liberalism, Community and Culture* (Oxford University Press, 1989) では，政治的共同体が複数の文化的共同体によって成り立つ場合があるとする。さらに，ある文化的共同体の一員としてのメンバーシップも，ジョン・ロールズが言うところの「基本財」の1つであるとする。そのうえで，先住民は，欧米の侵略・植民地化などによって個人の自発的選択とは関係なく文化的共同体を喪失したのであるから，彼らに対しては自治権などを認めることで，その不利益を補償しなければならないと論じる。こうしたモチーフは，本書において家畜動物のシティズンシップや境界動物のデニズンシップを認めようとする議論に引き継がれている。

　その後も，キムリッカは，社会制度（例えば公用語の決め方）が言語や歴史を含む広い意味での文化を超越して存在するわけではないことを理由に，国家の中立性を旨とする従来型のリベラリズムの政教分離モデルによって国家と文化の関係を捉えることを批判している。そして，近代的な社会制度を担っている，キムリッカがいうところの「社会構成的文化（societal cultures）」それ自身が，現実社会の文化的多様性を省みようとしないことを問題視し，少数派の自治権や議会での議席の配分を認めたり，多様な文化集団の実践を許容したり援助したりすることによって，社会制度を文化的に多様なものにすることを求めている。さらに，カナダの現実を念頭に，民族文化的集団の権限分配・政治統合の試みとしての多民族連邦制（Multiethnic Federalism）の構想を展開している。

　近年は，少数派によるネイション・ビルディングに資するという点で，ナショナリズムにも一定の理解を示しており，ナショナリズムと多文化主義を統合する立場としてリベラル・カルチュラリズム（liberal culturalism）という立場を提唱している。

　本書は，以上のような，「多文化主義の理論家によって書かれた動物の権利論」の著作であるという特徴ももつ。したがって，本書における動物の権利論の主張について，これまでの動物の権利論の様々な主張との比較・検討がなされるべきことはもちろんであるが，あわせて，キムリッカ自身の多文化主義論の中で，そ

れがどのように（矛盾なく）位置づけられるかも検討されなければならない。

　動物の権利の主張は，必ずしも多文化主義に親和的であるとは言えない。むしろ両者の整合性が正面から問題になるというべきだろう。キムリッカの多文化主義論に対して，本書の動物の権利の主張はどのように位置づけられるのだろうか。

　本書の主張に従えば，動物の基本的権利を守ることに始まり，各動物について，市民としての家畜動物，主権をもったコミュニティを形成する野生動物，デニズンとしての境界動物というそれぞれの規範に従った扱い方をすることが求められる。しかし，動物との付き合い方・扱い方も文化の一種としての側面があり，馬車に乗るとか特定の動物の毛や皮で楽器を作るなど，動物を使用した様々な文化や習慣がある。本書の主張は，様々な文化的実践に対し，動物の扱い方について一定の制約を課すことになるとも考えられよう。もしくは，一定の規範に従って動物を扱う文化しか，多文化主義の下に許容できないという形で，キムリッカの多文化主義論を限定することにならないだろうか。その場合に，西欧に由来する文化的実践であっても，多くの文化的実践がこれまで動物を権利の主体として考えてきたわけではないことを前提とするならば，本書の主張は，キムリッカ自身が主張してきた多文化主義論に対して，かなり厳しい制約をもたらすのではないだろうか。

　この点について，キムリッカは本書においても，そして別稿においても，先住民の狩猟，捕鯨などの権利と動物の権利の対立の問題を取り上げている。本書の第2章において動物の権利の「普遍性」を論じている箇所には，様々な文化の中に動物との関係に関して西洋と異なる伝統が存在していること，それらが新たな動物との関係をもたらす道徳的実践の資源として開花することもありうるとの記述がある。自身の動物の権利の主張と先住民の動物に対する考え方には，動物が単なる所有物や資源として一方的な搾取の対象となることを否定し，道徳的配慮の対象として尊重されるべき存在であると考える点で共通するともいっている。例えば，国際捕鯨委員会が先住民の捕鯨について一定の捕獲枠を認めているような例にみられる，先住民の文化的実践については条約などの規制からの免除を認めるアプローチを，「回避の戦略（strategy of avoidance）」と呼んで批判し，各々の立場の異同を明らかにし，建設的な対話へと導く「関与の戦略（strategy of engagement）」をとるべきであるとしている（Will Kymlicka & Sue Donaldson, "Animal Rights and Aboriginal Rights" in Peter Sankoff, Vaughan Black & Katie Sykes (eds.), *Canadian Perspectives on Animals and the Law*. Irwin Law Inc. 2015, pp. 159-186)。

訳者あとがき　　397

しかし，ここで言う「関与の戦略」が具体的にどのようなものであるかは，なお判然としないうらみがあり，動物の権利論と多文化主義が矛盾なく両立しうるかについては，今のところ十分に説得的な答えが示されているとは思えない。

以上のように，本書はリベラル・コミュニタリアン論争以後の政治哲学の書として，不可侵の基本的権利のような普遍的なものと，シティズンシップのような帰属に依存する権利や独自の文化や社会的慣行を保持する権利としての主権のような概念の双方を擁護し，それらが様々な配列をとりうることを人間と動物の関係というフィールドにおいて敷衍するものである。その際，シティズンシップについては，共和主義的（あるいはシヴィックな）な能動的要素を緩和することで，動物および人間の中の脆弱なカテゴリに属する人々を包摂するよう修正が試みられるとともに，社会的に脆弱な集団のために，主権国家内部における「弱い」タイプの権利義務関係，すなわちデニズンシップの適用可能性が語られる。これらは著者たちなりの，リベラリズムとコミュニタリアニズムの間でのバランスのとり方なのだろう。

5. 翻訳分担と謝辞

本書の翻訳にあたっては，章ごとに分担し，それを持ち寄って相互に検討するという方法をとった。当初の分担と翻訳者は，以下のとおりであった。

第1章　青木人志（一橋大学大学院法学研究科教授）

第2章　今泉友子（東京家政大学非常勤講師）

第3章　打越綾子（成城大学法学部教授）

第4章　岩垣真人（東京学芸大学教育学部特任講師）

第5章　青木人志・本庄萌（一橋大学大学院法学研究科博士課程）

第6章　成廣孝（岡山大学社会文化科学研究科・法学部教授）

第7章　浦山聖子（成城大学法学部准教授）

第8章　成廣孝

分担者による各章の第1次訳完成後は，それを持ち寄って全員（または複数メンバー）での検討会を複数回開いたほか，監訳者の青木と成廣が最終的にすべての章に目を通して，加筆・修正を行った。

その結果，実質的には，すべての章の翻訳は，多かれ少なかれ翻訳者全員の「共

訳」と言ってもよいものとなった。ただし，ありうべき誤訳・不適訳については，最終チェックを行った監訳者2名がその責めを負う。

　なお，本書の翻訳を試みる前に，監訳者の1人である青木が主催する私的研究会と，同じく青木が一橋大学大学院法学研究科で担当した授業において下読みを行った。それらの場に参加してくれた三上正隆さん，張憶さん，齋藤詩織さん，土屋桃子さん，吉田聡宗さん，ヨブ・エレナさん，箕輪さくらさん，後藤一平さん，高木智史さん，田中祥之さん，鈴木貴之さん，古澤美映さんにもお礼を申し上げる。

　また，本書のカバーのために，吉野由起子さんが動物たちの素敵なイラストを描いてくださった。吉野さんのおかげで，本書の装丁の魅力のみならず翻訳者一同の本書を出版できる喜びが増したことはいうまでもない。ありがたいことである。

　最後にしかし最少にではなく，本翻訳の企画から完成まで，編集担当者として翻訳権の獲得から翻訳の完成までの長い期間を，辛抱強く献身的に伴走してくださった尚学社の苧野圭太さんに一同，心からの感謝を捧げる。

訳者一同

人と動物の政治共同体 ── 「動物の権利」の政治理論

2016年12月26日 初版第1刷発行

著者 スー・ドナルドソン
ウィル・キムリッカ

監訳 青木人志
成廣 孝

発行者 苧野圭太
発行所 尚 学 社
〒113-0033 東京都文京区本郷1-25-7
電話 (03) 3818-8784 Fax (03) 3818-9737
郵便振替 00100-8-69608
verlag@shogaku.com http://www.shogaku.com/

組版・成誌社／印刷・互恵印刷，甲田印刷／製本・松島製本
ISBN978-4-86031-126-1 C1030